权威·前沿·原创

皮书系列为
"十二五""十三五""十四五"时期国家重点出版物出版专项规划项目

BLUE BOOK

智 库 成 果 出 版 与 传 播 平 台

海洋经济蓝皮书

BLUE BOOK OF MARINE ECONOMY

中国海洋经济发展报告（2021~2022）

ANNUAL REPORT ON THE DEVELOPMENT OF CHINA'S MARINE ECONOMY
(2021-2022)

主　编／殷克东

副主编／李雪梅　关洪军

社会科学文献出版社
SOCIAL SCIENCES ACADEMIC PRESS (CHINA)

图书在版编目（CIP）数据

中国海洋经济发展报告 . 2021~2022 / 殷克东主编；
李雪梅，关洪军副主编 . --北京：社会科学文献出版社，
2022.11
（海洋经济蓝皮书）
ISBN 978-7-5228-0854-3

Ⅰ.①中⋯ Ⅱ.①殷⋯②李⋯③关⋯ Ⅲ.①海洋经
济-经济发展-研究报告-中国-2021-2022 Ⅳ.
①P74

中国版本图书馆 CIP 数据核字（2022）第 189310 号

海洋经济蓝皮书
中国海洋经济发展报告（2021~2022）

主　　编／殷克东
副 主 编／李雪梅　关洪军

出 版 人／王利民
组稿编辑／邓泳红
责任编辑／吴云苓
责任印制／王京美

出　　版／社会科学文献出版社·皮书出版分社（010）59367127
　　　　　地址：北京市北三环中路甲 29 号院华龙大厦　邮编：100029
　　　　　网址：www.ssap.com.cn
发　　行／社会科学文献出版社（010）59367028
印　　装／三河市东方印刷有限公司

规　　格／开　本：787mm×1092mm　1/16
　　　　　印　张：33.75　字　数：510 千字
版　　次／2022 年 11 月第 1 版　2022 年 11 月第 1 次印刷
书　　号／ISBN 978-7-5228-0854-3
定　　价／198.00 元

读者服务电话：4008918866

教育部哲学社会科学系列发展报告项目（13JBGP005）
国家社会科学基金重大项目（14ZDB151、19ZDA080、20&ZD100）

编　委　会

主　任　殷克东

副主任　李雪梅　关洪军

编　委（按姓氏笔画排序）

王舒鸿　方胜民　刘培德　关洪军　孙吉亭

杜　军　李雪梅　杨　林　吴克俭　狄乾斌

金　雪　贺义雄　徐　胜　殷克东　高金田

谢素美

主要编撰者简介

殷克东 博士，二级岗位教授，博士生导师。国务院政府特殊津贴专家，中宣部文化名家暨"四个一批"人才，山东省社会科学名家。山东财经大学海洋经济与管理研究院院长、管理科学与工程学院教授。兼任 *Marine Economics and Management* 主编，IEEE 系统与控制论学会——冲突分析技术委员会委员，中国数量经济学会常务理事，中国海洋大学海洋发展研究院高级研究员、博士生导师。研究专长聚焦于数量经济分析与建模、复杂系统与优化仿真、海洋经济管理与监测预警、货币金融体系与风险管理、海洋经济计量（学）等领域。主持国家社科基金重大项目，国家社科基金重点项目、一般项目，教育部发展报告项目，国家重点研发计划子任务，国家海洋公益项目子任务，国家 863 项目子任务等 20 余项。出版学术著作 12 部。研究成果入选国家哲学社会科学成果文库，荣获山东省社会科学优秀成果特等奖、青岛市社会科学优秀成果一等奖；在 SCI、SSCI、CSSCI 等期刊发表学术科研论文 100 余篇。

李雪梅 博士，副教授，博士生导师。中国海洋大学教育部人文社科重点基地海洋发展研究院研究员。分别获得理学学士、工学硕士、管理学博士学位，应用经济学博士后出站。兼任 *Marine Economics and Management* 期刊共同主编、SCI 期刊 *Grey Systems Theory and Application* 编委、IEEE SMC 冲突分析分会学术委员会委员、中国优选法统筹法与经济数学研究会灰色系统专业委员会理事、International Association of Grey System and Uncertainty Analysis

理事，主要从事海洋经济与管理、灰色系统理论、冲突分析图模型等方向的研究。主持和参与国家自然科学基金、国家重点研发计划等相关课题 10 余项。在 *Expert Systems with Applications*、*Journal of Cleaner Production*、《系统工程理论与实践》、《中国管理科学》、《控制与决策》、《资源科学》、《运筹与管理》等国内外权威期刊发表论文 40 余篇。获山东省哲学社会科学优秀成果奖三等奖、IEEE GSIS 国际会议优秀论文奖等。

关洪军 博士，二级岗位教授，博士生导师，山东财经大学海洋经济与管理研究院副院长。研究专长聚焦于复杂系统理论与方法、电子商务与商务智能、安全工程与风险防控、海洋经济与管理等领域。主持承担国家社科基金重大专项、国家社科基金后期资助等国家级项目 3 项，主持教育部人文社科规划项目、国家旅游局社科规划重点项目、全国统计科研项目、中国博士后基金项目、山东省自然科学基金、山东省重点研发计划、山东省社科规划项目等省部级课题 20 余项。研究成果获山东省科技进步三等奖 1 项（首位）；获山东省省级优秀成果二等奖、山东省高校科研成果一等奖、山东省计算机优秀成果二等奖、山东软科学优秀成果三等奖等省市级奖励 7 项。在《系统工程理论与实践》、《中国管理科学》、《管理科学》和 *Economic Analysis and Policy*、*Technological and Economic Development of Economy*、*Journal of Intelligent & Fuzzy Systems* 等国内外优秀期刊发表学术论文 60 余篇，其中大多被 SSCI、SCI 和 CSSCI 检索。

前　言

纵览几千年的世界历史，绝大多数世界强国的崛起都与海洋事业的繁荣密切相关。正如战国时期著名的思想家、哲学家韩非子所言："历心于山海而国家富。"向海而兴，背海而衰，这里包含了无数历经千年的海洋故事。

人类历史发展进程始终都伴随着对海洋的认识、利用、开发和控制。因此，开发利用海洋，维护海洋可持续发展，大力发展海洋经济，发掘海洋潜藏资源，创新海洋科技，科学把握海洋经济发展新趋势至关重要。

21世纪是海洋的世纪，从国家"十二五""十三五"规划到国家"十四五"规划，从党的十六大、十八大报告到党的十九大报告，海洋经济的战略地位不断提升。"海洋强国""陆海统筹"战略，"一带一路"倡议、"海洋命运共同体"倡议，以及海洋经济实验区示范区、沿海地区自由贸易区、粤港澳大湾区、长江三角洲区域一体化、黄河三角洲国家级自然保护区、海洋牧场、海洋强省等的不断推进，都为我国海洋事业发展提供了重要契机。近年来，从国家到地方层面纷纷制定海洋经济发展战略与规划，学术界对海洋经济发展的专题研究也不断深入，可以说，中国海洋经济发展研究承载了从国家到地方政府，再到学者层面的无数期待。然而，由于我国制定海洋发展战略的起步较晚、经验欠缺，在海洋事业的发展过程中还存在诸多不足，如海洋产业结构仍需优化、海洋经济发展模式亟须改善、海洋科技成果转化率不高、海洋经济管理体制效率较低、海洋经济安全形势面临诸多不稳定因素、海洋经济统计数据有待规范，等等。如何解决海洋经济发展中的种种问题，如何克服海洋经济发展中的诸多困难，我国海洋经济的家底清楚

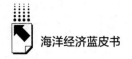

了吗，我国海洋经济发展的潜力有多大，海洋经济发展是如何演变的、影响因素是什么，等等，这一系列海洋经济发展问题，有待经济学家尤其是海洋经济学的专家学者给予解答。

2003 年，"中国海洋经济形势分析与预测研究"课题组成立，课题组将研究阵地置于海洋经济学术研究的最前沿，钟情于经世济民的学术追求，多年来一直扮演着海洋经济计量研究领域探路者的角色，研究成果大多为国内首次。2010 年首次出版《中国海洋经济形势分析与预测》。2011 年，在北京首次召开了"海洋经济蓝皮书"暨"中国海洋经济形势分析与预测"专家研讨会，来自中国社会科学院、科技部、教育部、国家统计局、国家海洋局、南开大学、辽宁师范大学、广东海洋大学、中国海洋大学的专家学者齐聚一堂，共同探讨了发展海洋经济和进行"中国海洋经济形势分析与预测"研究、组织"海洋经济蓝皮书"编写的重要意义。与会专家一致认为，在贯彻落实中央精神和国家海洋经济发展战略方针下，积极开展"中国海洋经济形势分析与预测"研究，并组织"海洋经济蓝皮书"的编写，非常及时、非常必要，也是学术界亟须加强的一项重要工作，具有里程碑式的意义。希望"中国海洋经济形势分析与预测研究"课题组认真组织编撰"海洋经济蓝皮书"，主动服务国家重大战略，探寻我国海洋经济发展规律，促进海洋经济可持续发展，为海洋经济健康发展提供系统全面、科学的理论体系、方法体系、技术体系和决策依据，担负起义不容辞的责任。

2012 年首次出版《中国海洋经济发展报告（2012）》并组织召开了海洋经济蓝皮书专家研讨会。来自国家海洋局、国家海洋局宣教中心、国家海洋信息中心、国家海洋环境预报中心、国家海洋技术中心、国家海洋局北海分局、国家海洋局东海分局、国家海洋局南海分局、国家海洋局第一海洋研究所、国家海洋局第三海洋研究所、中国海洋大学、广东海洋大学、上海海洋大学的专家学者，以及新华财经频道、《中国海洋报》等的特邀记者出席了会议。2013 年，"中国海洋经济发展报告"项目正式获得教育部哲学社会科学发展报告培育项目的立项支持（项目批准号 13JBGP005），是国内海洋经济管理领域唯一入选教育部发展报告的项目。

2014 年 12 月，在山东青岛组织召开了"海洋经济蓝皮书"暨《中国海洋经济发展报告（2014）》专家研讨会，来自中国社会科学院、山东社会科学院、上海海洋大学、挪威渔业科学大学、中共福建省委党校、山东社会科学院海洋经济研究所、北京师范大学、中国海洋大学、广东海洋大学、国家海洋局海洋减灾中心、国家海洋局第一海洋研究所和国家海洋局的其他有关职能部门等的专家学者共同出席了会议。专家们针对海洋强国建设、海洋产业振兴、海洋科技创新、海洋文化产业发展、陆海经济资源统筹、蓝色经济领军城市等专题，进行了深入、广泛的研讨和交流。会议详细介绍了"海洋经济蓝皮书"暨《中国海洋经济发展报告》的发展历程、定位和相关工作，对"海洋经济蓝皮书"的体例架构、篇章版块、组织架构、发布机制、合作方式等进行了探讨。"海洋经济蓝皮书"本着开放与合作的宗旨，联合国内外相关领域的有关部门、机构、专家学者，组建专门团队，成立编写委员会、专家顾问组等，定期召开专家研讨会和蓝皮书发布会，为国内外海洋经济领域的专家学者提供重要而独特的话语平台，发挥了"思想库""智囊团"的作用，对于壮大海洋经济管理领域的主流思想、凝聚社会共识，引导科学、理性的社会舆论氛围，具有重要的现实意义。

2018 年 4 月，由社会科学文献出版社联合中国海洋大学、自然资源部第四海洋研究所、中国海洋发展研究会、中共北海市海城区委员会、北海市海城区人民政府，在广西北海市举行了《海洋经济蓝皮书：中国海洋经济发展报告（2015～2018）》发布会，并组织召开了"向海经济"研讨会。来自加拿大瑞尔森大学、中国社会科学院、社会科学文献出版社、北海市人民政府、原国家海洋局南海分局、中国海洋学会、原国家海洋局第四海洋研究所、原国家海洋局海洋减灾中心、广西壮族自治区海洋渔业厅、原国家海洋局北海海洋环境监测中心、原国家海洋局战略与规划司、中共广西壮族自治区委员会党史研究室、中国海洋大学、广东海洋大学、大连海洋大学、山东省海洋经济文化研究院、广西红树林研究中心等单位的专家学者，以及《中国海洋报》、人民网广西频道、网易广西等的特邀记者出席了会议。

2019 年 11 月，在山东青岛组织召开了"海洋经济蓝皮书"暨《中国海

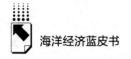

洋经济发展报告》专家研讨会，来自中国海洋大学、山东财经大学、社会科学文献出版社、山东省海洋经济文化研究院、辽宁师范大学、广东海洋大学、浙江海洋大学、上海海洋大学、海南大学等的专家学者共同出席了会议；会议介绍了"海洋经济蓝皮书"的发展历程、定位、要求和相关工作，专家们研讨了"海洋经济蓝皮书"的体例架构、篇章版块，对"海洋经济蓝皮书"的组织架构、发布机制、合作方式等达成了共识。"海洋经济蓝皮书"以专业角度、专家视野和实证方法，致力于中国海洋经济管理研究领域里程碑式的系统性、原创性和开拓性研究工作，探寻我国海洋经济发展规律。《海洋经济蓝皮书：中国海洋经济发展报告》是社会科学文献出版社在国内海洋经济管理领域唯一授权的"经济蓝皮书"，其相关商标已在中华人民共和国国家工商行政管理总局商标局注册，具有原创性、实证性、专业性、连续性、前沿性、时效性等特点，已成为国内外海洋经济管理领域的标志性成果和标志性品牌。

2020年12月，社会科学文献出版社、山东财经大学、中国海洋大学、深圳市维度数据科技股份有限公司共同在山东省济南市举行了《海洋经济蓝皮书：中国海洋经济发展报告（2019~2020）》发布会，并组织召开了"海洋经济高质量发展"学术研讨会。来自中国社会科学院、社会科学文献出版社、南开大学、自然资源部北海局、自然资源部东海局、国家海洋标准计量中心、中国海洋大学、深圳市维度数据科技股份有限公司、广东海洋大学、辽宁师范大学、山东省海洋经济文化研究院、浙江海洋大学、上海海洋大学、山东省国土空间数据和遥感技术研究院、山东财经大学等单位的专家学者出席了会议。"海洋经济蓝皮书"持续跟踪监测国际国内海洋经济管理热点、重点、前沿问题，研判预警国际国内海洋经济相关领域最新发展态势，提升了中国学者的国际话语权、传播力和影响力。

"中国海洋经济形势分析与预测研究"课题组经过多年的发展，已成为国内外海洋经济研究领域的一支重要力量。近年来，课题组成员主持承担国家社科基金重大项目、重点项目、一般项目，国家自然科学基金项目，国家重点研发计划子任务，国家海洋公益性科研专项子任务，国家

863 项目子任务，以及地方政府、企事业单位委托科研项目数十项。同时，在围绕中国海洋经济数量化研究领域，课题组积极构建学术研究团队，不断拓宽眼界视野，努力提高研究质量。经过多年的辛勤耕耘，系列《中国海洋经济发展报告》取得了丰硕成果，在海洋经济计量学（Marine Econometrics）、海洋经济周期（Marine Economic Cycles）、投入产出模型（Model of Input-Output on Marine Economy）、海洋经济安全、海洋经济高质量发展、海洋经济可持续发展、蓝色经济领军城市、海洋资源优化配置、海洋灾害经济损失监测预警等海洋经济的数量化研究领域进行了系统性、规范性、前瞻性的研究。

《海洋经济蓝皮书：中国海洋经济发展报告（2021~2022）》以全球定位、国际标准、世界眼光和独到视野为参照系，立足国家重大战略需求和社会经济发展实际需要，通过产业篇、区域篇、专题篇、热点篇、国际篇等版块设计，分别对国内外海洋经济、主要海洋产业、区域海洋经济、"双循环"新理念与海洋经济高质量发展等内容进行深入细致的分析，对于制定我国海洋经济可持续发展政策和战略发展规划，加强海洋科学前沿管理，具有重要的现实意义。《海洋经济蓝皮书：中国海洋经济发展报告（2021~2022）》的出版，得到了国内外涉海院校、科研机构和相关职能部门等的专家学者以及山东财经大学管理科学与工程学院、日照市科学技术协会等单位的大力支持、关心和帮助。在社会科学文献出版社的支持与帮助下，经过各位同仁的不懈努力和辛苦工作，终于顺利完成出版，在此，向他们表示衷心的感谢和最诚挚的问候。

我们深知，中国海洋经济所涉及的问题和领域十分广泛、深奥，无论理论研究还是实际应用，我们在很多方面还存在不足，还有待进一步深化和改进。我们愿在广大专家学者的关心和支持下，努力建设我国海洋经济研究领域的标志性品牌，搭建海洋经济研究的一流团队，创新海洋经济研究理论体系、内容体系、技术体系，主导海洋经济研究的领先地位，不断提高、完善《海洋经济蓝皮书：中国海洋经济发展报告》的研究质量，大力推进经济学、海洋学、管理学以及数学、统计学等多学科交叉研究的进展，着力推出

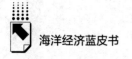

既有独特新颖的学术创新价值又有厚重分量的标志性研究成果，为党和国家、为繁荣发展哲学社会科学服务。

《中国海洋经济发展报告（ 海洋经济蓝皮书 ）》编辑组
2022 年 5 月 17 日

摘　要

　　《海洋经济蓝皮书：中国海洋经济发展报告（2021~2022）》，是"中国海洋经济形势分析与预测研究"课题组联合国内外多家涉海高校和科研院所的专家学者共同撰写而成。全书分七部分共收录研究报告 23 篇，并收录整理了国际国内海洋经济发展年度大事记、国内海洋经济主要统计数据。

　　目前，全球正经历着世界百年未有之大变局，全球新冠肺炎疫情的挑战仍未结束，欧洲大陆突发的俄乌冲突，给本来就扑朔迷离的国际经济政治形势增加了新的不确定性；美国为了维护其全球霸权不断挑起新的事端，美欧主导的北约联盟、亚太联盟不断给世界各地制造新的冲突，全球经济衰退形势不见好转。国内仍面临着经济下行压力、产业结构调整、发展方式转型等主要难题，但是，我国发展仍处于并将长期处于重要战略机遇期，宏观经济仍然将保持长期向好的发展趋势。

　　2021 年是我国"十四五"规划的开局之年，国家海洋事务归口管理部门重组、沿海地区自由贸易区设立、海洋经济试验示范区推进、全球海洋命运共同体倡议等，都给我国海洋经济实现增速换挡、提高绿色效率、加快高质量发展转变提供了重要机遇。面对国内外经济新形势，根据我国"十四五"规划和党的十九大报告战略部署，《海洋经济蓝皮书：中国海洋经济发展报告（2021~2022）》从我国海洋经济的实际情况出发，针对我国海洋经济发展所面临的新问题，从国际标准、产业布局、区域发展、专题探讨和热点问题等视角，对国内外的海洋经济发展、海洋产业布局、海洋战略空间等进行了广泛而深入的研究，以"开创未来、埋头苦干、勇毅前行"的奋斗

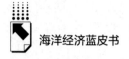

精神，迎接党的二十大胜利召开。

本报告认为，在"海洋强国""陆海统筹""一带一路"等国家战略和规划倡议的指引下，我国海洋经济发展平稳，结构性转变、创新驱动、绿色效率和高质量发展不断加强和提高，海洋经济规模总量不断取得新突破。但是，我国海洋经济发展仍存在产业结构不均衡、海洋经济关联不协调、海洋经济区域发展不平衡、海洋经济潜力挖掘不显著等诸多难题，仍面临海洋高新技术产业发展缓慢、海洋经济产出效率不高、海洋经济与海洋资源家底不清、海洋经济内生动力不足、抵抗外部冲击能力较弱等突出问题。随着涉海高新技术的不断发展以及海洋资源开发的不断深入，海洋产业转型升级有序推进，国家对新兴海洋产业寄予厚望，但是近年来我国新兴海洋产业发展不尽如人意，与其"海洋经济发展加速器和海洋经济发展战略重点"的定位尚有不小差距。

本报告建议，应该充分利用"海洋强国"等国家重大战略、规划与政策的有力支持，充分利用"一带一路"倡议、"区域全面经济伙伴关系协定"、"金砖国家机制"等有利条件，有效应对全球气候变化和海洋灾害风险，重点提高海洋科技贡献率与成果转化率，重点培育发展海洋高端科技引领产业，加强海洋高新技术产业的引领示范效应、溢出效应，延伸海洋产业链条长度、拓展海洋产业链条广度、挖掘海洋产业链条深度，提高海域单位面积产出率和海洋资源开发利用效率；重点提升海洋科技、人才、资金和土地、生态、环境等经济、社会、自然资源的配置效率，大力促进海洋数字经济发展，深入挖掘海洋经济发展潜力，加强海洋经济均衡稳定发展和海洋环境经济韧性，增强海洋经济抵御外部冲击的能力，积极推进智慧海洋工程建设，健全海洋经济、资源统计核算体系，持续推进海洋经济高质量发展与可持续发展。

关键词： 海洋经济　陆海统筹　高质量发展

目 录 ↘

I 总报告

II 产业篇

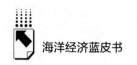

Ⅲ 区域篇

Ⅳ 专题篇

Ⅴ 热点篇

VI　国际篇

VII　附录

皮书数据库阅读**使用指南**

总 报 告
General Report

·

B.1
中国海洋经济发展形势分析与预测

"中国海洋经济发展报告"课题组*

摘　要： 2020~2021年，在全球不确定性加剧的复杂环境下，我国宏观经济和海洋经济延续了相对平稳的发展趋势。随着我国疫情防控取得重大战略成果，在"双循环"、"高质量"、"新理念"和"一带一路"倡议等背景下，我国应对各种风险的能力显著提升，综合国力和科技实力不断加强，海洋经济将逐步恢复到正常增长水平，海洋经济发展模式逐步调整，我国海洋经济和海洋产业稳步发展，预计2022年我国海洋生产总值将达到9.57万亿元左右，实际增速将达到5.9%左右。2023年，虽然全球仍面临国际地缘政治经济环境等不确定性影响因素，但是海洋经济恢复向好发展的态势比较乐观，国内支撑海洋经济高质量发展的经济、政策等环境持续向好，预计2023年全国海洋生产总值将突破10.00万亿元大关，达到10.40万亿元左右。建议在严防严控全球疫情的基础上，沉着应

---

* 课题组成员：殷克东、方胜民、曹赟、韩睿、万广雪、郭宏博、刘璐、周仕炜、赵宇峰、张凯、王余琛、蔡芳芳。

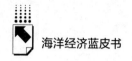

对国际政治经济和地区冲突等不确定性因素的影响，充分利用"区域全面经济伙伴关系协定""金砖国家机制"等有利条件，进一步改善海洋生态资源环境质量，持续增强海洋环境经济韧性；加快促进海洋产业提质增效，优化海洋经济空间结构布局；完善公共安全事件应急预案，着力提升海洋行政管理能力，培育壮大涉海企业融资动能；激发海洋科技自主创新活力，积极推进智慧海洋工程建设；健全海洋经济统计核算体系，加强海洋数字经济发展。2022~2023年，要重点抓好以下工作任务：加快推进海洋重大工程项目建设，深入推进战略性新兴产业发展，重点加强海洋科技创新和成果转化能力；进一步完善现代海洋产业体系，着力提高海洋经济产出效率，深入挖掘海洋经济发展潜力，重点加强海洋经济均衡稳定发展和抵御外部冲击能力；持续优化海洋生态环境，加强海洋污染治理等调控管理能力，有效应对全球气候变化和海洋灾害风险，重点推进高端化、绿色化、智能化海洋产业升级，持续推进海洋经济高质量发展、可持续发展。

关键词： 海洋经济　产业结构　高质量发展

一　2020~2021年中国海洋经济基本形势分析

2020~2021年在全球疫情和国际经济政治环境变化的影响下，我国海洋经济发展受到了严重冲击，2020年全国海洋生产总值下降到80010亿元，下降幅度达10.52%。2021年，我国宏观经济和海洋经济的发展相对平稳，全国海洋生产总值达90385亿元，比2020年实际增长了8.3%，① 海洋产业结构不断优化，海洋经济实现了"十四五"的良好开局。虽然我国海洋经

---

① 《2021年中国海洋经济统计公报》。

济发展取得了可喜的成就，但发展仍面临脆弱性较强、内部结构不均衡等问题。从规模来看，我国海洋经济抵抗外部冲击的能力还较弱、脆弱性较大、稳定性不强，总体上，我国海洋经济发展面对 2003 年的非典疫情、2008 年的美国金融危机和 2020 年的全球疫情均受到明显冲击。除海洋科研教育管理服务业面对外部冲击表现出了很强的韧性活力和高成长性外，主要海洋产业和海洋相关产业均表现出明显的冲击效应。从各区域海洋经济圈的发展来看，近年来，北部海洋经济圈海洋生产总值的占比持续下滑，海洋生产总值增速远低于全国海洋经济的增速，亟须调整未来的海洋经济发展模式。而东部海洋经济圈和南部海洋经济圈的海洋经济持续稳定地发展，未来海洋经济发展潜力巨大。从我国海洋产业结构来看，2001~2021 年我国海洋产业结构不断调整，海洋产业体系"三、二、一"发展格局凸显，传统海洋产业仍占主导地位，但是整体发展呈下降趋势，新兴海洋产业虽呈增长态势，但是规模体量过小、所占比重过低、增速不稳定、波动性较大、发展较慢。总体上，传统海洋产业与新兴海洋产业、主要海洋产业与海洋相关产业、海洋第二与第三产业、重工业与轻工业等，其关系结构和内部结构的不均衡问题还比较突出。

（一）中国海洋经济规模分析

1. 全国海洋生产总值①分析

受全球疫情影响，2020 年世界经济发展普遍下滑，我国海洋经济发展也受到了严重冲击，全年海洋生产总值下降到 80010 亿元。2021 年，我国宏观经济和海洋经济延续了相对平稳的发展趋势，海洋经济实现了"十四五"的良好开局，全国海洋生产总值达 90385 亿元。

从全国海洋生产总值及其增速来看，2001~2021 年总体保持稳步上升趋势。党的十八大以来，海洋产业结构不断调整改善，尤其是随着"海洋强国"战略、

---

① 根据《海洋及相关产业分类》（GB/T 20794-2006），海洋生产总值包括海洋产业增加值和海洋相关产业增加值两部分。其中，海洋产业包括主要海洋产业（海洋渔业和海洋交通运输业等 12 个产业，其中又分为海洋传统产业和海洋新兴产业）、海洋科研教育管理服务业；海洋相关产业包括与海洋产业具有投入产出和技术经济联系的产业。

"陆海统筹"规划、"高质量"发展理念等的深入实施，海洋经济发展趋于平稳，2011~2021年，除2020年外，全国海洋生产总值年增速基本稳定在7%以上、平均增速高达9.84%。2020年，由于全球疫情和国际经济政治环境变化的影响，滨海旅游业、海洋相关产业等下滑严重，全国海洋生产总值仅为80010亿元，比2019年下降了5.3%。从全国海洋生产总值占全国GDP比重来看，2001~2021年总体上在波动中趋于稳定，但已经呈现下降的趋势（见图1）。总体上看，虽然我国海洋经济发展取得了可喜的成就，但是2003年的非典疫情、2008年的美国金融危机和2020年的全球疫情，都使我国海洋经济受到了明显的冲击，说明我国海洋经济抵抗外部冲击的能力还较弱、脆弱性较大、稳定性不强。

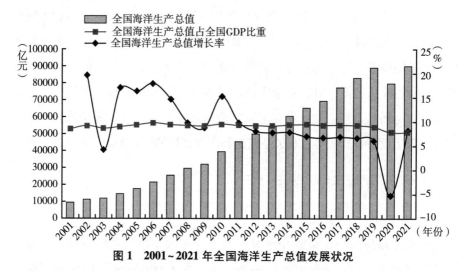

图1 2001~2021年全国海洋生产总值发展状况

资料来源：《中国海洋统计年鉴》（2002~2017）、《中国海洋经济统计年鉴》（2018~2020）、《中国海洋经济统计公报》（2020~2021）、国家统计局。

2. 全国海洋产业增加值分析

（1）主要海洋产业增加值。受全球疫情和国际经济政治环境影响，如图2所示，2020年我国主要海洋产业增加值自2001年以来首次出现负增长，仅为29641亿元，比2019年下降了17.03%，其中：滨海旅游业遭受重创，增加值由2019年的18086亿元，下降至2020年的13924亿元，比上一年下降了23.01%。随着我国宏观经济和海洋经济的恢复增长，2021年我国主要海洋产业增加值达 34050 亿元，比 2020 年增长了 14.88%，滨海旅游业反弹，增速达 12.8%，全年增加值实现 15297 亿元，但是远没有恢复到 2019 年的水平。

海洋电力业、海水利用业以及海洋生物医药业等高技术海洋新兴产业，由于产业规模较小、市场需求稳定，海洋能和海水开发利用技术、示范应用技术的不断提升，2020 年受冲击影响相对较小，继续保持着平稳发展和持续增长态势。海上风电、潮汐风电、海流发电、波浪发电等海洋电力，属于典型的清洁能源，具有广阔的发展前景，2021 年海洋电力业全年实现增加值 329 亿元，比上年增长了 38.82%。海水利用业是发展海洋循环经济的重要选择，随着海水利用科技创新步伐加快和可操作技术的实现，海水淡化工程规模不断增加，2021 年全年实现增加值 24 亿元，比 2020 年增长了 26.32%。绿色高效的海洋生物医药业具有广阔的发展前景，联合国与西方主要海洋大国都在持续加大对海洋生物医药业的政策支持力度，海洋生物医药业已经成为世界海洋强国争相竞争的高新技术产业之一。随着我国海洋生物医药研发能力、研发水平、投入力度的不断提升，海洋生物医药业发展前景广阔，2021 年全年实现增加值 494 亿元，比 2020 年增长了 9.53%，增势良好。

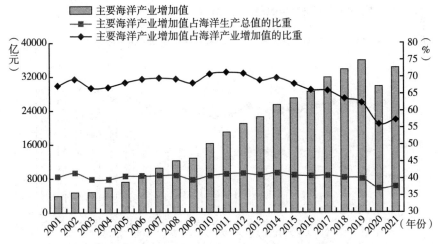

图 2　2001~2021 年全国主要海洋产业增加值发展状况

资料来源：《中国海洋统计年鉴》（2002~2017）、《中国海洋经济统计年鉴》（2018~2020）、《中国海洋经济统计公报》（2020~2021）。

（2）海洋科研教育管理服务业增加值。2020 年，海洋科研教育管理服务业增加值为 23313 亿元，比 2019 年增长了 7.98%，是受疫情影响最小、唯一保持高速正增长的海洋产业。2021 年，海洋科研教育管理服务业增加值为 25438 亿元，比上一年增长了 9.11%，海洋科研教育管理服务业自主发展的内生动力、抵御外部冲击能力和政策效果都是最好的，表现出了很强的韧性活力和高成长性（见图 3）。但是，海洋科研教育管理服务业的范围太宽泛，其总量数据有可能掩盖了海洋科研教育的真实发展水平，其中的管理服务业的发展规模、发展水平、发展速度，也许主要得益于我国宏观经济的强劲增长。近年来，随着加快海洋强国建设、国家"十四五"规划关于"建设现代海洋产业体系"等的快速推进，国家和地方政府对海洋科研教育管理的重视程度日益提升，围绕海洋工程、深潜技术、海洋探测等领域，我国海洋科研工作者突破了一批关键核心技术。2021 年，在海洋科技与管理服务方面，我国首套深海矿产混输智能装备系统"长远号"海试成功，我国自主完成了国际首次在北极高纬密集冰区大规模海底地球物理综合探测，我国主持制定的首项 ISO 海洋调查国际标准发布，等等，为我国参与全球海洋治理和为国际社会贡献中国方案提供了强有力的科学依据。

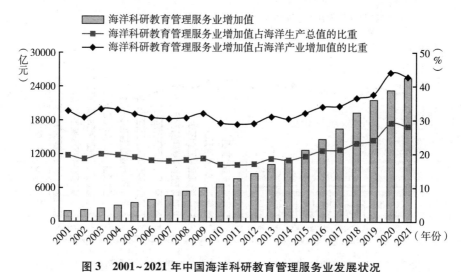

图 3　2001~2021 年中国海洋科研教育管理服务业发展状况

资料来源：《中国海洋统计年鉴》（2002~2017）、《中国海洋经济统计年鉴》（2018~2020）、《中国海洋经济统计公报》（2020~2021）。

（3）海洋相关产业增加值。2020年，受全球疫情和国际经济政治环境影响，我国海洋相关产业增加值比2019年（32100亿元）下降了15.71%，仅为27056亿元。2021年我国海洋相关产业增加值为30897亿元，比上年增长了14.20%。但是，从海洋相关产业增加值占海洋生产总值的比重来看，近几年已经呈现明显的下降趋势，由2010年的42.23%，下降到2021年的34.18%，下降幅度达19.06%，平均每年下降幅度为1.73%。从增速上看，海洋相关产业的增速也不乐观，由2010年的21.53%，下降到2019年的5.43%，增速下降幅度高达74.78%，平均每年下降幅度为8.31%（见图4）。虽然2021年增速回弹到8.0%，但是由于2020年受全球疫情影响增速下降到-5.3%，2020~2021年两年的平均增速为1.35%。海洋相关产业与陆域经济和产业的关系密切，主要包括海洋农林业和海洋仪器与产品的制造加工等，许多属于传统产业和低附加值甚至低成长性产业，随着我国供给侧改革和产业结构的优化调整，未来海洋相关产业的增速和占海洋生产总值比重将呈现长期下降的趋势。

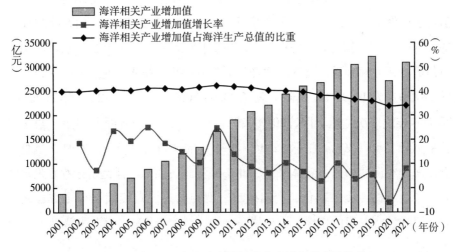

图4　2001~2021年中国海洋相关产业增加值发展趋势

资料来源：《中国海洋统计年鉴》（2002~2017）、《中国海洋经济统计年鉴》（2018~2020）、《中国海洋经济统计公报》（2020~2021）。

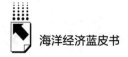

3.区域性海洋经济规模分析

根据《全国海洋经济发展"十三五"规划》，北部海洋经济圈主要包括辽东半岛、天津、河北沿岸和山东半岛沿岸地区，具体是指辽宁省、河北省、天津市和山东省的海域与陆域所组成的经济区域；东部海洋经济圈涉及长江三角洲的沿岸地区，具体是指由江苏省、上海市和浙江省的海域与陆域所组成的经济区域；南部海洋经济圈涉及福建、珠江口、北部湾、海南岛沿岸地区，具体是指由福建省、广东省、广西壮族自治区和海南省的海域与陆域所组成的经济区域。

（1）北部海洋经济圈。拥有23.75万平方公里海域、6083千米海岸线的北部海洋经济圈涉及环渤海经济区，工业基础雄厚，科技力量充足，海洋资源丰富，发展潜力巨大。但是，由于北部海洋经济圈特殊的地理位置、特殊的海域和相对落后的经济与产业结构，海洋经济发展的内在潜力、资源优势、科研成果等内生动力的利用效率不高。如图5所示，2020年，北部海洋经济圈海洋生产总值为23386亿元，比2019年下降了11.28%，虽然2021年比上一年实现了8.3%的增长，但是，近年来北部海洋经济圈海洋生产总值占全国海洋生产总值的比重持续下滑，由2014年的36.7%下降到2021年的28.6%，下降幅度达22.07%，平均每年下降幅度为3.15%。从海洋生产总值的增速方面来看，北部海洋经济圈的发展形势也不乐观，2001~2021年的平均增速为14.21%，其间出现了2006~2009年、2010~2016年和2017~2020年连续3次增速下降，2010~2021年北部海洋经济圈海洋生产总值增长率下降了65.42%，尤其是2015~2021年的平均增速只有1.69%，远低于全国海洋经济的增速。总体来讲，北部海洋经济圈的海洋经济还存在发展模式、产业结构、成果转化、产出效率、调控管理、政策效果等多方面的问题，海洋经济发展的韧性、内生增长动力、政府职能转变等还需要大力提升和加强。

（2）东部海洋经济圈。拥有30.38万平方公里海域、3367千米海岸线的东部海洋经济圈涉及长江三角洲地区，港口航运体系完善，海洋科技实力雄厚，海洋人才富足。2001~2021年，东部海洋经济圈海洋经济发展平稳向

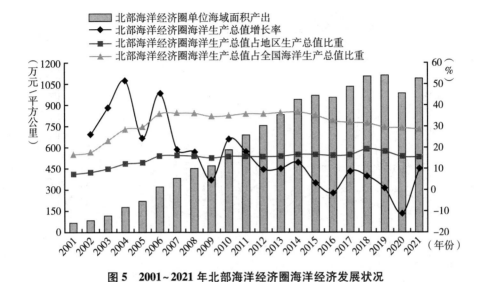

图5 2001~2021年北部海洋经济圈海洋经济发展状况

资料来源：《中国海洋统计年鉴》（2002~2017）、《中国海洋经济统计年鉴》（2018~2020）、《中国海洋经济统计公报》（2020~2021）、国家统计局。

好，2004年以来，海洋生产总值占全国海洋生产总值比重、占地区生产总值比重分别稳定在30.9%、13.7%左右（见图6）。2020年受全球疫情影响，东部海洋经济圈海洋生产总值为25698亿元，比2019年下降了3.28%。2021年，东部海洋经济圈海洋生产总值为29000亿元，比上年增长了8.3%。东部海洋经济圈是我国经济最发达的地区，相关产业配套齐全、创新能力与意识强、政府调控管理效率高、市场主体充满活力、长三角区域经济一体化水平高，未来海洋经济发展潜力巨大，尤其是江苏、浙江海洋经济发展后劲充足，发展前景和发展空间广阔。

（3）南部海洋经济圈。南部海洋经济圈海域面积广阔（259.5万平方公里），海岸线狭长（10628千米），海洋资源丰富，海洋环境优良，海洋科技、海洋人才充足。2001~2021年，海洋经济发展平稳持续向好，南部海洋经济圈海洋生产总值占全国海洋生产总值比重不断上升，2021年达到39.3%，增长势头强劲（见图7）。2020年，受全球疫情影响，南部海洋经济圈海洋生产总值为30925亿元，比2019年下降了4.2%。2021年，南部

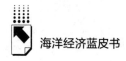

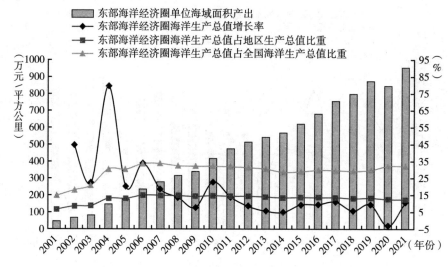

图6　2001~2021年东部海洋经济圈海洋经济发展状况

资料来源：《中国海洋统计年鉴》（2002~2017）、《中国海洋经济统计年鉴》（2018~2020）、《中国海洋经济统计公报》（2020~2021）、国家统计局。

海洋经济圈实现了35518亿元的海洋生产总值，比上年增长了8.3%。但是，南部海洋经济圈的海洋经济发展不均衡也比较突出，广东、福建优势明显，而海南、广西差距明显。作为我国对外贸易的前沿地带和对外开放的先行先试区，南部海洋经济圈有粤港澳大湾区，有广西自由贸易试验区、海南自由贸易港，有经济、政策、地理、人文、科技等诸多优势和机遇，海洋经济发展潜力和前景巨大，尤其是海南省管辖约200万平方公里的海域面积。如果我国南海海域单位面积的产出达到300万元（2021年我国海域单位面积的平均海洋生产总值产出约300万元/平方公里），则海南省海洋经济总量年可增加约58000亿元，是海南省2021年GDP（6475亿元）的约9倍，对中国海洋经济总量的贡献超过60%。未来，南部海洋经济圈的海洋经济发展仍将继续领跑三大海洋经济圈。

（二）中国海洋产业结构分析

2001~2021年我国海洋生产总值整体呈稳步提升态势，海洋产业结构不

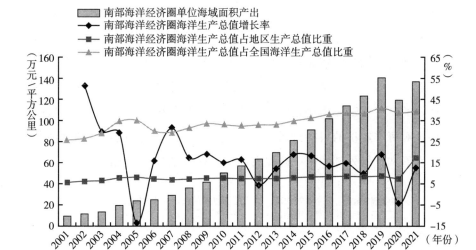

图7 2001～2021年南部海洋经济圈海洋经济发展状况

资料来源：《中国海洋统计年鉴》（2002～2017）、《中国海洋经济统计年鉴》（2018～2020）、《中国海洋经济统计公报》（2020～2021）、国家统计局。

断调整，海洋产业体系"三、二、一"发展格局凸显，但产业间关系结构和内部结构的不均衡问题还比较突出，如传统与新兴海洋产业、主要与相关海洋产业、海洋第二与第三产业、重工业与轻工业等。

1. 海洋三大产业结构变迁

从海洋产业总体发展状况来看，2001～2021年，我国海洋产业结构不断调整，海洋三大产业结构由2001年的6.8∶43.6∶49.6转变为2021年的5.0∶33.4∶61.6。经过20余年的发展，海洋三大产业增加值在海洋生产总值中的占比也发生了显著变化。如图8所示，2001～2021年，海洋第一产业占比呈现平稳下降态势；2001～2010年海洋第二产业发展态势良好，但2011～2021年快速下降趋势明显，过早进入下降通道，由2010年的47.8%，下降至2021年的33.4%，下降幅度达30.13%，平均每年下降幅度为2.74%。相反，2011～2021年的海洋第三产业占比则呈现快速上升态势，由2010年的47.2%快速上升至2021年的61.6%，上升幅度达30.51%，平均每年上升2.77%。从海洋经济三大产业体系的发展规模、结构方面看，我国海洋经济已经形成了"三、二、一"高级结构，但是从海洋产业的多元主体结构、多层次主体结构、支柱产业与主导产业结构等方面看，我国海洋三大产业结构不均衡问题比较严重。尤其是从生命周期发展阶段上看，海洋第二产业的发展尚不成熟、不发达、内部结构也不均衡，对海洋第一产业、第二产业的支持贡献能力还较弱，海洋三大产业尤其是二、三产业结构的过早失衡，对海洋经济的可持续发展、自主发展、内生性发展、高质量发展、柔韧性发展和抵御外部冲击、确保海洋经济安全稳定等影响巨大。

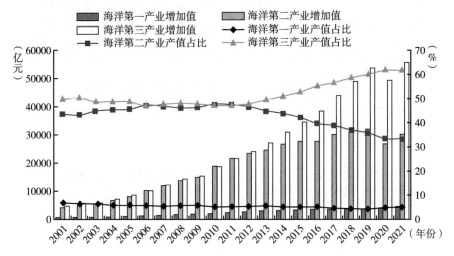

图8　2001~2021年我国海洋三次产业增加值及其占比演化趋势

资料来源：《中国海洋统计年鉴》（2002~2017）、《中国海洋经济统计年鉴》（2018~2020）、《中国海洋经济统计公报》（2020~2021）。

2. 传统海洋产业结构分析

2001~2021年，传统海洋产业①仍在海洋产业中占主导地位，但其占全国海洋经济生产总值的比重，由2001年的37.45%先是下降至2009年的32.85%，再升到2021年的33.07%，整体呈下降态势（见图9）。2021年的滨海旅游业、海洋渔业、海洋交通运输业等传统优势产业，占全国主要海

---

① 我国传统海洋产业包括海洋渔业、海洋盐业、海洋矿业、海洋油气业、海洋交通运输业与滨海旅游业六大产业。

洋产业（12 个海洋产业）的比重高达 87.78%，但是其抵御外部冲击能力较弱、韧性不高、脆弱性较大的问题还比较明显。海洋油气业、海洋盐业、海洋矿业等科技含量高、市场好、效益大、发展前景广阔，但是发展缓慢、规模体量偏小，2021 年占传统产业的比重只有 6.13%。传统海洋产业发展模式、结构调整、效率变革、科技创新等任务依然艰巨，发展所面临的资源、环境、技术、人才、成本、效率、韧性、结构均衡等方面的问题依然突出。

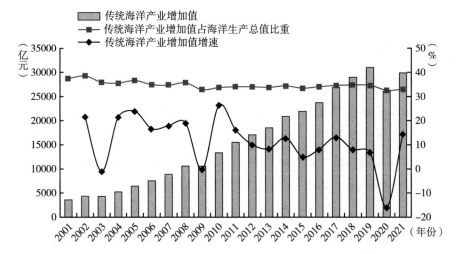

图 9　2001~2021 年我国传统海洋产业增加值、占比及其增速演化趋势

资料来源：《中国海洋统计年鉴》（2002~2017）、《中国海洋经济统计年鉴》（2018~2022）、《中国海洋经济统计公报》（2020~2021）。

近年来，国家有关部门和地方政府制定了一系列海洋经济高质量发展的政策措施，为传统海洋产业发展提供了强劲动力，有力缓解了传统海洋产业发展的难题。未来，传统海洋产业必须充分发挥海洋资源禀赋、规模经济效应、产业基础积累和产业关联聚集等优势，进一步提升自身核心竞争力，提升海洋科技投入、科技研发水平，充分利用国家海洋政策、海洋经济试验示范区等优势，重点推动海洋经济向高质量发展转型。

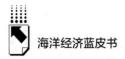

3. 新兴海洋产业结构分析

我国新兴海洋产业①总体上虽然呈增长态势，但是规模体量过小、所占比重过低、增速不稳定、波动性较大、发展较慢，近年来出现了阶段性下降趋势。如图 10 所示，新兴海洋产业增加值占全国海洋生产总值的比重，由 2001 年的 3.07%，到 2015 年的 7.50%，之后直线下降到 2021 年的 4.60%，下降幅度高达 38.67%，平均每年下降 6.44%。从增速方面看，2008 年、2016 年、2018 年、2020 年都出现了负增长，尤其是 2010 年以来增速下降十分明显，由 2010 年的 28.56%，下降到 2019 年的 2.34%，下降幅度达 91.81%，平均每年下降高达 10.20%。2020 年由于全球疫情影响，新兴产业的增速下降到-24.41%。近年来，海洋工程建筑业、海洋船舶业、海洋化工业等优势海洋新兴产业发展低迷，受 2020 年全球疫情影响严重，海洋化工业、海洋工程建筑业更是出现了严重倒退，增速分别下降到-54.02%、-31.29%。而海洋电力业、海洋生物医药业和海水利用业等，尽管规模体量较小，2021 年仅占海洋新兴产业的 20.36%，但增长态势明显，抵御外部突发事件冲击的韧性较强。

我国海洋新兴产业拥有巨大发展潜力和广阔市场需求。但是，海洋资源开发利用规模和效率总体不高、核心研发设计能力不强、涉海产业链与科技创新自主性不足、高端复合型人才储备不够等问题，严重制约了海洋工程技术集成化、智能化、低碳化、深远化、国产化与自主创新能力的战略破局。目前，海洋新兴产业主要依靠国家政策推动，仍以劳动密集、资本密集的资源依赖型为主，生产的产品还主要集中在模仿的初中级产品阶段，自主科技创新能力不足、产品科技含量和附加值较低，在国际市场上的竞争力较弱，海洋新兴产业领军企业不多也尚未成熟。总体来看，海洋新兴产业仍面临着技术、人才、环境上的瓶颈与约束。整体来讲，新兴产业规模小、占比低、发展缓慢、未达预期、新的增长点尚未形成，持续发展动力不够，产业导向

---

① 我国新兴海洋产业包括海洋船舶业、海洋化工业、海洋工程建筑业、海水利用业、海洋生物医药业以及海洋电力业等六大行业。以下或称海洋新兴产业。

力度较弱，战略性新兴海洋产业的引领效应和科技生产力较弱，内部结构不均衡问题比较突出，未来发展之路任重而道远。

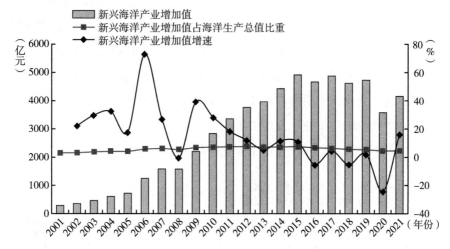

图10 2001~2021年我国新兴海洋产业增加值、占比及其增速演化趋势

资料来源：《中国海洋统计年鉴》（2002~2017）、《中国海洋经济统计年鉴》（2018~2020）、《中国海洋经济统计公报》（2020~2021）。

4. 海洋产业工业化水平分析

霍夫曼系数是消费资料工业部门净产值与资本资料工业部门净产值之比，常被用来衡量一个国家或地区经济发展的工业化程度，实际上表明了工业结构的"重工业化"趋势。海洋产业霍夫曼系数计算中，资本资料和消费资料工业部门分别用海洋重工业部门和轻工业部门代替。其中，以海洋船舶工业、海洋生物医药业和海洋化工业等代表海洋重工业部门，以海洋盐业和海洋渔业①等代表海洋轻工业部门。

2001~2021年，我国海洋产业霍夫曼系数呈现整体下降趋势，表明随着海洋工业化的发展，海洋产业重工业化程度逐渐提高。这与我国从"劳动密集—资源粗放型"向"资金集中—技术导向型"转变的过程相一致。如图11所示，2003年以前，海洋产业处于工业化第一阶段，海洋轻工业占主

---

① 海洋渔业包含海水养殖、海洋捕捞、海洋渔业服务业和海洋水产品加工等活动。

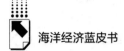

导、重工业不发达,海洋产业霍夫曼系数在4~6。2004~2021年,海洋产业霍夫曼系数处于1.5~3.5,海洋产业步入工业化第二阶段,轻工业部门仍处于主导地位,但其发展速度逐步放缓,重工业化程度逐渐加深。2010~2017年,海洋产业霍夫曼系数在1~2呈波动变化,表明海洋重工业化进程缓慢,海洋产业依旧面临严峻的轻重工业不平衡问题。但是值得注意的是,2018~2021年,海洋产业霍夫曼系数由下降转为上升,我国海洋产业的工业化进程出现了逆向变化,说明海洋产业工业化进程遇到了困难甚至是阻碍,突出表现为海洋产业的重工业化发展极不成熟。总体上,我国海洋产业的轻、重工业发展仍不平衡,海洋产业的工业化进程远未达到第四阶段。

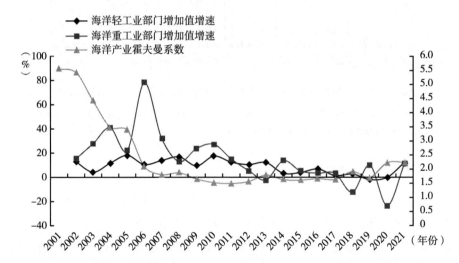

图11 2001~2021我国海洋工业部门增加值增速及海洋产业霍夫曼系数

资料来源:《中国海洋统计年鉴》(2002~2017)、《中国海洋经济统计年鉴》(2018~2020)、《中国海洋经济统计公报》(2020~2021)。

二 2020~2021年中国海洋经济发展环境分析

进入21世纪,海洋在可持续发展中的地位及重要性日渐凸显。联合国发布了众多的海洋战略计划,如《海洋与海岸可持续发展蓝图》《海洋的未来：关于 G7 国家所关注的海洋研究问题的非政府科学见解》《全球海洋科学报告：全球海洋科学现状》《全球海洋空间规划 2030》等，目的是为全球海洋利益相关方提供共同协约框架，加强对海洋和沿海地区资源的管理，为海洋可持续发展提供更好的条件。

当今世界正经历百年未有之大变局。一方面，美欧主导的国际体系、区域集团、经济形势、政治环境，俄乌冲突、地缘矛盾、资源争夺，以及国际货币体系的重构，全球经济不确定性、政治不稳定性加剧，给这个本就脆弱的世界制造了诸多令人担忧的不安全因素。另一方面，区域全面经济伙伴关系协定（RCEP）、"一带一路"倡议、金砖国家机制等加强了地区经济合作，加速推动了区域经济一体化进程，为地区乃至世界繁荣与稳定注入了强劲动力。

（一）国际与国内经济环境分析

2020 年，全球突发疫情，加速了国际局势变化，跨境投资放缓、国际贸易受阻、全球产业链断供，世界经济遭受重创，增速下滑到-3.6%。但是，中国经济展现了强大的韧性，成为全球唯一实现正增长的经济体。2021年，全球经济迅速恢复，实现了 5.50% 的经济增长，我国经济在复杂的国际环境影响下仍实现了"十四五"良好开局，经济增速高达 8.10%。

1.国际宏观经济环境分析

2008 年美国金融危机对世界经济的冲击影响至今仍在发酵。近年来，美国出于国内经济政治和全球霸权的需要，在世界各地频频制造混乱、动荡和战争，加紧了对世界各国尤其是发展中国家的财富收割和资源掠夺。

2020 年以来，美国货币超发变本加厉。美国 M2 在 2019 年末是 153071亿美元，2020 年末为 191869 亿美元，2021 年末为 216381 亿美元，两年的时间扩张幅度高达 41.36%。严重的货币超发在收割全球经济财富、对外输出通胀的同时，也引起美国国内物价的猛烈上涨。即便如此，截至 2022 年5 月末美国 M2 增至 217542 亿美元，仍然比 2021 年末增加了 1161 亿美元。严重的通胀输出不断加剧世界经济的波动和萧条，全球宏观经济发展整体上

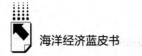

的疲弱态势有增无减。2020 年,美国、德国、法国、日本等发达国家经济大幅萎缩,尤其是英国在疫情和脱欧的双重影响下,经济低迷不振。新兴经济体由于内部财政实力以及经济结构不同在面临疫情冲击时的表现差异明显,处于疫情重灾区的南亚和拉美经济萎缩严重,北非地区、东南亚、中亚以及中东经济受疫情的冲击相对较小。

2021 年,世界经济在经历疫情冲击后实现了复苏,跨国并购规模扩大,国际贸易有了显著改善。但是,美国货币超发、通胀溢出、流动性泛滥致使消费品价格猛涨,导致全球通胀严重,给全球经济带来了短暂的虚假繁荣。到 2021 年 11 月,全球有 80 余个国家和地区的通胀率创下了近 5 年新高:美国 CPI 同比上涨高达 6.8%,创近 31 年来最大涨幅,PPI 同比增长 9.6%,高于市场预期的 9.25%,也高于前值的 8.6%;英国 CPI 增幅达到 5.1%,创近 10 年新高;欧元区 CPI 同比增长 4.9%,为近 25 年来最大增幅;加拿大、澳洲等地区的通胀也同样严重,新西兰通胀也达到了近 20 年最高点。

2022 年,美国经济大幅缩减,俄乌冲突对欧元区经济活动造成实质性冲击,日本疫情再度反复、经济受到显著冲击,金砖国家经济增长压力增大。具体来看,美国通胀维持高位,但呈现明显的回落趋势。4 月,美国制造业 PMI 为 55.4%,比 3 月的 57.1%下降 1.7 个百分点。5 月,美国整体 CPI 指数同比增长 8.5%,低于前值(8.6%),环比也由前值(1.2%)下降至 1.0%;美国通胀率创 40 年新高,加上就业强劲推动了美联储更趋鹰派,加息幅度和节奏预期均有所提升,引发市场对衰退的担忧。5 月,美国 10 年期国债收益率小幅回落,但中长期仍有较大上涨压力。标普 500 指数基本持平,VIX 指数回落,但进入 6 月后随着美联储加快加息,指数进一步承压。亚洲主要股市均反弹,英国股市回升。LIBOR 隔夜利率显著上涨,美国 SOFR 利率上涨,日本和欧元区短期隔夜利率稳定。5 月,欧盟仍受俄乌战争和能源价格高企影响,PMI 持续下跌 1.1 个点,日本、韩国、英国、澳大利亚均下跌。新兴市场中,东盟、印度回落,俄罗斯持续反弹至枯荣线上方,土耳其、南非、巴西均上涨。据 IMF 4 月 19 日的报告,2022 年全球经济增长约 3.6%,较年初的预测缩减0.8个百分点。全球PMI指数处于连续下滑态势，地缘政治冲突和美国货币政策对市场情绪和经济复苏造成了不小冲击。

2. 国内宏观经济环境分析

2020年，全球疫情使世界经济发展遭受重创。但是，中国经济展现了强大的韧性，成为全球唯一实现正增长的经济体。随着国家"十四五"规划的实施和深入，中国经济高质量发展和长期向好的发展态势不断创造新的奇迹。2020年GDP增速呈左偏V形态势，内在的经济韧性支撑宏观经济较快恢复，一季度受疫情影响GDP同比下降6.8%，二、三、四季度随着疫情形势得到稳定控制，复工复产稳步推进，工业生产、投资、消费、出口等全面发力。全年CPI和PPI分别较上年同期下降了0.4个和1.5个百分点，经济社会发展主要的目标任务超预期完成，"十三五"规划圆满收官。

2021年，全球经济迅速恢复，实现了5.50%的经济增长。中国政府和人民团结一心，坚决实施动态清零、严控疫情蔓延，坚持新发展理念，保证了宏观经济的总体平稳运行，实现了经济发展预期目标。全年完成国内生产总值约114.4万亿元，按不变价格计算，比2020年增长8.1%，超出了全年增长6%以上的预定目标。全年第一季度经济快速反弹，同比实际增长18.3%，第二、三、四季度经济平稳运行，GDP分别同比实际增长7.9%、4.9%、4.0%。CPI上涨0.9%，涨幅较2020年回落1.6个百分点。面对复杂严峻的国际经济政治形势，我国宏观经济实现了"十四五"规划的良好开局。

2022年，我国经济面临三重压力，同时新一轮疫情和国际局势的超预期变化，导致宏观经济下行压力进一步加大。此外，受新冠肺炎疫情反复和俄乌冲突等因素的影响，全球供需失衡问题加剧，货物贸易增速放缓，通胀水平明显提升，经济复苏进程有所放缓。在经济总量方面，一季度GDP同比增长4.8%，环比折年率增长5.3%，经济增长势头仍在延续。固定资产投资增长9.3%，比2021年提高4.4个百分点，增速比较明显。制造业、高技术制造业和高技术服务业增长迅速，投资结构优化明显。但是受全球疫情

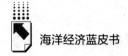

多变影响，国内消费力未能有效释放，社会消费品零售总额同比下降3.5%。我国出口增速保持高位，但是进口动力减弱、同比增速下降明显。2022年是党的二十大召开之年，也是国家"十四五"规划的关键之年，我国宏观经济将继续保持平稳运行、不断向好的增长趋势。

（二）海洋经济政策与法制环境

进入21世纪，海洋在全球可持续发展中的重要性日渐凸显，我国海洋事业发展的战略地位也不断提升。党和国家领导人高度重视海洋经济的发展，2011年以来，国家相继设立了山东、浙江、广东、福建等省市级海洋经济发展试验区、示范区。2019年，国家批准设立了上海自由贸易试验区、广西自由贸易试验区、海南自由贸易港等，实现沿海地区自由贸易区全覆盖。同时，国家又相继提出了粤港澳大湾区、长江三角洲区域一体化等战略。"海洋强国"建设、"陆海统筹"规划、海洋经济高质量发展等国家海洋经济政策的不断实施和完善，有力保障了我国海洋经济的可持续发展。

1. 我国海洋经济政策环境

党和国家领导人高度重视海洋强国建设和海洋事业的发展。党的十八大提出了"提高海洋资源开发能力，发展海洋经济，保护海洋生态环境，坚决维护国家海洋权益，建设海洋强国"的宏伟目标。党的十九大提出了"坚持陆海统筹，加快建设海洋强国"的战略部署。

国家部委和相关机构根据国家战略方向，分别制定了相关行业准则、产业规划等保障海洋经济发展。2021年6月1日，为促进涉海相关行业发展，国家发改委、自然资源部联合印发《海水淡化利用发展行动计划（2021—2025年）》，对于提升海水处理科技水平和产业化能力，完善海水淡化等政策标准提出了相关意见，对提高海水淡化产业链水平、促进相关产业经济发展具有指导性意义。2022年1月，生态环境部等六部门联合印发《"十四五"海洋生态环境保护规划》，按照新时代海洋经济发展要求，从不同角度为海洋生态环境保护产业提供了指导，要求海洋相关部门加强海洋生态环境监管体系和保护能力建设，同时要求以科学技术创新为主要驱动力和引导，利用创新技术改善海洋生态环境，促进海洋经济和海洋生态环境的和谐发展。

长期来看，我国海洋经济由资源导向型模式转为高质量发展模式、由要素驱动转为创新驱动已经成为共识。各省份根据区域发展状况、海洋环境条件等制定了适宜本省份的海洋经济发展规划。海南省海洋经济"十四五"规划提出，要因地制宜，大力推动滨海旅游业，同时鼓励现代化海洋牧场建设，积极发展海洋物流、涉海金融、涉海商务等服务行业。天津市海洋经济"十四五"规划提出，要重点打造海洋高端工程装备制造产业链，推动形成海洋装备四大产业集权，建设国际一流的海洋装备制造领航区。上海市海洋经济"十四五"规划要求，提升全球海洋中心城市能级，综合上海产业基础和技术布局，发展新型海洋科技、海洋医药、海洋金融和海洋医学等高端科技产业，建设海洋中心城市，为未来产业发展奠定基础。

2. 我国海洋经济法制环境

1990年代以来，我国不断完善海洋相关基本法律，经过多年的海洋法制建设，我国已经在海洋相关领域建立了较完备的法律体系框架，为我国海洋经济的发展提供了法律层面的制度保障。为了防治海洋环境污染，2017年11月4日，全国人民代表大会常务委员会颁布了《中华人民共和国海洋环境保护法》，严防对海洋环境的污染损害，保持生态平衡，保护海洋资源，为海洋事业的发展保驾护航。2018年3月19日，国务院令第698号修订了《防治海洋工程建设项目污染损害海洋环境管理条例》，为保护海洋生态环境工作做了补充。2018年，山东省、广东省、天津市和广西壮族自治区各自颁布了本省份的《海洋环境保护条例》，进一步规范海洋经济发展中遇到的环境问题。

为了规范海上运输活动、维护国际海上运输市场秩序，2019年3月2日，国务院令第709号修订了《中华人民共和国国际海运条例》。为保护海洋渔牧业的可持续发展，2021~2022年山东沿海各城市如威海市、日照市、青岛市、烟台市、潍坊市相继颁布《海洋牧场管理条例》和《海洋渔业管理条例》，为海洋渔牧业的发展和保护提供了法律遵循。

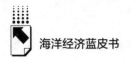

（三）海洋资源与科技环境分析

1. 海洋自然资源环境

2021 年，海洋资源稳定供给能力显现，海洋油气产量分别同比增长 6.2%、6.9%，其中海洋原油增量占全国原油增量的 78.2%，深水油田群流花 16-2、"深海一号"超深水大气田先后投产，增强了海洋油气的持续性供给能力。海洋清洁能源发展迅速，全国海上风电新增并网容量 1690 万千瓦，同比增长 4.5 倍，累计容量跃居世界第一。此外，随着深远海养殖发展的不断深入，亚洲最大深海智能网箱"经海 001 号"顺利下水并提网收鱼，全潜式深海养殖装备箱"深蓝 1 号"首次实现三文鱼规模化收鱼，标志着我国供应优质海产品的能力得到提升。

在海洋矿产资源方面，2022 年一季度，海洋油气产量分别同比增长 8.8%、15.9%。在海洋清洁能源方面，至 2022 年 5 月底，全国发电装机容量约 24.2 亿千瓦，同比增长 7.9%，其中，风电装机容量约 3.4 亿千瓦，同比增长 17.6%。在海洋生物资源方面，至 2022 年 6 月，国家级海洋牧场示范区已达 153 个，覆盖渤海、黄海、东海和南海，数量、质量都大幅提升。

2. 海洋科技发展环境

在海洋科研投入和产出方面，如表 1 所示，2019 年全国共完成海洋 R&D 课题 17333 项、专利授权数 4143 件、科技论文 18915 篇、科技著作 437 种，分别比 2018 年增长了-1.10%、11.37%、0.17%和 6.85%。在涉海科研机构和人员结构方面，2019 年我国海洋科研机构达到 170 个、从业人员 38094 人，博士、硕士、本科学历人员数量分别比 2018 年增长了 3.88%、-3.01%、-1.59%，占科技活动人员的比重分别为 38.18%、37.45%和 24.37%。整体来讲，我国海洋科研事业的发展变化不大，海洋科研领域的高学历人员规模有下降的趋势，海洋科技研发投入、海洋科研领域人才队伍建设尚没有引起足够的重视。

表1 2019年中国海洋科研机构、人员结构、科研成果情况

机构分类	科研机构数（个）	R&D投入（万元）	从业人员（人）	科技人员学历结构				R&D课题数（项）	专利授权数（件）	科技论文（篇）	科技著作（种）
				博士（人）	硕士（人）	本科（人）	其他（人）				
基础科学研究	89	848415	22522	9074	7272	4995	2243	13399	2618	14124	261
工程技术研究	42	237595	11551	2342	3432	1862	577	3539	1476	4231	157
海洋技术服务	13	12139	1527	138	307	305	111	247	42	272	8
海洋信息服务	11	16695	996	69	229	126	3	44	5	172	8
环境监测预报	15	3207	1498	121	281	207	82	104	2	116	3
合计	170	1118050	38094	11744	11521	7495	3016	17333	4143	18915	437

资料来源：《中国海洋经济统计年鉴（2020）》。

在海洋研究与开发机构 R&D 课题经费投入方面，2019 年，我国海洋研究与开发机构 R&D 课题经费投入总计达 1118050 万元，比 2018 年（1062857 万元）增长了 5.19%。其中：北京、广东、山东位居前三（见表2）。

表2 2019年沿海地区海洋研究与开发机构 R&D 课题经费投入

单位：万元

北京	天津	河北	辽宁	上海	广西	海南	江苏	浙江	福建	山东	广东	其他	合计
258840	28333	27588	101432	95149	7835	18110	73952	43943	48351	118746	232350	63421	1118050

资料来源：《中国海洋经济统计年鉴（2020）》。

3. 海洋高新技术发展环境

近年来，我国海洋科技工作者不断在海洋装备制造技术、海洋新材料技

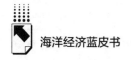

术、海洋开发技术、海洋探测技术等海洋高技术领域取得新突破。

2020年10月，我国成功研发的多元海底特性多波束一体化声学探测装备，弥补了我国在该领域的空白，总体达到了国际先进水平。2020年11月10日，我国自主研发制造的万米级全海深载人潜水器"奋斗者"号，成功下潜到马里亚纳海沟的"挑战者深渊"，深度达10909米，再次创下中国载人深潜新的深度纪录。

2021年6月，"深海一号"大气田正式投产，是我国迄今为止自主发现的平均水深最深、勘探开发难度最大的海上超深水气田。2021年8月，我国首套深海矿产混输智能装备系统"长远号"成功研制，并在南海圆满完成海试。2021年，我国科研人员在新型海洋微波遥感探测机理模型上取得重要突破，该模型已成功应用于在轨天宫2号和中法海洋卫星，我国海洋微波遥感技术实力已由跟跑向并跑、领跑转变。2021年12月，我国科研人员完成了质量守恒海洋温盐流数值预报模式（妈祖1.0）研发工作，实现了"中国芯"对"欧美芯"的替代。

2022年5月，全球首艘智能型无人系统母船"珠海云"在广州下水，该船将成为全球首艘具有远程遥控和开阔水域自主航行功能的科考船，为我国开展海洋科考、拓展海洋科学、助力海洋经济发展提供前所未有的利器。2022年5月，"深海勇士"号返航，其任务主要是前往"海马"冷泉区，以及在其东北方向发现的两处新生活动冷泉区，开展冷泉流体渗漏的生态环境效应科考。2022年6月，我国自主研发的首台深远海漂浮式风电平台"扶摇号"启航，成为我国进军深远海能源开发领域的利器。

2022年6月，"探索二号"科考船搭载着深海基站等装备返航，顺利完成深海原位科学实验站2022年度海试任务。我国首个海洋油气装备制造"智能工厂"——海油工程天津智能化制造基地正式投产，标志着我国海洋油气装备行业智能化转型实现重大突破。我国自主研发的多功能模块化海床挖沟机，完成了孟加拉国首条海洋管道工程100多公里的管道铺设，创造了"海陆定向钻穿越"和"航道后深挖沟"两项世界纪录。

三 2020~2021年中国海洋经济发展问题分析

2000 年以来，我国海洋经济规模总量不断取得新突破，2021 年海洋经济生产总值接近于金融业、批发和零售业，超过了农林牧渔业、建筑业、房地产业。但是，我国海洋经济发展仍然存在产业结构不均衡、经济关联不协调、区域发展不平衡、潜力挖掘不显著等问题，仍然存在海洋高新技术产业发展缓慢、海洋经济产出效率不高、海洋经济与海洋资源家底不清、海洋经济内生动力不足、抵抗外部冲击能力较弱、海洋科技贡献率与成果转化率较低、高质量发展与可持续发展能力不强等诸多难题。

（一）海洋生态资源治理亟待加强

近年来，我国海洋生态资源环境与经济发展之间的矛盾日益突出。一方面，沿海地区海洋工业区、滨海风景区、港口码头等基础设施建设，不同程度地造成海岸和海域空间资源的浪费、破坏甚至丧失。另一方面，我国海岸线横跨 4 个气候区，海洋生态环境复杂，具有显著的区域性、封闭性、适应性、环境性等特征，海洋生态系统和生物多样性的脆弱性较为显著。2000年以来，我国海洋经济延续了以资源为导向的粗犷式规模扩张发展模式，大规模的海岸带开发活动，造成海洋生态系统严重退化，近岸海域的海水污染严重，生物资源衰减状况持续恶化。《2021 年中国海洋经济统计公报》显示，2021 年，我国未达到第一类水质海域面积为 70000 平方千米，海水富营养化的面积共 30170 平方千米，海洋垃圾总体密度过高。对海洋生态系统的监测数据显示，24 个典型海洋生态系统中有 18 个呈亚健康状态，4 个珊瑚礁生态系统中有 3 个呈亚健康状态，其余 7 个河口生态系统、8 个海湾生态以及滩涂湿地系统全部为亚健康状态。尽管政府部门出台了一系列措施竭力遏制海洋环境的恶化，但我国海洋生态环境仍然面临着开发利用与经济发展的双重压力，海洋工业工程、海岸带开发，过度捕捞和毁灭性的渔业活动，全球气候变化、海洋灾害频发等经济、社会、自然等多重因素相互作

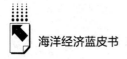

用，致使我国海洋资源环境不堪重负，海洋生态系统脆弱性有增无减。目前，海洋生态、环境、气候、灾害和资源等问题共生共存、相互叠加、交互影响，表现出明显的系统性、区域性、脆弱性和复杂性等特征，严重制约了我国未来海洋经济的高质量发展，海洋生态环境问题的解决仍然任重道远。

（二）海洋产业结构布局亟须优化

目前，我国海洋经济仍以资源导向型的传统产业、低端产业为主，而科技创新型的新兴产业、高端产业滞后，海洋经济的内生动力和自主创新发展能力薄弱，严重制约了海洋经济的高质量发展、可持续发展与平稳性发展。产业结构不均衡，突出表现为海洋第二与第三产业间的过早失衡、传统产业与新兴产业的不均衡、重工业与轻工业间的不均衡、多主体与多元化产业结构不均衡，以及传统产业内部、新兴产业内部的不均衡。经济关联不协调，突出表现为陆海河港经济关联、海洋传统产业与新兴产业关联、深海远海大洋与两极经济关联等不协调。区域发展不平衡，突出表现为北部、东部、南部海洋经济圈发展不平衡，海洋科技、人才、资源区域不均衡，区域间产业、产品、结构不平衡。潜力挖掘不显著，突出表现为海域单位面积产出率较低、海洋科技贡献率与成果转化率不高、海洋资源开发利用效率不高、深海远海大洋两极开发利用能力不足。

我国海洋产业在空间布局上也存在许多问题，产业空间结构布局松散而趋同，技术研发体系与产业分工体系尚不成熟，产业集聚程度不高，优势海洋产业集群和产业规模效应尚未形成，区域海洋经济发展无序，海洋科技、人才、资金以及土地、生态、环境等经济、社会、自然资源的错配现象比较突出。海洋经济缺少高端科技引领产业、缺乏多主体多元化发展路径，投入产出效率较低、关键产业链条不长，海洋产业结构转型升级缺乏产业协同和科技支持，海洋经济抵抗外部冲击能力较弱，海洋经济产业发展缺乏韧性。据测算，我国近200个海洋产业园区中，超过20%的土地处于"闲置"状态，30%的海洋产业园区总产值不超过100亿元，投入产出比远没有达到预期。一些所谓的"海洋硅谷"、海洋高科技园区，涉海企业尤其是海洋高科技企业不多，有的甚至成了房地产开发园区，为数不多的企业只是在地理空间上无序扎堆，其在产业关联、技术关联、产品关联等上形同虚设。

（三）海洋科技发展水平亟须提升

海洋是巨大的资源宝库，海洋资源潜力、海洋生物潜力和海洋经济潜力远未被挖掘释放出来，而人类对宇宙的认识和探索已经远远超过了对海洋的认识和探索。遗憾的是，目前我们对水深 2000 米以下的海洋研究几乎处于空白状态，而 80% 以上的海洋水深超过了 2000 米。据估计，目前人类对海洋的认知只有海洋的约 5%，海洋科技仍然是制约人类探索深海、远海、大洋、两极的瓶颈，是提高开发利用海洋效率、挖掘海洋潜力的关键。

尽管经过多年的大力投入和海洋科研人员的不懈努力，我国海洋科技水平和研发能力正在高速追赶西方发达国家，但是，我国海洋科技实力与西方发达国家还有不小的差距。1990 年，德国、日本已经实现了对深海 5000 米深度海洋的采矿作业，而我国目前最先进的链斗式开采设备，也只能完成 4000 米深度的开采任务。另外，由于海洋科技水平的限制，我国海洋空间资源和矿产资源的开发利用效率与发达国家相比还有很大差距，各种海洋空间资源开发深度不足，矿产资源使用机械化程度不高，生产效率落后。《2019 年中国海洋经济统计年鉴》显示，我国海洋领域科研投入、科研活动从业人员，占我国总体科研活动规模的比重均不足 10%。而海洋创新性科研成果，尤其是海洋领域发明专利授权数量，占全国发明专利授权数量的比重却超过了两成，说明较少的海洋科技投入能够撬动更多的科技创新成果。但另一个问题是，我国海洋科技成果转化效率很低，2021 年海洋新兴产业增加值占主要海洋产业增加值比重约为 12.22%、占全国海洋生产总值的比重仅为 4.60%，海洋科技对海洋经济贡献率与海洋成果转化率的潜力和效率远未被挖掘出来，海洋高端科技的发展之路仍然任重道远。

（四）海洋经济数据统计工作亟须完善

海洋数据信息的收集与分析对于海洋经济决策至关重要。海洋基础数据资料涵盖了地理、气象、浮标、船测、卫星等各式各样的数据,具有明显的海量性、多属性、混频性、模糊性、动态性和时空过程性等多源异构特点。尽管我国海洋经济统计工作通过制度设计、调查统计、企业报告等途径,不断扩展数据统计范围,提高数据准确率,规范统计方法,但在海洋经济数据实际统计过程中仍然面临着诸多问题。如海洋类经济统计数据分类模糊、统计指标缺失、统计数据冗余、统计数据滞后、统计口径不一、数据质量不高等。同时,海洋经济数据统计方法的科学性、可行性、适应性、可操作性不强,尚未形成统一的数据统计标准,海洋部门、产品、原料、资源等投入产出要素分类不清,海洋产业尤其是海洋相关产业边界模糊,各级政府的海洋管理部门海洋经济统计工作任务艰巨。海洋经济统计数据的"碎片化""部门化",甚至是海洋经济指标统计数据的时空重叠和冲突时有发生。

(五)海洋行政管理体制有待升级

我国海洋行政管理体系已基本建立并不断完善,形成了国家、省、市、区(县)等四级海洋行政管理体制。但是,以职能和行业管理为主导的海洋行政是我国海洋行政管理体制的主要特点,海洋管理部门主要是依据海洋资源种类和海洋行业设定的,海洋行政管理实际上仍然是传统职能部门的延伸。海洋行政将海洋系统整体分解为不同行业、不同领域的部门管辖,必然导致海洋系统的整体性被刚性分割。如海洋领域中的环保、旅游、制造业等分别归属于相应的传统的陆域职能部门,海洋行政管理部门在职能结构、信息传达、信息共享、资源配置、陆海统筹、政策制定、决策部署等方面仍存在许多掣肘问题。在应对气候变化、加强防灾减灾救灾、保护海洋生态环境等方面,海洋事务调控管理能力、应急管理效率尚待提高。在海洋产业结构调整,海洋空间布局优化,海洋资源配置效率、海洋科技创新研发与成果转化效率提升,海洋经济高质量发展等方面,海洋行政管理部门还需要充分发挥政府的调控职能。

四　中国海洋经济发展形势预测

近年来，我国在新发展格局下，应对各种风险的能力显著提升，综合国力和科技实力不断增强。2022年，虽然国际经济政治形势依然复杂多变，俄乌冲突的影响和走向依然充满未知，受美国通胀输出影响的全球经济压力依然有增无减，全球气候变化和全球疫情冲击依然存在不确定性。但是，"海洋强国"战略、国家"十四五"规划和"陆海统筹"规划的深入实施和不断推进，以及我国疫情防控取得重大战略成果，尤其是党的二十大的召开，必将为我国海洋经济增添新的发展动力，我国海洋经济将逐步恢复到正常增长水平。

基于历年海洋经济主要指标的统计数据分析，课题组分别采用趋势外推法、指数平滑法、灰色预测法、联立方程组模型、神经网络算法、贝叶斯向量自回归模型、组合优化预测等方法，根据组合预测法原理，借助 Matlab 软件编程工具，对 2022~2024 年我国海洋经济发展形势进行分析预测，预测结果如表 3 所示。

表 3　2022~2024 年中国海洋经济主要指标预测

单位：亿元，%

预测指标		全国海洋生产总值	海洋产业总增加值	海洋相关产业增加值	海洋主要产业增加值	海洋科研教育管理服务业增加值
2022年	预测区间	(94869,96785)	(62012,63265)	(32856,33520)	(36286,37019)	(25726,26246)
	实际增速	4.9~7.1	4.2~6.3	6.3~8.4	6.5~8.6	2.2~4.2
2023年	预测区间	(103512,105603)	(67662,69029)	(35849,36574)	(38731,39514)	(28931,29515)
	实际增速	8.5~9.5	8.7~9.6	8.8~9.7	8.3~9.5	8.8~9.8
2024年	预测区间	(111341,113590)	(72780,74250)	(38561,39340)	(41484,42323)	(31295,31928)
	实际增速	7.1~8.3	6.8~7.7	7.4~8.1	7.3~8.2	7.6~8.6

近年来，受美国金融危机的持续影响和全球疫情的冲击，世界经济尤其是出口型产业经济低迷。同时，俄乌冲突、地区争端引发地缘政治关系突

变，全球 30 余个主要国家去美元化浪潮催生新的货币体系。美国货币超发对全球输出通胀、自身的党派之争、内部阶级矛盾、制造地区冲突和代理人战争等，对全球经济平稳发展和全球经济安全造成了重大冲击。我国海洋经济面临产业结构升级、增长模式转变、关键技术突破、绿色效率提升等诸多挑战，海洋经济的脆弱性较大、稳定性不强、抗风险冲击能力较弱、节能减排和高质量发展尚需加强，未来海洋经济发展仍面临较多的挑战，预计海洋经济发展增速会逐渐放缓。

受全球疫情和国际经济政治形势影响，2020 年，我国海洋生产总值收缩至 80010 亿元。2021 年，我国疫情防控取得重大战略成果，宏观经济恢复性发展势头强劲，海洋经济实现"十四五"开局良好，全国海洋生产总值首次突破 9 万亿元大关，高达 90385 亿元。随着国家综合国力与科技实力的不断提升，在"双循环"、"高质量"和"一带一路"倡议等背景下，中国宏观经济持续向好的发展趋势仍未改变。同时，"海洋强国""陆海统筹""海洋经济发展试验示范区""自由贸易区""海洋强省"等政策，均为我国海洋经济平稳、快速发展提供了坚实支撑。根据国际国内宏观经济发展现状，以及我国海洋经济现实情况分析，预计 2022 年我国海洋生产总值将达到 95700 亿元，实际增速将达到 5.9% 左右。

海洋产业结构进一步调整。海洋交通运输业、海洋渔业、滨海旅游业等传统产业恢复性增长较快，海洋产业增加值逐渐趋于恢复性增长趋势，而海洋油气业、海洋盐业、海洋矿业等传统产业发展缓慢。在国家海洋政策利好、智能制造发展迅猛、数字经济增长强劲等因素驱动下，海洋电力业、海水利用业和海洋生物医药业等新兴产业增长趋势将持续扩大，海洋化工业、海洋船舶业、海洋工程建筑业等新兴产业快速恢复。我国海洋科研教育管理服务业发展持续保持平稳态势，增长趋势比较明显，内生动力比较充足，引领效应不断扩大。海洋相关产业逐步恢复到正常发展水平。

预计未来，国际经济政治形势短期内难以得到根本好转，地缘政治摩擦与冲突、美国经济动态与美元走势、全球气候与疫情变化等不确定性因素交互复杂。预计 2023 年全国海洋生产总值大概率将突破 100000 亿元大关；

2024年海洋经济对沿海地区经济增长的驱动力将持续增强。总体来说，海洋经济技术创新驱动发展模式将逐渐取代资源投入增长模式，全面深化改革的持续推进亦为海洋经济发展注入新的动能与活力，不断提升海洋经济高质量发展与可持续发展的内生增长动力。不可忽略的是，全球经济政治形势依然复杂多变，我国海洋经济发展依然面临着国际不确定、不稳定、突发性等诸多因素的影响。

五 中国海洋经济发展政策建议

近年来，我国海洋经济取得了长足发展，海洋在我国高质量发展中的地位越来越重要。然而，我国海洋经济发展依然存在海洋生态环境资源过载、海洋清洁能源自主开发技术落后、应对气候变化与防灾减灾能力不强等困难，仍然面临着海洋产业低端产能过剩但高端产能短缺、海洋灾害与海洋生态环境退化严重但监测预警和修复技术能力不够等困境。如何深入实施"海洋强国"、"陆海统筹"与"一带一路"等战略（倡议）规划，不断优化海洋产业结构与海洋空间布局，加强海洋经济与海洋资源的统计核算能力，增强海洋经济高质量发展与海洋科技自主创新活力，提升深海远海大洋两极的资源开发利用能力与科技研发前沿水平，持续促进海洋经济稳定、可持续发展，是未来我国海洋事业发展的重要使命。

（一）改善海洋生态资源环境，持续增强海洋环境经济韧性

推进海洋生态文明建设是"海洋强国"建设战略目标的关键环节。但是，保护我国海洋生态环境，解决海洋资源无序开发、海洋生态环境恶化等问题，始终没有得到满意的预期效果，存在的制约因素、问题、矛盾等还很多。显著地提升海洋资源利用率，逐步减弱对海洋资源依赖，科学控制海洋污染物排放，强化海洋污染联防联治工作，陆海统筹与协同共治海洋生态环境，推动人海和谐、经济自然和谐、生态环境和谐发展，必须树立"海洋经济+海洋生态"融合发展理念，坚定不移地推动"生态+"海洋绿色经济

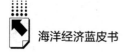

转型，注重政策驱动与规划先行，通过生态专项规划对海洋生态治理、资源开发协同进行示范引领，显著提升海洋生态环境保护、海洋资源开发能力和水平。

推动海洋生态文明示范区建设有条不紊，精细化厘定海洋生态红线，持续恢复盐沼地、海草床、红树林等典型滨海湿地生态系统，显著增强海洋生物多样性，积极发展蓝色碳汇。加强区域海洋垃圾治理，加快完善区域海洋生态保护与海洋环境治理机制。有序推进海洋卫星遥感数据增值服务高质量发展，加快构建海洋灾害全覆盖预警系统和监测网络，不断提高海洋灾害预报精度，全面提高海洋灾害防灾、减灾、救灾能力，长时效保障全球海洋经济、海洋生态、海洋资源安全。科学评估、监测、预警沿海地区地形地貌变化、海洋资源能源容量、海洋生态环境演化，加快完善海洋生态、资源、环境等监管补偿制度，科学开发利用保护海洋生态、资源、环境，提升海洋生态、资源、环境经济系统弹性、韧性。

（二）加快促进海洋产业提质增效，优化海洋经济空间结构布局

海洋产业结构是衡量海洋经济发展水平的重要标志。优化多主体、多元化的海洋产业结构是解决海洋经济内生动力不足问题的关键路径。持续推动传统海洋产业迭代升级，加强海水淡化、海上油气开发、海上风电与清洁能源开发利用等技术创新能力，重点增强海洋新兴产业发展动力，加强海洋重工业尤其是第二产业的自主创新能力。加强陆海统筹，尤其是加强海洋高新技术产业的引领示范效应、溢出效应，积极探索并加强深海、远海、大洋与两极的资源开发利用能力，重点提升海洋科技贡献率与成果转化率。大力促进海洋产业多主体、多元化发展，持续延伸海洋产业链条长度、挖掘海洋产业链条深度、拓展海洋产业链条广度，提高海域单位面积产出率、海洋资源开发利用效率，提升海洋科技、人才、资金以及土地、生态、环境等经济、社会、自然资源的配置效率，大力促进海洋数字经济发展，深入挖掘海洋发展潜力。

海洋经济区域协同演进与均衡发展是提升区域海洋经济发展效率的关键

环节。加强北部、东部、南部海洋经济圈的融合发展，科学布局海洋产业分工体系和产业集聚度，发挥先进海洋装备制造业、港口航运等集聚优势，加强优势海洋产业集群建设，强化海洋产业规模效应、联动效应。立足于京津冀协同发展、长三角区域一体化、粤港澳大湾区等重大区域发展战略，打造海洋渔业、海洋生物医药业、海洋工程装备制造业等产业集群，创新海洋产业高效集约新发展模式，推动海洋经济动力、效率、质量变革，建设海洋经济高质量发展示范区，加强海洋经济试验区、示范区，海洋牧场的引领示范效应，加强应对气候变化、海洋灾害、突发事件能力建设，提升海洋经济抵抗外部冲击能力，促进海洋产业绿色、低碳、循环、可持续发展。

（三）激发海洋科技自主创新活力，积极推进智慧海洋工程建设

加强海洋科技创新顶层设计，加大海洋科技研发投入力度，扩大海洋科技人才培养规模，完善海洋科技研发与创新体系，强化海洋科技创新激励机制，优化海洋科技资源与要素配置。立足于海洋高端装备研发、关键共性技术、蓝色产业体系等，激发海洋技术自主创新意识，组织开展专项规划、科研攻关。持续加强海洋科研教育事业发展，加快创新型海洋人才队伍建设，发挥企业、科研单位、产业基地、成果转化基地等协同创新作用，促使海洋高科技人才、资金、技术、政策、资源等要素汇聚于优势海洋企业，提高海洋科技成果转化效率，形成海洋科技创新和海洋产业高质量发展良性循环。

着力突破海洋高端装备关键设备、核心技术瓶颈，加快发展大功率海上风电机组、海水淡化设备、海洋能开发设备、海上火箭发射平台、深远海养殖基地、大洋巨型浮岛等装备及关键配套设备，推进海洋领域重大关键技术和核心海洋工程装备自主化。建立国家级海域空间数据库，全面掌握海洋能资源储量和分布特点，建立深海、远海、大洋领域的核心技术优势，大力提升对大洋、两极等的认知、开发、利用能力，显著提升海洋科研要素投入效率，抢占国际视野海洋科技自主研发新高地。推动深海装备、海洋能源、海洋生命科学等领域科技创新，建设集防灾减灾、海洋环境监测、海洋执法于

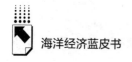

一体的海陆空立体监测网，建立海洋安全与权益维护、海洋综合管理服务、海洋智能开发利用等智慧海洋应用群，实现海洋应用协同智能。

（四）健全海洋经济统计核算体系，构建海洋信息化发展新模式

海洋数据是海洋经济统计工作的生命，海洋数据质量直接关系到我国海洋经济发展水平的科学研判，关系到国家海洋政策、规划、布局等决策的制定，关系到"海洋强国"建设、"陆海统筹"规划、"一带一路"倡议等的设计与实施。健全海洋经济统计模式与核算体系，充分利用大数据、互联网技术，定期开展涉海单位、涉海产业、涉海产品、涉海资源、涉海要素等的清查统计工作。科学设计现代化的海洋资源资产统计核算技术与方法体系，建立蓝色金融信息统计共享机制，培育蓝色金融统计生态圈。研发设计科学、严谨、系统、规范的数据融合、交互验证、无缝密接的现代海洋经济统计核算体系，促进海洋经济数据采集渠道的多样化、系统化、规范化、科学化，严格把控海洋经济统计数据质量，建立健全海洋经济数据统计的法律、法规、制度等监管机制。加快解决海洋数据资源的"碎片化""部门化"等突出问题，提高海洋经济统计数据的准确性、完整性、可比性、时效性、实用性。加强海洋经济多源异构数据的统计融合分析，构建海洋经济统计数据库，显著增强海洋经济数据快速检索、查询与动态展现功能及海洋信息服务与数据支持功能。加强海洋经济统计数据共享的制度设计，增强海洋信息技术与海洋产业发展的联动性，有效释放海洋统计数字蕴含的信息价值，建立全球蓝色经济大数据中心，打造国际一流的海洋数据信息产业集群。

（五）完善公共安全事件应急预案，推动提升海洋行政管理能力

加快构建现代化海洋行政管理体系，不断探索海洋生态司法修复机制，严密防范关键环节海洋生态环境风险，坚决遏制破坏海洋生态、资源、环境的突出问题。逐步完善海洋经济安全应急管理体系，提升应对气候变化、海洋灾害和防灾减灾救灾能力，建立健全海洋保险的多主体分担机制，提升海洋灾害保险的广度和深度，构建面向全球的蓝色债券交易市场，加强海洋科

技创新与成果转化平台建设，提高海洋科技贡献率，有效解决涉海企业投资难、融资难的困境。海洋行政管理部门在人员配备、服务力量、资源配置、职责分工、职能定位、学术科研等方面，尚需理顺行政、管理与科研的关系，应该着重加强海洋行政管理能力建设，落实海洋行政、管理、服务的专业职能、职责和义务，逐渐剥离非行政、非管理、非服务的部门和工作。

加强"一带一路""海上丝路"建设，拓展蓝色伙伴合作关系网络，深度参与全球海洋治理，推动构建海洋命运共同体，全面提升海洋领域公共安全保障能力。持续扩大国际海洋事务合作范围，建立海洋石油勘探开发定期巡查机制，参与制定国际海底区域矿产资源、清洁能源开发规则，贡献提升海洋行政效能的中国智慧，提出促进海洋经济可持续发展的中国方案。

参考文献

赵宁：《海洋科技向创新引领型转变》，《中国自然资源报》2021年12月22日，第5版。

颜世龙：《展望"十四五"：区域协调发展构建新格局》，《中国经营报》2021年1月4日，第26版。

杨黎静、李宁、王方方：《粤港澳大湾区海洋经济合作特征、趋势与政策建议》，《经济纵横》2021年第2期。

汪永生、李玉龙、王文涛：《中国海洋生态经济系统韧性的时空演化及障碍因素》，《生态经济》2022年第5期。

郭越、王悦：《构建海洋经济统计调查方法体系的思考》，《统计与决策》2022年第2期。

王福涛、于仁成、李景喜等：《地球大数据支撑海洋可持续发展》，《中国科学院院刊》2021年第8期。

吴利丰、刘思峰、姚立根：《基于分数阶累加的离散灰色模型》，《系统工程理论与实践》2014年第7期。

盖美、何亚宁、柯丽娜：《中国海洋经济发展质量研究》，《自然资源学报》2022年第4期。

傅梦孜、刘兰芬：《全球海洋经济：认知差异、比较研究与中国的机遇》，《太平洋学报》2022年第1期。

孙才志、李博、郭建科、彭飞、闫晓露、盖美、刘天宝、刘锴、王泽宇、狄乾斌、赵良仕、刘桂春、钟敬秋、孙康：《改革开放以来中国海洋经济地理研究进展与展望》，《经济地理》2021年第10期。

殷克东：《中国沿海地区海洋强省（市）综合实力评估》，人民出版社，2013。

殷克东：《中国海洋经济周期波动监测预警研究》，人民出版社，2016。

殷克东主编《中国海洋经济发展报告（2019~2020）》，社会科学文献出版社，2020。

产 业 篇

Industry Reports

B.2
中国主要海洋产业发展形势分析

黄冲 顾昊磊 苗雨晴*

摘 要： 我国海洋产业主要分为传统海洋产业和新兴海洋产业，传统海洋产业是我国海洋经济快速增长的中坚力量，在我国海洋经济发展中占据全局性的地位，新兴海洋产业处于我国海洋产业链高端，推动我国海洋经济高质量发展的重要举措是培育和壮大新兴海洋产业。本报告首先详细梳理我国传统海洋产业、新兴海洋产业的发展现状；其次，采用 Dagum 基尼系数分解法对我国传统海洋产业与新兴海洋产业增加值进行分析，重点剖析传统海洋产业与新兴海洋产业的差异性，对我国不同海洋产业差异及其动态演变规律开展研究；再次，分别探讨了我国传统和新兴海洋产业的制约因素；最后从注重生态环境综合治理、提高传统海洋产业韧性、强化产业间协同配合、促进产业发展模

* 黄冲，博士，山东财经大学管理科学与工程学院讲师，主要研究方向为海洋经济分析与建模、资源开发与可持续发展；顾昊磊，山东财经大学管理科学与工程学院博士研究生；苗雨晴，山东财经大学管理科学与工程学院。

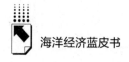
海洋经济蓝皮书

式转型升级等方面提出我国未来传统海洋产业发展的对策建议，从重视关键技术创新突破、健全海洋人才培育机制、鼓励多元主体参与投资等多个角度提出未来我国新兴海洋产业发展的对策建议。

关键词： 传统海洋产业　新兴海洋产业　Dagum 基尼系数

一　中国主要海洋产业发展现状分析

（一）传统海洋产业

我国国民经济未来发展的新增长极是海洋经济，传统海洋产业[①]在我国海洋经济快速增长过程中占据重要地位。2021 年，我国传统海洋产业增加值达到 29892 亿元（见图 1），相比 2020 年增长了 14.9%。滨海旅游业等传统海洋产业作为支撑海洋经济的核心驱动力，较上年同期增幅均在 9% 以上，特别是海洋交通运输业增速领先，产业增加值同比增长 30.7%，达7466 亿元。2021 年，我国传统海洋产业强劲恢复，积极发挥海洋经济的引擎作用，推动我国海洋经济高质量发展。

我国海洋渔业的发展呈现稳步上升的特征。海洋渔业在 2013 年之前处于起步阶段，该时期"零增长和负增长"的渔业管理规划在捕捞业、近海捕捞积极推行，我国海洋渔业的数量和质量在可持续发展背景下，均得到了显著提升。2013 年以后，我国海洋渔业增速呈现缓慢波动下降的趋势，造成这种现象的主要原因是随着海洋渔业的大力发展，捕捞作业结构不合理，过度开发渔业资源，海洋渔业加工技术革新力度不够、海洋生态污染加剧

[①] 本报告将我国传统海洋产业界定为海洋渔业、海洋盐业、海洋矿业、海洋油气业、滨海旅游业和海洋交通运输业六大产业门类。

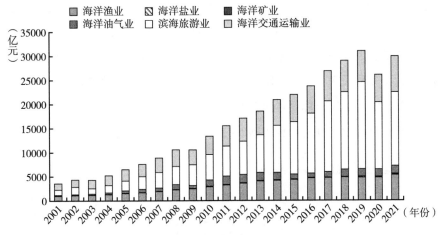

图1 2001~2021年我国各传统海洋产业增加值

注：海洋盐业的数值与其他产业相比，数值过小，无法显示。

资料来源：《中国海洋统计年鉴》（2002~2017）、《中国海洋经济统计年鉴》（2018~2019）、《中国海洋经济统计公报》（2019~2021）。

等。2021年我国海洋渔业增加值比上年增长12.4%，全年实现增加值5297亿元（见图2）。我国"十四五"规划纲要指出，重点发展现代海洋渔业，优化近海养殖布局，建设高标准海洋牧场，积极建设现代渔港经济区。

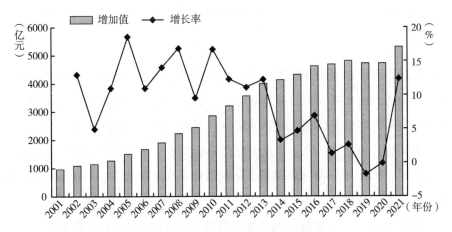

图2 2001~2021年海洋渔业增加值情况

资料来源：《中国海洋统计年鉴》（2002~2017）、《中国海洋经济统计年鉴》（2018~2019）、《中国海洋经济统计公报》（2019~2021）。

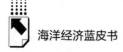

海洋盐业与人民生活密切相关，也是我国传统海洋产业不可或缺的部分。但随着我国盐场面积的不断缩小以及浅层地下卤水的过度开发，我国海盐产量逐年降低，海洋盐业增加值在2015年后整体呈下降趋势。2021年海洋盐业增加值比上年增长3.0%，全年实现增加值为34亿元（见图3）。为加快海洋盐业转型升级，天津市海洋经济发展"十四五"规划指出，要积极开发浓海水及苦卤综合深度处理的新技术新产品，研制出更高纯度的精制盐。

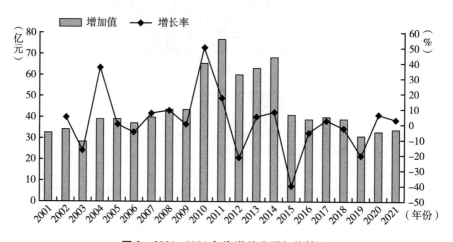

图3 2001~2021年海洋盐业增加值情况

资料来源：《中国海洋统计年鉴》（2002~2017）、《中国海洋经济统计年鉴》（2018~2019）、《中国海洋经济统计公报》（2019~2021）。

我国海洋矿产资源开发的资金投入不足，规模相对较小，在我国传统海洋产业中所占比重不大。目前，海洋矿产资源在我国长期处于粗放式的开发状态，当采矿器械进行深海矿物采集时，可能会破坏海洋生物多样性，对海洋生态环境造成威胁，同时，我国深海采矿技术水平与国外相比，也存在一定的差距。2021年，我国海洋矿业增加值比上年下降5.3%，全年实现增加值180亿元（见图4）。

2001年以来，我国海洋油气业取得了较快的发展，显示了我国海洋经济强大的生命力和韧性。2020年，受新冠肺炎疫情以及极端气候的影响，国际石油价格在全球范围内不断下跌，对我国海洋油气企业的运营造成了一

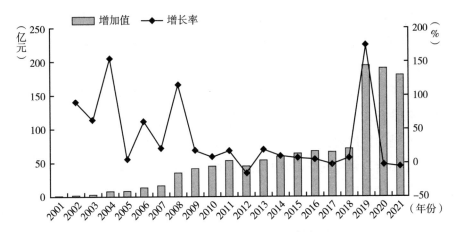

图4　2001~2021年海洋矿业增加值情况

资料来源：《中国海洋统计年鉴》（2002~2017）、《中国海洋经济统计年鉴》（2018~2019)、《中国海洋经济统计公报》（2019~2021)。

定的影响。2021年，我国海洋油气企业继续增储上产，海洋油气产量小幅上涨，全年实现增加值1618亿元，比上年增长6.4%（见图5）。目前，我国油气资源长期依靠国外进口，加强我国海洋油气业的发展，是进一步增强我国石油资源的勘探和开采，确保国家能源安全供应的重要举措。

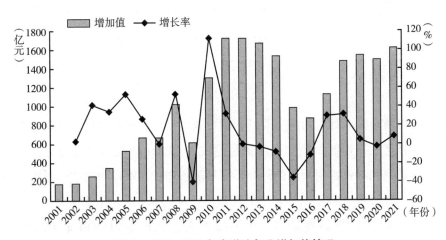

图5　2001~2021年海洋油气业增加值情况

资料来源：《中国海洋统计年鉴》（2002~2017）、《中国海洋经济统计年鉴》（2018~2019)、《中国海洋经济统计公报》（2019~2021)。

滨海旅游业是我国最大的支柱性海洋产业，受新冠肺炎疫情冲击，2020
年，我国滨海旅游业增加值呈现大幅度下降。进入2021年，由于我国疫情
控制成效显著，沿海地区的旅游业开始恢复增长，全年实现增加值15297亿
元（见图6），约占全国海洋产业增加值的44.9%。但由于疫情多处蔓延，
滨海旅游业仍未能恢复到疫情之前的水平。我国"十四五"规划指出，根
据当前疫情防控的需要，要加强推进数字化和智能化的智慧旅游，将互联网
与旅游业结合，强化滨海旅游的结构多样性、主题性和体验性，促进滨海旅
游业的可持续发展。

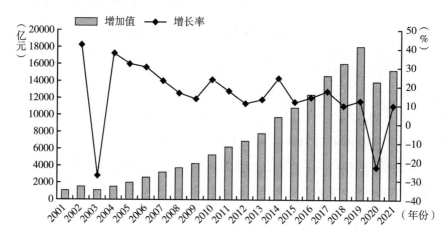

图6　2001~2021年滨海旅游业增加值情况

资料来源：《中国海洋统计年鉴》（2002~2017）、《中国海洋经济统计年鉴》（2018~2019）、
《中国海洋经济统计公报》（2019~2021）。

海上货运是国际贸易最重要的运输方式之一，发展海洋运输业可以促进
我国海洋产业结构的调整和国际贸易的发展。2021年全球经济复苏，新冠
肺炎疫情得到有效控制，国内外商品交易需求增长，港口和航空运输市场不
断好转。2021年，我国海洋货物周转量同比增长8.8%，沿海口岸实现了全
球最大的货物和集装箱运力。我国海洋交通运输业增加值比上年增长
30.7%，全年实现增加值7466亿元（见图7）。随着我国海运业在国际竞争
中优势凸显，同时为进一步提高我国海运业的风险抵御能力，国务院印发了

《关于促进海运业健康发展的若干意见》，要求健全我国海运企业的治理体系，拓展国际海运物流网络，扩大"丝绸海运"的品牌影响，实施"走出去"战略。

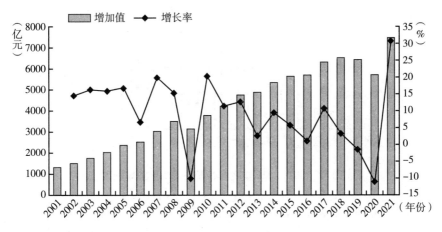

图7　2001～2021年海洋交通运输业增加值情况

资料来源：《中国海洋统计年鉴》（2002～2017）、《中国海洋经济统计年鉴》（2018～2019）、《中国海洋经济统计公报》（2019～2021）。

（二）新兴海洋产业

随着海洋高新技术的发展和国际市场需求的带动，我国新兴海洋产业实现突飞猛进的发展，2021年，新兴海洋产业增加值比上年增长16.3%，全年实现增加值为4160亿元（见图8）。我国应以数字科技为驱动，培育壮大海洋新兴产业，继续发挥海洋新兴产业的经济引擎效应，加快海洋科技创新步伐，推动海洋新兴产业高质量发展。

船舶工业既包括民用船舶，也包含支撑国防安全的军用船舶。2020年，在全球疫情影响下，我国海洋经济活力不足，海洋船舶业增加值比上年减少3%。2021年，全球船舶的需求量明显上升，推动海洋经济绿色化、高端化转型，我国海洋船舶工业增加值比上年增长10.2%，全年实现增加值1264亿元（见图9）。2021年我国新承接海船订单、海船完工量和手持海船订单

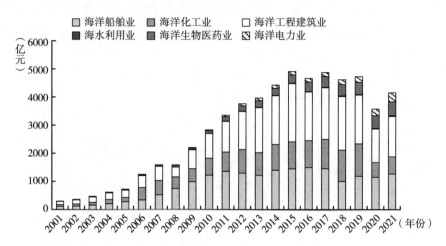

图8　2001~2021年我国各新兴海洋产业增加值

资料来源：《中国海洋统计年鉴》（2002~2017）、《中国海洋经济统计年鉴》（2018~2019）、《中国海洋经济统计公报》（2019~2021）。

分别为 2402 万、1204 万和 3610 万修正总吨，分别比上年增长 147.9%、11.3%和 44.3%，在国际市场份额上保持领先地位。

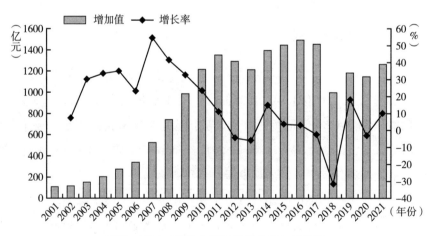

图9　2001~2021年海洋船舶业增加值情况

资料来源：《中国海洋统计年鉴》（2002~2017）、《中国海洋经济统计年鉴》（2018~2019）、《中国海洋经济统计公报》（2019~2021）。

2001 年以来,我国海洋化工业实现产能快速增长,伴随我国节能减排相关政策的陆续推出,海洋化工业的增速逐步放缓。受全球新冠肺炎疫情影响,我国海洋化工业增加值由 2019 年的 1157 亿元骤降至 2020 年的 532 亿元。随着我国疫情得到控制和企业复工复产,海洋化工业的发展得到一定的恢复,主要海水化工原料如烧碱的产量有所增加。2021 年,我国海洋化工业实现增加值 617 亿元,同比增长 16.0%(见图 10)。近年来,山东半岛优化布局海洋化工优势产业发展,海化集团、海王化工等企业制造的 20 多种海洋化工产品,产量居全球领先地位。

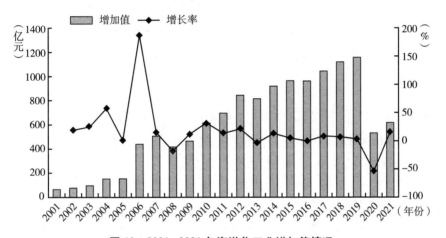

图 10　2001~2021 年海洋化工业增加值情况

资料来源:《中国海洋统计年鉴》(2002~2017)、《中国海洋经济统计年鉴》(2018~2019)、《中国海洋经济统计公报》(2019~2021)。

近年来,我国海洋工程建筑业持续稳定发展,新型基础设施的建设进一步加快,伴随 5G+海洋牧场、智慧港口及一系列海洋大型工程的逐步推进,海洋工程建筑业带动海洋经济高速发展的作用逐步加强,占比持续提升。2021 年,我国海洋工程建筑业增加值比上年增长 20.3%,全年实现增加值 1432 亿元(见图 11)。

我国淡水资源短缺,随之而来的是海水淡化市场的快速扩大,海水利用业作为节能环保产业,也是我国新兴海洋产业的重要发展方向。目前,我国

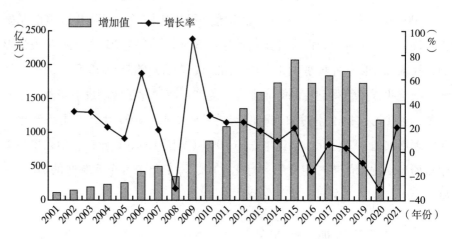

图 11　2001~2021 年海洋工程建筑业增加值情况

资料来源：《中国海洋统计年鉴》（2002~2017）、《中国海洋经济统计年鉴》（2018~2019）、《中国海洋经济统计公报》（2019~2021）。

海水淡化技术开发与研究也取得新进展，海水淡化项目陆续建成并投入使用。2021 年，海水利用业保持两位数稳定增长，实现全年产业增加值 24 亿元，比上年增长 26.3%（见图 12）。

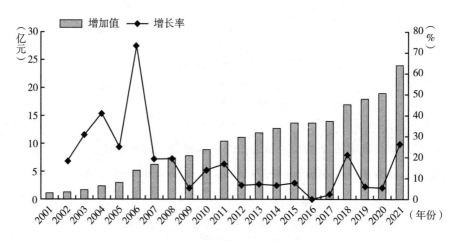

图 12　2001~2021 年海水利用业增加值情况

资料来源：《中国海洋统计年鉴》（2002~2017）、《中国海洋经济统计年鉴》（2018~2019）、《中国海洋经济统计公报》（2019~2021）。

我国海洋生物医药的产业规模不断扩大，逐步成为我国海洋经济发展最迅速的产业之一，其产业增加值实现从 2001 年的 5.7 亿元增至 2021 年的 494 亿元（见图 13），市场规模增势良好。虽然我国海洋生物医药业的年产值逐年增长，但由于我国海洋开发技术和创新水平的限制，与国外发达国家还存在明显的差距，我国海洋生物医药业还存在巨大的发展空间。

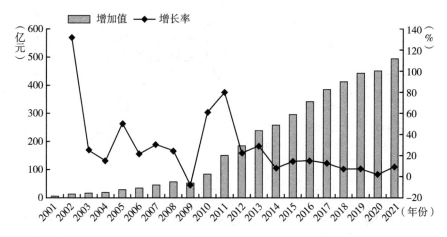

图 13　2001～2021 年海洋生物医药业增加值情况

资料来源：《中国海洋统计年鉴》（2002～2017）、《中国海洋经济统计年鉴》（2018～2019）、《中国海洋经济统计公报》（2019～2021）。

我国拥有大量的海洋能资源和岛屿，海洋能源的开发和利用以及"一带一路""碳中和"等倡议为海洋能发展提供广阔的发展机会，海洋电力业是我国未来能源供给的重要支撑。截至 2021 年底，我国海洋电力业增加值同比增长 38.9%，全年实现增加值 329 亿元，较上年增加 92 亿元（见图 14）。海上风力发电设备规模逐步扩大，2021 年我国风力发电的总装机量已跻身全球首位。

二　传统与新兴海洋产业差异分析

我国传统海洋产业与新兴海洋产业在资金、技术和人力投入上具有明显的差异，通过 Dagum 基尼系数分解法对 2001～2021 年我国传统海洋产业与

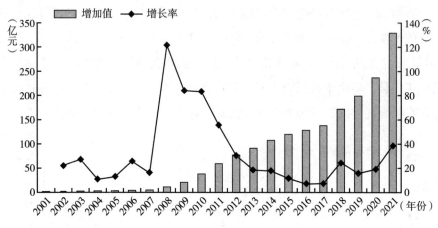

图14　2001~2021年海洋电力业增加值情况

资料来源：《中国海洋统计年鉴》（2002~2017）、《中国海洋经济统计年鉴》（2018~2019）、《中国海洋经济统计公报》（2019~2021）。

新兴海洋产业增加值进行分析，重点剖析传统海洋产业与新兴海洋产业的差异，对我国海洋产业差异性及其动态演变规律开展研究。通过 Dagum 基尼系数分解法分别计算传统海洋产业与新兴海洋产业总体差异、产业内差异和产业间差异，精细化评估我国海洋产业发展特征，重点研判海洋传统产业和新兴产业增加值差异趋势。研究结果揭示 20 年来中国传统海洋产业与新兴海洋产业的发展规律，基于海洋产业视角厘清了产业异变趋势和特征；同时，对精准把握海洋产业未来发展态势，加速我国传统海洋产业转型升级，促进新兴海洋产业突破创新，实现海洋产业融合发展具有重大的现实意义。

（一）中国海洋产业总体差异

我国新兴海洋产业与传统海洋产业的总体差异如图15所示，新兴海洋产业与传统海洋产业总体差异经历了先下降后上升的趋势，Dagum 基尼系数由 2001 年的 0.691 下降到 2011 年的 0.619，2019 年逐步回升至 0.697，2021 年小幅回落至 0.687。从总体看，我国海洋新兴产业与传统产业差异系数较大，且波动趋势明显。具体而言，这一现象的出现受到多重因素的影响。首先，我国新兴海洋产业与传统海洋产业增加值变化特征存在明显差异，海洋产业增加值的主要贡献力量依然是传统产业，新兴海洋产业增加值占海洋产业比重相对较小，传统海洋产业与新兴海洋产业内部亦存在明显的差异性；其次，相关政策的出台对海洋产业发展产生重大影响，自《"十二五"海洋科学和技术发展规划纲要》提出以来，我国积极推进海洋基础研究和数字海洋工程建设，提高海洋数据服务共享能力，突破海洋新兴产业发展的关键技术，逐步扩大了其与传统海洋产业的差异性；最后，随着海洋生态保护理念逐渐深入，人海和谐发展观念深刻影响海洋产业发展，2011年以来，我国海洋渔业产业增长率总体处于下降状态，以海洋渔业为代表的传统海洋产业经历从发展规模向发展质量的转变，传统海洋产业的转型升级进一步巩固了其在海洋产业中的基础性地位，与新兴海洋产业差异性有所增加。

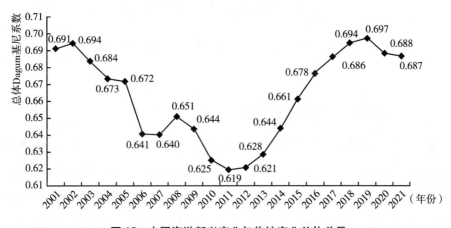

图 15　中国海洋新兴产业与传统产业总体差异

为探明我国海洋新兴产业与传统产业的差异性，将总体 Dagum 基尼系数分解为产业内差异、产业间差异和超变密度差异，具体如图 16 所示。根据 Dagum 基尼系数分解结果，我国海洋新兴产业与传统产业内部差异和产业间差异贡献均衡，这一结果表明，我国海洋新兴产业与传统产业内部与产业间差异均较为明显，产业个体特征显著。我国海洋产业发展受到行业特点、技术水平、资本投入等因素的差异化影响，海洋产业增加值差异

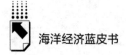

显著。因此，为精细化评估我国海洋产业的动态演变规律，有必要进一步探究我国传统海洋产业内差异、新兴海洋产业内差异以及传统和新兴海洋产业间的差异。

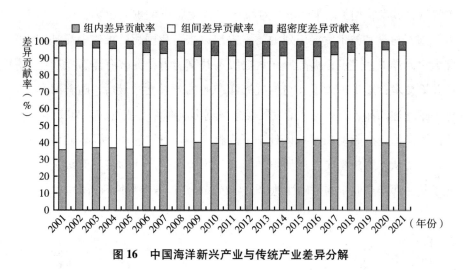

图16　中国海洋新兴产业与传统产业差异分解

（二）中国海洋产业内部差异

我国传统海洋产业特征明显，不同产业增加值具有较大的差异，传统海洋产业内部 Dagum 基尼系数介于 0.4~0.6（见图17）。2001~2021 年我国传统海洋产业基尼系数呈现波动上升的趋势，这一结果表明我国传统海洋产业差异化正在逐渐增加。2020 年受新冠肺炎疫情的影响，传统海洋产业冲击效果明显，海洋产业增加值均出现了不同程度的下降，导致传统海洋产业内部 Dagum 基尼系数有所降低，断崖式的下滑致使滨海旅游业与其他传统海洋产业之间的差距减少，2021 年虽然有所恢复，但是尚未恢复到疫情前的水平，故 2020~2021 年传统海洋产业 Dagum 基尼系数降低，总体来看，我国传统海洋产业内部差异化明显。2001~2021 年海洋渔业虽然增加值稳步上升，但在传统海洋产业中的占比逐渐下降。目前，海洋科技发展正逐步成为带动传统海洋产业转型升级的新动力，《中国海洋经济统计公报》显示，截至 2021 年底，我国 136 个国家级海洋牧场已顺利建设完成，农业农村部下发《"十四五"全国渔业发展规划》，我国渔业科技进步贡献率预计将于 2025 年达到 67%。同时，我国重视科技和体制协同激励优势，激发传统海洋产业新发展动能，构建多元主体协同参与的投融资模式，重视科技成果商业化和社会化应用，实现知识链、供应链和产业链融合发展。

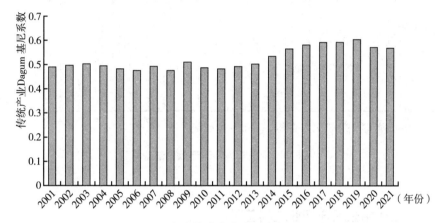

图 17　中国传统海洋产业内部差异

　　我国新兴海洋产业特征明显，新兴海洋产业内部 Dagum 基尼系数介于 0.4~0.6（见图 18）。2001~2021 年我国新兴海洋产业增加值差异呈现波动下降的趋势，不同产业的发展协调度正在逐渐增加，海洋新兴产业 Dagum 基尼系数有所下降。这一现象表明，新兴海洋产业协同发展程度增加，内部集聚融合发展趋势正在加速形成。随着数字经济赋能海洋产业发展，上下游产业供应链协调度持续增加，企业间关联日渐增强，产业链逐步向上下游企业延伸，通过深挖产业链价值促进了新兴海洋产业协调发展。我国新兴海洋产业的发展以国家海洋战略重大需求和海洋经济结构转型升级为重点，具有技术密集型、环境友好型、资源节约型等特点，有效保障国家战略资源供给，实现了海洋资源的高效利用。随着数字经济的发展，数字海洋促进了新兴产业间的协同配合和共同发展，海洋产业集聚优势不断显现，新兴海洋产业 Dagum 基尼系数呈现下降趋势。与此同时，海洋科研教育管理服务业和

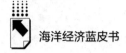
海洋相关产业支持效应显著，为海洋新兴产业的发展提供了必要的人才和配套服务支持。

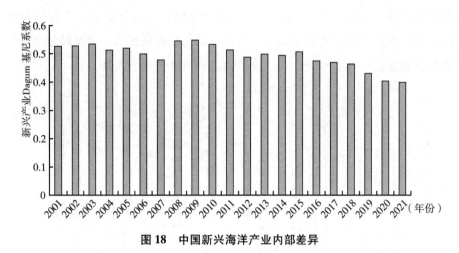

图18　中国新兴海洋产业内部差异

（三）中国海洋产业之间差异

我国传统海洋产业与新兴海洋产业间差异明显，如图19所示，产业间Dagum基尼系数介于0.7~0.9。2001~2011年我国海洋传统与新兴产业间增加值差异呈现下降的趋势，2012~2021年产业间差异逐步增加。疫情冲击、消费抑制和外需疲软等外部冲击对传统海洋产业与新兴海洋产业影响有所不同，我国传统海洋产业的脆弱性较强，受到外部影响的冲击与新兴产业的差异增加。海洋传统产业与新兴产业之间差异变动的原因主要有以下几个方面。首先，亟待解决的核心问题差异性明显，海洋渔业和海洋矿业等传统海洋产业发展面临的主要问题是自然资源集约利用和生产方式现代化，主要发展目标是提高产业效率，改善传统海洋产业结构，而海洋新兴产业多为高技术附加值产业，未来发展方向为数字化、集群化发展模式。其次，在资本投入需求方面存在明显差异，我国传统海洋产业主要依赖于劳动力密集型投入，以粗放型开发为主，资源利用效率不高，而科技创新和资本是海洋新兴产业亟须投入的要素。目前，我国海洋重大关键核心技术尚未实现完全自主化，海洋新兴产业实现技术重大创新和科技成果社会化进程缓慢是制约其发展的重要问题。再次，海洋相关产业支持力度具有明显差异，传统海洋产业由于其产业链松散，脆弱性较强，上下游企业分工协同能力较弱，而海洋新兴产业萌发于重大海洋科技创新产业化，上下游企业分工明确，海洋金融服务等涉海服务业协同配合密切。最后，在生态保护压力上具有明显差异，海洋渔业、海洋矿业等传统海洋产业对海洋生态造成了较大的压力，导致渔业资源枯竭、沿海生态破坏等问题，而新兴海洋产业对海洋生态的破坏相对较少。随着海洋绿色经济发展，未来我国传统海洋产业绿色转型压力较大，而新兴海洋产业结构高端化特征对环境污染程度较小，受到环境规制影响产生的合规成本较低，相比传统海洋产业具有比较优势，未来将会取得长足的发展。

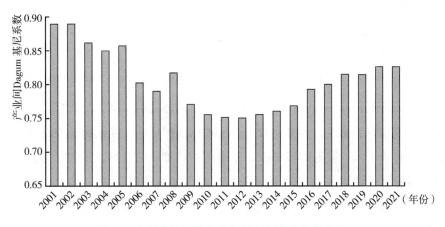

图 19　中国传统海洋产业与新兴海洋产业间差异

三　我国主要海洋产业制约因素研究

（一）传统海洋产业制约因素分析

1. 海洋生态系统破坏严重

《2021 年中国海洋生态环境状况公报》显示，虽然目前我国海洋环境正

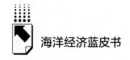

在改善，但是沿海地区的环境质量还需要进一步提高。我国传统海洋产业快速发展引发了一系列生态环境破坏的问题。近海海域的酷渔滥捕造成渔业物种品种的系统化衰退与灭绝；海水富营养化导致一些藻类迅速生长，水体中的氧气枯竭，海洋生物大规模灭绝，对我国整个海洋生态系统造成严重的破坏；农业化肥和杀虫剂的使用导致海水中重金属和放射性物质超标，不仅影响海产品的质量，还会带来严重的食品安全隐患；油气和矿产开采过程中的溢漏和井喷以及油船运输中的泄漏，会对邻近海域造成严重的环境污染，同时原油泄漏事故和溢油灾害的危险性增大；河水运输污染物进入海洋、在入海排污口排放未经处理的污染物等也是造成我国沿海海域生态环境污染的主要因素。

2. 传统海洋产业脆弱性高

2020年以来，国际形势变化和新冠肺炎疫情对我国传统海洋产业造成了严重的冲击，我国海洋经济呈现总量规模减小、产业转型调整的发展趋势。海洋产业发展面临空前挑战，特别是传统海洋产业冲击效果差异化明显，脆弱性强，海洋产业增加值均出现了不同程度的下降。滨海旅游业对环境具有很强的敏感度，容易受到各种突发情况的影响。新冠肺炎疫情在世界各地的影响很大，政府对滨海旅游景点实行精细化的管控，关闭了大部分滨海旅游景区，游客数量大幅度下降，这使很多旅行公司损失巨大，资金紧张。由于疫情多处蔓延，滨海旅游业目前仍未恢复到疫情之前的水平。受疫情影响，水产交易急剧减少，大批海鲜批发停业，企业停工减产，也给我国海洋渔业带来严重的影响。

3. 传统海洋产业协同度低

我国传统海洋产业间协同程度低，没有形成强大的产业集聚。产业之间的分工与一体化程度不高，产业结构趋于一致，缺少特色发展特征。现代互联网、大数据等技术正向传统海洋产业融合渗透，产生新发展业态，但是我国对这些新业态的培育和发展模式还远远不足，如海水养殖业、海水淡化和海盐化工协调融合发展方式没有得到充分的利用。传统海洋产业实现转型升级，与新兴产业的引导和推动密不可分，但是传统和新兴海洋产业协同发展模式尚未形成，在要素供给、生产结构、产业布局等方面必须进一步强化协调与整合。

4. 海洋经济发展模式粗放

虽然我国海洋经济取得了快速的发展，但发展的动力以资源密集型和劳动密集型为主，与国外发达国家相比，我国海洋经济发展仍呈现较为明显的"粗放型"特点。传统海洋产业粗放的发展模式，造成了资源无法持续、环境负荷过大等问题。我国海洋渔业的开发效率与效益不高，近海渔业资源短缺，缺乏对海洋捕捞的管理，水产养殖造成的污染严重，海产品加工处理技术简陋；海洋交通运输业、滨海地区旅游业的发展损害了我国自然海岸线；油气和矿产资源勘查和开发技术落后，开发规模小，效率和效益低下，环境污染严重。

（二）新兴海洋产业制约因素分析

1. 海洋关键技术创新不足

目前，我国新兴海洋产业缺乏关键技术支撑，研究经费不足，海洋技术水平总体落后于世界先进水平，不能满足新兴海洋产业发展的需要。海水淡化需要的膜组件以及膜过滤器等装置长期依赖国外进口，对进一步减少海水淡化总体费用形成严重限制。海洋生物医药业虽然是海洋经济中发展最迅速的领域之一，但是目前主要集中在较为粗放、技术含量低的各种原材料生产和加工环节，拥有自主知识产权的商品还很少。海洋工程建筑业和海洋电力业整体发展水平比较高，但其核心产品的开发和制造能力相对落后，高端原材料和核心零部件在很大程度上依靠进口，国内市场占有率不到20%，主要核心技术多被欧、美等发达经济体掌握。在疫情的影响下，我国海洋新兴产业发展"卡脖子"问题日益凸显。

2. 海洋产业专业人才短缺

随着我国新兴海洋产业的发展，从事海洋产业的人数逐渐增加，人才队伍也愈加壮大。目前，我国在海洋人才培养和师资队伍方面已取得明显的进步，专业化人才培养是促进我国新兴海洋产业高质量发展的重要动力。我国

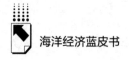

在海洋产业人才培养规划中，主要侧重于理论知识的学习和掌握，而相对缺少实际应用操作上的培养。此外，我国海洋科技人才结构失衡，主要集中于海洋生物和海洋化工等基础性产业，专业型人才的比例较小并且存在明显的年龄结构不合理问题，我国尚未形成完善的新兴海洋产业高层次科研团队，技术成果转化水平比较低。

3. 产业投融资模式单一

我国新兴海洋产业处于黄金发展阶段，大量的资金投入和国家政策扶持不可或缺。但我国当前在发展海洋新兴产业方面总体的支持力度和投资力度还有待加大。虽然新兴海洋产业的相关法规和政策均有所提及，但目前缺乏一套完整的发展规划和治理体系，具体的实施政策与举措等也有待进一步明确。对前期市场的引导和培育、政府采购等方面的政策执行力度不够，产业发展没有足够有效的需求引导。现有的税收政策无法有效激发和引导资本投向新兴海洋产业，发展新兴海洋产业很难得到长期的财政支撑。新兴海洋产业风险性高，容易遭受台风等自然灾害的侵袭，而我国现有的海洋灾害预报与监测系统尚不完善，配套的金融保障机制和政府支持体系还没有完全建立起来。

四 我国主要海洋产业发展前景与政策建议

（一）传统海洋产业

随着产业转型的加快，我国传统海洋产业正朝着高质量、可持续发展方向迈进。为进一步推进传统海洋产业发展，建议注重生态环境综合治理，增强传统海洋产业韧性，强化产业间协同配合，促进产业发展模式转型升级。

1. 注重生态环境综合治理

传统海洋渔业发展中，过度捕捞降低了海洋生物多样性，滨海旅游业的发展则增加了沿海地区生态环境的压力。海洋环境污染和海洋生物多样性降低导致海洋碳汇能力下降，大量二氧化碳滞留在大气中则会加重温室效应。

未来我国传统海洋产业发展应当注重生态环境综合治理，坚持陆海统筹，从源头上治理，减少污染物入海，恢复沿岸海洋生态，发挥海洋在全球变暖治理工作中的作用，厘清海洋生态治理主体职责，建立多元主体协同机制，增强海洋生态环境综合治理成效。

2. 增强传统海洋产业韧性

我国传统海洋产业脆弱性强，易受到外部干扰因素影响，产业生产总值和增长率异变性较强。我国传统海洋产业脆弱性反映了其仍然处于初级发展阶段，依赖初级生产技术和人员密集型投入，面对外生要素干扰时波动性较强。未来我国传统海洋产业发展应当重视增强产业韧性，促进传统海洋产业和数字经济相结合，加快数字化转型，运用数字化、智能化技术推进数字经济与传统海洋产业深度融合，提高传统海洋产业韧性。

3. 强化产业间协同配合

我国传统海洋产业间协同程度低，缺乏产业集群优势。为持续优化海洋经济营商环境，寻找传统海洋产业发展新动能，应当进一步强化传统海洋产业与新兴海洋产业协同配合。传统海洋产业需要增强产业间协同配合，构建产业集群，聚集产业发展要素，合力解决产业发展面临的难题。传统海洋产业应当加快创新网络构建，以龙头企业为主导引领产业链发展，鼓励中小微企业在细分市场寻找发力点，在细分市场创造优势竞争力，实现传统海洋产业的跨越式发展。

4. 促进产业发展模式转型升级

我国传统海洋产业存在生产方式粗放、资源浪费大、环境污染严重等问题，为促进传统海洋产业发展模式转型升级，应当坚持经略海洋思想，构建透明海洋、智慧海洋，提高传统海洋产业竞争力。传统海洋渔业应当改善产业结构，提高远洋捕捞能力和效率，大力发展远洋渔业。积极推进海洋牧场建设，注重海域资源综合利用，提高海洋生物多样性，改善海水养殖综合效益。滨海旅游业应当加强区域间合作，创新发展新业态，加强宣传与推广，依托海钓、帆船、游艇、度假岛等旅游优势资源，规划特色旅游线路，推进海洋传统产业向高质量发展。

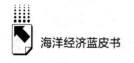

（二）新兴海洋产业

未来我国海洋经济发展的重要推动力量是新兴海洋产业，关键技术突破使新兴海洋产业迎来新的历史发展机遇。为更好地发展新兴海洋产业，建议重视关键技术创新突破，健全海洋人才培育机制，鼓励多元主体参与投资。

1. 重视关键技术创新突破

关键技术创新突破是带动新兴海洋产业大发展、大繁荣的关键，我国海洋高新技术不断涌现，已经达到国际先进水平，但是在部分领域与国际顶尖水平仍然存在差距。未来新兴海洋产业发展应当继续面向产业发展需求，重视关键技术创新突破对其发展的推动作用。政府需要设立创新激励机制，增加海洋创新科技投入，增加政府投资创新项目，增强政府支持海洋新兴产业政策引导。通过设立海洋专项支持资金项目，鼓励新兴产业创新跨越式发展，集中优势团队开展交叉学科研究，突破核心关键技术，保持产业竞争力。重视技术创新商业化应用，鼓励产学研一体化应用，扩大创新要素在海洋新兴产业发展中的作用。

2. 健全海洋人才培育机制

海洋人才是实现海洋新兴产业创新发展的根基和重要因素，但是目前我国海洋专业人才短缺，培养机制不健全，海洋通识教育尚未普及等均制约了海洋人才培养。未来应当健全海洋人才培养机制，普及海洋科学和海洋通识教育，增设高等教育涉海学科，重视系统化培育海洋专业人才。沿海地区涉海高校应依托当地产业发展特色，与涉海企业合作创新人才培养模式，重视应用型海洋人才培养，加快产学研深度融合，为新兴海洋产业发展输送专业化人才。及时适应海洋新兴产业发展需求，培养产业发展高端人才，建设区域特色海洋人才培养体系。广泛开展国际人才培养合作，打造开放式创新合作平台。

3. 鼓励多元主体参与投资

新兴海洋产业发展投资规模大、资金回收周期长、不确定性高等问题导致产业投资不足。为扩大新兴海洋产业投资，鼓励多元主体参与新兴海洋产业投资，政府应当重视政策引导作用，明晰海洋资源使用权、开发权归属，确定海洋资源的用益物权，降低投资的不确定性。创新涉海项目的投融资模式，选用 PPP 模式、REITs 等模式盘活政府存量资产，放大政府涉海投资的杠杆效应，扩大投资有效性，为新兴海洋产业基础设施项目提供有效投资。政府方与社会资本方合理设计新兴海洋产业投资合作模式，风险由最有能力规避的一方承担，按照风险承担的比例分享收益，扩大海洋新兴产业投资规模。

参考文献

殷克东、金雪：《我国陆海经济发展现状、问题及对策分析》，《中国渔业经济》2016 年第 6 期。

李博、金校名、杨俊、韩增林、苏飞：《中国海洋渔业产业生态系统脆弱性时空演化及影响因素》，《生态学报》2019 年第 12 期。

张红智、王波、韩立民：《全域旅游视阈下海洋渔业与滨海旅游业互动发展研究》，《山东大学学报》（哲学社会科学版）2017 年第 4 期。

王小谟、陆军、彭伟、宋令阳：《加速海洋"新基建"建设，推动海洋产业高质量发展》，《科技导报》2021 年第 16 期。

卢毅、宋有欣、曲薪霖、马星语、崔银珠、蔡岳炀、王俊翔：《新冠疫情对滨海旅游业发展的影响与对策研究》，《产业与科技论坛》2022 年第 8 期。

刘宗宇、付玉成、杨丽中、乔守文、刘芷伊、尤再进、石洪源：《威海滨海旅游发展分析及对策》，《海洋开发与管理》2021 年第 5 期。

鲍金见：《低碳视角下我国海洋交通运输业绿色发展评价研究》，天津理工大学硕士学位论文，2021。

张玉洁、段晓峰、丁仕伟：《基于可拓物元模型的我国海洋交通运输业安全评价及提升路径研究》，《海洋经济》2019 年第 6 期。

沈金生、郁威：《中国传统海洋优势产业创新驱动能力研究——以海洋渔业为例》，《中国海洋大学学报》（社会科学版）2014 年第 2 期。

毕重人：《我国海洋传统优势产业转型升级问题研究》，北京交通大学博士学位论文，2020。

姚淑静：《我国传统海洋优势产业技术创新能力研究》，中国海洋大学硕士学位论文，2015。

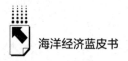

赵晖、聂志巍、张靖苓、张文亮：《天津海水利用发展研究——基于海洋经济高质量发展》，《中国国土资源经济》2019 年第 9 期。

付秀梅、汤慧颖、王毓、赵广利、林春宇、刘国杰：《中国海洋生物医药产业链发展研究》，《中国海洋药物》2020 年第 6 期。

周子文、管红波：《海洋船舶业全要素生产率及影响因素分析——基于产业环境视角》，《海洋开发与管理》2019 年第 1 期。

孙婧、邵桂兰、李晨：《我国海洋优势产业筛选及发展对策研究》，《中国渔业经济》2015 年第 2 期。

许建平：《浙江省海洋油气业与海洋经济转型升级研究》，《中国海洋经济》2016 年第 1 期。

蹇令香、苏宇凌、丁甜甜：《数字创新驱动中国海洋产业高质量发展研究》，《管理现代化》2021 年第 5 期。

刘海朋：《海洋战略性新兴产业支撑条件时空差异与障碍因素分析》，青岛大学硕士学位论文，2018。

冯冬：《我国海洋战略性新兴产业区域差异及影响因素分析》，天津理工大学硕士学位论文，2015。

洪小龙：《培育新兴海洋产业 构建融合发展体系》，《北海日报》2018 年 4 月 20 日。

毛伟、居占杰：《中国战略性新兴海洋产业国际化发展评价》，《生态经济》2018 年第 9 期。

B.3
中国海洋科研教育管理服务业
发展形势分析

杨文栋*

摘　要： 海洋科研教育管理服务业是海洋第三产业中的重要支柱。进入
21世纪以来，中国的海洋科研教育管理服务业步入快速发展车
道，并在海洋经济产业中占据越来越重要的地位。本报告梳理了
我国海洋科研教育管理服务业的发展现状，并结合新时代经济发
展特点，系统梳理了其发展优势和制约因素，并运用自回归移动
平均模型、分数阶预测模型等预测方法，对该行业未来的发展潜
力和发展趋势进行评估。同时，从科研、教育、环境治理和行政
管理四个维度，为提升我国海洋科研教育管理服务产业的发展水
平提出建议，旨在为相关产业发展提供参考意见，助力中国海洋
事业高质量发展。

关键词： 海洋科研教育　海洋管理　管理服务业

一　海洋科研教育管理服务业发展现状分析

根据中华人民共和国国家标准《国民经济行业分类》（GB/T 20794-
2006），海洋科研教育管理服务业为海洋第三产业，为海洋渔业、海洋水产

---

* 杨文栋，博士，山东财经大学管理科学与工程学院预聘制副教授，研究方向为机器学习、数
据挖掘、预测与评价。

品加工业、海洋油气业、海洋矿业等主要海洋产业提供支持和管理。

在进一步提升我国海洋经济实力的需求下，近几年海洋软实力得到不断增强，随之海洋科研教育管理服务业也得到了国家大力支持。最新发布的《2021年中国海洋经济统计公报》显示，2021年我国海洋科研教育管理服务业总产值已经突破了2.5万亿元（见图1），增速为9.1%。相比2020年7.4%的增长幅度，延续了高速发展的势头，并且显示出磅礴的发展潜力，在海洋相关产业的发展中占据了越来越重要的地位（见图1）。

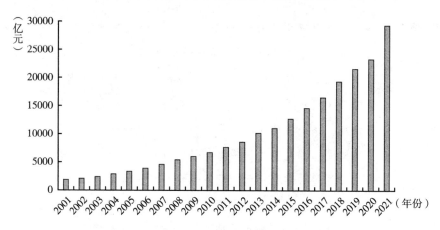

图1 2001~2021年海洋科研教育管理服务业生产总值

资料来源：2001~2016年数据源自《中国海洋统计年鉴（2017）》、2017~2021年数据源自《中国海洋经济统计公报》（2017~2021）。

（一）海洋科学技术

海洋产业是具有涉海性的人类经济活动，无论其所在地是否为沿海地区，凡涉海性经济活动，均可视为海洋产业。海洋科技对于促进海洋产业发展、建设海洋强国意义非凡。"十三五"以来，随着沿海地区和政府各部门对党中央和国务院决策部署的严格落实，陆海统筹的近岸海域污染防治工作持续推进，渤海综合治理攻坚战取得阶段性胜利，海岸带保护修复工程逐步推动，"蓝色海湾"整治行动深入实施，总体上，海洋生态环境得以改善，局部上，海域生态系统服务功能提升显著。2020年3月25日，生态环境部发布《全国海洋生态环境保护"十四五"规划》，2021年12月27日，国务院发布批复，原则同意《"十四五"海洋经济发展规划》。

我国在重大海洋科技基础设施建设领域取得重大突破。2020年6月，我国首个业务化的卫星雷达高度计定标场——珠海万山雷达高度计海上定标场观测系统通过现场验收，是继美国、法国、希腊和澳大利亚之后，世界第5个运行的卫星雷达高度定标场系统。2020年，我国发射了海洋一号D星，与已发射的海洋一号C星组成首个海洋业务卫星星座，填补了下午观测数据的空白，实现了全天观测。

极地科考和深渊领域亦取得丰硕成果。2021年2月19日，"向阳红01"船顺利完成"2020印度洋岩石圈构造演化科学考察航次"科考任务。2021年11月8日，"东方红3"船完成"西太平洋复杂地形对能量串级和物质输运的影响及作用机理"重大科学考察航次第一航段科考任务。2021年11月5日，中国第38次南极考察队搭乘"雪龙"船从上海启程，执行南极科学考察任务。2022年4月26日，"雪龙"号极地科考船圆满完成中国第38次南极科考任务。

另外，我国海洋领域的科研基础设施也在有条不紊地建设之中。2022年2月，三亚海底数据中心示范工程项目首个海底数据舱在天津港保税区临港特种设备制造场地开工建造；2022年3月，首个智能深海油气保障仓储中心在海南省中国海油海南码头投入使用。

2004年，我国海洋科研机构有105个、从业人员13453人，随着海洋科学技术的发展，海洋科研机构和科研人员的数量都在不断增加，到2018年，海洋科研机构有176个，从业人员达32825人（见图2）。

海洋科学的发展离不开科研教育的支撑，而海洋科技活动人员的质量对海洋科技创新起到了重大推动作用。得益于我国海洋事业和教育事业的发展，我国海洋科研教育水平提升迅速，科研实力不断增强，科研人才不断增多。其中，拥有博士学位的人才占比从2011年的约1/5增加至2018年的1/3（见图3），高学历人才在海洋科技活动人员中的占比持续提升，为海洋科学事业未来的发展提供了保障。

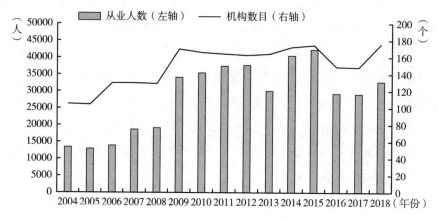

图2　2004～2018年海洋科研机构及人员情况

资料来源：《中国海洋统计年鉴》（2005～2017）、《中国海洋经济统计年鉴》（2018～2019）。

图3　2011～2018年海洋科技活动人数及博士占比

资料来源：《中国海洋统计年鉴》（2012～2017）、《中国海洋经济统计年鉴》（2018～2019）。

海洋科技成果领域。随着我国对研究创新的重视和教育水平的提升，我国海洋科技成果取得了可观的进步，总体来看，我国海洋相关的科技论文发表量、科技著作出版种类和专利授权量变化趋势如图4至图6所示。

2022年4月19日，中国海洋学会公布了2021年度海洋科学技术奖及海洋优秀科技图书获奖项目。2021年度海洋科学技术奖获奖项目共43

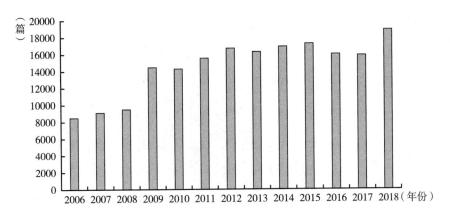

图4 2006~2018年海洋相关的科技论文发表量

资料来源:《中国海洋统计年鉴》(2012~2017)、《中国海洋经济统计年鉴》(2018~2019)。

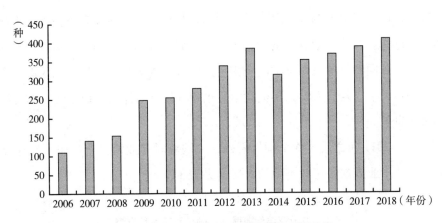

图5 2006~2018年海洋科技著作出版种类

资料来源:《中国海洋统计年鉴》(2012~2017)、《中国海洋经济统计年鉴》(2018~2019)。

项,其中特等奖3项、一等奖14项、二等奖26项,海洋优秀科技图书奖
20项。

(二)海洋教育事业

随着我国对海洋领域发展的重视,为解决涉海人才短缺的窘境,海洋教

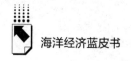

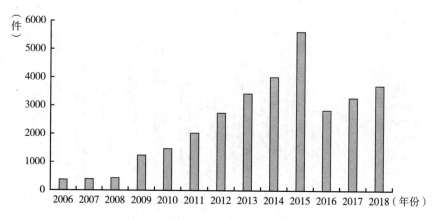

图6 2006~2018年海洋相关专利授权量

资料来源：《中国海洋统计年鉴》（2012~2017）、《中国海洋经济统计年鉴》（2018~2019）。

育事业也迎来了重大调整。最新教育部学科分类显示，各大高校相继在物理学、地球科学、管理学、经济学、军事学、能源科学技术等一级学科中开设涉海专业。同时，各大海洋类高校招生人数也呈逐年上涨趋势，一些重点大学如厦门大学、复旦大学、集美大学等也相继设立海洋类二级学院，助力海洋事业发展。

进入2011年之后，除个别年份外，中国海洋专业博士、硕士研究生专业点以及毕业人数保持较平稳的发展（见表1）。

表1 中国海洋专业博士、硕士研究生教育情况

单位：个，人

年份	2011	2012	2013	2014	2015	2016	2017	2018
博士点数	125	131	137	140	140	138	138	143
硕士点数	294	327	345	332	322	316	312	311
博士毕业生数	601	615	673	672	630	712	733	783
硕士毕业生数	3034	3217	3356	3031	2961	3168	3102	2970

资料来源：《中国海洋统计年鉴》（2012~2017）、《中国海洋经济统计年鉴》（2018~2019）。

（三）海洋环境保护业

进入 21 世纪以来，我国海洋经济取得了长足的进步，但仍然处于初级阶段，在过去的发展过程中，对海洋资源开发不足，破坏海洋生态环境现象屡有发生。目前，我国海洋经济正在向高质量发展转型，在保障海洋经济发展的同时，合理利用海洋资源，保护海洋环境成为海洋领域高质量发展的前提。

《2021 年中国海洋生态环境状况公报》显示，2021 年，我国海洋生态环境总体状况稳中向好，海水质量得到了较大改善，一类海水海域面积和近岸海域优良水质（一类、二类）面积分别占管辖海域面积的 97.7% 和81.3%，分别同比上升 0.9 个百分点和 3.9 个百分点。劣四类水质海域中主要超标的指标为活性磷酸盐和无机氮，其主要分布在近岸海域，如辽东湾、渤海湾、浙江沿岸、珠江口等。目前，全国入海河流水质状况总体仍处轻度污染阶段，而典型海洋生态系统均处于健康或亚健康状态，但主要用海区域环境质量总体呈良好。

数据显示，2021 年，我国直排海污水排放总量为 72.78 亿吨，其中直排海污染源排污口共 458 个，化学需氧量 141841 吨。直排海污水污染物种类主要为总氮（46661 吨），其次分别为氨氮、总磷和石油，具体数值如表2 所示。主要的污染源来自工业和综合，之后来自生活。2021 年直排海污染物统计数据表明随着城市化和工业化的发展，对海洋的污染也随之增加。因此，应当重视海洋污染问题。

表2　2021 年各类直排海污染源污水及主要污染物排放总量

污染源类别	排污口数（个）	污水量（万吨）	化学需氧量（吨）	石油类（吨）	氨氮（吨）	总氮（吨）	总磷（吨）	六价铬（千克）	铅（千克）	汞（千克）	镉（千克）
工业	217	246135	28253	116	866	8839	221	700.4	2537.5	64.3	13.8
生活	55	80602	16315	39	372	5310	118	601.7	542.4	27.7	61.5
综合	186	401051	97273	428	2818	32512	644	689.8	2610.3	240.9	966.1
合计	458	727788	141841	583	4056	46661	983	1991.9	5690.2	332.9	1041.4

资料来源：中华人民共和国生态环境部：《2021 年中国海洋生态环境状况公报》。

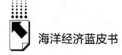

海洋经济蓝皮书

为进一步探讨分地域海洋污染状况，分析不同海区直排污染的地区异质性，有必要分区域探讨海洋生态状态。四大海区中，受纳污水排放量最多的是东海，南海和黄海次之。东海海区排污口为 166 个，污水量为 419588 万吨；南海海区排污口为 150 个，污水量为 148070 万吨；黄海海区排污口为 80 个，污水量为 89719 万吨（见表 3）。

表 3　2021 年各海区直排海污染源污水及主要污染物受纳总量

海区	排污口数（个）	污水量（万吨）	化学需氧量（吨）	石油类（吨）	氨氮（吨）	总氮（吨）	总磷（吨）	六价铬（千克）	铅（千克）	汞（千克）	镉（千克）
渤海	62	70412	6820	32	195	2590	82	227.2	2802.0	58.3	11.3
黄海	80	89719	21855	119	543	6416	162	400.4	972.2	87.2	99.0
东海	166	419588	79228	377	2070	27343	477	686.3	1215.5	111.4	899.1
南海	150	148070	33938	55	1249	10312	262	678.0	700.6	76.0	32.0

资料来源：中华人民共和国生态环境部：《2021 年中国海洋生态环境状况公报》。

沿海省（区、市）中，直排海污染源污水排放量前三者分别为浙江、福建和山东，分别为 202221 万、189769 万和 92627 万吨。直排海污染源化学需氧量，前三者分别为浙江、山东和广东，分别为 55507 万、22821 万和 18840 万吨（见表 4）。整体来看，沿海省份的直排海污染情况与地区经济发展情况脱钩，为减少直排海污染对海洋生态环境状况的负面冲击，地区涉海经济越来越重视生态环境与经济发展双重目标的实现。涉海经济发展应重视科技要素投入，加强绿色、低碳和可持续化技术应用于海洋经济的发展。因此，海洋经济发展状况较好的省份海洋污染总量相对较低，地区入海污染物处理程度越高，对海洋的负面影响越小。

表 4　2021 年沿海省（区、市）直排海污染源污水及主要污染物排放总量

海区	排污口数（个）	污水量（万吨）	化学需氧量（吨）	石油类（吨）	氨氮（吨）	总氮（吨）	总磷（吨）	六价铬（千克）	铅（千克）	汞（千克）	镉（千克）
辽宁	31	5814	1539	22	12	195	6	—	—	—	—
河北	6	47420	634	—	18	1138	44	10.0	1435.9	10.8	2.3

续表

海区	排污口数(个)	污水量(万吨)	化学需氧量(吨)	石油类(吨)	氨氮(吨)	总氮(吨)	总磷(吨)	六价铬(千克)	铅(千克)	汞(千克)	镉(千克)
天津	16	5715	1116	3	23	316	7	79.4	15.9	2.2	4.1
山东	69	92627	22821	106	658	6873	169	480.2	2320.2	121.0	87.0
江苏	20	8556	2565	20	28	483	18	58.1	2.2	11.4	16.9
上海	10	27597	6111	23	152	1974	34	—	70.2	36.6	10.8
浙江	104	202221	55507	209	1353	17160	271	311.3	1065.6	63.6	845.0
福建	52	189769	17611	145	565	8208	172	375.1	79.6	11.2	43.3
广东	72	91188	18840	35	505	5687	132	626.8	510.5	30.0	13.2
广西	41	20177	4771	14	174	1506	46	27.3	147.7	17.1	18.0
海南	37	36705	10328	6	570	3120	84	23.9	42.3	28.8	0.8

资料来源：中华人民共和国生态环境部：《2021 年中国海洋生态环境状况公报》。

（四）海洋行政管理业

2021 年，全国海洋倾倒量达 27004 万立方米（见图 7），同比增长 2.3%，主要包含清洁疏浚物，倾倒区域海水水质不低于三类海水水质标准，沉积物不低于二类海洋沉积物质量标准，具体分布状况如图 8 所示。

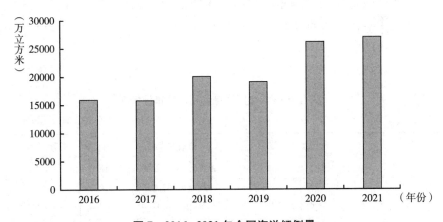

图 7　2016~2021 年全国海洋倾倒量

资料来源：中华人民共和国生态环境部：《2021 年中国海洋生态环境状况公报》。

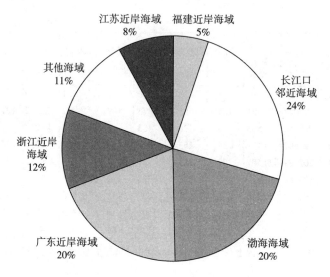

图8 2021年全国海洋倾倒量分布状况

资料来源：中华人民共和国生态环境部：《2021年中国海洋生态环境状况公报》。

1993年，中国确立沿海区域海域使用管理制度，2002年1月1日颁布实施《中华人民共和国海域使用管理法》，相关制度逐渐建立和完善。海域使用管理法的颁布与实施对于明确海域的使用权，强化海域管理保护主体责任具有显著的作用。2015年全国海域使用申请审批情况如表5所示。

表5 2015年全国海域使用申请审批情况

单位：本，公顷

地区	经营性项目		公益性项目		总计	
	证书	面积	证书	面积	证书	面积
辽宁	1078	97934.75	20	3302.38	1098	101237.13
河北	308	10164.66	4	37.63	312	10202.29
天津	35	1207.10	2	1.52	37	1208.62
山东	650	73421.60	28	922.03	678	74343.63
江苏	152	21780.61	8	170.19	160	21950.80
上海	2	512.12	3	56.26	5	568.38

续表

地区	经营性项目		公益性项目		总计	
	证书	面积	证书	面积	证书	面积
浙江	113	2226.29	69	1338.2	182	3564.49
福建	243	4574.23	20	639.42	263	5213.65
广东	145	3407.84	15	475.67	160	3883.51
广西	256	4809.51	11	149.73	267	4959.24
海南	14	1078.58	3	86.36	17	1164.94
省（区、市）以外	5	139.04	0	0	5	139.04
全国	3001	221256.33	183	7179.39	3184	228435.72

资料来源：国家海洋局：《2015年海域使用管理公报》，2016年4月，第4~5页。

2017年开始，随着国家及省级海洋主管部门与国土资源管理部门陆续出台具体措施落实新发布的不动产登记暂行条例及其实施细则，海域使用证将变为不动产权证。海域不动产的权利确认对于明确海域使用权的归属，保护权利人的合法权利，规范海域不动产的交易具有重要意义。与此同时，海域不动产权归属的明晰有利于实现海域资源的资产化，促进市场化运营海域开发管理，提高海洋资源开发利用保护项目的可融资性。

2019年12月17日，自然资源部全面实施"两权合一"① 招标拍卖挂牌出让制度。具体来说，即由沿海省级自然资源主管部门将省级政府法定权限内的海域使用权出让，和海砂采矿权纳入同一招拍挂方案并组织实施。

二 海洋科研教育管理服务业发展优势分析

基于上述分析，我国海洋科研教育管理服务业的快速发展得益于以下优势。

---

① 其中，"两权"是指海砂采矿权和海域使用权。

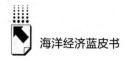

（一）国家的政策支持，为我国海洋科研教育管理服务业营造了良好的政策环境

"十二五"规划实施以来，在对海洋新技术的研发和海洋基础科学的研究等方面，我国取得了巨大进步和突破，海洋科研基地平台基本建成，人才队伍体系逐渐完善壮大，与国际先进水平的差距逐渐缩小，初步具备了在海洋高新技术方面的自主创新能力，部分领域的技术水平已逐渐与国际领先水平接轨。在海洋生物育种、海洋潮流能发电、海洋遥感技术等方面，我国取得明显的技术突破。2017年，《"十三五"海洋领域科技创新专项规划》明确了"十三五"期间海洋科学技术的发展思路和目标、重点技术发展方向、重点任务和保障措施等。

（二）海洋主要产业的快速发展需要海洋科研教育管理服务业的支持

在海洋经济中，科研教育管理服务业为海洋渔业、海洋油气业、海洋水产品加工业、海洋矿业等主要海洋产业提供科学技术支持和专业人员支持。近年来，我国海洋产业总体保持快速增长，海洋相关经济活动持续向好，沿海地区各具特色的海洋产业格局逐渐形成，海洋经济在国民经济中逐渐占据了重要地位。"一带一路"倡议的不断推进，海洋命运共同体的提出，沿海地区海洋经济示范区、试验区、自贸区等的不断建设与完善，都为我国海洋经济提供了前所未有的发展机遇和广阔的提升空间。随着海洋经济的快速发展，与海洋相关的科研、教育、生态、管理产业越来越显现重要作用，作为海洋经济的重要支柱，我国海洋科研教育管理服务业在海洋经济快速发展的需求下，具有良好的发展前景。

（三）海洋科技创新前景良好，产学研深度融合，面向海洋重大需求集中攻关

海洋科技的创新引领和创新突破对海洋经济的发展具有巨大的推动

作用。海洋科研教育主要面向海洋产业发展重大需求，培养创新人才，集中优势力量开展科研攻关，实现海洋经济发展提质增效。2021年厦门大学与自然资源部第三海洋研究所确立长期合作关系，双方共同承担国家重大科研攻关、科研教学与人才培养任务，实现资本、教育、人才、科研深度融合，为海洋经济示范区和海洋特色中心城市服务。因此，中国海洋教育与科研团队紧密配合，面向海洋经济发展亟待解决的难题，注重科研成果商业化和社会化，以科研教育管理服务业带动海洋经济发展转型升级。

三　海洋科研教育管理服务业发展制约因素分析

近年来，虽然我国海洋科研教育管理服务业发展迅速，但整个行业仍处于整体发展水平、发展质量不高的阶段。

（一）科研硬件基础薄弱

海洋科学实验是海洋科研教育的基础，关于海洋地区的科学实验需要完整且可靠的基础数据，而这些数据的获得离不开先进的海洋仪器和设备。自2000年以来，我国进行了大量的海洋领域相关实验调查，获得了宝贵的一手数据资料，这些数据资料也极大地支撑了我国海洋领域的科研教育事业，为我国的海洋发展奠定了宝贵基础。目前，我国的科研教育产出已然跃居于世界第二位，仅次于美国。但受基础设施制造水平的制约，关于海洋领域更进一步的数据处在上升瓶颈，且目前相关的海洋设备依赖于国外进口，无法走自主研究道路。因此提高海洋基础设施硬件制造水平仍是当务之急，我国海洋领域科研教育行业急需大量适合自身国情、不受制于人的先进海洋仪器和研究设备，并以此为依托获取更为翔实的海洋数据资料，支撑我国海洋领域的科学研究，从而助力海洋科研教育事业更上一层楼。

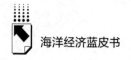

（二）科研教育管理分散，未形成合力

党的十八大将"海洋强国"作为我国发展海洋事业的最新战略，各级科研人员纷纷投入海洋事业的研究中。但是，目前我国海洋科研教育行业出现了管理混乱的现象，海洋科研教育领域的项目众多，各领域的专家学者都想为"海洋强国"战略贡献自己的一份力量，同时导致了我国海洋界的科研项目经费多而散，未形成有效的合力，造成项目冗余、资源浪费。具体表现为资助部门之间不联网、不通气，从而造成同样主题的项目同时受到不同部门的资助，项目成果却在部门之间无法共享，造成资源浪费。各科研机构之间应加强沟通，取长补短，对于国家重点亟须解决的难题，通力合作，联合攻关。海洋相关部门统一进行优化部署，最大化地发挥海洋科研教育行业力量，共同为海洋事业做出积极贡献，推进新时代我国海洋科研教育业的大发展。

（三）海洋教育发展失衡

我国海洋教育尚处于起步阶段，相关认知和投入与发达国家仍有较大差距。尤其是海洋基础教育，我国大部分地区义务教育阶段并未开设海洋相关课程，缺乏海洋领域相关人才储备。从目前来看，我国培养海洋领域相关人才的专业院校较少，无法满足日益增长的海洋领域人才需求，海洋教育仍需要进一步普及。除此之外，我国海洋领域高端人才也相对缺乏，能够满足我国海洋经济水平、与国际水平接轨的复合型科技创新人才较少，难以满足我国海洋强国建设的高端科技人才需求。《中国海洋经济统计年鉴（2019）》显示，2018年底，涉海从业人员为3684万人，但是专业人才比例偏低，科技从业人员仅为32582人。另外，海洋领域相关人才分布也呈现不均衡的态势，沿海地区的海洋相关研究人才占比达到92%，内陆地区鲜有专业的海洋科研教育机构，导致海洋科研教育事业发展后劲不足。从整体上看，我国的海洋科研教育管理服务业仍处于初级阶段，这在一定程度上限制了海洋事业的发展势头。

（四）海洋管理服务规范性不足

目前，我国海洋管理服务业仍存在各种各样的问题，突出表现为职能不清、机构交叉、信息共享不及时等。我国海洋领域行政管理起步较晚，其行政管理体系受陆域模式影响较大，但海洋的管理与陆域的管理又存在显著的区别。中国海域目前尚未做到全国海域"一盘棋"，尚未形成统一行动、统一指挥格局，造成行政资源浪费，职责不清，在海洋管理方面出现问题时，无法溯源、相互推诿的现象时有发生。应鼓励海洋机构多元化设置，完善海洋行政管理体系，建立专业职能部门，力求海洋人才管理海洋事务，明确相关职责，做到全海域"一盘棋"，减少交叉管理、政商分离，保障海洋行政服务业的健康发展。

四 海洋科研教育管理服务业发展前景展望

自 2020 年新冠肺炎疫情发生以来，全球经济体都受到了不同程度的影响。我国虽然在疫情控制方面取得了显著成效，但是由于身处全球供应链，经济态势也呈现一定的下行趋势，海洋科研教育管理服务业也不可避免地受到了影响。本部分基于 2010~2021 年海洋科研教育管理服务业的相关数据，综合运用自回归移动平均模型、趋势外推法、神经网络算法、分数阶预测模型分别对海洋相关科研经费、涉海高等教育人员、海洋科研教育管理服务业总产值进行预测，并运用加权集成模型预估 2022 年、2023 年我国海洋科研教育管理服务业的发展状况，预测结果如表 6 所示。

表 6　海洋科研教育管理服务业发展趋势预测

年份	海洋科研机构 经费（万元）	增速 （%）	涉海高等教育 人员（人）	增速 （%）	产业增加值 （亿元）	增速 （%）
2021	32052094	-8.34	30748	4.78	25438	9.16
2022	31985426	-0.21	32216	4.77	25986	2.20
2023	32532086	1.71	34516	7.14	29223	9.30

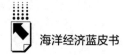

2021～2023年海洋科研机构经费先下降后上升，其中2021～2022年海洋科研机构经费下降，2020年受到新冠肺炎疫情影响，总体经济下行，2021年缩减了海洋科研机构经费开支，增速为-8.34%，随着疫情常态化，我国对海洋产业的总体投入逐渐恢复，预计2022年增速为-0.21%，在2023年将会回升为1.71%。

2021～2023年涉海高等教育人员呈现稳步上升的发展趋势，总体上受高等教育的人员总数和增长速度将会持续增加。其中2021～2023年涉海高等教育人员总数分别达到30748、32216、34516，增速为4.78%、4.77%、7.14%。随着沿海地区海洋经济在地区经济中重要性的不断提升，海洋高等教育的重要性日益凸显。沿海地区因地制宜，根据本地区经济发展实际积极与产业发展需求对接，针对产业发展实际需求，促进传统海洋产业转型升级，探索海洋新兴产业发展动能。因此，未来沿海地区涉海高校和涉海专业将会进一步扩大招生规模和培养规模，涉海高等教育人员的数量将会持续增加。

2021～2023年海洋科研教育管理服务业继续显现高速发展的势头，2021～2023年产业增加值分别为25438亿元、25986亿元、29223亿元，增速分别为9.16%、2.20%、9.30%。随着传统海洋产业绿色可持续发展和新兴海洋产业重点创新突破，海洋科研教育在产业发展中的地位将会持续提高。海洋科研教育不仅将会在未来服务于产业发展需要，在技术上取得重大突破，而且将会持续与海洋经济发展对接，提高科技成果转化水平。同时，随着服务水平和服务能力的提高，海洋科研教育管理服务业将会产生规模化效应，服务成本降低，企业科研成本投入压力降低。因此，海洋科研教育管理服务业增加值将会出现增速逐步降低的趋势。

为适应新时代需求，使我国海洋科研教育管理服务业更好地为海洋强国战略服务，应从以下四个方面着手。

（一）提升海洋科研创新能力，占领科技顶峰

科技的突破与创新是海洋经济高质量发展的重要抓手，也是海洋产业发

展的重要驱动力。提升海洋科研创新能力能够夯实海洋产业发展的基础，涉海科技的提升可以为新兴海洋产业带来活力，同时盘活传统海洋产业。近年来，虽然我国海洋产业规模不断增大，但大多数仍属于粗放式的产业发展模式，既不利于海洋经济的可持续发展，又对生态环境产生一定的破坏。若要在日趋激烈的海洋领域竞争中占据主导地位，就应掌握最新的海洋核心科技，同时增大海洋科技领域的创新投入，运用现代化的科技发展模式和管理方式经略海洋产业，秉承多元化的原则建立海洋科技研发投入机制，尤其是相关涉海仪器和设备的基础工业研发投入，并不断完善海洋科技创新成果的产业转化体系，积极鼓励相关科技人才投入海洋科技的革新中，提升海洋科研教育创新能力，为海洋产业发展提供必要的技术支持。

（二）加强海洋科技专业人才培养与储备

21 世纪是海洋的世纪，我国拥有狭长的海岸线和优越的海洋资源禀赋，我国政府也根据新时代的发展要求制定了海洋强国战略，力求争夺海洋科技制高点。海洋相关产业具有投入大、周期长、风险高等特点，海洋事业的发展更不是一蹴而就的。海洋发展的基础是人才，为了更好地满足日益增长的海洋人才需求，加大对海洋科研教育产业的投入势在必行。海洋教育的普及不仅仅要着眼于基础海洋科学人才的培养，更要发展涉海高端科研人才。因此，未来应根据国家发展需要，结合海洋战略需求，做好海洋科研教育管理服务的顶层设计，制定系统性的海洋教育培养体系和涉海人才战略储备计划。将海洋教育尽可能地纳入中学教育体系框架，同时，积极扩大涉海高校和海洋相关科研机构的招生规模，根据海洋产业的发展情况，动态调整海洋专业设置，定向培养海洋相关领域的专业人才。同时，积极鼓励相关高校和科研机构间、国际海洋人才交流，加强合作、联合培养，有针对性地为海洋事业储备高精尖人才。

（三）完善海洋环境保护与治理体系

海洋环境保护与治理是海洋科研教育管理服务业的重要内容。海洋生态环境的有效保护是经济高质量发展的重要前提。由于我国过去粗犷的海洋发展模式，近海海域生态环境形势依然严峻。进一步推动海洋环境保护法制的逐渐完善，同时加大海洋环境治理的投入，培养专业海洋生态环境治理人才，创新海洋生态管理制度，积极推进海洋生态环境保护产业化、制度化。以人与自热和谐共生的思想指导海洋环境的保护和治理。在开发、利用和管理海洋资源的过程中，以科学技术为依托，积极参与全球环境治理，创新海洋环境治理体系，促成海洋经济的高质量可持续发展。

（四）构建现代化的海洋行政管理服务体系

海洋行政管理服务体系是国家治理体制的重要组成部分，处于海洋科研教育发展、海洋生态环境治理、海洋经济发展的交叉点上，对海洋科研教育管理服务业的发展至关重要。完善海洋行政管理体制，是上层建筑适应海洋经济基础的必然要求，同时可以为未来海洋经济高质量发展保驾护航。构建现代化的海洋行政管理服务体系首先要对行政机构进行优化，近年来，国家大力倡导"放管服"改革和治理体制的扁平化，事权下放与精兵简政相辅相成，提高海洋领域治理效率和行政便利化水平，打通海洋与陆域的直接沟通通道。其次，现代化的行政管理服务体系还应体现在可以动态优化海洋产业资源配置，坚持以市场机制和宏观调控相结合，为海洋经济发展创造良好的环境，提高海洋要素资源配置效率，增强海洋产业的发展活力。最后，建立现代化的海洋行政管理服务体系最终目的是构建我国海洋产业发展的良好环境，良好的产业环境是提高海洋经济竞争力的基础保障，通过行政体制的不断完善，实现海洋产业的市场化、法治化和国际化，使我国海洋产业在国际竞争中保持较强的竞争力。

参考文献

程炜杰：《海洋第三产业发展若干思考》，《开放导报》2016 年第 2 期。

初建松、朱玉贵：《中国海洋治理的困境及其应对策略研究》，《中国海洋大学学报》（社会科学版）2016 年第 5 期。

韩立民、李厥桐、陈明宝：《中国海洋服务业关联度分析及对策建议》，《中国海洋大学学报》（社会科学版）2010 年第 1 期。

黄盛：《区域海洋产业结构调整优化研究——以环渤海地区为例》，《经济问题探索》2013 年第 10 期。

康旺霖、邹玉坤、王垒：《我国省域海洋科技创新效率研究》，《统计与决策》2020 年第 4 期。

李晓璇、刘大海：《中国海洋科研机构的空间分布特征与演化趋势》，《科研管理》2018 年第 S1 期。

李怡、殷克东、金雪、李雪梅：《滨海湿地退化损失评估体系构建与实证》，《统计与决策》2018 年第 2 期。

吕建华、罗颖：《我国海洋环境管理体制创新研究》，《环境保护》2017 年第 21 期。

马勇、王婧、周甜甜：《我国海洋教育政策的发展脉络及其内容分析》，《中国海洋大学学报》（社会科学版）2014 年第 6 期。

米俣飞：《产业集聚对海洋产业效率影响的分析》，《经济与管理评论》2022 年第 2 期。

秦磊：《我国海洋区域管理中的行政机构职能协调问题及其治理策略》，《太平洋学报》2016 年第 4 期。

王印红、王琪：《海洋强国背景下海洋行政管理体制改革的思考与重构》，《上海行政学院学报》2014 年第 5 期。

谢子远、鞠芳辉、孙华平：《我国海洋科技创新效率影响因素研究》，《科学管理研究》2012 年第 6 期。

谢子远：《海洋科研机构规模与效率的关系研究》，《科学管理研究》2011 年第 6 期。

殷克东、金雪、李雪梅、王凤娇：《基于混频 MF-VAR 模型的中国海洋经济增长研究》，《资源科学》2016 年第 10 期。

仲雯雯：《我国海洋管理体制的演进分析（1949—2009）》，《理论月刊》2013 年第 2 期。

朱念：《基于灰色模型的广西海洋经济增加值预测研究》，《数学的实践与认识》2016 年第 1 期。

B.4
中国海洋相关产业发展形势分析与展望

王莉红*

摘　要： 海洋主要相关产业是推动我国海洋经济实现高质量发展的重要因素，对海洋经济增长和海洋主要产业发展起着重要的辅助作用。2021年，海洋主要相关产业增加值比2020年增长了8%，占全国海洋生产总值的34.18%，基本恢复到新冠肺炎疫情前水平。海洋主要相关产业结构继续优化，涉海产品种类不断健全，产业链与相关配套设施不断完善，科技成果推广应用与转化加快，有力支撑我国海洋经济的稳定与可持续发展。本报告对我国海洋主要相关产业的发展环境和制约因素进行了系统梳理和详细分析，从培育壮大企业主体，推进产业集聚效应；加强科技人才培育，产学研协同创新；保护海洋生态环境，提高资源利用率；强化政策支持与制度保障等方面提出了相关建议。

关键词： 海洋主要相关产业　海洋经济　产业集聚

一　中国海洋主要相关产业基本形势分析

（一）海洋主要相关产业规模分析

海洋相关产业为我国海洋产业的发展和海洋经济增长贡献力量。根据

---

* 王莉红，博士，青岛理工大学商学院讲师，研究方向为海洋经济可持续发展、绿色金融。

《海洋及相关产业分类》（GB/T 20794-2006），海洋相关产业是以海洋经济发展中的投入产出为联系纽带，与主要海洋产业构成技术经济联系的上下游产业，涉及海洋农林业、海洋设备制造业、涉海产品及材料制造业、涉海建筑与安装业、海洋批发与零售业、涉海服务业等六个大类（见表1）。相较于主要海洋产业和海洋科教服务业，海洋相关产业在海洋经济中归属外围层次。

表1　我国海洋相关产业构成

领域	内容
海洋农林业	依托海洋环境,利用海水灌溉或栽培来种植的经济盐生植物和盐生作物,包括海涂农业、海涂林业等
海洋设备制造业	海洋渔业专用设备制造、海洋船舶设备及材料制造、海洋石油生产设备制造、海洋矿产设备制造、海盐生产设备制造、海洋化工设备制造、海洋制药设备制造、海洋电力设备制造、海水利用设备制造、海洋交通运输设备制造、海洋环境保护专用仪器设备制造、海洋服务专用仪器设备制造等
涉海产品及材料制造业	海洋渔业相关设备制造、海洋石油加工产品制造、海洋化工产品制造、海洋药物原药制造、海洋电力器材制造、海洋工程建筑材料制造、海洋旅游工艺品制造、海洋环境保护材料制造等
涉海建筑与安装业	港口码头的建设、海底光缆的铺设等
海洋批发与零售业	海洋渔业批发与零售、海洋石油产品批发与零售、海盐批发、海洋化工产品批发、海洋医药保健品批发与零售、滨海旅游产品批发与零售、海水淡化产品批发与零售等
涉海服务业	海洋餐饮服务、海洋渔港经营服务、滨海公共运输服务、海洋金融服务、涉海特色服务、涉海商务服务等

2020年，在新冠肺炎疫情冲击和复杂国际环境的影响下，我国海洋经济面临国际国内前所未有的风险与挑战，海洋相关产业呈现总量收缩的发展态势。根据《中国海洋经济统计公报》的数据，2020年海洋相关产业增加值达到2.71万亿元，较2019年约下降16%。2021年，我国海洋经济在新发展阶段和新发展理念影响下，强劲恢复，海洋经济结构不断优化，协调性稳步提升，实现了"十四五"良好开局，我国海洋相关产业也实现稳定发展。根据《中国海洋经济统计公报》的数据，2021年海洋相关产业增加值达到3.09万亿元，逐渐恢复至新冠肺炎疫情前突破3万亿元的水平，占全国海洋经济增加值的34.18%。

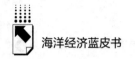

（二）区域性海洋相关产业规模分析

1.北部海洋经济圈

与主要海洋产业相比，海洋相关产业贡献力较薄弱，且区域发展水平差异较大。2019年，山东省海洋相关产业增加值为4898.3亿元，位居沿海11省市第二位，超过天津市、河北省和辽宁省海洋相关产业增加值累计值。

2.东部海洋经济圈

海洋主要相关产业相较于主要海洋产业贡献较大。2021年，上海市海洋相关产业增加值为3642.6亿元，占其当年海洋生产总值的35.14%；江苏省海洋相关产业增加值为3296.3亿元，占其当年海洋生产总值的42.1%。

3.南部海洋经济圈

2020年，广东省海洋相关产业增加值为4405亿元，占其当年海洋生产总值的25.54%；广西海洋相关产业增加值为570亿元，占其当年海洋生产总值的34.52%。

（三）海洋主要相关产业现状分析

作为海洋社会生产中产业链的开端，海洋农林业与陆上农林业一样属于第一产业，为发展海洋关联产业提供了基本条件。我国海涂面积5000万亩，并以30万亩/年的速度增长。[1] 高效改造与充分利用海涂资源，是解决我国耕地资源紧缺、确保国家农产品供应安全的重要举措。2021年，我国首个耐海水灌溉"苏农科1号"海滨雀稗通过国家草品种审定，适宜长江中下游及以南地区盐碱地改良，可以种子繁殖，打破了海滨雀稗长期依赖国外引进品种和无性繁殖的局面。随着海涂高值农业技术的不断改良和突破，海洋农林产业链从市场开发纵向产业链逐渐发展形成横向联合的产业群。

海洋设备制造业作为海洋相关产业的重要组成部分，涉及海洋产业方

---

[1]　刘兆普：《海涂生态高值农业技术研究及其产业链构建》，2017年1月11日。

方面面。海洋设备制造业为海洋相关产业的上游产业，为我国主要海洋产业提供相对应的生产制造设备支持，对于海洋经济转型升级起着核心作用。随着我国主要海洋产业结构的进一步优化与发展，5G、工业大数据与人工智能等技术的不断完善，海洋技术逐渐向智能化、数字化、绿色化不断突破创新，海洋设备制造业发展潜力大。目前海洋声学探测技术、遥感技术已达先进水平，海洋工程装备、海洋油气勘探与开发水平也逐渐提升。我国首家海洋油气装备制造"智能工厂"已正式投产，海洋油气装备制造能够实现工艺管理数字化、生产任务工单化、生产设备自动化和生产过程可视化，填补我国海洋油气装备数字化、智能化制造领域的多项技术空白。

涉海产品及材料制造业主要涉及海洋上游相关产业的涉海材料制造业和海洋下游相关产业涉海产品再加工业。海洋新材料是海洋技术与海洋装备创新的物质基础与保障。近年来，海洋新材料产业发展政策环境持续向好，国家先后制定了多项有关海洋新材料产业领域的发展规划。目前，我国在海洋新材料领域的研发已取得令人瞩目的成就，在大型船舶、跨海大桥、深海潜航器、钻井平台和岛礁建设中，国产新材料发挥了重要支撑作用，[1] 海洋材料制造业实现了量质齐增，部分涉海产品能够实现完全国产化生产。但由于起步较晚，创新与技术应用薄弱，海洋材料制造业结构不均衡，高端产品与核心技术仍依赖进口。虽然目前我国涉海产品种类众多，但海洋龙头企业偏少，大都没有形成完整的产业链，且涉海产品趋同度较高。

涉海建筑与安装业主要涉及建设港口码头、铺设海底光缆等相关海洋工程，同时还涉及用于海洋生产、交通、娱乐、防护等的海洋建筑工程的安装。随着港口群以及港口基础设施建设逐渐趋向综合化、智能化、信息化，以及海洋基础设施的不断更新升级，涉海建筑与安装业也不断发展升级。2020~2021 年，我国海洋工程建筑业增加值呈现波动增长。

---

① 薛群基：《创新海洋新材料，为国家海洋战略提供物质保障》，《科技导报》2022 年第 5 期。

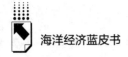

随着海洋强国战略和创新驱动发展战略的实施与执行，海洋经济得到稳定可持续发展，海洋产业结构与空间布局不断优化，海洋经济逐步向高质量发展转变，国家对海洋相关产业的重视程度也不断提高。2020~2021年，我国海洋产业增加值不断增加，海洋相关产业也随之不断增进。随着疫情逐渐好转，全球经济回暖，国际货物贸易需求增长，海洋经济外向型特点愈发显著，沿海港口生产稳步增长。2021年，我国海运进出口总额同比增长22.4%，首次实现海上风电整机出口，沿海港口外贸货物吞吐量达到41.9亿吨，同比增长4.6%。

二　中国海洋主要相关产业发展环境分析

（一）国际与国内经济环境

1. 国际宏观经济环境

受到新冠肺炎疫情、俄乌冲突以及美联储货币紧缩的影响，全球经济逐步出现滞胀。因极端天气、供需错配等因素叠加影响，国际宏观经济环境面临较大不确定性，全球供应链呈现持续紧张的态势。虽然越来越多的国家采用较灵活的防疫封锁政策来提高经济开放程度，拉动需求端，但供给端受疫情投资不足以及低库存的影响，供给弹性较低，会进一步加剧全球供给不平衡。俄乌局势的不确定性进一步加大了全球通胀压力，加剧供应链紧张态势，造成全球工业原料、集装箱运输成本显著增长。美联储启动加息，短期内会给新兴经济体带来一定的资本外流和汇率贬值压力。在全球商品需求增长以及海外经济持续恢复背景下，我国疫情防控优势使港口运输维持相对较高的效率，出口数量维持快速增长，为海洋相关产业发展提供了基础，尤其是涉海产品、海洋设备制造业得到了较好的发展。

2. 国内宏观经济环境

2020~2022年，我国国内宏观经济展现强大的韧性与活力，稳中有进。目前，我国已进入新发展阶段，以"创新、协调、绿色、开放、共享"为新发展理念，推动新发展格局。同时，以新技术、新产业、新业态、新模式为代表的"四新经济"，广泛嵌入智能化、信息化、数字化技术，逐渐打造和完善新的产业组织与新的价值链，展现强劲增长潜力。2021年，疫情逐渐得到控制，国内宏观政策更加灵活精准，经济复苏动能也将逐步由外需拉动更多地向内需驱动转换。2022年第一季度经济开局较好，1~2月生产消费均回升，但3月疫情反复，全国生产、消费与物流都受到严重影响，三产中交通运输、仓储和邮政业，住宿和餐饮业受到大幅冲击，同时房地产行业继续快速下行，民营企业信贷违约、展期数大幅上升，加剧了实体经济下行压力。

（二）海洋经济政策环境

1. 我国海洋经济政策环境

在"海洋强国"战略、"一带一路"倡议以及"绿色低碳"发展背景下，基于国家总体规划的涉海部署，我国围绕海洋经济增长、海洋科技水平提升、海洋资源可持续利用、海洋生态环境保护以及海洋防灾减灾等方面出台了一系列专项规划，为海洋领域的发展目标和任务指定了明确方向，确保海洋经济的高质量稳定发展。《"十四五"海洋经济发展规划》与《"十四五"海洋生态环境保护规划》的推出，对优化海洋经济空间布局，提高海洋资源开发能力，促进区域经济发展以及构建海洋环境治理体系，提出了具体要求以及相应保障措施，也为海洋相关产业高质量可持续发展提供相应规划措施。

2. 区域海洋经济政策环境

围绕"陆海统筹、向海图强"，我国沿海各省份正加速推进海洋产业和海洋相关产业高质量发展，通过出台相应规划（见表2）、行动方案，推动实现海洋相关产业与海洋牧场空间布局优化，建设更高质量的海洋经济示范区和海洋强省（市）。

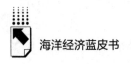

表 2　沿海省份"十四五"规划

沿海省份	相关规划
天津市	《天津市海洋经济发展"十四五"规划》
辽宁省	《辽宁沿海经济带高质量发展规划》
河北省	《河北省海洋经济发展"十四五"规划》
山东省	《山东省"十四五"海洋经济发展规划》
上海市	《上海市海洋"十四五"规划》
江苏省	《江苏省"十四五"海洋经济发展规划》
浙江省	《浙江省海洋经济发展"十四五"规划》
福建省	《福建省"十四五"海洋强省建设专项规划》
广东省	《广东省海洋经济发展"十四五"规划》
广西壮族自治区	《广西海洋经济发展"十四五"规划》
海南省	《海南省海洋经济发展"十四五"规划》

3. 我国海洋经济标准环境

"十二五""十三五"期间,随着海洋经济不断迈向新的发展阶段,海洋新产业新业态不断涌现。2017 年,国家海洋局第一次全国海洋经济调查领导小组办公室制定了《海洋及相关产业分类》,界定海洋相关产业包括 10个大类 45 个种类 134 个小类,优化了《海洋及相关产业分类》(GB/T 20794-2006)。为确保实现海洋统计数据有效共享,对照国民经济行业分类,进一步修订完成《海洋及相关产业分类》(GB/T 20794-2021),并于2022 年 7 月 1 日起正式实施。根据最新修订标准,海洋相关产业被划分为海洋上游相关产业和海洋下游相关产业。海洋上游相关产业包括涉海设备制造和涉海材料制造,海洋下游相关产业包括涉海产品再加工、海产品批发与零售和涉海经营服务,既能全面反映海洋相关经济活动的分类状况,又重点突出了海洋相关产业链结构关系。

表 3　海洋相关产业目录变化情况对照

2006 年第一版国标	2017 年调查用标准	2021 年最新版国标	
海洋农林业	海洋农林业	海洋上游相关产业	涉海设备制造
海洋设备制造业	涉海设备制造		涉海材料制造

2006 年第一版国标	2017 年调查用标准	2021 年最新版国标	
涉海产品及材料制造业	海洋仪器制造	海洋下游相关产业	涉海产品再加工
涉海建筑与安装业	涉海产品再加工		海产品批发与零售
海洋批发与零售业	涉海原材料制造		涉海经营服务
涉海服务业	涉海新材料制造		
	涉海建筑与安装		
	海洋产品批发		
	海洋产品零售		
	涉海服务		

（三）海洋资源与科技环境

1. 我国海洋资源环境

我国海洋资源种类和蕴藏量丰富，如海洋生物资源、海洋矿产能源、海洋油气资源、海洋滩涂资源等，为我国海洋产业及海洋相关产业的发展提供了强大的物质基础，使其具有巨大潜在经济价值以及良好开发前景，能给海洋经济与社会经济的高质量发展提供重要保障与支撑。但鉴于不同海洋资源开发利用的强度、边界和模式不同，海洋资源开发利用和保护的效果也不同。"十三五"以来，多项涉海政策的发布与执行，实现了海洋生态保护修复，规范了海岸带综合保护与利用，增强了海岛保护与管理，保障全方位实现海洋资源开发利用与保护。在严峻的海洋资源环境要求以及产业限制的刚性约束下，通过调整产业结构、空间布局、基础设施建设以及海洋资源生态保护，实现海洋相关产业统筹协调与全方位协调发展。

2. 我国海洋科技发展环境

海洋科技是实现海洋资源科学高效开发、海洋相关产业发展壮大的关键要素，也是推动新时代海洋经济高质量发展的重要引擎。我国高度重视海洋科技创新，持续加强对海洋科技的政策支持与资金支持。"十三五"时期，

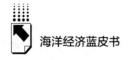

中央财政支持达 137 亿元，启动了"深海关键技术与装备"和"海洋环境安全保障"两个国家重点研发专项。海洋领域高水平成果不断产出，专利数整体呈增长趋势，海洋科技逐渐向"绿色、智能、深海、极地"前沿技术发展。2020 年，我国海洋科学在物理海洋学、海洋生物学和大洋地质研究等领域取得较大进展和突破。在深海探测领域，我国研发的海底特性多波束一体化声学探测装备，总体达到国际先进水平。我国自主研发制造的万米级全海深载人潜水器"奋斗者"号，再次创下我国载人深潜的深度记录。2022 年 6 月，自然资源部第一海洋研究所牵头的"海洋与气候无缝预报系统"大科学计划正式获批，是我国物理海洋学领域在联合国框架下发起的首个大科学计划，标志着我国在海洋与气候预测领域已跨入国际科学引领阶段。同时，海洋科技自主创新人才队伍不断壮大，海洋科学研究基础设施与高端创新平台不断建设完善，都为海洋相关产业的发展提供了人才保障与平台支持。

三　海洋相关产业发展制约因素分析

通过多项涉海政策、规划的出台，以及科技创新和技术进步的推动，我国海洋主要产业得到了较好的发展，产业体系不断优化，进一步推动了海洋相关产业的发展。随着"海洋强国"、"一带一路"倡议等的推进，海洋经济外围环境不断变化，给海洋相关产业高质量可持续发展带来一些挑战，比如海洋资源的可持续开发与利用、海洋相关产业结构优化、关键技术与核心技术的研发应用、科技人才因素、海洋环境因素、海洋法规与政策制定等。

（一）海洋资源的可持续开发与利用，以及海洋生态环境压力大

我国海洋资源丰富，但随着海洋资源开发与利用的广度与深度不断加大，将逐渐出现海洋资源匮乏的问题和趋势。因此，降低海洋资源消耗强度，提升海洋资源利用效率，对海洋资源的可持续发展与利用至关重要。目

前，海洋资源开发利用技术的不合理与对海洋资源的破坏，造成海域资源面临匮乏问题。上、下游海洋相关产业都需要做好实地考察与规划，结合实际情况制定开发策略，避免海洋资源开发利用的非理性扩张。比如，海洋农林业的开发，应结合不同海域和近海区域种植的独特优势，避免过度开发产生的海洋资源浪费。根据《2020年中国海洋生态环境状况公报》，我国北部、东部、南部三个海洋经济圈所在沿海水域，均存在劣四类海域。由于污染持续恶化，海洋酸化对生态系统和生物多样性造成不利影响。海洋生态环境压力增加，首先会对海洋养殖业、海洋农林业造成破坏，进而影响海洋经济与海洋生态环境。其次，在近海企业以及滨海建筑建设和生产中，对海岸破坏和海洋环境污染影响凸显。

（二）海洋相关产业集聚力不强

我国海洋经济总量大，海洋产业门类较为齐全，但海洋经济整体结构仍以传统海洋产业为主，海洋新兴产业虽有一定发展，但尚处于培育阶段。海洋产业具有产业链长、跨度大的特点，海洋相关产业作为与海洋产业构成技术经济联系的上下游产业，产业结构存在集聚效应不显著和产业布局的系统性不足的问题。同时，海洋相关产业缺少工业化产业示范基地，龙头企业数量较少，海洋产品深加工水平仍处于初级阶段，产业链与供应链的韧性与完整性有待加强。从涉海设备制造业代表性企业区域分布来看，东南沿海区域的企业数量较多，其中上海、江苏、广东、山东等地是我国海工装备制造企业的主要集聚地，高端装备产业集聚效应较弱。

（三）重大关键核心技术攻关能力亟须提高

目前，我国海洋相关产业的核心技术水平差异较大，原创性和附加值高的技术创新成果占比较小，创新型企业与领军人才数量不足，创新环境有待于进一步优化。虽然海洋科技整体有了较快的发展，但这仅体现在海洋主要产业与海洋优势产业中，海洋相关产业科技水平和科技投入仍不足，大多数海洋相关产业技术仍停留在初级阶段，或是研发刚投产阶段，自主创新技术

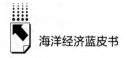

不足，重大关键核心技术依赖度较高。随着海洋技术不断向新材料、新能源、新技术方向转变，海洋设备制造研发要求进一步提升。在"深水、绿色、安全、智能"等海洋高技术领域研究方面，关键技术自给率较低，多项核心技术亟须攻关突破，与国际先进水平相比差距仍比较明显。现阶段，我国海洋领域人才主要集中在海洋相关产业中的设备制造、涉海产品等领域。与海洋主要产业相比，海洋相关产业高素质人才较为缺乏，投入力度有限。

四 中国海洋主要相关产业发展对策建议

我国作为海洋大国，拥有丰富的海洋资源蕴藏，不仅能够确保海洋经济总体稳中向好的发展，而且能推动海洋相关产业的不断扩大与向外延伸。根据现阶段产业数据情况，以及海洋相关产业分类国家标准的修订，我国海洋主要相关产业能够在未来一段时间保持快速稳定发展。基于海洋相关产业外围支持发展的属性，其将继续作为海洋产业发展的重要辅助，推动我国海洋经济的高质量可持续发展。为进一步提高我国海洋主要相关产业的竞争力，促进与实现海洋相关产业的发展，应从以下几方面着手。

（一）培育壮大企业主体，推进产业集聚效应

持续引导各类资源要素向海洋相关产业加速集聚，加强海洋重点产业链的"补链""强链"，促进海洋相关产业集群化、高端化发展。建立海洋相关产业企业培训体系，构建以龙头骨干企业、链主企业为引领，大中小企业融通发展的产业生态，实现产业聚集。支持涉海龙头企业通过战略合作、并购重组等方式，提升在技术、专利、品牌等关键领域的竞争力。

（二）加强科技人才培育，产学研协同创新

依靠科技进步与科技创新，提升海洋相关产业发展水平，不断完善海洋技术成果交易平台、海洋相关产业孵化器等成果转化体系，并加强海洋高新

技术成果推广应用。科技资金与人才的投入是海洋科技创新的重要推动力与保障。推动海洋科技人才体制不断创新，加强对海洋科技人员的培育和引进，完善海洋科技人员的奖励机制，深化产学研合作与交流，进一步加强海洋相关产业科技成果转化。

（三）保护海洋生态环境，提高资源利用率

我国管辖海域辽阔，岛屿众多、海岸线漫长，拥有丰富的海洋资源。加强对海洋生态环境的保护，针对重点海域存在的生态环境问题，要做到精准治污、科学治污、依法治污，加强陆海统筹与区域协调。在开发利用海洋资源的同时，制定科学合规的开发策略，避免滥用与浪费海洋资源。严格依照《重点海域综合治理攻坚战行动方案》，落实养殖水域滩涂规划和生态保护红线等管控要求，优化海洋相关产业海洋资源空间布局，加强海洋环境风险和应急监管能力建设，在保护海洋生态环境的同时，实现海洋相关产业绿色化升级。

（四）强化政策支持与制度保障

海洋相关政策与制度的健全与完善，是海洋经济高质量可持续发展的重要保障。由于我国海域辽阔，海洋产业链与环境复杂性的不断增加，一部分海洋政策法规的完整性尚不够健全，执行力尚不够。进一步夯实海洋管理基础支撑，加强海洋经济建设标准化，逐步完善海洋经济统计调查体系，不仅能够有效衔接国民经济行业分类与海洋相关产业划分与管理制度，而且能实现全方位厘清海洋基础调查工作，支撑海洋相关产业转型升级，实现海洋经济提质增效。为确保海洋相关产业的规范化、标准化，仍需进一步推进和完善海洋经济监测与评估、海洋观测预报与防灾减灾、海洋生态环境保护、海洋生物资源保护与开发等领域标准构建。同时，建立健全审批监管模式，完善海洋生态环境管理制度，确保海洋相关产业发展过程中的海洋生态环境治理与保护。

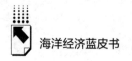

参考文献

刘兆普等:《海涂生态高值农业技术研究及其产业链构建》,2017 年 1 月 11 日。

薛群基:《创新海洋新材料,为国家海洋战略提供物质保障》,《科技导报》2022 年第 5 期。

郭建科、董梦如、郑苗壮、韩增林:《海洋命运共同体视域下国际海洋资源战略价值评估理论与方法》,《自然资源学报》2022 年第 4 期。

王舒鸿、陈汉雪、黄冲、郭宏博:《海洋强国战略目标下海洋经济统计核算的综述》,《北方论丛》2022 年第 2 期。

贺义雄、宋伟鸣、杨帆:《长三角海洋资源环境一体化治理策略研究——基于海洋生态系统服务价值影响分析》,《海洋科学》2021 年第 6 期。

何广顺、王晓惠:《海洋及相关产业分类研究》,《海洋科学进展》2006 年第 3 期。

韦有周、杜晓凤、邹青萍:《英国海洋经济及相关产业最新发展状况研究》,《海洋经济》2020 年第 10 期。

米俣飞:《产业集聚对海洋产业效率影响的分析》,《经济与管理评论》2022 年第 2 期。

国家海洋局:《中国海洋统计年鉴》,海洋出版社,2001～2017。

自然资源部:《中国海洋经济统计年鉴》,2018～2019。

自然资源部:《海洋经济统计公报》,2019～2021。

生态环境部:《中国海洋生态环境状况公报》,2019～2021。

B.5
中国海洋渔业发展形势分析与展望

摘　要： 碳排放与经济增长脱钩，是发展中国家突破"双碳"约束、破解经济发展与环境保护"两难"问题的关键。本报告将海洋渔业养殖的减排、增汇目标相结合，采用我国 2010~2019 年海洋渔业养殖面板数据，利用 Tapio 脱钩指数模型分析渔业养殖净碳排放与渔业经济增长的脱钩特征，利用 LMDI 模型和 Tapio 脱钩努力指数模型探讨各省份与各因素对渔业养殖净碳排放与渔业经济增长脱钩的贡献。研究结果表明：渔业养殖与经济增长总体呈现脱钩趋势，但区域间差异明显；从各因素的脱钩贡献来看，养殖规模>养殖效率>碳排放强度>养殖结构。在此基础上，本报告提出推动区域协作，依靠技术与制度发展立体化、生态化、现代化渔业养殖的政策建议，以推动渔业养殖规模有效、结构优化、效率提升。

关键词： 渔业养殖　净碳排放　海洋渔业

海洋渔业养殖作为人类开发利用海洋资源的重要生产活动，其产业属性究竟是"碳源"还是"碳汇"，取决于生产实践中环境保护与经济发展关系的处理。本报告立足于我国海洋渔业养殖的减排与固碳实践，剖析不同尺度下渔业养殖经济发展与净排放的脱钩关系及脱钩努力程度，探寻促进海洋渔

---
* 赵爱武，山东财经大学管理科学与工程学院教授，山东财经大学海洋经济与管理研究院研究员，研究方向为海洋经济高质量发展、绿色发展与制度设计；孙珍珍，山东财经大学管理科学与工程学院博士研究生。

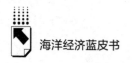

业减排增汇、破解经济发展与环境保护"两难"问题的政策策略,对于推动海洋渔业养殖高质量发展,助力"双碳"目标实现具有重要意义。

一 海洋渔业养殖发展现状分析

海洋渔业养殖净碳排放与经济增长脱钩分析涉及海洋渔业养殖固碳量、碳排放量与经济增长,而海洋渔业养殖的固碳量主要取决于贝藻类的产量,碳排放量与经济增长主要与养殖面积、养殖效率等因素相关。本部分对海洋渔业养殖基本情况、海洋渔业养殖二氧化碳排放情况以及海洋渔业养殖经济发展增长的现状予以分析。

(一)海洋渔业养殖基本情况

2010~2019 年我国海洋渔业养殖面积、产量、贝藻类占比及单位面积产量等基本情况如表 1 所示。总体而言,2010~2019 年,我国海水养殖面积下降趋势明显,累计增长率为-4.117%,且呈倒"U"形变动趋势:在 2010~2015 年经历加速上涨,随后在 2016 年大幅下降,后续仍呈现小幅下滑趋势;养殖产量与单位面积产量持续上升,分别累计提高 39.431%和 45.442%;贝藻类占渔业养殖总产量的比重大致呈波动下行态势,累计增长-3.102%。

表 1 2010~2019 年我国海洋渔业养殖发展概况

年份	养殖面积(万公顷)	养殖产量(万吨)	贝藻类养殖占比(%)	单位面积产量(吨/公顷)
2010	207.690	1480.880	79.960	7.130
2011	210.227	1559.999	77.719	7.373
2012	217.693	1642.382	77.160	7.544
2013	231.240	1738.018	77.090	7.516
2014	230.229	1811.485	78.619	7.868
2015	231.459	1874.573	78.810	8.099
2016	216.352	1962.997	78.520	9.069
2017	208.087	1999.780	78.950	9.610
2018	204.031	2030.455	78.500	9.952

年份	养殖面积(万公顷)	养殖产量(万吨)	贝藻类养殖占比(%)	单位面积产量(吨/公顷)
2019	199.136	2064.813	77.480	10.369
累计增长(%)	-4.117	39.431	-3.102	45.442

资料来源:《中国渔业统计年鉴》(2011~2020)。

(二)海洋渔业养殖二氧化碳排放情况

2010~2019年海洋渔业养殖二氧化碳排放情况如图1所示。在2010~2019年,海洋渔业养殖二氧化碳排放量的变动趋势较为不稳定,但总体呈现先升后降的波动上升趋势:2010~2013年持续增长且增幅明显,由2010年的211.570万吨增长至2013年的246.171万吨;2014年小幅下降,随后呈现"升—降—升"的波动态势,但变化幅度相对较小,波动幅度均小于10万吨,其中,2016年降幅最为明显,增长率低至-3.129%。

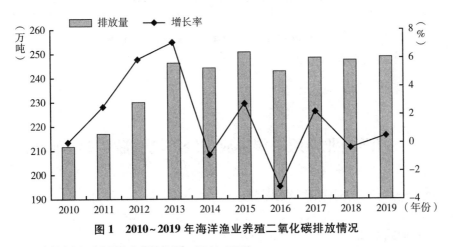

图1 2010~2019年海洋渔业养殖二氧化碳排放情况

资料来源:《中国渔业统计年鉴》(2011~2020)。

(三)海洋渔业养殖经济增长情况

2010~2019年海洋渔业养殖经济增长情况如图2所示。由图2可见,总体而言，在2010~2019年，除在2017年出现小幅下降外，我国海洋渔业养殖产值呈持续增长趋势，由2010年的1646.809亿元增长至2019年的2764.036亿元，产值增长明显，但其增长幅度总体呈现先升后降的趋势：2010~2012年持续大幅上升，在2012年达到16.121%的高位增长率后持续下降，并在2017年达到低谷，出现-2.273%的负增长率，随后增长率提升为正值。

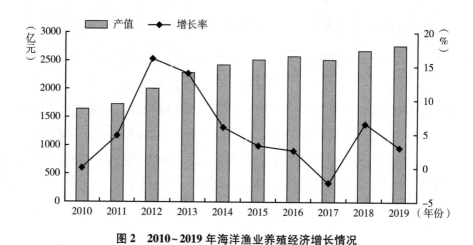

图2 2010~2019年海洋渔业养殖经济增长情况

资料来源：《中国渔业统计年鉴》（2011~2020）。

二 海洋渔业养殖净碳排放与经济增长脱钩趋势研判

（一）研究方法和数据来源

1.研究方法

本报告通过计算海洋渔业养殖碳排放量与海洋渔业养殖固碳量对海洋渔业养殖净碳排放量进行核算；利用Tapio脱钩指数模型计算海洋渔业养殖净碳排放与经济增长脱钩指数，并根据脱钩弹性值的大小定义了八种脱钩状态，据此划分海洋渔业养殖净碳排放与渔业养殖经济增长的八种脱钩状态

（如表 2 所示）；利用 LMDI 模型和 Tapio 脱钩努力指数模型计算各省份、各
因素的脱钩努力指数，其判断标准为：当脱钩努力指数小于等于 0 时，表明
因素对经济增长与净碳排放降低的脱钩目标没有贡献，反而增加了净碳排
放，为无脱钩努力；当脱钩努力指数大于 0 且小于 1 时，表明因素所做的减
碳努力弱于经济增长，为弱脱钩努力；当脱钩努力指数大于 1 时，表明因素
所做的减碳努力强于经济活动，为强脱钩努力。具体脱钩状态划分见表 2。

表 2　海洋渔业养殖净碳排放与渔业养殖经济增长的脱钩状态划分

脱钩状态		$\triangle C_N/C_N$	$\triangle GOP/GOP$	脱钩弹性 e	意义	代号
脱钩	强脱钩	<0	>0	e<0	C_N 下降，GOP 上升，最理想状态	8
	弱脱钩	>0	>0	0≤e<0.8	C_N 和 GOP 均上升，且 GOP 增速更快	7
	衰退脱钩	<0	<0	e>1.2	C_N 和 GOP 均下降，且 C_N 比 GOP 降速更快	6
连接	衰退连接	<0	<0	0.8≤e≤1.2	C_N 和 GOP 均下降，二者降速相当	5
	扩张连接	>0	>0	0.8≤e≤1.2	C_N 和 GOP 均上升，二者增速相当	4
负脱钩	弱负脱钩	<0	<0	0≤e<0.8	C_N 和 GOP 均下降，且 GOP 降速更快	3
	扩负脱钩	>0	>0	e>1.2	C_N 和 GOP 均上升，且 C_N 增速高于 GOP	2
	强负脱钩	>0	<0	e<0	C_N 上升，GOP 下降，最不理想状态	1

2. 数据来源

本报告的研究对象为沿海地区九个省份（上海市和天津市海水养殖规
模较小，统计年鉴中数据大多为 0，若与其他省份相比较可能存在较大误
差，予以剔除；同时，鉴于数据的可得性与有效性，未纳入港澳台三地），
涉及的数据为 2010~2019 年沿海九省份的海洋渔业养殖相关数据，数据均
来源于《中国渔业统计年鉴》和《中国渔业年鉴》。为增加数据的可比性，
对相关经济数据以 2010 年为基期进行价格换算。

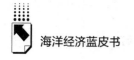
（二）海洋渔业养殖净碳排放与渔业经济增长脱钩特征分析

1.总体脱钩特征分析

运用 Tapio 脱钩指数模型对我国海洋渔业净碳排放和渔业养殖经济增长进行脱钩分析，得到 2011~2019 年我国沿海地区的渔业养殖净碳排放与渔业养殖经济增长脱钩状态如图 3 所示。

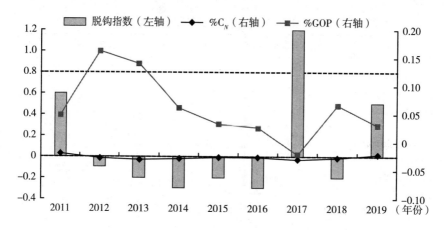

图 3 2011~2019 年我国沿海地区渔业养殖净碳排放与渔业养殖经济增长脱钩状态

整体而言，在 2011~2019 年，我国海洋渔业养殖净碳排放与渔业养殖经济增长之间呈现脱钩状态，并呈现"弱脱钩—强脱钩—衰退脱钩—强脱钩—弱脱钩"的变化趋势，净碳排放的变化幅度较小，渔业养殖产值的变动幅度较大。在观察初期，我国海洋渔业养殖净碳排放下降而渔业养殖经济增长速度均有所增加，且经济增长的速度更快；随着渔业养殖减排增汇相关措施的实施，在 2012~2016 年，渔业净碳排放量有所下降，渔业养殖经济依然增长且速度依然快于净碳排放增长，二者达到强脱钩的最理想状态；但 2016~2017 年，二者均下降，且渔业净碳排放量下降速度更快，二者达到衰退脱钩状态。总体而言，在观察期内，我国海洋渔业养殖净碳排放与渔业养殖经济增长之间的脱钩关系虽略有波动，但一直呈现较为稳定的脱钩状态。

2. 分省份脱钩特征分析

进一步分析我国沿海九省份海洋渔业养殖净碳排放和渔业养殖经济增长的脱钩状态，具体结果见表5。

表5 2010~2019年沿海九省份渔业养殖净碳排放与渔业养殖经济增长脱钩状态

年份	2010~ 2011	2011~ 2012	2012~ 2013	2013~ 2014	2014~ 2015	2015~ 2016	2016~ 2017	2017~ 2018	2018~ 2019
河北	1	8	8	8	2	8	6	2	2
辽宁	2	8	2	8	3	8	6	6	8
山东	8	7	8	8	8	3	2	1	2
江苏	8	8	7	2	1	4	1	8	3
浙江	7	8	8	8	8	6	8	8	8
福建	8	8	8	8	8	8	6	8	8
广东	8	8	8	8	8	8	7	7	7
广西	8	8	8	8	8	8	6	8	8
海南	2	7	7	7	2	2	1	8	2

分省份来看，浙江省、福建省、广东省和广西壮族自治区渔业养殖净碳排放与渔业养殖经济增长之间一直表现为脱钩状态。辽宁省的脱钩状态在观察前期变动较大，在"负脱钩—脱钩"两种脱钩状态中交替变化，但在2015年后逐步稳定于脱钩状态；山东省的脱钩状态呈逐步恶化趋势，在2015年后持续表现为负脱钩状态；河北省、海南省和江苏省3个省净碳排放与经济增长之间的脱钩状态波动较大。总体而言，各省份应当在保证经济增长的同时，更加重视环境保护，促进渔业养殖减碳增汇，以促使渔业养殖实现高效、低碳化发展。

（三）脱钩努力指数分析

1. 海洋渔业养殖净碳排放影响因素分解分析

（1）总体净碳排放影响因素分解分析

依据LMDI指数分解模型对我国海洋渔业养殖净碳排放累积效应进行分解，以分析其影响因素，分解结果如表6所示。

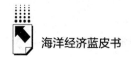

表6   海洋渔业养殖净碳排放变化的效应分解

年份	净碳排放总效应	碳排放强度效应	养殖经济结构效应	养殖效率效应	养殖规模效应	养殖产业结构效应
2010~2011	0.636	-4.898	0.496	-5.136	-1.863	12.036
2011~2012	-5.650	-20.545	20.446	-3.585	-5.441	3.475
2012~2013	-6.634	-14.915	17.853	0.611	-9.782	-0.401
2013~2014	-25.962	-16.745	4.397	-8.161	0.781	-6.234
2014~2015	-11.318	-1.341	-0.409	-5.693	-1.050	-2.826
2015~2016	-27.743	-14.358	-4.734	-24.479	14.612	1.216
2016~2017	-7.130	11.049	-10.331	-13.576	9.113	-3.386
2017~2018	-5.609	-16.611	11.905	-8.389	4.731	2.756
2018~2019	0.385	-6.256	3.333	-9.976	5.899	7.385
均值	-9.892	-9.402	4.773	-8.709	1.889	1.558

由表6可以看出，总体而言，在观察年间，我国海洋渔业养殖净碳排放呈减少趋势[1]，减排增汇效应明显，且碳排放强度和养殖效率贡献最大。除2016~2017年外，碳排放强度效应一直对减排增汇起促进作用；除2012~2013年外，养殖效率效应在观察年间也促进了减排增汇；养殖经济结构效应对减排增汇的作用呈现阶段性特征，在2010~2014年和2017~2019年增加了净碳排放，而2014~2017年促进了减排增汇；养殖规模效应在观察前期有利于促进净碳排放的减少，但在后期反而增加了净碳排放；养殖产业结构效应对净碳排放减少既有正向作用也存在负向作用。可见，上述因素均作用于减排增汇过程，且其作用方向和强度表现出复杂的时空异质性。

（2）分省份净碳排放影响因素分解分析

对沿海九省份的净碳排放进行分解分析，具体分解结果如图4所示。2011~2019年，沿海九省份海洋渔业养殖净碳排放的变化存在较大差异，且五个因素发挥的效应也不甚相同。在九省份中，净碳排放总效应最好的是福

---

① 由于海洋渔业养殖净碳排放是负向指标，因而其效应值越低越好。

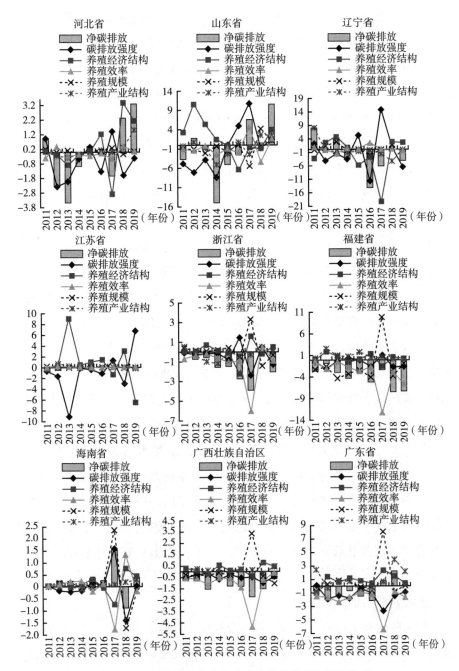

图4　沿海九省份海洋渔业养殖净碳排放变化累积效应

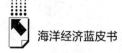

建省和广西壮族自治区，在观察年份净碳排放均为减少状态，且碳排放强度、养殖效率和养殖规模效应均对净碳排放减少发挥着极为重要的推动作用，但养殖经济结构和养殖产业结构效应反而促进了净碳排放的增加。净碳排放总效应较好的是浙江省和辽宁省，除浙江省在2010~2011年、辽宁省在2010~2011年和2012~2013年净碳排放略有增加外，其他年份均为净碳排放减少状态，碳排放强度和养殖产业结构效应均在两省净碳减排中发挥了正向作用，而浙江省的养殖效率效应也产生了积极影响。净碳排放总效应相对较差的是河北省、山东省和广东省，但大多数年份也为净碳排放减少状态，河北省净碳排放增加主要受养殖规模和养殖产业结构效应的影响，山东省主要受养殖经济结构和养殖产业结构效应的负向影响，广东省主要受养殖经济结构、养殖规模和养殖产业结构效应三种因素的共同抑制作用。净碳排放总效应最差的是海南省和江苏省，在某些年份呈现净碳排放减少的状态，大多数观察年份都呈现净碳排放增加的状态，究其原因，海南省净碳排放的增加与五大影响因素均不可分割，养殖效率和养殖经济结构效应在2017年、碳排放强度和养殖规模效应在2018年对净碳减排的积极作用不可忽视；江苏省的碳排放强度和养殖规模效应虽对净碳减排发挥了一定的促进作用，但难以与养殖经济结构、养殖效率以及养殖产业结构效应的消极作用相抵消。

综上所述，对全国沿海地区而言，碳排放强度和养殖效率效应均对渔业养殖净碳排放总效应发挥了积极作用。具体到九省份，碳排放强度效应对九省份渔业养殖净碳排放总效应均起促进作用；养殖效率效应对辽宁省和江苏省之外7个省份的净碳排放总效应的正向影响明显；养殖规模效应对福建省、广西壮族自治区、海南省、江苏省和山东省的净碳排放总效应起促进作用。

2. 脱钩努力指标分析

利用脱钩努力指标分析碳排放强度效应、养殖效率效应、养殖产业结构效应和养殖规模效应对海洋渔业养殖净碳排放与渔业养殖经济增长脱钩的努力程度，结果如表7和图5所示。

表7　2010~2019年海洋渔业养殖净碳排放与渔业养殖经济增长脱钩努力指标

地区	2010~ 2011年	2011~ 2012年	2012~ 2013年	2013~ 2014年	2014~ 2015年	2015~ 2016年	2016~ 2017年	2017~ 2018年	2018~ 2019年	均值
河北	-9.978	-15.148	-2.788	-6.131	-15.321	1.038	0.439	0.310	-0.536	-5.346
辽宁	3.556	1.164	0.118	4.962	0.866	-4.506	0.693	1.195	2.591	1.182
山东	-7.197	2.938	0.987	0.172	0.226	0.859	1.046	1.029	0.972	0.115
江苏	-12.689	11.484	1.753	12.346	-22.631	-0.222	3.410	0.009	5.027	-0.168
浙江	77.421	1.430	4.273	-6.840	22.684	4.529	-0.493	12.810	20.088	15.100
福建	2.162	0.829	1.214	11.222	-81.731	0.614	10.802	1.617	-1.642	-6.102
广东	0.420	2.342	3.628	1.554	2.930	5.952	0.700	-0.470	0.492	1.950
广西	3.051	7.084	-5.718	1.865	14.430	6.886	-4.110	2.856	2.320	3.185
海南	-7.145	-1.609	14.053	0.531	-0.051	9.317	3.003	2.136	0.066	2.256
全国	-0.282	1.276	1.372	6.905	-26.648	-4.861	0.310	1.471	0.885	-2.175

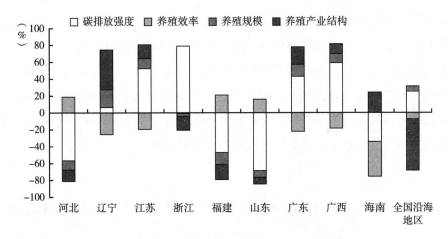

图5　全国沿海地区及九省份脱钩努力指数

（1）总体脱钩努力指标分析

由表7可知，整体来看，2010~2019年，我国沿海地区四种因素在净碳排放与经济增长脱钩关系中为无脱钩努力。结合图5可以看出，2010~2019年，全国沿海地区在渔业养殖净碳排放与渔业养殖经济增长脱钩关系中为无脱钩努力，虽然碳排放强度和养殖规模效应做出了一定程度的脱钩努力贡献，但无法与养殖效率和养殖产业结构效应的抑制作用相抵消。

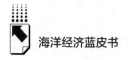

（2）分省份脱钩努力指标分析

由表7可知，分省份来看，福建省、广西壮族自治区、海南省、广东省和辽宁省为净碳排放与经济增长脱钩关系做出强脱钩努力，努力指数分别为-6.102、3.185、2.256、1.950和1.182；江苏省为净碳排放与经济增长脱钩关系做出弱脱钩努力，努力指数为-0.168；河北省、山东省和浙江省为无脱钩努力。结合图5可以看出，2010~2019年，九省份在渔业养殖净碳排放与渔业养殖经济增长脱钩关系中脱钩努力程度存在较大差异。福建省、广西壮族自治区、海南省、广东省和辽宁省做出的脱钩努力最大，为强脱钩努力，其中，福建省和广西壮族自治区主要受养殖规模、碳排放强度和养殖效率效应三种因素脱钩努力的拉动作用；海南省养殖规模效应脱钩努力贡献最大，养殖效率效应的脱钩努力贡献次之；广东省主要是碳排放强度和养殖效率效应的脱钩努力贡献；辽宁省碳排放强度和养殖产业结构效应的脱钩努力贡献程度较大，养殖效率效应次之。江苏省为脱钩做出的努力次之，为弱脱钩努力，且碳排放强度和养殖规模效应这两个因素的脱钩努力贡献最大。其他3个省份为无脱钩努力，河北省主要受碳排放强度、养殖规模和养殖产业结构效应三种因素的阻碍，山东省主要受养殖产业结构和养殖规模效应的消极影响，江苏省主要受养殖产业结构效应的抑制。

三 海洋渔业养殖净碳排放与经济增长脱钩趋势预测

（一）海洋渔业养殖发展情况预测

要预测海洋渔业养殖净碳排放与经济增长脱钩趋势，首先应对海洋渔业养殖基本情况、碳排放量及渔业产值发展情况进行预测。本报告依据2010~2019年海洋渔业相关数据，综合运用指数平滑法和插值与拟合预测方法，结合国家相关统计数据变化趋势，对海洋渔业养殖产值、二氧化碳排放量及渔业养殖产量进行预测。全国沿海地区渔业发展预测情况如表8所示，沿海九省份预测结果如图6所示。

表8　2020～2022年全国沿海地区渔业发展情况预测

单位：亿元，万吨

预测变量	2020 年	2021 年	2022 年
渔业产值	3057.790	3259.840	3540.770
二氧化碳排放量	172.958	136.801	108.202
渔业养殖产量	2084.870	1987.790	1951.160

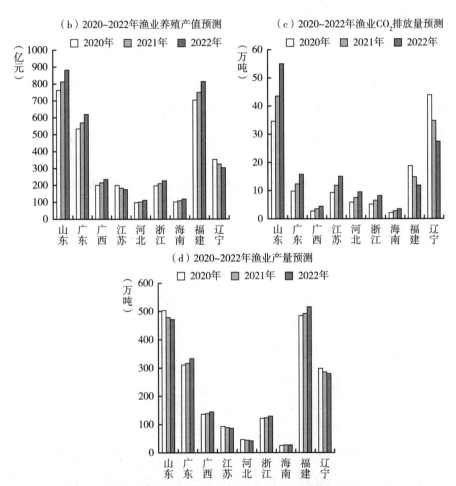

图6　2020～2022年沿海九省份渔业发展情况预测

由表8可知，对于全国沿海地区而言，2020～2022年渔业产值的预测值呈持续上升趋势，二氧化碳排放量和渔业养殖产量预测值呈持续下降趋势。

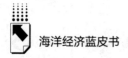

由图6可知，沿海九省份渔业发展情况预测值的地区差异较大。江苏和辽宁的渔业养殖产值预测值呈下降趋势，其他7个省份呈增长趋势，山东、福建、广东保持领先；福建和辽宁的二氧化碳排放量预测值呈下降趋势，其他7个省份呈增长趋势，山东、辽宁的二氧化碳排放量预测值最大；渔业养殖产量的预测值变化幅度相对较小，山东、河北、江苏、辽宁呈下降趋势，其他5个省份呈小幅增长趋势。

（二）海洋渔业养殖净碳排放与经济增长脱钩趋势预测

依据2010~2019年海洋渔业养殖净碳排放与经济增长脱钩特征及前文对2020~2022年海洋渔业养殖发展情况的预测值，预测2020~2022年海洋渔业养殖净碳排放与渔业养殖经济增长脱钩状态，预测值如表9所示。

表9　2020~2022年海洋渔业养殖净碳排放与渔业养殖经济增长脱钩状态预测

地区	2019~2020年	2020~2021年	2021~2022年
河北	[3,4]	[2,3]	[2,3]
辽宁	[7,8]	[7,8]	[7,8]
山东	[3,4]	[2,3]	[2,3]
江苏	[3,4]	[3,4]	[3,4]
浙江	[7,8]	[7,8]	[7,8]
福建	[7,8]	[7,8]	[7,8]
广东	[7,8]	[7,8]	[7,8]
广西	[7,8]	[7,8]	[7,8]
海南	[3,4]	[3,4]	[3,4]
全国	[7,8]	[7,8]	[7,8]

在预测的2020~2022年海洋渔业养殖净碳排放与经济增长脱钩状态中，地区差异仍然较大。全国沿海地区的预测值中，渔业产值不断增长，二氧化碳排放量持续下降，总体处于较为理想的脱钩状态。分省份的预测值中，河北渔业产值与二氧化碳排放量持续上升，但渔业养殖产量呈下降趋势，可能会导致河北脱钩状态恶化；辽宁渔业养殖产值、渔业养殖产量与二氧化碳

排放量均处于下降状态，可能会维持原始年份的较理想脱钩状态；山东二氧化碳排放量增幅较大且渔业养殖产量下降，可能会导致脱钩状态恶化；江苏渔业产值呈下降趋势，但二氧化碳排放量只增不减，脱钩状态不理想；浙江、广东、广西与海南四省份预测值的变化趋势相似，可能会维持原有的脱钩状态；福建渔业养殖产值和渔业养殖产量呈上升趋势，但二氧化碳排放量呈下降趋势，可能会带来更理想的脱钩状态。

四　政策建议

本报告从海洋渔业养殖的减排与增汇功能两个方面入手，对海洋渔业养殖净碳排放与经济增长的脱钩关系进行分析，研究结果表明：渔业养殖净碳排放与渔业养殖经济增长总体呈现脱钩趋势，但区域间差异较大；从各因素的脱钩贡献来看，养殖规模＞养殖效率＞碳排放强度＞养殖产业结构，但不同区域具有异质性。基于以上结论，本报告认为，应当在减排增汇的基础上，依靠技术与制度协同推动渔业养殖规模有效、结构优化与效率提升，具体建议如下。

（一）加强区域协作，探索多元化的减排增汇路径

由前文可知，碳排放量居高不下仍然是影响净碳排放及其与经济增长无法脱钩的重要原因。由于沿海地区间具有空间关联性，应当发挥区域间的协同作用，通过多元化手段促进渔业养殖减排增汇。一方面，可以发挥政府等管理部门的积极作用，通过加强相关政策法规的制定，建立和完善渔业养殖节能减排考核体系，以政府的环境规制措施减少二氧化碳的排放；另一方面，可以发挥市场的引导作用，通过市场化手段促进海洋渔业养殖增值增汇，如建立和完善渔业养殖产出的计量标准和检测体系，对渔业的碳汇溢出效应进行经济补偿；建立和完善渔业养殖碳汇交易试点及市场化机制，鼓励发展渔业养殖增汇项目，以推进蓝碳产业健康发展。

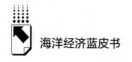

（二）构建现代立体化养殖体系，因地制宜调整海洋渔业养殖规模

从各因素的脱钩贡献程度来说，养殖规模发挥了极为重要的作用，合理的养殖规模会促进净碳排放与经济增长的脱钩（如福建、广西），而不合理的养殖规模则起抑制作用（如山东、浙江）。我国海洋空间资源优渥，但尚有大量浅海滩涂并未利用，盲目地扩增海水养殖，不仅不能增加养殖效益，而且会因超负荷对渔业养殖可持续发展造成影响。由于各省份存在地理区位及海洋资源的异质性，应当结合当地的海洋生态、经济、社会现状，充分利用自身的有利条件和现代化立体养殖、深远海养殖等先进技术，因地制宜发展适度规模化养殖，构建密度适宜、功能高效的现代立体化养殖体系，合理布局碳汇渔业的养殖规模和空间结构，以形成区域特色的渔业养殖规模优势，减排增汇的同时促使渔业养殖经济效益最大化。

（三）大力发展绿色生态化养殖，持续优化养殖结构

从各省份脱钩努力的贡献程度来说，养殖结构的贡献程度不足甚至起反向作用（如江苏、山东），这可能与我国海水养殖品类多样性不足、养殖方式技术含量较低有关。为此，一方面，可以适度减少易对环境承载造成压力的高密度养殖种类，增加碳汇产出量高的贝藻类等养殖种类，选育适温范围更广的碳汇产出品系，并提高产业链上游碳汇产出苗种的质量与数量，提升下游产品的精加工技术及附加价值，推动渔业养殖产业链、价值链向高端化迈进，增加渔业养殖的经济价值及碳汇产出；另一方面，大力开展技术创新，发展海洋牧场，提高休闲渔业等绿色生态化养殖产业占比，持续对渔业养殖结构进行优化升级，促使海水养殖在减碳的同时释放更为巨大的蓝碳空间。

（四）构建现代化渔业养殖经济体系，提升养殖效率

资源禀赋的合理利用是提升渔业养殖效率的关键。因此，一方面，应合

理配置渔业养殖海域、养殖人员等传统渔业资源，通过合理布局立体化养殖空间、加强养殖人员专业技能培训、引进专业技术人员等方式，提高渔业养殖的单位面积产出，进而提高投入产出效率；另一方面，通过对渔业养殖相关基础设施的革新、现代化养殖方式的探索以及新兴关键技术的研发，建设智慧海洋资源管理系统、推广多层次综合养殖方式，加快构建渔业养殖的现代化经济体系，提升渔业养殖效率与碳汇功能，为渔业养殖高质、高效、低碳可持续发展奠定基础。

参考文献

邵桂兰、孔海峥、于谨凯、李晨：《基于 LMDI 法的我国海洋渔业碳排放驱动因素分解研究》，《农业技术经济》2015 年第 6 期。

纪建悦、王萍萍：《我国海水养殖业碳汇能力测度及其影响因素分解研究》，《海洋环境科学》2015 年第 6 期。

张永雨、张继红、梁彦韬等：《中国近海养殖环境碳汇形成过程与机制》，《中国科学：地球科学》2017 年第 12 期。

邵桂兰、孔海峥、李晨：《中国海水养殖的净碳汇及其与经济耦合关系》，《资源科学》2019 年第 2 期。

孙康、崔茜茜、苏子晓、王雁楠：《中国海水养殖碳汇经济价值时空演化及影响因素分析》，《地理研究》2020 年第 11 期。

周灵：《基于 Tapio 模型的我国低碳经济发展研究》，《经济问题探索》2019 年第 6 期。

张继红、刘纪化、张永雨、李刚：《海水养殖践行"海洋负排放"的途径》，《中国科学院院刊》2021 年第 3 期。

秦宏、叶川川、张莹：《海水养殖生态经济系统状态评价研究——以山东省为例》，《经济问题》2017 年第 9 期。

Tapio P. , "Towards a theory of decoupling: Degrees of decouplingin the EU and the case of road traffic in Finland between 1970 and 2001", *Transport Policy* 2005, 12 (2).

Kaya Y. , "Impact of Carbon Dioxide Emission on GNP Growth: Interpretation of Proposed Scenarios", Paris: Presentation to the Energy and Industry Subgroup, Response Strategies Working Group, IPCC, 1989.

Ang B. , Zhang F. , Choi K. , "Factorizing changes in energy and environmental

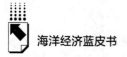
indicators through decomposition", *Energy* 1998, 23 (6).

Diakoulaki D., Mandaraka M., "Decomposition analysis for assessing the progress in decoupling industrial growth from CO2 emissions in the EU manufacturing sector", *Energy Economics* 2007, 29 (4).

区　域　篇
Regional Reports

B.6
北部海洋经济圈海洋经济发展形势分析

狄乾斌　赵雪*

摘　要： 海洋资源和空间的高效利用是海洋经济高质量发展的重要途径。本报告通过对北部海洋经济圈海洋经济发展的动态演化分析，结合海洋经济、海洋资源环境和海洋社会三个评估维度，构建了海洋经济高质量发展评价指标体系，测算了北部海洋经济圈海洋经济的高质量发展程度，辨识了影响海洋经济高质量发展的驱动因素，实现了北部湾海洋经济发展趋势的准确预测。最后从制定差异化的海洋政策、一体化发展海陆经济、加强海洋生态文明建设、拓展海洋经济发展空间、推动海洋经济建设全民参与五个角度提出了针对性的政策建议。

关键词： 海洋经济　高质量发展　北部海洋经济圈

---

* 狄乾斌，博士，辽宁师范大学海洋可持续发展研究院教授，研究方向为海洋经济地理；赵雪，辽宁师范大学海洋可持续发展研究院。

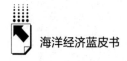

辽东半岛、渤海湾和山东半岛沿海地区是北部海洋经济圈的主要组成部分。该地区地理位置优越，海洋资源丰富，海洋经济发展基础较好，海洋科研教育具有明显的优越性。北部海洋经济圈制造业和现代服务业发展良好，对外开放程度高，是我国联结全球、融入世界经济一体化的重要平台。

一 北部海洋经济圈海洋经济发展现状分析

（一）北部海洋经济圈经济发展规模分析

1. 海洋生产总值分析

北部海洋经济圈海洋生产总值（GOP）如图 1 所示，2009～2021 年海洋生产总值由 11182 亿元增至 25867 亿元，平均增速为 7.37%。占全国 GOP 平均比重为 33.81%，2009～2016 年在 34.6%～36.7% 范围内小幅度波动且高于平均值，2017～2021 年大幅度下降且低于平均值，2021 年达到最低点 29.48%；占区域生产总值比重（GOP/GDP）变化较为平稳，年平均为 18.90%，2015 年最高（20.90%），2021 年为最低点（18.24%）。其原因在于新冠肺炎疫情和中美贸易摩擦等复杂国际环境对北部海洋经济圈海洋经济造成一定冲击，海洋经济总量呈收缩态势。2021 年在我国政府加大疫情管控力度并积极寻求国际合作，实施科技兴海战略以建设海洋强国等举措下，北部海洋经济圈海洋经济回暖趋势明显。

2. 涉海就业人员

如图 2 所示，北部海洋经济圈涉海就业人员人数稳定增长，2009～2021 年涉海从业人数从 1055.7 万人增长到 1219.3 万人，平均增速为 1.24%，但增长速度整体呈下降趋势。占全国涉海就业人员比重在 32.27% 左右稳定波动，占区域就业人员比重在 8.0%～9.0% 波动，北部海洋经济圈涉海就业人员发展较稳定，变化幅度较小。

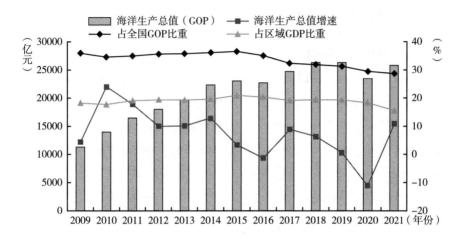

图1 2009~2021年北部海洋经济圈海洋生产总值发展趋势

资料来源：《中国海洋统计年鉴》（2010~2017）、《中国海洋经济统计年鉴》（2018~2019）、《中国海洋经济统计公报》（2019~2021）。

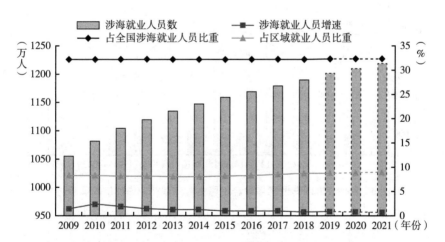

图2 2009~2021年北部海洋经济圈涉海就业人员发展趋势

注：因《中国海洋经济统计年鉴》仅更新至2018年，因此，近三年数据是通过Eviews软件的指数平滑预测功能进行推测。

资料来源：《中国海洋统计年鉴》（2010~2017）、《中国海洋经济统计年鉴》（2018~2019）。

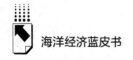

（二）北部海洋经济圈海洋产业增加值分析

1. 主要海洋产业增加值

主要海洋产业是海洋经济发展的核心，对海洋经济变动的趋势起到了主导的作用。主要海洋产业大致包括海洋渔业、交通业和滨海旅游业等产业。北部海洋经济圈主要海洋产业增加值如图3所示，2009~2021年呈剧烈波动态势，总体变化大致划分为两阶段，第一阶段为2009~2015年，从2009年的4833.9亿元增长至2015年的13713.3亿元，达到区间最高点；第二阶段为2016~2021年，主要海洋产业增加值逐渐下滑，降至2021年的7909.8亿元。占全国主要海洋产业增加值的比重和地区GOP的比重波动趋势较为相近，2009~2021年占比呈下降趋势，但年均占比仍高达34.36%和41.34%。

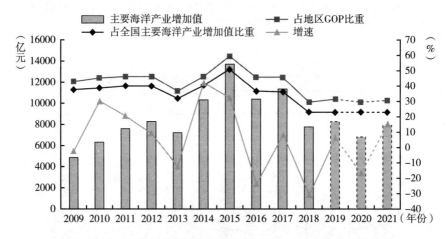

图3　2009~2021年北部海洋经济圈主要海洋产业增加值发展趋势

资料来源：《中国海洋统计年鉴》（2010~2017）、《中国海洋经济统计年鉴》（2018~2019）、《中国海洋经济统计公报》（2019~2021）。

2. 海洋科研教育管理服务业增加值

海洋科研教育管理服务业是在海洋开发利用过程中开展的科教、管理等相关行业。海洋科研教育管理服务业增加值变动情况如图4所示，2009~2021年表现为稳步增长的态势，从2009年的1458.4亿元增长至2021年的

5754.5 亿元,占地区 GOP 比重也从 13.04%增长至 22.25%,北部海洋经济圈海洋经济发展空间逐渐拓展且支撑力量强劲。然而,占全国比重从 2015年开始逐渐下滑,未来面对国内实施科技兴海、建设海洋强国等战略的机遇,北部海洋经济圈应当确定自身发展定位,持续扩大科技投入,寻找新的经济增长点,增强海洋经济发展势能。

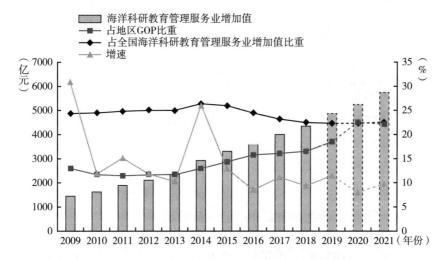

图 4　2009~2021 年北部海洋经济圈海洋科研教育管理服务业增加值发展趋势

资料来源:《中国海洋统计年鉴》(2010~2017)、《中国海洋经济统计年鉴》(2018~2019)、《中国海洋经济统计公报》(2019~2021)。

3. 海洋相关产业增加值

海洋相关产业是以多种输入和输出形式连接的海洋上下游产业,以经济和技术的形式促进海洋产业高质量发展,与海洋产业协同发展,打造地区新的增长极。海洋相关产业增加值发展趋势如图 5 所示,总体而言,海洋相关产业发展呈现上升势头,前景良好,对海洋产业形成较好的推动作用。2009~2021 年海洋相关产业增加值从 4889.8 亿元增长至 9878.8 亿元,并于2019 年达到峰值 10325.1 亿元,实现了总量上翻一番并突破 1 万亿元的飞跃。然而,占全国比重和地区 GOP 比重均呈下降趋势,分别由 2009 年的36.34%和 43.73%下降至 2021 年的 31.97%和 38.19%。

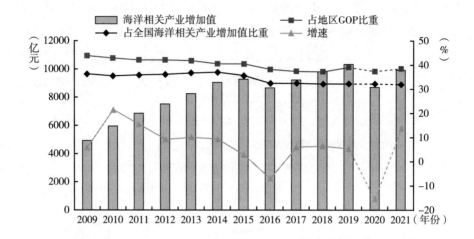

图5　2009~2021年北部海洋经济圈海洋相关产业增加值发展趋势

资料来源：《中国海洋统计年鉴》（2010~2017）、《中国海洋经济统计年鉴》（2018~2019）、《中国海洋经济统计公报》（2019~2021）。

（三）北部海洋经济圈海洋产业结构分析

北部海洋经济圈海洋产业结构如图6所示。统计结果显示，北部海洋经济圈三大产业平稳发展，具有良好的发展势头。具体来说，海洋第一产业总体趋稳定，呈现小幅上升趋势；海洋第二产业呈现波动上升趋势；海洋第三产业正在成为新的增长极。2010~2014年，海洋第二产业增加值高于海洋第三产业。从2015年开始，第三产业实现反超，并占据主要地位。目前，北部海洋经济圈的海洋产业结构基本实现了"三、二、一"的布局，且逐步趋于稳定。2020年，受新冠肺炎疫情冲击，北部海洋经济圈经济脆弱性明显，二、三产业受到明显的冲击，海洋第一产业受到的影响较小，能够保持稳定增长。从北部海洋经济圈对全国海洋经济的贡献程度来看，海洋一、二产业对全国海洋经济发展贡献较大，而第三产业占比较小，三次产业增加值占全国比重均值分别为38.14%、35.55%和30.54%。北部海洋经济圈在全国海洋经济发展中的作用呈现下降态势，一、二产业占比下降明显，第三产业缓慢下降，2016年后开始低于平均值。

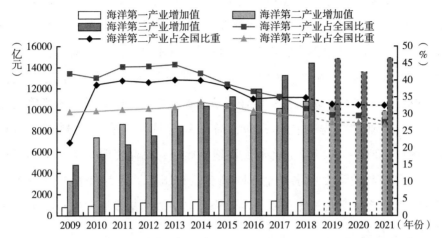

图6　2009～2021年北部海洋经济圈三次产业增加值及其占全国比重发展趋势

资料来源:《中国海洋统计年鉴》（2010～2017）、《中国海洋经济统计年鉴》（2018～2019）、《中国海洋经济统计公报》（2019～2021）。

二　北部海洋经济圈海洋经济发展特征分析

海洋经济发展目标从注重总量的高增长,逐渐转变为兼顾质量和效益,实现海洋经济高质量发展目标。但是,由于高质量发展目标涉及海洋资源开发利用、海洋环境保护等多重任务,与地区经济系统、生态系统紧密相关。因此,为精准评估北部海洋经济圈的发展状况和高质量发展要求,从创新、协调、绿色、开放、共享等五大理念设计海洋经济高质量发展评价指标体系（见表1）,对北部海洋经济圈发展的状况进行评价,查找存在的不足,为进一步提升北部海洋经济圈发展质量提供对策意见。

根据综合质量指数法计算得出2009～2018年北部海洋经济圈海洋高质量发展情况。北部海洋经济圈海洋高质量发展总体处于稳定波动的态势,2009～2010年,海洋生态环境保护力度不足导致海洋经济高质量发展水平小幅度下降;2010～2012年,随着海洋产业逐渐向海洋生产、生活服

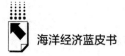

务业转变，海洋产业生产总值稳定增加，海洋系统逐渐协调，地区人民海洋福利也逐渐提高，海洋经济高质量发展水平呈上升态势；2012～2013年，由于突遇海洋自然灾害以及应对海洋灾害不足，海洋产业结构和海洋经济系统遭遇重大冲击，2013年海洋高质量发展水平下降至历年最低（0.393）；2014年，灾害过后海洋经济迅速复苏，且逐渐重视海洋第三产业，海洋产业结构得到优化升级，海洋高质量发展水平达到年均最高（0.489）；2015～2017年，海洋经济增速放缓，海洋资源开发水平不足导致海洋经济高质量发展水平呈下降趋势；2018年，区域海洋产业投入规模的增加和海洋环境质量的提升驱动海洋经济高质量发展水平呈显著上升趋势（见表2）。

表1 区域海洋经济高质量发展评价指标体系

目标层	系统层	维度层	指标层
海洋经济高质量发展	海洋经济系统	创新	海洋科研机构经费收入 X1、海洋科技成果转化率 X2、海洋科研机构拥有发明专利数 X3
		协调	海洋第三产业比重 X4、海洋第二产业比重 X5、海洋产业结构熵 X6
		绿色	单位 GDP 能耗 X7、单位 GDP 电耗 X8
		开放	沿海港口货物吞吐量 X9、沿海地区货物进出口总额 X10、沿海地区海洋货物周转量 X11、沿海地区货物运输量 X12
		共享	城镇居民人均可支配收入 X13、城镇居民消费性支出 X14
	海洋资源系统	创新	海洋科研课题数 X15、海洋科研从业人员数 X16
		协调	征收海域使用金 X17、人均确权海域使用面积 X18
		绿色	工业污染治理完成投资 X19、工业废水排放量(－)X20、工业固体废物排放量(－)X21、工业废水直接入海量(－)X22
		开放	沿海旅行社数 X23、沿海地区星际饭店数 X24
		共享	沿海地区湿地面积 X25、沿海地区海洋类型自然保护区 X26
	海洋社会系统	创新	海洋专业高等学校数 X27、高等教育海洋专业本专科毕业人数 X28
		协调	恩格尔系数(－)X29、城镇化率 X30
		绿色	沿海地区海滨观察台站 X31
		开放	陆海间交通基础设施密集程度 X32
		共享	基本公共服务财政保障水平 X33、就业与社会保障水平 X34、文化文物机构数 X35、卫生机构数 X36

表2 2009~2018年北部海洋经济圈海洋经济高质量发展水平评价

年份	2009	2010	2011	2012	2013	2014	2015	2016	2017	2018
天津	0.421	0.415	0.389	0.384	0.284	0.340	0.336	0.334	0.320	0.300
河北	0.233	0.219	0.262	0.257	0.225	0.292	0.270	0.273	0.266	0.327
辽宁	0.523	0.513	0.508	0.533	0.433	0.595	0.624	0.545	0.535	0.509
山东	0.680	0.691	0.698	0.702	0.631	0.729	0.711	0.731	0.709	0.742
均值	0.464	0.460	0.464	0.469	0.393	0.489	0.485	0.471	0.457	0.469

基于区域海洋经济高质量发展评价指标体系中的海洋经济、海洋资源和海洋社会三个系统，绘制出2009~2018年北部海洋经济圈分系统评价折线图（见图7）。除海洋经济指数在2013年出现大幅度下降外，三个系统整体发展较为稳定，存在小幅度的波动（见图7a）。海洋历史数据显示，2012~2013年北部海洋经济圈遭遇严重的海洋自然灾害，海洋自然灾害损失分别为2011年的2.5倍和2.6倍。因此，海洋灾害是导致北部经济圈经济发展水平下降的重要原因。海洋资源指数和海洋社会指数总体上无显著变化，大致趋势为2009~2014年稳步上升，2015~2017年小幅度下降，2018年又逐渐回升。

为了更好反映北部海洋经济圈的发展态势，分别构建海洋经济、资源、社会指数进行精细化分析，厘清北部海洋经济圈海洋经济的特征。从海洋经济指数来看，各省市海洋经济发展受国内环境影响且具有自身发展特点（见图7b）。山东省发展最好且平稳，2014年开始稳步上升，并逐渐与区域内其他省市拉开差距，海洋经济发展呈良好趋势；之后是辽宁省，2013年受到海洋灾害冲击后，2014年出现迅猛回弹，在2015年达到最高点，但维持海洋经济发展能力较弱，近年来出现明显的下滑；然后是天津市，天津市在2009~2013年海洋经济发展与山东省、辽宁省发展水平相当，2014年之后，海洋经济持续消沉，整体呈下降趋势；最后是河北省，河北省海洋经济在区域内份额较小，受冲击程度也较小，在受到海洋灾害冲击后，能够回升至之前的发展水平，呈现稳定波动趋势。

从海洋资源系统来看，各省市海洋资源环境发展差异较大（见图7c）。山东省发展最好，2009~2018年虽有波动，但整体呈上升发展趋势，从

2009 年的 0.23 增长至 2018 年的 0.28，远远超过区域均值；之后是辽宁省，辽宁省发展较为平稳，2009～2018 年在 0.170～0.202 波动，最低值出现在 2012 年，最高值出现在 2017 年；然后是河北省，河北省起始发展水平较低，但其间出现两次大幅度上升，且其余时间能够稳定前期发展成果，在 2018 年超过天津市并逐渐接近辽宁省；最后是天津市，天津市海洋资源发展呈下降趋势，在有限的空间合理开发海洋资源，助力海洋经济持续增长是天津市海洋经济发展面临的首要问题。

从海洋社会系统来看，全国沿海省份呈现平稳的发展势头，但是存在小幅波动（见图 7d）。山东省走在海洋高质量发展前列，2009～2018 年在 0.22～0.25 波动，但近年来略有下降趋势；之后是辽宁省，辽宁省波动幅度相对较大，2013～2014 年增长 0.043，较 2013 年增长 40.76%，但随后逐年下降，海洋社会建设较不稳定；然后是河北省，河北省 2009～2012 年逐年下降，2013 年增长至 0.089，之后始终稳定在 0.106～0.117，且逐渐接近辽宁省；最后是天津市，天津市海洋社会指数低于区域内其他省市，完善海洋相关基础设施建设，优化海洋资源配置，提高海洋福利，是天津市提高海洋经济高质量发展水平的重要方向。

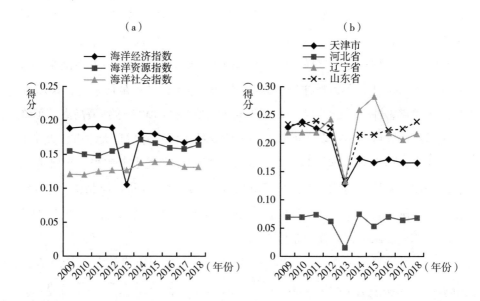

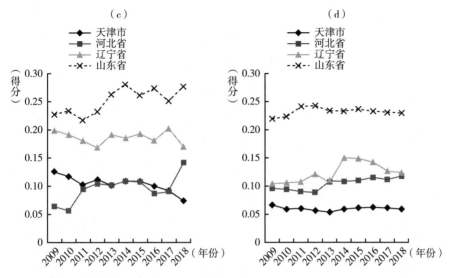

图7　2009~2018年北部海洋经济圈分系统评价折线图

从区位优势、对外开放程度、环保治理、政府支持力度等方面探讨北部海洋经济圈海洋经济高质量发展的影响因素。其中区位优势以海洋经济区位熵表征，具体计算方式为海洋生产总值在北部海洋经济圈中的比重与陆域生产总值在经济圈中的比重之比；对外开放程度以进出口总额占 GDP 比重表征；环保治理以单位 GDP 电耗和工业污染治理投资完成额来表征；政府支持力度以科研技术服务投入占 GDP 的比重来表征。同时借鉴 Hansen 等面板门槛模型，构建海洋经济高质量发展影响因素的面板门槛模型，具体模型如下。

在进行面板门槛回归估计之前，首先检验模型的非线性关系，利用 Bootstrap 法计算得到门槛效应检验结果，如表3所示。

表3　2009~2018年北部海洋经济圈影响因素面板门槛模型结果

模型	被解释变量	解释变量	门槛变量	门槛数	F 值	临界值		
						1%	5%	10%
模型1	海洋经济高质量发展	海洋经济区位熵	海洋经济区位熵	单一门槛	12.31 *	13.321	11.563	8.911
				双重门槛	4.74	13.466	11.116	9.235
				三重门槛	2.25	10.070	7.334	6.301

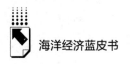

海洋经济蓝皮书

续表

模型	被解释变量	解释变量	门槛变量	门槛数	F 值	临界值		
						1%	5%	10%
模型2	海洋经济高质量发展	海洋经济区位熵	海洋第二产业增加值比重	单一门槛	13.61**	12.022	9.425	8.218
				双重门槛	2.49	15.367	9.961	8.107
				三重门槛	3.77	54.368	37.102	27.440
模型3	海洋经济高质量发展	对外开放程度	对外开放程度	单一门槛	5.16*	5.679	4.516	3.725
				双重门槛	2.50	7.152	5.131	4.429
				三重门槛	3.27	10.004	7.839	6.386
模型4	海洋经济高质量发展	港口货物吞吐量	港口货物吞吐量	单一门槛	14.07***	12.871	12.117	11.572
				双重门槛	3.50	18.874	15.458	11.831
				三重门槛	10.31	28.100	18.201	16.848
模型5	海洋经济高质量发展	海洋经济区位熵	单位GDP电耗	单一门槛	9.87*	12.144	9.662	9.126
				双重门槛	9.65***	8.638	7.534	6.352
				三重门槛	6.39	22.772	18.735	15.492
模型6	海洋经济高质量发展	工业污染治理投资完成额	工业污染治理投资完成额	单一门槛	3.97	20.003	9.751	8.248
				双重门槛	15.18***	11.912	7.869	6.830
				三重门槛	1.75	14.592	10.329	6.725
模型7	海洋经济高质量发展	政府科技支持力度	政府科技支持力度	单一门槛	11.21*	12.250	9.895	8.550
				双重门槛	7.93	12.981	9.564	9.001
				三重门槛	5.31	46.110	32.902	24.819
模型8	海洋经济高质量发展	政府科技支持力度	海洋科研机构课题数	单一门槛	9.24	10.216	8.790	7.689
				双重门槛	12.26***	8.459	7.539	6.564
				三重门槛	3.45	58.278	35.441	26.640
模型9	海洋经济高质量发展	政府科技支持力度	高等教育海洋专业本、专科毕业人数	单一门槛	10.27***	9.216	7.851	7.121
				双重门槛	7.29*	7.688	6.895	6.325
				三重门槛	3.10	19.734	17.285	14.502

注：*、**、***分别表示在10%、5%、1%的水平显著。

表4　2009~2018年北部海洋经济圈影响因素门槛模型系数计算结果

模型	门槛值		系数1	系数2	系数3
	单一门槛	双重门槛			
模型1	0.936	—	0.256	0.147	—
模型2	37.100	—	0.238	0.136	—
模型3	29.563	—	0.015	0.001	—
模型4	47697	—	2.771	7.663	—
模型5	798.842	1018.042	0.037	0.727	0.226

| 模型 | 门槛值 | | 系数1 | 系数2 | 系数3 |
	单一门槛	双重门槛			
模型6	148366	189950	1.155	5.387	5.776
模型7	0.315	—	0.326	0.016	—
模型8	339	685	0.244	0.106	-0.008
模型9	2122	4486	-0.942	-0.210	0.044

表4显示，从模型1、2回归结果来看，海洋经济区位熵能够显著促进海洋经济高质量发展，且其促进作用受到海洋第二产业增加值比重的制约。在面板门槛回归结果中，海洋经济区位熵存在单门槛效应。当低于门槛值0.936时，海洋经济区位熵对海洋经济高质量发展的影响系数较高，为0.256；当海洋经济区位熵跨越0.936的门槛值之后，海洋经济区位熵对海洋高质量发展的影响系数减小到0.147。这说明陆域经济发展对提高海洋经济高质量发展水平始终具有显著的正向促进作用，随着陆域经济的发展、陆海协同发展，在资源开发、产业结构优化、交通基础设施完善等领域开展全面的合作，可实现陆海经济的协调高质量发展。当海洋第二产业增加值比重作为门槛变量、海洋经济区位熵作为核心解释变量，存在单门槛效应。海洋第二产业增加值比重跨越门槛值37.100时，海洋经济区位熵对海洋经济高质量发展的影响系数由0.238减小到0.136。以交通运输业为主的海洋第二产业始终是驱动海洋经济增长的主要因素，但是受制于海洋关键技术缺乏，海洋资源开发效率低，资源浪费严重，当海洋第二产业增加值比重超过37.100时，其对北部海洋经济圈海洋高质量发展水平的推动作用显著降低。因此针对这一问题，应当重视关键核心技术对促进海洋经济发展的作用，组织优势力量开展技术攻关，推动海洋经济发展；同时以服务为导向，实施北部海洋经济圈海洋品牌计划，发挥海洋旅游业的带动性作用，积极发展海洋战略性新兴产业，拉动经济圈内相关城市群经济发展，为区域协同发展提供有利条件。

从模型3、4回归结果来看，对外开放程度对海洋经济高质量发展的正

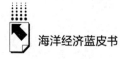

向促进作用较小，港口货物吞吐量是影响北部海洋经济圈海洋经济高质量发展的重要因素。对外开放程度作为门槛变量，其单门槛效应显著。当对外开放程度跨越门槛值29.563时，对外开放程度对海洋经济高质量发展的影响系数由0.015减小到0.001，影响程度始终较小。这说明北部海洋经济圈在持续扩大对外开放的过程中，随着港口等海洋交通基础设施的建设，出口贸易、外商投资规模的增加，地方政府统筹管理的水平也随之提高。但是由于地方政府外资管理水平的落后，外资利用效率低下，盲目追求外资规模，使对外开放程度对海洋经济高质量发展促进作用呈低效率趋势。以港口货物吞吐量作为门槛变量和核心解释变量时，存在单门槛效应。当港口货物吞吐量低于门槛值47697时，其对海洋经济高质量发展的影响系数为2.771；高于门槛值时，影响系数提高到7.663。伴随着对外贸易的发展，海洋港口在地区经济中的作用日渐凸显，港口货物吞吐量和周转量增加，港口货物吞吐量反映了沿海城市产业发展和对外贸易的港口基础条件。北部海洋经济圈具有建设港口运输系统的地理优势和制度优势，在国家政策的支持引导下，充分调动地区资源地理优势，建设港口等海洋基础设施，实现专业化分工，推动资源整合及产业链深化，实现港城融合发展是提高北部海洋经济圈港口效率的重要发展路径。

从模型5、6回归结果来看，单位GDP电耗能够反映经济发展与能源消耗间的动态关系，工业污染治理投资完成额对海洋经济高质量发展的促进作用更为显著。在面板门槛回归模型结果中，单位GDP电耗作为门槛变量，海洋经济区位熵作为核心解释变量，存在双门槛效应。当单位GDP电耗小于门槛值798.842时，海洋经济区位熵对海洋经济高质量发展的影响系数为0.037，当其大于门槛值1018.042时，海洋经济区位熵对海洋经济高质量发展的影响系数为0.226，当其介于两个门槛值之间时，影响系数为0.727。北部海洋经济圈资源枯竭城市居多，且以火力发电为主，单位GDP电耗在一定程度上代表了城市经济规模，当单位GDP电耗低于门槛值798.842时，海洋经济区位优势对海洋经济高质量发展的促进作用未能完全发挥。单位GDP电耗也能反映城市经济结构，单位GDP电耗越小，城市对资源的利用效率越高，城市经济结构越高级，海洋经济区位优势对海洋经济高质量发展影响系数在单位 GDP 电耗高于门槛值 1018.042 时，略有提高，但远小于其介于两个门槛值时。因此环境保护与海洋经济高质量发展之间具有非线性正向关系。北部海洋经济圈中辽宁、山东工业废水直接入海量呈现递增态势，对海洋生态环境产生了较大的影响，海洋经济绿色发展的内涵是一切形式的发展，必须坚持"两山"理念，实现环境与经济协同发展。因此，北部海洋经济圈的首要任务是保护海洋生态环境，要做到开发与保护并重，污染防治与环境恢复相结合，针对地区海洋资源特点和区域海洋经济发展实际开展保护利用，促进区域海洋经济可持续发展。

从模型 7、8、9 回归结果来看，政府科技支持力度能够助力海洋经济高质量发展，且海洋科研机构课题数和高等教育海洋专业本、专科毕业人数均在一定程度上影响政府科技支持力度对海洋经济高质量发展的作用程度。在面板门槛回归结果中，海洋科研机构课题数作为门槛变量，政府科技支持力度作为核心解释变量，存在双门槛效应。当海洋科研机构课题数小于 339 时，政府科技支持力度对海洋经济高质量发展影响系数最大，为 0.244；当介于 339 和 685 之间，其影响系数减小至 0.106；大于 685 时，影响系数减小至-0.008。这说明海洋科研机构课题数代表着海洋科研成果质量，在海洋科研发展初期，能够充分吸收政府的海洋经费投入。但是随着经费投入规模的增加，政府创新投资效率低下的问题逐渐显现，其对海洋经济高质量发展的促进作用逐渐减弱，甚至出现抑制作用的趋势。以高等教育海洋专业本、专科毕业人数作为门槛变量时，存在双门槛效应。当高等教育海洋专业本、专科毕业人数小于 2122 时，政府科技支持力度对海洋经济高质量发展影响系数为-0.942；当介于两个门槛值之间时，其影响系数为-0.210；大于 4486 时，影响系数为 0.044，整体呈现先抑制后促进的发展态势。高等教育海洋专业本、专科毕业人数不仅反映了海洋经济系统的创新能力，同时也代表了海洋社会系统海洋文化普及程度，为海洋经济创新发展提供基础支撑。北部海洋经济圈应当加大海洋科研支持力度，提高海洋科技转化应用能力，强化海洋知识的普及教育，加强海洋重点领域人才培养。

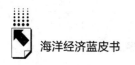

三 北部海洋经济圈海洋经济发展趋势预测

（一）北部海洋经济圈海洋经济发展预测

基于灰色 GM（1，1）预测模型对 2019~2025 年北部海洋经济圈海洋经济高质量发展水平进行预测（见表 5）。北部海洋经济圈海洋经济高质量发展水平总体呈现上升趋势，但是 2019 年上升态势出现逆转，下行趋势显现，但预测期内仍以 0.40 的年均增长率逐步提高，稳步发展仍然是未来发展的主要方向。区域内海洋经济发展差异增加，其中山东、辽宁海洋经济高质量发展水平分别以 0.90 和 0.86 的年均增长率稳步提升，河北以 3.35 的年均增长率快速提升，天津则以-3.50 的年均增长率逐年下降，区域内海洋经济高质量发展水平呈两极分化态势。具体来看，山东、辽宁将作为海洋经济高质量发展的领跑者，随着河北海洋经济高质量发展速度加快，两极分化程度得到缓解，但天津以更快的速度大幅下降，区域内部差异仍然显著。

表 5　2019~2025 年北部海洋经济圈海洋高质量发展水平预测结果

年份	2019	2020	2021	2022	2023	2024	2025
天津***	0.287	0.277	0.267	0.258	0.249	0.240	0.232
河北***	0.312	0.323	0.333	0.345	0.356	0.368	0.380
辽宁**	0.556	0.561	0.565	0.570	0.575	0.580	0.585
山东***	0.737	0.744	0.750	0.757	0.764	0.771	0.778
均值***	0.471	0.473	0.475	0.477	0.479	0.481	0.483

注：**、*** 分别表示预测精度等级为合格、好。

为更好分析北部海洋经济圈海洋经济高质量发展的系统机制，引入耦合协调度模型测度海洋经济—资源—社会系统间协调发展程度并通过灰色 GM（1，1）进行预测分析（见表 6）。北部海洋经济圈海洋经济—资源—社会系统耦合协调水平整体不高，保持在 0.5103 处上下浮动，山东海洋经济—

资源—社会系统耦合协调水平始终领先，辽宁紧随其后，两省份海洋经济—资源—社会系统耦合协调水平高于区域均值，为勉强协调发展型；天津海洋经济—资源—社会系统耦合协调水平与经济高质量水平发展趋势相符，均呈下滑趋势，海洋各系统失调发展从而制约海洋经济高质量发展，为濒临失调型；河北海洋经济—资源—社会系统耦合协调水平逐年上升，并有望于2022年超越天津成为区域内部海洋经济发展的新动力。从北部海洋经济圈海洋经济—资源—社会系统协调发展模式来看，北部海洋经济圈海洋经济协调发展模式主要存在两种类型，一是海洋经济优先、海洋社会滞后型，为天津和辽宁；二是海洋资源优先、海洋经济滞后型，为河北和山东。因此，北部海洋经济圈地区应当提高海洋经济—资源—社会系统协调程度，促进海洋经济高质量发展。

表6　2019~2025年北部海洋经济圈海洋经济—资源—社会
系统耦合协调发展程度预测结果

年份	2019	2020	2021	2022	2023	2024	2025
天津***	0.4801	0.4769	0.4737	0.4705	0.4675	0.4644	0.4614
河北***	0.4661	0.4683	0.4705	0.4728	0.4751	0.4774	0.4798
辽宁***	0.5293	0.5299	0.5305	0.5312	0.5318	0.5325	0.5331
山东***	0.5461	0.5468	0.5475	0.5482	0.5489	0.5497	0.5504
均值***	0.5103	0.5103	0.5103	0.5103	0.5103	0.5103	0.5104

注：**、*** 分别表示预测精度等级为合格、好。

（二）北部海洋经济圈分省市海洋经济发展形势分析

1. 天津市

京津冀协同发展、自由贸易试验区、国家自主创新示范区等国家政策优势汇集，海洋经济发展示范区建设深入推进，将为天津海洋高端要素聚集、新动能培育与壮大提供良好的发展空间。天津市凭借濒海临港的"出海口"优势和全国先进制造业研发优势，完善海洋基础设施建设，突出其国际航运

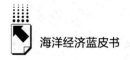

枢纽地位，推动了海洋经济高质量发展。同时，天津市根据中央政府的统筹规划，大力推进蓝色海湾修复和绿色生态屏障建设，以生态倒逼产业结构优化升级。打造京津冀地区重要的生态宜居家园、绿色发展高地、生态旅游目的地始终是天津市海洋经济的重要发展路径。

2. 河北省

河北省海洋经济发展基础较差，具体表现形式为新兴海洋产业在海洋经济中的地位不明显，海洋生态环境破坏严重，海洋经济发展平台建设滞后以及海洋经济服务支撑能力较弱。河北省针对发展的短板，培育核心竞争力，发展新兴产业，通过促进海洋制造业与服务业深度融合等方式，建设现代化的海洋系统，增强竞争能力；利用区位资源优势和政策优势，搭建对外开放合作承接平台；通过融入京津冀新发展机遇，融入首都经济圈，凸显其对内陆地区经济发展的辐射引领作用。河北省海洋经济发展相对滞后是挑战也是机遇，积极与海洋经济发展模式成熟的省市交流学习，推动海洋经济在创新、协调、绿色、开放、共享方面稳健发展，成为河北省海洋经济发展战略目标。

3. 辽宁省

辽宁省作为传统东北老工业地区，也是东北三省唯一沿海省份，良好的工业发展基础为其海洋经济发展提供了良好的支撑作用。辽宁省雄厚的工业基础和产业发展优势为海洋经济高质量发展提供了坚实的基础。随着智慧海洋工程的发展，辽宁省海洋经济正在面向创新驱动的发展迈进。在合作交流方面，辽宁省对内落实"一圈一带两区"协调发展战略，推动沿海六市协同打造东北亚地区具有区域竞争力的现代海洋城市群；对外继续加强与浙江、江苏等的对口合作，促进南北互动，提升海洋产业发展水平。在产业改造升级方面，加强产业技术和发展方式的改革，加快船舶与海工装备制造业高端化、绿色化和智能化改造升级，推进海洋交通运输业高质量发展。

4. 山东省

山东省作为海洋经济发展的强省，其海洋经济长期以来走在全国前列，目前位居全国第二。山东省海洋经济发展基础良好，海洋经济在地区经济发展中作用明显。为积极响应中央对山东"三个走在前"的要求，海洋经济在未来必将进一步得到重视。根据中央的统筹规划，山东省海洋经济"十四五"规划中强调要深入实施创新驱动发展战略和科技兴海战略，强化现代信息技术的作用，通过"新基建"，完善信息基础设施建设，加强科技创新成果转化对山东省的推动作用，建设现代化创新企业，吸引创新型人才汇集。从发展目标来看，山东省继续面向建设海洋强省的目标迈进，通过建设优良港口、持续优化海洋生态环境、加大对外开放力度，实现陆海协同发展。

四　政策建议

（一）加大海洋科技创新投入力度，制定差异化支持政策

北部海洋经济圈海洋经济资源依赖特征较为明显，海洋生态环境压力较大，同时由于发展阶段、产业特征的差异，海洋经济呈现差异化表现。提高海洋经济绿色全要素生产率更多依靠技术进步，海洋科技创新能力是推动北部海洋经济圈海洋经济高质量发展的基本手段和核心力量。海洋科技创新投入风险高，海洋科研创新长期受制于投入不足，关键核心技术自主创新程度低。未来应当建立多元主体协同投融资模式，建立多途径的海洋技术创新支撑系统；政策性银行和商业银行对从事高技术产业进行创新性经营的企业，增加短期低利率的长期贷款，充分发挥金融支持海洋科技创新的作用；同时也要让涉海公司真正发挥科技创新决策、科技组织和科技成果转化的作用。针对各省市海洋经济发展规模不同、条件不同、定位不同等差异问题，地方政策的制定者应当结合地区产业特点和资源环境条件，研究适合本地区的发展路径，制定符合地方实际的发展政策。例如，海洋科技基础较为薄弱的地区，其重点是实现科研成果的转化和利用，聚焦生态科技，推动海洋经济绿色发展；科技创新水平较高的山东，应充分发挥科学技术的作用，聚焦海洋新兴产业，突破海洋关键核心技术。

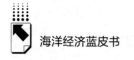

（二）推进"点—轴—面"海陆区域开发，实现海陆经济一体化

北部海洋经济圈海陆经济一体化发展要遵循区域经济和产业"点—轴—面"的空间演化规律，加快建设和健全经济圈内现代化的海洋产业系统，最大限度地利用中央城区的辐射和带动效应，构建"以点带动面"的经济发展网络。天津、青岛、大连、秦皇岛等大型港口和沿海城市是带动北部海洋经济圈海陆经济增长的重要"极点"，充分发挥增长极连接供需的纽带作用。加强交通、通信等基础设施建设，增强区域的辐射带动作用，推动沿海、交通主干道和沿海交通枢纽向沿海和内陆地区扩展，在区域上构成"双轴线"。为了实现海洋经济的全面发展，应当畅通海洋发展资源的流通渠道，促进海洋经济发展要素在地区间的便捷流动，提高地区生产效率，促进北部海洋经济圈产业分工的逐渐清晰，逐步形成具有网络结构的"辐射面"，最终形成北部海洋经济圈现代海洋产业跨地区、行业的海洋产业合作机制。促进北部海洋经济圈的协同发展，提高海洋经济的整体竞争力。

（三）把控海洋产业绿色低碳发展，加强海洋生态环境文明建设

在北部海洋经济圈海洋经济高质量发展影响因素分析中，工业污染治理投资完成额对海洋经济高质量发展的促进作用尤为显著。影响北部海洋经济圈海洋生态环境质量的主要因素为产业结构和区位条件，一方面，北部海洋经济圈资源枯竭城市居多，且以火力发电为主，粗犷的发展方式对海洋生态环境造成严重破坏，同时造成海洋资源的浪费；另一方面，北部海洋经济圈地理环境导致海洋污染对生态环境的破坏在短期内难以消散，在长时间内对海洋经济的发展造成严重影响。因此，北部海洋经济圈应当重视生态环境对海洋经济的双重作用，重视绿色生产和绿色产品对海洋经济发展的积极作用。积极打造绿色环保型海洋产业，加快海洋产业绿色低碳发展，例如发展小型智能化温差能海洋观测装备供电装置、海洋能发电装置、新型高效波浪能发电装置等。同时强化陆海统筹的海域污染治理，加强直排

海污染源管控，严格落实排污许可制度和管理长效机制，推进海洋生态保护和修复，提高河口湿地储碳能力和生物多样性，提升海洋生态系统碳汇增量。

（四）拓展海洋经济开放合作空间，构建海洋经济全面开放格局

对外开放程度对北部海洋经济圈海洋经济高质量发展的促进作用呈低效率趋势，探索全方位、多层次、宽领域的海洋开放合作模式成为北部海洋经济圈的重要发展方向。深度融入"一带一路"合作倡议和《区域全面经济伙伴关系协定》（RCEP），加强海洋科教文化交流，夯实对外开放平台载体。积极举办和参与国际海洋博览会、世界海洋科技大会等各类涉海论坛展会，打造国际航运服务、金融、经贸、科技等全方位、多层次的海洋开放合作平台。充分发挥北部海洋经济圈各省市海洋产业优势，拓宽海洋经济合作领域，如辽宁、天津、山东可在船舶与海洋工程装备制造、海底光缆通信、海洋生物医药等领域加强与沿线国家的技术交流与合作。加强邻近城市间的资源流动、要素获取、成果共享，发挥天津辐射带动作用，逐步缩小区域差距，加快建立全方位的海洋经济发展模式。

（五）推动海洋经济建设全民参与，实现海洋经济发展成果共享

海洋经济的高质量发展与人民群众幸福感和获得感紧密相关，海洋经济发展的成果应当由全体人民贡献。北部海洋经济圈整体海洋社会系统发展缓慢，且天津、辽宁海洋社会建设落后于海洋经济建设，严重影响海洋经济协调发展。在促进海洋经济发展的前提下，积极探讨与广大人民共同分享的发展路径是北部海洋经济圈需要重点关注的发展问题。提高海洋国土、海洋经济的宣传教育力度，完善海洋经济建设规划的社会监督体系，强化海洋经济与涉海产业宣传展示，增强全民海洋意识。加大涉海社会保障投资力度，提升服务基层社会能力，提高涉海就业人员社会福利；加强海洋文化事业发展投资，开发具有当地资源特色的海洋文化产业，构建良好的海洋大国文化环境。

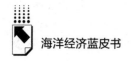

参考文献

国家发展和改革委员会：《"十四五"规划〈纲要〉名词解释》，2021 年 12 月。

丁黎黎、杨颖、李慧：《区域海洋经济高质量发展水平双向评价及差异性》，《经济地理》2021 年第 7 期。

王银银：《海洋经济高质量发展指标体系构建及综合评价》，《统计与决策》2021 年第 21 期。

王泽宇、王焱熙：《中国海洋经济弹性的时空分异与影响因素分析》，《经济地理》2019 年第 2 期。

狄乾斌、於哲、徐礼祥：《高质量增长背景下海洋经济发展的时空协调模式研究——基于环渤海地区地级市的实证》，《地理科学》2019 年第 10 期。

盖美、朱静敏、孙才志、孙康：《中国沿海地区海洋经济效率时空演化及影响因素分析》，《资源科学》2018 年第 10 期。

宋泽明、宁凌：《海洋创新驱动、海洋产业结构升级与海洋经济高质量发展——基于面板门槛回归模型的实证分析》，《生态经济》2021 年第 1 期。

贾宇、张平：《习近平海洋经济发展重要论述内涵探析》，《大连海事大学学报》（社会科学版）2021 年第 6 期。

唐晓灵、李竹青：《区域工业用水效率及节水潜力研究——以关中平原城市群为例》，《生态经济》2020 年第 10 期。

盖美、何亚宁、柯丽娜：《中国海洋经济发展质量研究》，《自然资源学报》2022 年第 4 期。

狄乾斌、吴洪宇：《中国海洋福利水平时空格局与障碍因子诊断》，《资源开发与市场》2022 年第 3 期。

中国海洋局：《中国海洋统计年鉴》，中国海洋出版社，2010~2017。

自然资源部：《中国海洋经济统计年鉴》，中国海洋出版社，2018~2019。

天津市统计局：《天津统计年鉴》，中国统计出版社，2010~2019。

河北省统计局：《河北统计年鉴》，中国统计出版社，2010~2019。

辽宁省统计局：《辽宁统计年鉴》，中国统计出版社，2010~2019。

山东省统计局：《山东统计年鉴》，中国统计出版社，2010~2019。

天津市人民政府办公厅：《天津市海洋经济发展"十四五"规划》，2021 年 7 月 5 日。

辽宁省人民政府办公厅：《辽宁省"十四五"海洋经济发展规划》，2022 年 1 月 1 日。

山东省人民政府办公厅：《山东省"十四五"海洋经济发展规划》，2021 年 10 月
29 日。

河北省自然资源厅、河北省发改委：《河北省海洋经济发展"十四五"规划》，2022
年 1 月 27 日。

B.7
南部海洋经济圈海洋经济发展形势分析

杜 军*

摘 要: 南部海洋经济圈在三大海洋经济圈中占据首要地位,其海洋产业 "三、二、一" 的结构较为稳定且不断优化,2001~2021 年我国南部海洋经济圈的海洋生产总值平稳上升,发展效率稳步增长。南部海洋经济圈海洋资源、海洋科技、财政支出、海洋货物周转量和人均可支配收入要素对海洋经济发展具有显著的促进作用,而海洋产业出口抑制作用显著。随着我国综合实力和海洋创新能力的不断增强,在海洋 "十四五" 规划、"一带一路" 等的扶持下,预计 2022 年我国南部海洋经济圈海洋生产总值将达到 40000 亿元、2023 年预计达到 43300 亿元左右。未来南部海洋经济圈内部广东、福建、广西、海南随着科技进步、对外开放程度的增加将会迎来新的发展机遇。未来南部海洋经济圈海洋经济发展应面向优化海洋经济空间布局、构建现代海洋体系、增强海洋科技创新能力、推动海洋经济绿色发展和加强海洋经济发展合作等方向扎实推进。

关键词: 南部海洋经济圈 海洋经济 海洋产业 增量分析

一 南部海洋经济圈海洋经济发展现状分析

南部海洋经济圈作为我国海洋经济发展的引领者,在 2020~2021 年为

---

* 杜军,博士,广东海洋大学管理学院副院长、教授,广东沿海经济带发展研究院海洋经济发展战略研究所所长。

我国海洋经济发展做出重大贡献。从南部海洋经济圈海洋经济总量的角度来看，南部海洋经济圈经济规模与区域内发展不平衡的矛盾较为突出，海洋经济的韧性不强；从南部海洋经济圈海洋经济效率的角度来看，南部海洋经济圈区域各省市的海洋单位面积产出差异较大，提升空间广阔；从南部海洋经济圈海洋经济结构来看，整体上呈现显著的"三、二、一"发展格局，海洋产业结构不断优化。

（一）南部海洋经济圈海洋经济发展规模分析

2001~2021年我国南部海洋经济圈的海洋生产总值平稳上升，但是区域内发展不平衡。据广东省自然资源厅、省发改委联合发布的《广东海洋经济发展报告（2022）》，2021年广东省的海洋生产总值为19941亿元，而广西壮族自治区则为1828.2亿元，区域海洋经济发展差距较大。

（二）南部海洋经济圈海洋经济发展效率分析

随着2021年复工复产和社会经济的恢复，南部海洋经济圈GOP占全国GOP的比重在2021年又回升至39.3%。南部海洋经济圈海洋经济经过20年的发展，其海洋单位面积产出增长了十几倍，由2001年的9.44万元/平方公里增长至2019年的140.6万元/平方公里（见图1）。南部海洋经济圈的海洋经济发展仍具有广阔的发展潜力。

广东省海洋单位面积产出在2001~2021年同样整体呈现稳步增长的趋势，由2001年的36.82万元/平方公里增长到2021年的475.92万元/平方公里，增长了接近12倍。从广东省GOP占南部海洋经济圈GOP比重来看，其在2001~2021年呈现先下降又上升最后平稳发展的趋势。其GOP占据了2/3左右的南部海洋经济圈GOP，是南部海洋经济圈海洋经济发展的领头羊（见图2）。

福建省海洋单位面积产出在2001~2019年呈现稳步增长趋势，由2001年的50.3万元/平方公里增长到2019年的882.35万元/平方公里，增长16倍多。从福建省GOP占南部海洋经济圈GOP比重来看，其在2001~2020年呈现先上升又下降最后稳步上升的发展趋势（见图3）。

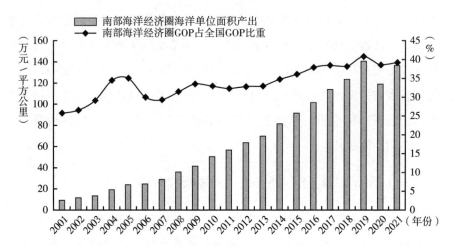

图1 2001～2021年南部海洋经济圈海洋单位面积产出及其 GOP 占比变化

注：海洋单位面积产出＝海洋生产总值/海域面积，下同。

资料来源：根据《中国海洋统计年鉴》（2002～2017）、《中国海洋经济统计年鉴》（2018～2019）和《中国海洋经济统计公报》（2019～2020）数据自行测算。

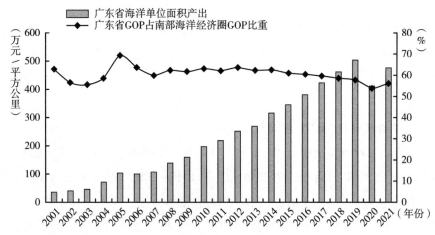

图2 2001～2021年广东省海洋单位面积产出及其 GOP 占南部海洋经济圈 GOP 比重变化

资料来源：根据《中国海洋统计年鉴》（2002～2017）、《中国海洋经济统计年鉴》（2018～2019）、《中国海洋经济统计公报》（2019～2020）、《广东海洋经济发展报告（2021）》，以及《广东海洋经济发展报告（2022）》的数据自行测算。

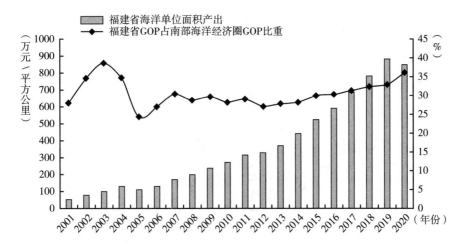

**图3　2001～2020年福建省海洋单位面积产出及其GOP
占南部海洋经济圈GOP比重变化**

资料来源：根据《中国海洋统计年鉴》（2002～2017）、《中国海洋经济统计年鉴》（2018～2019）、《中国海洋经济统计公报》（2019～2020）以及福建省政府新闻公布的数据自行测算。

广西壮族自治区海洋单位面积产出在2001～2020年也同样呈现稳步增长的趋势，由2001年的9.37万元/平方公里增长到2021年的141.39万元/平方公里，增长14倍。从广西壮族自治区GOP占南部海洋经济圈GOP比重来看，其在2001～2021年波动较大，总体呈现先明显下降又明显上升再调整发展的趋势（见图4）。

海南省海洋单位面积产出在2001～2019年依然呈现稳步增长的趋势，由2001年的0.51万元/平方公里增长到2019年的8.59万元/平方公里，增长了接近16倍。虽然海南省的海洋规模较小，但是在海南自由贸易港设立等政策的支持下，海南省的海洋经济发展潜力较大（见图5）。

（三）南部海洋经济圈海洋产业结构分析

2001～2019年我国南部海洋经济圈海洋生产总值发展态势稳定，海洋产业结构进一步优化，整体上呈现显著的"三、二、一"发展格局，并且第三产业产值占比具有明显的上升趋势。

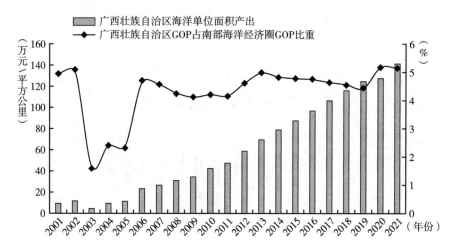

**图4　2001～2020年广西壮族自治区海洋单位面积产出及其GOP
占南部海洋经济圈GOP比重变化**

资料来源：根据《中国海洋统计年鉴》（2002～2017）、《中国海洋经济统计公报》（2018～2019）、《2021年广西海洋经济统计公报》以及《2022年广西海洋经济统计公报》的数据自行测算。

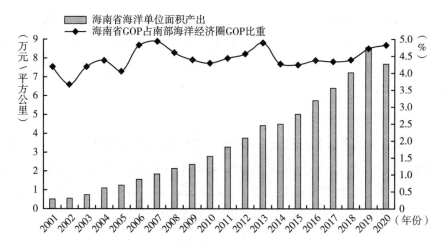

**图5　2001～2020年海南省海洋单位面积产出及其GOP
占南部海洋经济圈GOP比重变化**

资料来源：根据《中国海洋统计年鉴》（2002～2017）、《中国海洋经济统计年鉴》（2018～2019）、《中国海洋经济统计公报》（2019～2020）以及中华人民共和国自然资源部（http：//mnr.gov.cn/dt/hy/202107/t20210701_2660497.html）公布的数据自行测算。

1. 海洋三大产业结构变迁

2001~2019 年，南部海洋经济圈产业结构较为稳定，海洋三大产业占比由 2001 年的 8.2∶38.9∶52.9 转变为 2019 年的 5.0∶28.8∶66.3。从图 6 可以看出，第三产业占比整体上升趋势明显，而第二产业占比下降趋势明显，第一产业占比下降幅度较为平缓。从南部海洋经济圈海洋经济三大产业体系的发展规模和结构来看，海洋产业"三、二、一"的结构较为稳定且不断优化。2002~2019 年南部海洋经济圈三大海洋产业的平均增速差别不大，分别为 10.4%、11.4%、14.4%。

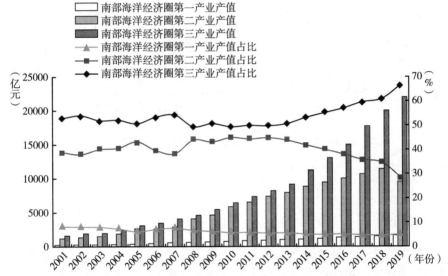

图 6 2001~2019 年南部海洋经济圈海洋经济三次产业产值及其占比变化

注：南部海洋经济圈各海洋产业产值由广东、福建、广西和海南各海洋产业产值累加所得。

资料来源：《中国海洋统计年鉴》（2002~2017）、《中国海洋经济统计年鉴》（2018~2020）。

2. 分省份三大产业结构布局

广东省海洋三大产业呈现"三、二、一"的稳定结构并不断优化，从图 7 可以看出，海洋第一产业的产值较小，第三产业的产值明显高于第二产业。从增速上来看，三大产业的增速都呈现波浪状的波动趋势：第一产业产

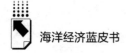

值增速除在2006年波动较大以外，总体趋势较为稳定，第二产业和第三产业产值增速在大多数年份呈现互补状态，即第二产业产值增速处于谷底的时候第三产业产值增速处于波峰。

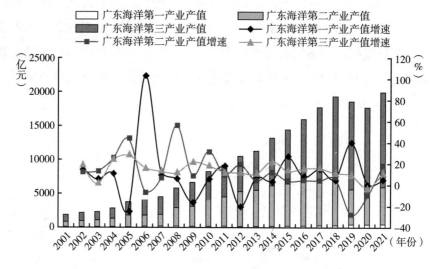

图7 2001~2021年广东海洋三大产业产值分布及增速变化趋势

资料来源：《中国海洋统计年鉴》（2002~2017）、《中国海洋经济统计年鉴》（2018~2020）、《广东海洋经济发展报告》（2021~2022）。

福建省海洋三大产业结构同样呈现"三、二、一"的稳定态势，并且在不断调整优化。通过图8可以看出，就福建省而言，第三产业占比最大，第二产业次之，第一产业占比最小。从增速上来看，三大产业产值在2002~2008年变动方向一致，2009年之后海洋三大产业产值增速变动不一，其中海洋第二产业产值增速在2012年为-2.7%。

广西海洋三大产业的结构尚需调整完善，通过图9可以看出，海洋第一产业的产值占比较大，第三产业相比第一、二产业的优势不足。从增速上来看，广西海洋第一产业产值增速波动幅度较大，最小值为2006年的-15.7%，最大值为2009年的58.8%；第二产业和第三产业2002~2015年呈现波动趋势，2016~2019年在低增速平稳运行，2020~2021年海洋第二产业产值增速呈上升态势，而第三产业产值增速则先下降后上升，这可能是由

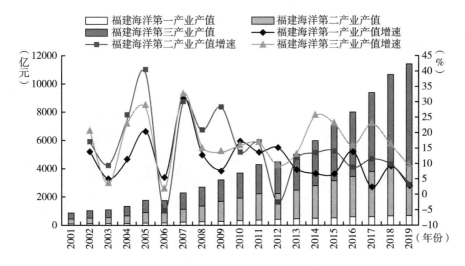

图8　2001~2019年福建海洋三大产业产值分布及增速变化趋势

资料来源：《中国海洋统计年鉴》（2002~2017）、《中国海洋经济统计年鉴》（2018~2020）。

于海洋第三产业2020年受新冠肺炎疫情的影响较大，后期不断恢复使增速继续上升。

海南省海洋三大产业结构中第一产业产值占比较大，甚至在大多数年份超过了第二产业，产业结构不太合理。第三产业产值最大，领先第一产业和第二产业，领导作用凸显。从增速来看，海南省海洋三大产业产值增速波动幅度较大，第一产业和第二产业在2005~2009年呈现互补状态，海洋第三产业产值增速在观测期内波动较为平稳，且有持续上升的趋势（见图10）。

二　南部海洋经济圈海洋经济发展形势研判

南部海洋经济圈位置条件优越，拥有丰富的自然资源、能源，以及突出的战略位置，这为海洋经济发展奠定了良好的基础。此外，南部海洋经济圈面向东盟十国，在与"一带一路"创新协同发展上具有优越的地理位置，

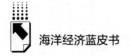

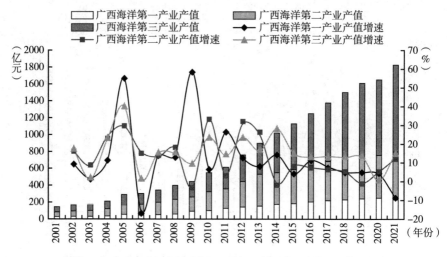

图9　2001~2021年广西海洋三大产业产值分布及增速变化趋势

资料来源：《中国海洋统计年鉴》（2002~2017）、《中国海洋经济统计年鉴》（2018~2020）、《广西海洋经济统计公报》（2020~2021）。

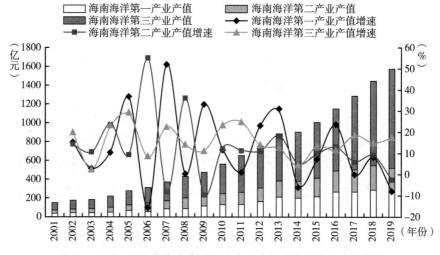

图10　2001~2019年海南海洋三大产业产值分布及增速变化趋势

资料来源：《中国海洋统计年鉴》（2002~2017）、《中国海洋经济统计年鉴》（2018~2020）。

因此在经济、贸易、金融、基础设施建设等方面都占据优势。促使中国—东盟合作发展成为海洋经济领域协作的关键点。

（一）南部海洋经济圈海洋经济发展战略分析

近年来，随着国际国内经济社会时局的不断变动，南部海洋经济圈自然资源富足，海洋经济可持续发展的相对优势渐渐被削弱。南部海洋经济圈在面对海洋经济发展中存在的机遇与挑战时，应格外关注并解决该区域社会经济发展与生态环境保护等面临的一些显著、关键的战略性问题，以此作为海洋经济发展甚至区域经济社会发展迅速突破的出发点。

1. 南部海洋经济圈海洋经济发展面临的机遇

南部海洋经济圈包括广西、广东、海南和福建四个沿海省份以及各自的海域，拥有丰富的自然资源和突出的战略位置，是我国南海资源开发、对外贸易的重要通道，在国家海洋权益上占有举足轻重的地位。"十四五"规划指出，要建设一批高质量海洋经济发展示范区和特色化海洋产业集群。海南自由贸易港和"三区一中心"的建成，《区域全面经济伙伴关系协定》的签订为南部海洋经济圈发展提供良好的市场机遇和有利的发展条件，对推动"一带一路"等倡议具有重要的意义。

2. 南部海洋经济圈海洋经济发展面临的挑战

当前，国际国内局势正经历错综复杂的转变，我国南部海洋经济圈面临的挑战也十分严峻。南部海洋经济圈的产业发展缺乏关键技术，长期粗放式开发与利用海洋资源，同时南海领土主权问题也成为制约海洋经济发展的重要因素。南部海洋经济圈海洋技术研发能力不足，缺少国际竞争优势。南部海洋经济圈的粗放型生产方式，导致近海环境污染问题突出。南海海域主权和海洋权益纠纷复杂难解，与邻近海域国家摩擦和冲突时有发生。

3. 南部海洋经济圈海洋经济发展的特色

南部海洋经济圈坐拥独特的地理位置。广西是中国与东盟在物流、商

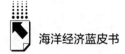

贸、智能与先进制造业等方面进行开放协作的基地与信息交流中心，亦是主要的国际区域海洋经济合作区，在南部海洋经济圈对外互联互通上发挥关键枢纽作用；广东雄厚的陆域经济实力为海域经济发展提供了有力的资金保障，促使广东海洋经济的进一步繁荣。此外，福建是两岸交流合作先行先试区，服务周边区域开通全新对外开放综合通道，亦是东部沿海区域智能与先进制造业的重要基地。海南岛是我国旅游业进行改革创新的试验区域和全球一流的海岛休闲度假旅游地。海南在2020年建设了海南自由贸易区，在不断彰显与利用区域特色的基础上，不断促使南部海洋经济圈不同内部区域之间海洋经济的开放、融合与发展。

4. 南部海洋经济圈海洋经济发展的优势

南部海洋经济圈面向东盟建设经济走廊，坐拥南海的广袤海域及丰富的海洋资源，在波能、潮汐能等可再生海洋动力能源方面，也有较大开发潜能，是中国保护开发南海资源、维护国家海洋权益的重要基地。南部海洋经济圈在海洋科技创新增长极方面具有突出优势，疫情下南部海洋经济圈继续领跑。南部海洋经济圈面向东盟十国，在与"一带一路"创新协同发展上具有优越的地理位置，西向建设东盟经济走廊，南向维护海洋权益，与"新旧丝绸之路"优势互补，带动圈内区域朝多方位开放合作的协同发展模式行进，因此在经济、贸易、金融、基础建设等方面都占据优势。

（二）南部海洋经济圈海洋经济发展增量分析

基于增量分析辨明南部海洋经济圈海洋经济发展水平，是深入探索南部海洋经济圈海洋经济迈向可持续、高质量的重要路径。在供给和需要视角下，本部分设计南部海洋经济圈海洋经济发展指标体系，基于2006年至2019年的指标数据，建立南部海洋经济圈海洋经济的双向固定效应模型及线性回归模型。

1. 南部海洋经济圈海洋经济发展指标体系的构建

基于供需视角，从海洋资源（MNR）、海洋资本（MCF）、海洋科技

（*MTI*）三个方面反映供给；从海洋对外开放程度（*OPEN*）、海洋财政保障（*FEM*）、居民生活水平（*PCD*）三个方面反映需求，具体指标如表 1 所示。

表 1　南部海洋经济圈海洋经济发展指标体系

维度	一级指标	二级指标	单位	测算依据与数据来源
供给	海洋资源要素	海水养殖面积	公顷	《中国海洋统计年鉴》
		海洋捕捞产量	吨	《中国海洋统计年鉴》
		海域集约利用指数	万元/公顷	GOP/确权海域面积
		海洋产业岸线经济密度	万元/千米	海洋产业产值/海岸线长度
	海洋资本要素	海洋固定资产投资	亿元	GOP/GDP×固定资产投资
		海洋人力资本	万人	GOP/GDP×城镇单位就业人员
	海洋科技要素	海洋研究与开发机构专利	件	《中国海洋统计年鉴》
		海洋科研课题成果应用	个	《中国海洋统计年鉴》
		海洋科技机构数	个	《中国海洋统计年鉴》
		海洋科技从业人员	人	《中国海洋统计年鉴》
需求	海洋对外开放程度	海洋产业出口总额	万元	GOP/GDP×出口额
	海洋财政保障	海洋产业财政支出	万元	GOP/GDP×财政预算支出
	居民生活水平	人均可支配收入	元	国家统计局
	海洋经济发展	地区海洋生产总值	亿元	《中国海洋统计年鉴》

2. 南部海洋经济圈海洋经济发展指标平稳性检验

基于增量分析法，为减小数据波动引致的误差，科学辨明南部海洋经济圈海洋经济发展的动态关系，对所有指标原始数据进行对数化处理。利用 LLC 检验和 IPS 检验，检验南部海洋经济圈海洋经济发展指标面板数据的平稳性。如表 2 所示，在 $\alpha = 0.05$ 的显著性水平下，南部海洋经济圈海洋经济发展指标均通过 LLC 检验和 IPS 检验，故而所有指标数据均具有平稳性。

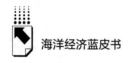

表 2　南部海洋经济圈海洋经济发展指标平稳性检验

维度	检验方法	变量			
供给	LLC 检验	lnMED	lnMNR	lnMCF	lnMTI
		-9.036 ***	-4.236 ***	-19.169 ***	-7.567 ***
	IPS 检验	lnMED	lnMNR	lnMCF	lnMTI
		-5.420 ***	-2.992 **	-16.664 ***	-4.191 ***
需求	LLC 检验	lnMED	lnOPEN	lnFEM	lnPCD
		-9.036 ***	-8.816 ***	-8.344 ***	-8.488 ***
	IPS 检验	lnMED	lnOPEN	lnFEM	lnPCD
		-5.420 ***	-5.195 ***	-4.767 ***	-4.907 ***

注: *** 和 ** 分别表示在 1% 和 5% 的显著性水平下显著。

3. 南部海洋经济圈海洋经济发展的增量分析模型

由于区位条件、海洋交通运输能力会对海洋经济发展产生影响,因此选取海洋经济区位熵($LEME$)、海洋货物周转量(FTD)、集装箱吞吐量(CT)3 个指标作为控制变量。

基于 Hausman 检验,运用 OLS 法分别构建基于供给视角和基于需求视角的南部海洋经济圈海洋经济发展增量分析时间—个体固定效应面板回归模型。

$$\ln MED_{it} = \beta_0 + \beta_1 \ln MNR_{it} + \beta_2 \ln MCF_{it} + \beta_3 \ln MTI_{it} + \alpha Controls_{it} + \lambda_i + \gamma_t + u_{it} \quad (1)$$

$$\ln MED_{it} = \beta_0 + \beta_1 \ln OPEN_{it} + \beta_2 \ln FEM_{it} + \beta_3 \ln PCD_{it} + \gamma Controls_{it} + \lambda_i + \gamma_t + u_{it} \quad (2)$$

进一步地,为探究海洋经济发展的异质性,运用 OLS 法分别构建基于供给视角和需求视角的各省份海洋经济发展增量分析线性回归模型。

$$\ln MED_t = \beta_0 + \beta_1 \ln MNR_t + \beta_2 \ln MCF_t + \beta_3 \ln MTI_t + \gamma Controls_t + u_t \quad (3)$$

$$\ln MED_t = \beta_0 + \beta_1 \ln OPEN_t + \beta_2 \ln FEM_t + \beta_3 \ln PCD_t + \gamma Controls_t + u_t \quad (4)$$

4. 南部海洋经济圈海洋经济发展的增量分析结果

(1)整体层面。如表 3 结果所示,基于供给视角,南部海洋经济圈海洋资源要素和海洋科技要素对海洋经济发展具有显著的正向促进作用,说明海洋自然资源是海洋经济发展的有力支撑,科学技术是驱动海洋经济发展的重要引擎；然而，海洋资本要素并不显著，反映了南部海洋经济圈的固定资产投资及涉海就业情况对海洋经济发展并未起到有效作用。海洋经济区位熵不显著地抑制了南部海洋经济圈海洋经济发展，而发达的海洋交通运输业促进了其海洋经济发展，但影响作用不显著。基于需求视角，海洋产业出口显著抑制了南部海洋经济圈海洋经济发展；海洋产业财政支出与人均可支配收入有效保障了海洋经济发展，其与海洋经济发展形成了良好的互动机制。与供给视角不同的是，海洋货物周转量对海洋经济发展产生显著的正向作用。

表 3 南部海洋经济圈海洋经济发展增量分析的供给模型和需求模型结果

维度	解释变量	系数	t 值	P 值	结论	维度	解释变量	系数	t 值	P 值	结论
供给	lnMNR	1.338	5.260	0.000	显著	需求	ln$OPEN$	-1.309	3.820	0.000	显著
	lnMCF	0.066	0.110	0.916	不显著		lnFEM	0.453	4.150	0.000	显著
	lnMTI	0.694	7.010	0.000	显著		lnPCD	1.147	5.350	0.000	显著
	ln$LEME$	-0.059	0.460	0.648	不显著		ln$LEME$	-0.144	1.420	0.164	不显著
	lnFTD	0.157	0.440	0.663	不显著		lnFTD	0.793	2.990	0.005	显著
	lnCT	0.021	0.040	0.971	不显著		lnCT	0.256	0.820	0.417	不显著

（2）省级层面。如表 4 结果所示，基于供给视角，海洋资源要素对福建、广东、广西、海南海洋经济发展产生正向影响，福建和广东的海洋产业呈现集约式发展趋势；海洋科技对 4 个省份海洋经济发展的驱动效应呈现明显差异，尤其是广东海洋科技要素的经济驱动效应并未充分展现；海洋资本要素不显著地阻碍了福建和广东海洋经济发展，说明两个省份海洋固定资产投资未达到理想水平。作为海洋强省，广东海洋经济区位熵、集装箱吞吐量对于推动供给视角下的海洋经济发展产生巨大动力。基于需求视角，海洋对外开放程度、海洋财政保障、居民生活水平对 4 个省份的影响表现显著的异质性。具体而言，海洋对外开放程度、海洋财政保障、居民生活水平对福建和广东的作用并不凸显；若海洋产业出口额增加 1%，会致使海南海洋生产总值下降 1.716%，而人均可支配收入增加 1%，会促使海南海洋生产总值

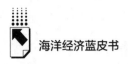

增加 1.347%。此外，在需求视角下，海洋经济区位熵和海洋交通运输能力对福建、广东、广西、海南均未展现显著影响。

表4　南部海洋经济圈分省份海洋经济发展增量分析的供给模型和需求模型结果

省份	维度	解释变量	系数	t值	P值	维度	解释变量	系数	t值	P值
福建	供给	ln*MNR*	3.278	2.790	0.027	需求	ln*OPEN*	−0.544	−0.190	0.851
		ln*MCF*	−3.892	−0.270	0.795		ln*FEM*	0.392	0.730	0.487
		ln*MTI*	0.634	2.730	0.029		ln*PCD*	1.313	1.390	0.208
		ln*LEME*	−0.209	−0.630	0.547		ln*LEME*	−0.302	−1.380	0.209
		ln*FTD*	−0.531	−0.110	0.916		ln*FTD*	1.358	0.580	0.579
		ln*CT*	2.758	0.240	0.814		ln*CT*	−0.347	−0.130	0.903
广东	供给	ln*MNR*	4.919	4.140	0.004	需求	ln*OPEN*	−0.696	−0.240	0.817
		ln*MCF*	−31.620	−2.800	0.026		ln*FEM*	0.404	0.480	0.647
		ln*MTI*	0.164	0.700	0.505		ln*PCD*	1.316	0.810	0.446
		ln*LEME*	0.448	2.070	0.077		ln*LEME*	−0.191	−0.840	0.429
		ln*FTD*	−6.489	−1.610	0.152		ln*FTD*	1.357	0.500	0.632
		ln*CT*	24.440	3.140	0.016		ln*CT*	−0.068	−0.030	0.978
广西	供给	ln*MNR*	2.047	3.940	0.006	需求	ln*OPEN*	−2.046	−1.430	0.195
		ln*MCF*	0.109	0.260	0.803		ln*FEM*	0.681	1.960	0.090
		ln*MTI*	0.490	2.470	0.043		ln*PCD*	0.611	1.040	0.332
		ln*LEME*	0.000	0.000	0.998		ln*LEME*	−0.058	−0.250	0.811
		ln*FTD*	−0.067	−0.040	0.971		ln*FTD*	0.336	0.090	0.930
		ln*CT*	0.165	0.470	0.652		ln*CT*	1.163	1.870	0.104
海南	供给	ln*MNR*	1.478	4.270	0.004	需求	ln*OPEN*	−1.716	−4.070	0.005
		ln*MCF*	0.863	1.390	0.207		ln*FEM*	0.451	1.380	0.211
		ln*MTI*	0.442	2.040	0.081		ln*PCD*	1.347	2.710	0.030
		ln*LEME*	0.026	0.150	0.882		ln*LEME*	−0.001	−0.010	0.995
		ln*FTD*	−0.335	−0.390	0.705		ln*FTD*	0.162	0.180	0.859
		ln*CT*	−0.679	−1.170	0.279		ln*CT*	0.312	1.000	0.350

（三）南部海洋经济圈海洋经济最优发展分析

为直观地揭示解释变量对海洋经济不同分位数的边际效应，选择 q10、q25、q50、q75、q90 五个具有代表性的分位数，通过构建分位数面板回归模型，从供给和需求两个层面，全面分析各个影响因素在不同的分位点上对南部海洋经济圈海洋经济发展产生的影响，发现和分析南部海洋经济圈海洋经济发展的最优状态。

1. 供给层面最优发展分析

南部海洋经济圈在供给层面的最优发展分析计算结果列于表5。海洋资源对被解释变量具有显著影响的分位点分别是 0.10、0.50、0.75、0.90，这说明海洋自然资源的充分投入促进了南部海洋经济圈的经济增长；然而，海洋资本对南部海洋经济圈经济发展的促进作用并不显著，表明海洋资本的投入方式仍存在优化空间；解释变量海洋科技对南部海洋经济圈发展的促进作用最为全面，在任何阶段都对海洋经济产生了显著影响。

表5　南部海洋经济圈供给因素最优发展分析

分位点	变量	系数	t 值	P 值	结论
	lnMNR	0.736	2.12	0.039	显著
	lnMCF	0.204	0.70	0.488	不显著
	lnMTI	1.030	6.51	0.000	显著
q10	ln$LEME$	−0.364	−2.81	0.007	显著
	lnFTD	0.466	0.86	0.392	不显著
	lnCT	−0.524	−1.32	0.193	不显著
	_cons	14.332	4.12	0.000	显著
	lnMNR	0.396	1.59	0.119	不显著
	lnMCF	−0.127	−0.80	0.427	不显著
	lnMTI	1.010	12.23	0.000	显著
q25	ln$LEME$	−0.288	−1.55	0.126	不显著
	lnFTD	−0.062	−0.15	0.882	不显著
	lnCT	−0.038	−0.14	0.886	不显著
	_cons	10.054	4.71	0.000	显著
	lnMNR	0.572	2.07	0.043	显著
	lnMCF	−0.179	−0.68	0.500	不显著
q50	lnMTI	0.918	6.43	0.000	显著
	ln$LEME$	−0.113	−0.88	0.384	不显著

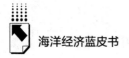

续表

分位点	变量	系数	t 值	P 值	结论
q50	ln*FTD*	−0.131	−0.24	0.813	不显著
	ln*CT*	0.045	0.12	0.902	不显著
	_cons	9.785	3.29	0.002	显著
q75	ln*MNR*	1.002	5.96	0.000	显著
	ln*MCF*	−0.212	−1.04	0.303	不显著
	ln*MTI*	0.623	4.78	0.000	显著
	ln*LEME*	−0.084	−0.52	0.603	不显著
	ln*FTD*	−0.169	−0.50	0.616	不显著
	ln*CT*	0.009	0.04	0.969	不显著
	_cons	10.284	5.49	0.000	显著
q90	ln*MNR*	0.756	3.16	0.003	显著
	ln*MCF*	−0.251	−0.89	0.380	不显著
	ln*MTI*	0.539	3.72	0.001	显著
	ln*LEME*	−0.058	−0.29	0.771	不显著
	ln*FTD*	−0.282	−0.63	0.532	不显著
	ln*CT*	0.122	0.36	0.720	不显著
	_cons	9.190	3.20	0.002	显著

2. 需求层面最优发展分析

南部海洋经济圈在需求层面的最优发展分析计算结果列于表6。海洋对外开放程度对海洋经济的促进作用具体表现在0.10、0.25分位点，而在0.50、0.75、0.90分位点上不显著，表明当前的海洋对外开放水平并不能满足海洋经济发展的需要；海洋产业财政支出在0.10分位点上显著抑制了海洋经济的发展，在0.75、0.90分位点上对海洋经济的发展有显著的促进作用，表明海洋产业财政支出是促进海洋经济发展的有效途径之一；除0.75分位点以外，人均可支配收入均显著促进了海洋经济的发展，从整体上来看，居民消费水平与海洋经济发展呈正相关。

表6 南部海洋经济圈需求因素最优发展分析

分位点	变量	系数	t 值	P 值	结论
q10	lnOPEN	0.518	2.46	0.018	显著
	lnFEM	−0.245	−2.00	0.052	显著
	lnPCD	2.064	11.10	0.000	显著
	lnLEME	−0.142	−0.99	0.328	不显著
	lnFTD	1.345	5.19	0.000	显著
	lnCT	−1.178	−4.22	0.000	显著
	_cons	−5.683	−3.50	0.001	显著
q25	lnOPEN	0.488	1.71	0.093	显著
	lnFEM	−0.258	−1.55	0.127	不显著
	lnPCD	2.206	9.03	0.000	显著
	lnLEME	−0.196	−1.28	0.206	不显著
	lnFTD	1.503	6.14	0.000	显著
	lnCT	−1.197	−3.32	0.002	显著
	_cons	−6.373	−3.03	0.004	显著
q50	lnOPEN	0.115	0.35	0.729	不显著
	lnFEM	0.143	0.53	0.596	不显著
	lnPCD	1.505	2.89	0.006	显著
	lnLEME	−0.219	−1.10	0.277	不显著
	lnFTD	1.490	5.40	0.000	显著
	lnCT	−0.769	−1.63	0.109	不显著
	_cons	−2.561	−0.86	0.392	不显著
q75	lnOPEN	0.282	1.18	0.243	不显著
	lnFEM	0.681	2.10	0.041	显著
	lnPCD	0.414	0.62	0.536	不显著
	lnLEME	−0.13	−0.92	0.361	不显著
	lnFTD	0.996	2.83	0.007	显著
	lnCT	−0.811	−1.96	0.056	显著
	_cons	2.985	1.09	0.281	不显著
q90	lnOPEN	0.147	0.68	0.503	不显著
	lnFEM	0.735	6.19	0.000	显著
	lnPCD	0.520	2.21	0.032	显著
	lnLEME	0.043	0.32	0.748	不显著
	lnFTD	0.716	3.31	0.002	显著
	lnCT	−0.522	−1.75	0.087	显著
	_cons	0.525	0.35	0.729	不显著

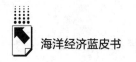

海洋经济蓝皮书

三　南部海洋经济圈海洋经济发展趋势分析

在我国海洋三大经济圈中，南部海洋经济圈的海洋经济最为活跃，发挥了我国海洋经济高质量发展的示范引领作用。南部海洋经济圈依托我国南海丰富的海洋资源、国家的政策支持和突出的战略地位，不断强化与共建"21世纪海上丝绸之路"国家的国际贸易合作，成为"一带一路"倡议的重要支点和贸易枢纽。南部海洋经济圈海洋经济发展趋势向好。

（一）南部海洋经济圈海洋经济发展趋势预测

以2021年海洋经济统计数据为例，南部海洋经济圈海洋生产总值为35518亿元，占全国海洋生产总值的比重为39.3%。考虑到2022年上半年东部海洋经济圈的核心城市——上海受新冠肺炎疫情影响严重、持续时间长等因素，预计南部海洋经济圈的海洋生产总值占全国海洋生产总值的份额会进一步增加。本部分内容采用趋势外推、灰色预测等模型对2022年和2023年南部海洋经济圈的海洋经济增长情况进行预测，预测结果如表7所示。

表7　南部海洋经济圈海洋经济发展预测

单位：亿元，%

预测指标	2022年		2023年	
	预测区间	实际增速	预测区间	实际增速
GOP	(39159,40038)	(10.25,11.00)	(43172,43590)	(10.15,11.25)

（二）南部海洋经济圈海洋经济发展潜力分析

依靠良好的区位优势和自然条件，借助粤港澳大湾区建设、海南自由贸易区建立和"一带一路"等政策支持，南部海洋经济圈各省份海洋经济活力与发展潜力突出，领先态势凸显。

152

1. 广东海洋经济发展形势分析与展望

广东省是中国海洋经济发展的排头兵，海洋经济发展能级多元、海洋科技创新支持作用明显、海洋对外交流地位突出是驱动广东省海洋经济发展的重要原因。

首先，广东省海洋经济发展能级多元。广东省高度重视海洋经济发展的协调性，形成以珠三角地区为核心、东西两翼协同支持的多元发展能级。沿海经济带涉海产业群集中投入运行，产业链不断纵向延伸，形成支撑广东省发展新引擎。

其次，广东省海洋科技创新支持作用明显。广东省科技创新成果丰硕。此外，广东省重视数字海洋发展、具有较高 5G 覆盖程度，并建成"5G+IGV"全自动化码头。

最后，广东省作为自贸试验区，海洋对外交流地位突出。2021 年，广东省与"一带一路"国家（地区）进出口总额超过 2 万亿元，与 RCEP 国家进出口额达 2.3 万亿元，并成功举办海上丝绸之路博览会、海洋装备博览会等一大批重大国际会议。

2. 福建海洋经济发展形势分析与展望

福建省是我国南部海洋经济圈的核心区域省份之一，2021 年福建省海洋生产总值达到 1.1 万亿元，位列全国第三。政策支持、科技支撑、兼顾生态环境保护是提高福建省经济发展活力的主要因素。

政府政策支持是推动福建省海洋经济发展的核心驱动力。2021 年 5 月，福建省提出以海岛、海岸线、海洋形成的"点线面"立体综合开发。2021 年 11 月，福建省"十四五"规划明确提出，到 2025 年将福建省建设成为海洋强省。福建海洋经济发展离不开科技的支撑。突出数字经济推动作用，重视立体养殖、海上装备制造业、海洋风电项目建设，着力打造一批滨海旅游新业态，以科技支撑福建海洋经济发展。

福建海洋经济发展依靠生态环境保护。福建省坚持落实"两山"理念，兼顾海洋经济发展与海洋生态环境保护。2021 年，福建省近岸海域优势水域面积达到 85.2%，完成 2000 吨碳汇交易和 15000 吨海洋渔业碳汇项目。

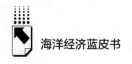

海洋经济蓝皮书

海洋生态保护不仅实现了福建省海洋经济高质量发展，而且提高了区域海洋经济发展的可持续性。

3. 广西海洋经济发展形势分析与展望

广西拥有对外合作贸易的优势地理位置和宜人的气候环境，生物、矿产和油气等资源丰富；广西对外交流的主要港口——北部湾港已累计开通52条集装箱航线，成为联系100余个国家和地区的重要交通枢纽，对外通航港口达200余个。广西是西南地区出海要塞和开放发展重要支点，在与泛珠三角地区谋求合作、北部湾互利发展和东盟深耕交流等方面都具有无可取代的战略地位。

2017年，习近平总书记在铁山港考察，重点提出建设好北部湾港口。2021年6月，广西启用全国首个海铁联运自动化集装箱码头，实现港口集装箱运输向智能化和无人操作化转变。2021年，西部陆海新通道海铁联运班列开行6000余列，形成"海陆空"立体跨境运输体系。2019~2021年，广西海洋生产总值持续增长，广西正朝着向海图强的目标大步迈进。

广西谱写"向海经济"新篇章离不开政府的支持与助力。2021年7月，为抓住"十四五"建设海洋强区的重要战略机遇期，《广西海洋经济发展"十四五"规划》正式出台，以海洋经济高质量发展为主线，确定"一港两区两基地"的发展方向，全面打造"一轴两带三核多园区"的海洋经济发展新局面，为广西海洋经济高质量发展进一步指明方向。

4. 海南海洋经济发展形势分析与展望

海南省所管辖的海域面积位列我国所有沿海省份第一。广阔的海域面积为海南省提供了丰富的海洋资源和海洋经济潜力。在中央政府的一系列涉海政策支持下，海南省迎来了新的历史发展机遇。

依托有利的蓝色经济发展地理位置，海南成为"双循环"新发展格局的开放前沿。未来海南的交通贸易枢纽作用将进一步显现，承担起与东南亚国家深化合作交流的贸易枢纽功能，海南省海洋经济的高质量发展将迎来新的机遇。

同时，海南海洋经济发展面临的挑战也不可忽视。海南抢占重大发展机遇的前提是开放，而新冠肺炎疫情对全球供应链、海洋产业链和价值链等产生了较大的冲击。逆全球化现象不断涌现，贸易保护主义势力不断抬头。海南推向深海发展的主战场——南海的发展环境面临的不确定性、不稳定性上升明显。

四　南部海洋经济圈海洋经济发展对策建议

为不断优化南部海洋经济圈的海洋产业结构及空间布局，不断提升南部海洋经济圈的科技创新能力，促进国家海洋经济安全稳定与高质量发展，提出如下对策建议。

（一）优化海洋经济空间布局

统筹南部海洋经济圈陆海资源，树立"依海带陆，依陆带海，海陆一体"的发展思维，有序开发海岸、海岛、近海，将陆海统筹的战略布局进一步延伸到深远海，增强海陆经济的关联性，实现海陆资源互补、产业互动，加快建设海陆一体、资源开发、产业发展的高质量沿海经济带，打造区域经济新增长点；按照"集聚发展、区域协同"的要求，实施国家区域发展战略，优化海洋经济发展空间布局，实现南部海洋经济圈的空间布局与发展功能相一致，构建资源开发与生态保护相互协调机制，促进南部海洋经济圈各区域间海洋产业合理分工与协调发展，发挥海洋优势产业的集聚效应，推动南部海洋经济圈海洋经济发展的新格局形成，聚力打造海洋经济高质量发展的核心示范区。

（二）构建现代海洋产业体系

坚持海洋经济高质量的发展主线，持续培育壮大海洋战略性新兴产业，加快海洋传统产业转型升级，大力发展滨海旅游业、涉海金融等现代海洋服务业，以打造临海产业集群为抓手，构建具有国际竞争力的现代海洋产业体系。一是加快海洋船舶工业、海洋渔业等传统海洋产业提质增效。全面推进

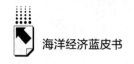

海洋船舶工业结构优化升级；推动渔业传统生产方式朝集约化、规模化、智能化和绿色化转型发展。二是促进海洋高新技术与海洋信息产业、海洋能源产业以及海洋生物医药等新兴产业的深度融合。三是大力发展滨海旅游业、海洋文化产业、涉海金融等现代海洋服务业。四是促进临海产业集聚发展。坚持"优布局、强龙头、补链条、聚集群"导向，推进产业结构优化及产品智能化发展，做强海洋优势产业。

（三）增强海洋科技创新能力

着力增强海洋科技创新能力，促进海洋经济高质量发展是南部海洋经济圈区域发展的必然选择。一是建设高水平新型研发创新平台，瞄准海洋科技发展前沿，聚焦南部海洋经济圈发展需求，提升源头创新供给能力，强化涉海重大创新平台和基础设施布局建设，推动建设一批前沿科学交叉研究和高水平海洋科研机构。二是全力保障海洋科技创新企业的发展，对于高新技术研究计划给予政策倾斜和财政资金支持，推动海洋科技企业示范引领和带动效应的形成。三是推进南部海洋经济圈人才高地建设。集中力量办好现有涉海高等院校，支持高校海洋学科和专业建设，做强特色优势涉海学科，突出涉海学科优势，建设一批涉海高峰高原学科，加强研究生层次的教育。

（四）推动海洋经济绿色发展

南部海洋经济圈具备丰富的海洋生态资源，应加快推进南部海洋经济圈海洋整体保护、系统修复和综合治理，提升海洋资源利用水平，积极参与碳达峰、碳中和行动，促进海洋经济全面绿色低碳转型。一是提高南部海洋经济圈现有海洋资源的利用效率，推动海洋资源市场化运作，提升海洋资源重复利用和绿色发展的环保意识。二是推动建立海洋生态环境保护的政策法规，如红色底线制度。科学划分南部海洋经济圈的环境保护区域等级，环境保护区域等级应与当地的海洋经济发展功能定位相互匹配，严格统筹海洋经济发展与环境保护之间的关系。三是推广南部海洋经济圈绿色低碳和循环产业，引导企业和市场探索培育蓝色碳汇产业，积极参与国家碳达峰、碳中和行动，创新开展蓝碳市场建设和生态经济核算，培育蓝碳技术服务和碳交易等蓝色经济新业态。

（五）加强海洋经济开放合作

"十四五"规划提出"以沿海经济带为支撑，深化与周边国家涉海合作"，体现了蓝色经济在构建海洋命运共同体中的重要作用。"21 世纪海上丝绸之路"继续发挥新时代中国对外交流的纽带作用，加深了中国与共建国家的商业互信和贸易往来，同时为中国参与全球海洋治理铺平了道路。南部海洋经济圈依托南海丰富的海洋资源和战略地位，已逐渐发展成为与东盟等合作的前沿阵地。其中，福建沿岸及海域以深化海峡两岸交流合作为主线，深化港口物流业等领域的海洋经济合作；广东省把珠江口及其两翼沿岸及海域发展作为突破口，以粤港澳大湾区城市群建设为契机，构建现代化的综合航运服务体系；广西在引领东盟开放合作、建设连接"一带一路"国际陆海贸易新通道中发挥着重要作用，积极探索与东盟国家的交通物流、经济贸易、海洋产业合作；海南岛充分发挥海南的区位和资源优势，建设世界一流的海岛休闲度假旅游目的地。此外，加强南部海洋经济圈区域内各省份之间的交流与合作，实现人才、技术、资本等生产要素的自由流动，促进南部海洋经济圈海洋经济协调联动发展也是加强海洋经济开放合作的重要举措。

参考文献

王春娟、王玺媛、刘大海、于莹：《中国海洋经济圈创新评价与"一带一路"协同发展研究》，《中国科技论坛》2022 年第 5 期。

杨程玲、黄淋榜、朱健齐：《海洋经济增长质量时空特征及驱动因素研究——以南部海洋经济圈为例》，《经济视角》2020 年第 5 期。

广东省自然资源和规划厅：《广东省海洋经济发展"十四五"规划》，2021 年 9 月

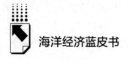

30 日，http：//www. gd. gov. cn/xxts/content/post_ 3718598. html。

海南省自然资源和规划厅：《海南省海洋经济发展"十四五"规划（2021－2025
年）》，2021 年 6 月，http：//lr. hainan. gov. cn/ywdt _ 312/zwdt/202106/t20210608 _
2991346. html。

B.8
东部海洋经济圈海洋经济发展形势分析

陈　晔　聂权汇*

摘　要： 自 2012 年来，东部海洋经济圈海洋经济规模始终保持较为迅猛的增长势态，2021 年东部海洋经济圈海洋生产总值总体增速达到 12.85%。从增加值的绝对值来看，东部海洋经济圈海洋三次产业的增加值均呈现逐年上升的发展趋势。2021 年 6 月以来，东部海洋经济圈的上海、浙江和江苏陆续发布海洋或海洋经济"十四五"规划，规划围绕海洋经济高质量发展，均有不少亮点。本报告通过聚类分析的方法，对东部海洋经济圈的上海、浙江和江苏进行分类研究，发现东部海洋经济圈内浙江省的海洋经济发展与江苏省比较接近，可以归为一类，上海市则是另一类。《长江三角洲区域一体化发展规划纲要》的出台，对于东部海洋经济圈协同发展有十分重要的促进作用。为了更好地发展东部海洋经济圈海洋经济，建议以长三角区域一体化发展战略为契机，优化海洋产业结构和布局，发展海洋可再生能源产业，发展滨海旅游业，提升海洋产业智能化水平并引导海洋产业集聚化发展。

关键词： 东部海洋经济圈　海洋经济　海洋产业　长三角区域一体化

进入 21 世纪，世界发展呈现经济全球化进程提速、向多极化发展的态势。开发和利用海洋，发展海洋事业，已成为全球沿海国家推进可持续发展

---

* 陈晔，博士，上海海洋大学经济管理学院、海洋文化研究中心副教授，硕士生导师，研究方向为海洋经济及文化；聂权汇，上海大学经济学院。

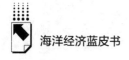

的必然选择。

自 2012 年来，中国海洋经济取得令人瞩目的成绩。根据《全国海洋经济发展规划（2016—2020）》及《2020 年中国海洋经济统计公报》，东部海洋经济圈由上海市、浙江省和江苏省沿岸及其附近海域组成。东部海洋经济圈海洋经济规模自 2012 年以来总体呈现增长态势，在 2021年新冠肺炎疫情逐渐得以控制后，东部海洋经济圈海洋生产总值开始大幅回升。

一 东部海洋经济圈海洋经济发展现状分析

（一）东部海洋经济圈海洋经济规模分析

1. 海洋生产总值分析

如图 1 所示，自 2012 年来，东部海洋经济圈的海洋经济规模总体呈现增长态势，海洋生产总值从 2012 年的 15616.71 亿元增长至 2021 年的 29000亿元，实现年均增速 7.2%。增速方面，2013～2019 年海洋生产总值整体呈现小幅上升趋势；新冠肺炎疫情发生导致 2020 年东部海洋经济圈的海洋生产总值出现近年来的第一次下滑，下滑幅度为 2.37%。2021 年疫情逐渐得到有效控制后，海洋生产总值得以大幅回升，增速达到 12.85%，为近十年来海洋生产总值的最大增速。

在全国海洋生产总值中，东部海洋经济圈的占比在 2012～2014 年呈现下降趋势，但从 2015 年开始该比例总体开始逐渐回升，且在 2019 年后回升速度较快，再次回到 30% 以上，2021 年该比例已回升至 32.1%。而海洋生产总值占该地区国内生产总值的比重持续轻微地减少，2012 年该比例为14.34%，到 2021 年，该比例下降为 12.44%，总体低于中国海洋经济占中国沿海地区生产总值的比重（15%），由此可见，东部海洋经济圈相对于全国而言，仍有向上的发展空间。

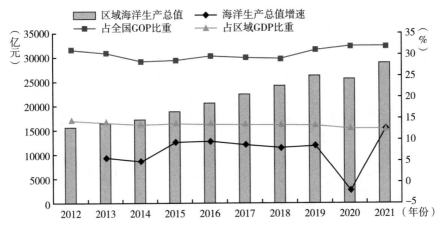

图1 2012～2021年东部海洋经济圈海洋经济发展趋势

资料来源：《中国海洋经济统计年鉴》（2013～2020）、《2021年中国海洋经济统计公报》。

2.海洋产业增加值分析

（1）主要海洋产业增加值。如图2所示，2012～2019年，主要海洋产业增加值始终保持着逐年上升的趋势，从2012年的6136.7亿元上升至2019年的9331.1亿元。而在增加值增速方面，由于2010年后主要海洋产业的发展疲软，2014年时主要海洋产业增加值增速已经降为2.18%，成为近数十年以来最低增速，2015年实现自2010年以来的首次回升，达到7.34%，随后一直到2019年，整体呈现极微小的下跌趋势，总体变化趋势不大，始终维持在7%上下，2019年时为6.95%。

东部海洋经济圈主要海洋产业增加值占该地区海洋生产总值的比重呈现逐年小幅下跌趋势，2012年为39.3%，但至2019年下降至35.45%。由此可见主要海洋产业在东部海洋经济圈的地位正在逐年降低。

（2）海洋科研教育管理服务业增加值。如图3所示，东部海洋经济圈的海洋科研教育管理服务业发展趋势较好，该行业增加值从2012年的2829.5亿元稳步上升至2019年的7448.2亿元。在增加值增速方面，2013～2017年，海洋科研教育管理服务业增加值增速总体呈现上升趋势，且整体上升幅度较大，2017年达到近数十年来最高（19.74%）。但随后在2018年

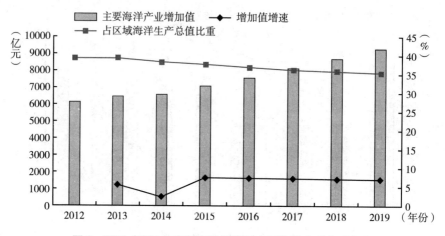

图2 2012~2019年东部海洋经济圈主要海洋产业发展趋势

资料来源：《中国海洋经济统计年鉴》（2013~2020）。

增速出现大幅的下跌，跌至11.23%，至2019年小幅回升至14.02%。从整体来看，该行业的增加值增速始终高于主要海洋产业及海洋相关产业增加值增速。由此可以发现，近年来东部海洋经济圈对于海洋科研教育管理服务业的重视程度逐年升高。

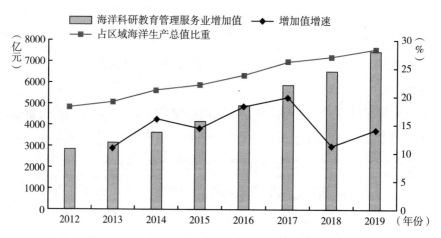

图3 2012~2019年东部海洋经济圈海洋科研教育管理服务业发展趋势

资料来源：《中国海洋经济统计年鉴》（2013~2020）。

2012 年以来，东部海洋经济圈海洋科研教育管理服务业的增加值占该区域海洋生产总值的比重呈现较快上升趋势，从 2012 年的 18.12%上升至 2019 年的 28.3%。虽然整体的比重在横向比较中仍低于主要海洋产业及海洋相关产业增加值占该区域海洋生产总值的比重，但从纵向比较来看，近年来海洋科研教育管理服务业占该区域生产总值比重始终保持上升的趋势，表明了东部海洋经济圈海洋科研教育管理服务业整体水平在不断提升。

（3）海洋相关产业增加值。东部海洋经济圈海洋相关产业的发展趋势无论是在增加值、增加值增速以及占海洋生产总值比重方面，整体都与东部海洋经济圈海洋主要相关产业的发展趋势相似。

如图 4 所示，2012~2019 年，东部海洋经济圈海洋相关产业的增加值从 6650.6 亿元稳步上升至 9542.5 亿元。但在增加值增速方面，呈现起伏不定的势态，2015 年出现较大幅度的上升，达到近年来最高（8.15%），而至 2019 年则下降至 5.98%。

与主要海洋产业类似，东部海洋经济圈海洋相关产业的增加值在东部海洋经济圈海洋生产总值中的占比也在近几年表现出持续下降的趋势。2019 年，该比例已经从 2012 年的 42.59%下降至 36.25%。因此，近几年海洋相关产业与主要海洋产业在东部海洋经济圈中的地位正在逐步降低。

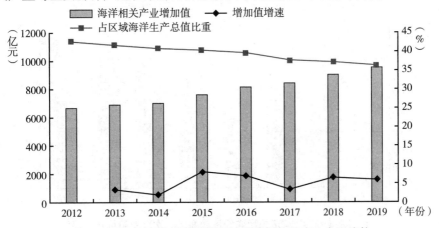

图 4　2012~2019 年东部海洋经济圈海洋相关产业发展趋势

资料来源：《中国海洋经济统计年鉴》（2013~2020）。

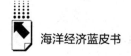
（二）东部海洋经济圈海洋产业结构分析

从绝对值来看，东部海洋经济圈海洋三次产业的增加值均呈现逐年上升的发展趋势。如图5所示，2019年东部海洋经济圈海洋第一产业增加值为1040.2亿元、第二产业为9243.2亿元、第三产业为16038.4亿元。从相对规模来看，东部海洋经济圈第一产业增加值在整个海洋生产总值中所占比重较低，且自2012年以来始终维持在4%水平上下。近年来，东部海洋经济圈的海洋第二产业增加值呈现慢速上升趋势，从2012年的6867.8亿元上升至2019年的9243.2亿元，占比从2012年的43.98%下降至2019年的35.11%，说明第二产业在东部海洋经济圈中的相对规模正在缩小。第三产业增加值占东部海洋经济圈海洋生产总值的比重最大，相对规模最大。第三产业绝对值从2012年起一直保持稳步发展，截至2019年第三产业增加值为16038.4亿元，且第三产业在东部海洋经济圈海洋生产总值中的占比始终呈现上升趋势。第三产业在东部海洋经济圈的产业结构中，不仅绝对规模最大，相对规模也在逐年增大。总而言之，东部海洋经济圈的产业结构为：海洋第三产业增加值占比>海洋第二产业增加值占比>海洋第一产业增加值占比，且第三

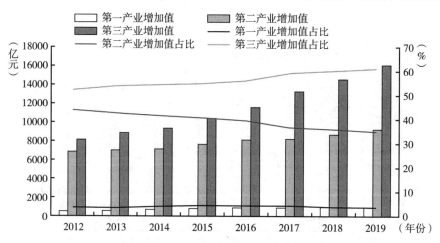

图5　2012~2019年东部海洋经济圈海洋三次产业结构发展趋势

资料来源：《中国海洋经济统计年鉴》（2013~2020）。

产业所占比重过半，产业结构基本合理。截至 2019 年，东部海洋经济圈的海洋三次产业比例为 4∶35∶61。

二 2021~2025年东部海洋经济圈分省市海洋经济发展布局与规划

2021 年 6 月以来，东部海洋经济圈的上海、浙江和江苏陆续发布海洋或海洋经济"十四五"规划，其中有不少亮点。

（一）上海市

为贯彻落实"海洋强国"战略，根据《上海市国民经济和社会发展第十四个五年规划和二○三五远景目标纲要》《上海市水系统治理"十四五"规划》，上海制定了《上海市海洋第十四个五年规划》（简称上海市海洋"十四五"规划），主要指标如表 1 所示。

表 1　上海市海洋"十四五"规划主要指标

序号	指标		指标属性	规划值
1	绿色生态	大陆自然岸线保有率	约束性	≥12%
2		海洋(海岸带)生态修复面积	约束性	≥50 公顷
3	经济规模	全市海洋生产总值	预期性	1.5 万亿元左右
4	科技创新	新增海洋科技创新功能性平台	预期性	≥3 个
5	灾害防御	新建海洋减灾综合示范区(社区)	预期性	≥5 个
6		新建海洋观测浮标	约束性	8 套
7	民生共享	整治修复亲海岸线	预期性	≥6 千米
8		新增海洋意识教育基地	预期性	≥3 个

资料来源：《上海市海洋第十四个五年规划》。

上海市海洋"十四五"规划以"陆海统筹，区域联动；生态优先，绿色发展；以人为本，安全韧性"为基本原则，提出到"十四五"末，实现海洋资源管控科学有效、海洋生态空间品质不断提高、海洋经济质量效益显著提升、海洋灾害防御能力大幅增强、民生共享水平进一步提升，全球海洋

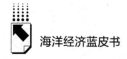

中心城市能级稳步提升。

1. 统筹推动海洋绿色低碳发展

发展海洋碳汇，构建海洋碳汇调查监测评估业务化体系，掌握海域碳源碳汇格局。协同构建海洋碳汇计量核算体系，研究开展蓝色碳汇交易试点。推进海洋产业绿色低碳发展，支持海洋清洁能源和可再生资源的开发和利用、开发深远海资源。鼓励通过技术革新降低传统海上作业能耗，推动海洋生产方式向绿色低碳转型。

2. 培育海洋经济发展新动能

以实施临港新片区、崇明长兴岛国家海洋经济创新示范工作为契机，推进构建以新型海洋产业和现代海洋服务业为主导的现代海洋产业体系。重点支持面向未来的新型海洋产业，推动现代信息技术与海洋产业深度融合，推动建设全国规模最大、产业链最完善的船舶与海洋工程装备综合产业集群，建设海洋产业综合服务平台。

3. 优化蓝色经济空间布局

完善"两核一廊三带"的海洋产业空间布局，助力海洋产业结构优化和能级提升。提升两核——临港新片区、崇明长兴岛两大海洋产业发展核；培育一廊——依托陆家嘴航运金融、北外滩和洋泾现代航运服务、张江海洋药物研发、临港海洋研发服务等地发展基础，培育海洋现代服务业发展走廊；优化三带——杭州湾北岸产业带、长江口南岸及崇明生态旅游带。杭州湾北岸产业带主要发展海洋装备研发与制造、海洋药物研制、海洋生态旅游。长江口南岸产业带发展邮轮产业、船舶制造、航运服务。崇明生态旅游带大力发展海岛旅游、渔港经济。

4. 提升海洋科技成果转移转化成效

充分发挥临港新片区、崇明长兴岛国家海洋经济创新示范效应，协同推动涉海科研院所、高校、企业科研力量优化配置和共享资源，推进海洋科技成果转移转化，聚焦"政产学研金服用"，服务海洋"制造"向"智造""创造"转型。支持海洋国家实验室、海洋科技创新院士工作站等功能平台建设，重点突破海洋智能装备、深远海勘探开发等领域"卡脖子"技术，推动创新技术与科研成果应用于海洋资源保护与开发。

5. 拓展海洋开放合作领域

加强沿海城市海洋经济沟通协调，积极融入长三角区域一体化发展战略，协同推进长三角区域海洋产业高质量发展，引导海洋产业园区共建共享，共同举办海洋文化交流活动。为"21世纪海上丝绸之路"建设和全球海洋治理提供服务，积极参与中欧伙伴等重大跨国海洋合作项目，主动发挥上海的海洋城市门户作用，为构建海洋命运共同体贡献上海特有的力量。依托中国国际进口博览会论坛等平台，加强涉海企业与国际的交流与合作。

6. 提升海洋经济运行监测和研判能力

加强上海市、区两级的海洋经济运行监管与评估能力建设。将海洋数据在统计部门与涉海管理部门之间进行共享，建立海洋经济单位库定期更新机制以及本市海洋经济统计调查制度，从而提高海洋经济监测的数据化程度。及时、精确地掌握海洋产业的发展动向，推动海洋产业资讯的供应。构建现代海洋城市发展评价体系，编制发布上海现代海洋城市发展蓝皮书。

（二）浙江省

2021年5月17日，浙江省人民政府印发《浙江省海洋经济发展"十四五"规划》，提出构建"一环、一城、四带、多联"的陆海统筹海洋经济发展新格局。"一环"即以环杭州湾区域海洋科创平台载体为核心，提高海洋经济自主创新水平；"一城"即联动宁波舟山打造海上枢纽，整合海洋发展的各类优质资源；"四带"即联动建设甬舟温台临港产业带、生态海岸带、金衢丽省内联动带、跨省域腹地拓展带，拓展海洋经济发展的深度和广度；"多联"即推进山区与沿海高质量协同发展，推动海港、河港、陆港、空港、信息港高水平联动提升。

《浙江省海洋经济发展"十四五"规划》指出，到2025年，海洋强省建设进一步统筹推进，海洋经济、海洋港口、海洋开放、海洋创新、海洋生态文明等领域发展取得明显成效。海洋经济实力在全国处于领先地位。力争全省海洋生产总值突破12800亿元、占全省GDP比重达到15%，建设一批世界一流的港口、现代化的海洋产业集聚区。

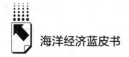

海洋自主创新能力位居国内领先地位。发展海洋科学研究与实验的资金投入强度达到3.3%,在浙高校1个海洋学科(领域)达到"双一流"建设标准,省级以上海洋科研机构达到43个,省级涉海重点实验室和工程研究中心等创新平台达到35个,省级以上海洋产教融合基地达到3个,建成省海洋智能信息系统,省实验室在海洋研究方面取得重大进展。

海洋港口服务效能在国际首屈一指。基本建成具有国际水准的强港,沿海港口货物吞吐量达到16亿吨,集装箱吞吐量达到4000万标箱以上。宁波舟山港货物吞吐量达到13亿吨,稳居全球第一;集装箱吞吐量达到3500万标箱,稳居全球前三,全球港口和航空物流中心的位置进一步巩固。港口自动化码头泊位达到5个。宁波舟山国际航运中心整体实力进入世界8强。

"双循环"战略枢纽率先形成。深度推进"一带一路"、长三角地区区域一体化发展战略等国家战略(倡议),取得明显的成果,宁波舟山港集装箱航线达到260条,中欧班列达到3000列,江海联运吞吐量达到4.5亿吨,集装箱海铁联运吞吐量达到200万标箱,西向布局陆港42个。

海洋生态文明建设标准是全国沿海城市的学习标杆。坚持海洋生态红线的严守与控制,与前五年计划相比,沿海水域水质优良度平均提高5%,建成生态海岸带示范段4条、省级以上海岛公园10个,自然大陆岸线和海岛岸线的比例分别高于35%和78%,海上灾难预报的准确性超过84%。

海洋强省到2035年将全面实现,海洋整体实力显著增强,建设辐射全国、引领新时代发展的海洋技术自主创新重要基地,作为海洋中心城市跻身全球都市圈之首,打造具有国际知名度和竞争力的港口产业链,建成国际领先港,在全球海洋发展的协作交流中具有举足轻重的地位。

(三)江苏省

2021年8月10日,江苏省自然资源厅、江苏省发展和改革委员会联合印发实施《江苏省"十四五"海洋经济发展规划》。该规划提出,江苏将建设形成具备国际竞争优势的海洋先进制造业基地、全国海洋产业创新领军企业、集群性强的海洋开放与协作新格局、国家海洋产业发展的绿色先导区、滨海特色旅游度假胜地。

海洋经济优质高效。全省海洋生产总值达到 1.1 万亿元左右，占地区生产总值比重超过（含）8%；海洋产业结构更加优化，海洋新兴产业增加值占主要海洋产业增加值比重上升 3 个百分点，海洋制造业的占比总体上维持不变。

海洋技术革新活跃。海洋科技研发投入持续提升，涉海规模以上工业企业研发经费占比达 2% 及以上，海洋科学研究深度得到提升，海上核心技术研究取得突破性创新，区域海洋创新体系更加完善。

海洋空间布局优化。全域协同、陆海统筹、江海联动格局基本形成，沿海海洋经济带快速发展，沿江、沿太湖重化产能向沿海绿色化转移取得重大进展，沿海、沿江、腹地海洋经济发展联动性稳步增强，全省海洋经济空间布局更加合理。

海洋生态魅力提升。海洋生态文明建设水平显著提升，海洋生态环境质量持续改善，近海海域水质优良（一、二类）面积比例达到国家下达的指标。海域和海岸线集约利用程度不断提高，大陆自然岸线占比至少达 35%。

海洋治理科学有效。全面加快推进智慧海洋建设，综合管理机制逐步完善，海洋执法监管保障能力显著提升，海洋应急管理体系愈发健全。

表 2　江苏省"十四五"海洋经济发展主要指标

	主要指标	2025 年目标	属性
经济活力	海洋生产总值(万亿元)	1.1 左右	预期性
	海洋生产总值占地区生产总值比重(%)	≥8	预期性
	海洋新兴产业增加值占主要海洋产业增加值比重(%)	提高 3 个百分点	预期性
	海洋制造业占海洋生产总值比重(%)	保持基本稳定	预期性
创新驱动	涉海规上工业企业研发经费占比(%)	≥2	预期性
	海洋科技对海洋经济贡献率(%)	≥68	预期性
绿色发展	海上风电累计装机容量(万千瓦)	1400	预期性
	自然岸线保有率(%)	≥35	约束性
	近岸海域水质优良率(一、二类)(%)	达到国家下达指标	约束性
开放合作	港口外贸货物吞吐量(亿吨)	6	预期性

资料来源：《江苏省"十四五"海洋经济发展规划》。

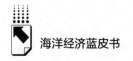

三 东部海洋经济圈海洋经济发展特征分析

本文采用聚类分析的方法，对东部海洋经济圈内的上海市、浙江省和江苏省海洋经济发展情况进行分析与研究。

（一）指标体系

表3 东部海洋经济圈海洋经济发展特征分析指标体系

一级指标	二级指标	三级指标	单位
主要海洋产业活动	海水产品产量	海水养殖产量	吨
		海洋捕捞产量	吨
		远洋渔业产量	吨
	海洋原油产量		万吨
	海洋天然气产量		万立方米
	海洋矿业产量		万吨
	沿海地区海盐产量		万吨
	海洋化工产品产量		吨
	沿海地区海洋修船造船完工量	修船完工量	艘
		造船完工量	艘
	沿海地区海洋货物运输量和周转量	沿海货运量	万吨
		远洋货运量	万吨
		沿海周转量	亿吨·公里
		远洋周转量	亿吨·公里
	沿海地区海洋旅客运输量和周转量	沿海客运量	万人
		远洋客运量	万人
		沿海旅客周转量	亿人·公里
		远洋旅客周转量	亿人·公里
	沿海港口客货吞吐量	货物吞吐量	万吨
		旅客吞吐量	万人
	沿海地区水路国际标准集装箱运量	箱数	万标准箱
		重量	万吨
	沿海港口国际标准集装箱吞吐量	箱数	万标准箱
		重量	万吨
	沿海城市国内旅游人数		万人·次

续表

一级指标	二级指标	三级指标	单位
主要海洋产业生产能力	沿海地区渔港情况	合计	个
		中心渔港	个
		一级渔港	个
	沿海地区海水养殖面积		公顷
	海洋油气勘探情况	地震测线二维	千米
		地震测线三维	平方千米
	钻井	预探井	口
		评价井	口
	海洋油气生产井情况—合计		
	沿海地区盐田面积和海盐生产能力	盐田总面积	公顷
		生产面积	公顷
		年末海盐生产能力	万吨
	海上风电项目情况	新增项目情况—装机台数	台
		新增项目情况—装机容量	兆瓦
		已安装项目情况—装机数量	台
		已安装项目情况—装机容量	兆瓦
	沿海地区星级饭店基本情况	饭店数	座
		客房数	间
		床位数	张
		客房出租率	%
	沿海地区旅行社数		家

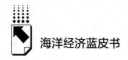

续表

一级指标	二级指标	三级指标	单位
海洋科学技术	海洋科研机构及人员情况	机构个数	个
		从业人员	人
	海洋科研机构科技活动人员学历构成	博士	人
		硕士	人
		本科	人
		大专生	人
	海洋科研机构科技活动人员职称构成	高级职称	人
		中级职称	人
		初级职称	人
	海洋科研机构经费收入	经费收入总额	千元
	海洋科研机构科技课题情况	课题数	项
		基础研究	项
		应用研究	项
		试验发展	项
		成果应用	项
		科技服务	项
	海洋科研机构科技论著情况	发表科技论文	篇
		出版科技著作	种
	海洋科研机构科技专利情况	专利申请受理数	件
		专利授权数	件
		拥有发明专利总数	件
	海洋科研机构 R&D 情况	R&D 人员	人
		R&D 经费内部支出	千元
		R&D 课题数	项

续表

一级指标	二级指标	三级指标	单位
海洋教育	海洋专业博士研究生情况	专业点数	个
		毕业生人数	人
		在校生人数	人
	海洋专业硕士研究生情况	专业点数	个
		毕业生人数	人
		在校生人数	人
	海洋专业本科学生情况	专业点数	个
		毕业生人数	人
		在校生人数	人
	海洋专业专科学生情况	专业点数	个
		毕业生人数	人
		在校生人数	人
	成人高等教育海洋专业本科学生情况	专业点数	个
		毕业生人数	人
		在校生人数	人
	成人高等教育海洋专业专科学生情况	专业点数	个
		毕业生人数	人
		在校生人数	人
	中等职业教育各海洋专业学生情况	专业点数	个
		毕业生人数	人
		在校生人数	人
	开设海洋专业高等学校教职工数	学校(机构)数	个
		教职工数	人
		专任教师数	人
海洋环境保护	沿海地区海洋类型保护区建设情况	保护区面积	平方千米
		保护区数量	个
		国家级保护区个数	个
		地方级保护区个数	个
	沿海地区风暴潮灾害情况	受灾人口	万人
		死亡人数	人
		受灾面积-农田	千公顷
		受灾面积-水产养殖	千公顷

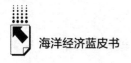

续表

一级指标	二级指标	三级指标	单位
海洋行政管理及公益服务	海域使用管理情况	新增宗海数量	宗
		新增宗海面积	公顷
		海域使用金征收金额	万元
	沿海地区海滨观测台站分布	合计	个
		海洋站	个
		验潮站	个
		气象台站	个
		地震台站	个

（二）描述性统计

所用数据都来自历年《中国海洋经济统计年鉴》，绝大部分数据为2019年数据，由于缺乏相关数据，个别年份用2018年或2017年数据代替。

表4　描述统计量

描述统计量	N	极小值	极大值	均值	标准差
海水养殖产量	3	0.00	1270357.00	728538.3333	655438.70980
海洋捕捞产量	3	12592.00	2723652.00	1060607.0000	1456419.58466
远洋渔业产量	3	9370.00	442155.00	211554.0000	217787.41578
海洋原油产量	3	0.00	37.65	12.5500	21.73724
海洋天然气产量	3	0.00	151140.00	50380.0000	87260.71969
海洋矿业产量	3	0.00	1071.70	357.2333	618.74628
沿海地区海盐产量	3	0.00	80.70	26.9000	46.59217
海洋化工产品产量	3	0.00	6095197.00	2407359.3333	3243081.12584
修船完工量	3	501.00	5118.00	2048.0000	2658.72507
造船完工量	3	48.00	281.00	201.6667	133.10272
沿海货运量	3	26297.00	83497.00	59148.6667	29532.86319
远洋货运量	3	2988.00	30650.00	12817.3333	15470.50643
沿海周转量	3	42586774.00	2941711487.00	1027145229.6667	1658287342.03469
远洋周转量	3	9780034.00	244937180.00	91349660.3333	133096406.97196
沿海客运量	3	22.00	3443.00	1302.0000	1865.95847

续表

描述统计量	N	极小值	极大值	均值	标准差
远洋客运量	3	0.00	22.00	7.6667	12.42310
沿海旅客周转量	3	7688.90	55910.50	27050.8333	25475.20128
远洋旅客周转量	3	0.00	17553.10	6116.7333	9912.19976
沿海港口客货吞吐量货物吞吐量	3	31575.00	135364.00	77763.3333	52827.26705
沿海港口客货吞吐量旅客吞吐量	3	21.00	333.00	194.6667	158.97274
沿海地区水路国际标准集装箱运量箱数	3	403.00	2782.00	1243.6667	1334.15304
沿海地区水路国际标准集装箱运量重量	3	5237.00	34633.00	15152.3333	16871.65983
沿海港口国际标准集装箱吞吐量箱数	3	505.00	4330.00	2632.6667	1948.47282
沿海港口国际标准集装箱吞吐量重量	3	5068.00	42314.00	25986.0000	19042.51044
沿海城市国内旅游人数	3	0.00	33977.00	15291.0000	17241.04553
渔港合计	3	1.00	22.00	11.6667	10.50397
中心渔港	3	0.00	9.00	5.0000	4.58258
一级渔港	3	1.00	13.00	6.3333	6.11010
沿海地区海水养殖面积	3	0.00	179951.00	87323.3333	90092.68874
地震测线二维	3	0.00	0.00	0.0000	0.00000
地震测线三维	3	0.00	1934.00	644.6667	1116.59542
预探井	3	0.00	2.00	0.6667	1.15470
评价井	3	0.00	1.00	0.3333	0.57735
海洋油气生产井情况—合计	3	0.00	93.00	31.0000	53.69358
盐田总面积	3	0.00	284.00	94.6667	163.96748
生产面积	3	0.00	71.00	23.6667	40.99187
年末海盐生产能力	3	0.00	115.00	38.3333	66.39528
新增项目情况—装机台数	3	2.00	398.00	138.6667	224.69832
新增项目情况—装机容量	3	12.00	1596.40	557.6333	899.98122
已安装项目情况—装机数量	3	66.00	1281.00	488.0000	687.23140

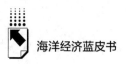

续表

描述统计量	N	极小值	极大值	均值	标准差
已安装项目情况—装机容量	3	264. 50	4725. 40	1802. 3000	2532. 62695
饭店数	3	190. 00	528. 00	375. 3333	171. 35149
客房数	3	52152. 00	89507. 00	68873. 0000	18982. 43090
床位数	3	76765. 00	137310. 00	105079. 6667	30461. 83826
客房出租率	3	56. 26	65. 77	59. 9267	5. 11502
沿海地区旅行社数	3	1758. 00	2943. 00	2490. 0000	639. 87264
机构个数	3	11. 00	16. 00	13. 6667	2. 51661
从业人员	3	1998. 00	3359. 00	2617. 0000	688. 78661
博士	3	361. 00	642. 00	504. 3333	140. 58568
硕士	3	542. 00	773. 00	641. 0000	118. 98319
本科	3	333. 00	727. 00	487. 0000	210. 60864
大专	3	75. 00	334. 00	174. 0000	139. 86064
高级职称	3	628. 00	816. 00	743. 6667	101. 21429
中级职称	3	346. 00	819. 00	570. 0000	237. 48895
初级职称	3	157. 00	334. 00	256. 0000	90. 34932
经费收入总额	3	1313638. 00	2933290. 00	1870521. 6667	920737. 54255
课题数	3	764. 00	2711. 00	1501. 6667	1055. 72455
基础研究	3	144. 00	676. 00	371. 6667	274. 16114
应用研究	3	439. 00	959. 00	626. 0000	289. 11416
试验发展	3	409. 00	500. 00	459. 3333	46. 26374
成果应用	3	100. 00	597. 00	274. 3333	279. 73976
科技服务	3	202. 00	246. 00	224. 0000	22. 00000
发表科技论文	3	752. 00	1680. 00	1153. 0000	476. 65816
出版科技著作	3	18. 00	44. 00	28. 0000	14. 00000
专利申请受理数	3	294. 00	430. 00	344. 3333	74. 56764
专利授权数	3	183. 00	276. 00	223. 6667	47. 58501
拥有发明专利总数	3	341. 00	921. 00	679. 3333	301. 84157
R&D 人员	3	1349. 00	2344. 00	1806. 3333	502. 34085
R&D 经费内部支出	3	94450. 00	257261. 00	152485. 0000	90914. 22464
R&D 课题数	3	594. 00	2391. 00	1236. 0000	1002. 33677
博士专业点数	3	5. 00	18. 00	11. 6667	6. 50641
博士毕业生人数	3	16. 00	75. 00	52. 3333	31. 78574
博士在校生人数	3	206. 00	734. 00	518. 6667	277. 13053

续表

描述统计量	N	极小值	极大值	均值	标准差
硕士专业点数	3	21.00	28.00	23.6667	3.78594
硕士毕业生人数	3	242.00	338.00	304.0000	53.77732
硕士在校生人数	3	898.00	1655.00	1252.6667	380.74445
本科专业点数	3	19.00	34.00	27.0000	7.54983
本科毕业生人数	3	1060.00	1350.00	1195.3333	145.96347
本科在校生人数	3	4561.00	6662.00	5410.6667	1106.59493
专科专业点数	3	20.00	65.00	40.0000	22.91288
专科毕业生人数	3	1093.00	3826.00	2620.3333	1394.60544
专科在校生人数	3	2437.00	10769.00	7164.3333	4277.94826
成人本科专业点数	3	1.00	7.00	3.6667	3.05505
成人本科毕业生人数	3	5.00	500.00	202.6667	262.11893
成人本科在校生人数	3	13.00	1325.00	616.6667	662.23284
成人专科专业点数	3	9.00	29.00	17.0000	10.58301
成人专科毕业生人数	3	76.00	682.00	411.0000	308.02760
成人专科在校生人数	3	369.00	1439.00	774.3333	580.22869
中职专业点数	3	12.00	20.00	15.0000	4.35890
中职毕业生人数	3	378.00	1065.00	711.6667	343.92199
中职在校生人数	3	1254.00	3786.00	2468.6667	1269.11833
学校(机构)数	3	19.00	45.00	29.3333	13.79613
教职工数	3	32298.00	73387.00	46661.3333	23166.72062
专任教师数	3	18146.00	50180.00	29907.0000	17631.92834
保护区面积	3	10.00	686.00	243.3333	383.54835
保护区数量	3	1.00	2.00	1.3333	0.57735
国家级保护区个数	3	0.00	2.00	0.6667	1.15470
地方级保护区个数	3	0.00	1.00	0.6667	0.57735
受灾人口	3	0.00	0.00	0.0000	0.00000
死亡人数	3	0.00	0.00	0.0000	0.00000
受灾面积—农田	3	0.00	0.00	0.0000	0.00000
受灾面积—水产养殖	3	0.00	1.10	0.3667	0.63509
新增宗海数量	3	2.00	225.00	98.6667	114.42173
新增宗海面积	3	4.33	12657.99	7390.7733	6587.64898
海域使用金征收金额	3	3593.66	50855.49	26228.9567	23693.75258
观测台站合计	3	80.00	238.00	146.0000	82.14621
海洋站	3	9.00	25.00	15.6667	8.32666

续表

描述统计量	N	极小值	极大值	均值	标准差
验潮站	3	36.00	61.00	51.3333	13.42882
气象台站	3	8.00	171.00	71.3333	87.36323
地震台站	3	2.00	15.00	7.6667	6.65833
有效的 N(列表状态)	3				

（三）聚类分析结果

在对东部海洋经济圈的上海、浙江和江苏进行聚类分类（见图 6）时，发现浙江和江苏为一类，而上海为另一类，说明浙江与江苏在海洋经济发展方面较为接近，而上海的海洋经济发展与浙江和江苏存在一定差别。

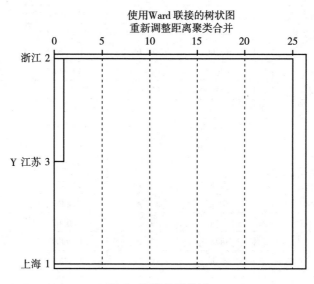

图 6　聚类分析结果

相关研究指出，东部海洋经济圈空间演化特征整体呈现西北—东南格局。2009 年《江苏沿海地区发展规划》被确定为国家级战略，江苏海洋经济得到快速发展，2006~2017 年重心向江苏方向偏移。自从浙江省海洋经济发展示范区建设成为国家战略后，舟山群岛新区以及海洋经济发展示范区的开发受到更多重视，浙江省海洋经济发展质量得到较快提升，2011~2017年重心向浙江方向偏移。

四　东部海洋经济圈海洋经济发展形势分析

（一）东部海洋经济圈海洋经济发展战略分析

与东部海洋经济圈海洋经济发展比较相关的政策规划有《中华人民共和国国民经济和社会发展第十四个五年规划和2035年远景目标纲要》（简称"十四五"规划）和《长江三角洲区域一体化发展规划纲要》。

"十四五"规划的"第九篇 优化区域经济布局 促进区域协调发展"写到，深入实施区域重大战略、区域协调发展战略、主体功能区战略，完善地区经济发展的制度体系，加强区域经济发展与国土空间支持系统建设。"十四五"规划的"第三十章　优化国土空间开发保护格局"写到，以资源和环境的承受力为基础，发挥各地区比较竞争优势，推动各种资源的有效流通与聚集，促进我国土地空间发展与保护。"十四五"规划中的相关内容，将对东部海洋经济圈海洋经济未来发展起到指引作用。

长三角地区包括上海市、江苏省、浙江省、安徽省全域，是中国经济发展最活跃、开放程度最高、创新能力最强的区域。东部海洋经济圈所包含的上海市、浙江省和江苏省刚好处于长三角地区，长三角区域一体化战略对东部海洋经济圈的发展具有十分重要的影响。《长江三角洲区域一体化发展规划纲要》指出，统筹规划建设长江、淮河、大运河和新安江上下游两岸景观，加强环太湖、杭州湾、海洋海岛人文景观协同保护。长三角区域一体化发展战略将对上海、浙江和江苏海洋文旅产业发展产生重要影响。

（二）东部海洋经济圈海洋经济发展形势展望

"十四五"时期，中国开启全面建设社会主义国家的新征程，海洋经济

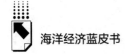

发展的外部环境和内部条件将发生复杂而深刻的变化。东部海洋经济圈海洋经济发展的基本态势不会发生变化，还会坚持陆海统筹，把新发展理念贯穿海洋经济发展各领域和全过程，深化供给侧结构性改革，推动海洋经济高质量发展，推进海洋强国建设迈上新台阶。东部海洋经济圈海洋经济长期向好的基本面也不会改变，海洋经济规模将不断迈向新高度。东部海洋经济圈海洋产业结构将迎来深度调整，海洋服务业主导的经济形态更加明显，海洋第三产业占比将不断增高。

五　政策建议

为了更好地发展东部海洋经济圈海洋经济，建议以长三角区域一体化发展战略为契机，推动海洋产业结构调整和发展布局，发展滨海旅游业，提升海洋产业智能化水平，并引导海洋产业集聚发展。

（一）以长三角区域一体化发展战略为契机，优化海洋产业结构和布局

以长三角区域一体化发展战略为契机，整合东部海洋经济圈资源，发挥不同地区之间的协同作用，吸引各方资金投入，优化营商环境，实现跨区域海洋合作。充分发挥我国海洋资源和海域环境的优势，优化海洋产业结构。推进区域间海洋经济协同发展，打破行政分界的限制，推进海洋发展资源在区域间的流通，通过转移海洋产业，优化海洋产业结构，缩小区域发展差距、达到整体协同发展的目标。

（二）发展海洋可再生能源产业

东部海洋经济圈拥有大量的可再生资源，有很大的发展空间。建议完善海上风电产业链，积极建立远海风电产业基地，创新风电光伏互补模式；开展波浪能示范工程建设，推动潮流能发电的大规模产业化发展；降低海洋废弃设备对环境、安全和经济的冲击，大力推进海洋"能源岛"的发展，强

力保证国家能源的安全供应。对海洋可再生能源产业给予蓝色金融扶持，发展海洋碳汇市场。

（三）发展滨海旅游业

相关研究指出，滨海旅游业对海洋经济发展影响巨大且深远。近几年，受到新冠肺炎疫情等影响，海洋旅游业受到很大冲击，产业发展遇到较大挑战，建议加大对相关企业的扶持力度，推动滨海旅游业供给侧改革，打造特色滨海旅游产品。

（四）提升海洋产业智能化水平

海洋经济具有科技含量高的特征，建议充分利用互联网、大数据、云计算等信息资源，打破产业信息孤岛，加强与智慧物流和社区团购的合作；推动"海洋+互联网+金融"模式，搭建政府、涉海企业、金融机构等共同参与的"涉海投融资公共服务平台"，助力东部海洋经济圈海洋经济发展。

（五）引导海洋产业集聚化发展

海洋产业有高度的关联性，推动集聚化的产业模式是促进海洋经济的关键举措。在东部海洋经济圈建设中，要合理安排和优化海洋产业，推动传统产业结构优化和升级，加快全球海洋中心城市建设，推动相关产业的集聚，逐步加强国际市场海洋产业间的合作与交流，持续增强我国东部海洋经济圈独特的竞争优势。

参考文献

陈晔：《上海国际金融中心建设与长三角一体化：基于实体经济与金融业协同发展的思考》，《上海经济》2022年第1期。

盖美、何亚宁、柯丽娜：《中国海洋经济发展质量研究》，《自然资源学报》2022年第4期。

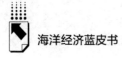

胡德坤、晋玉：《习近平新时代海洋发展观的历史视角》，《边界与海洋研究》2022年第2期。

李庆满、李阳：《我国沿海省份海洋经济发展路径研究——基于fsQCA的实证分析》，《海洋经济》2022年网络首发版。

李晓璇、刘大海：《碳边界调节机制下的海洋经济发展影响与对策》，《国土资源情报》2022年网络首发版。

李旭辉、何金玉、严晗：《中国三大海洋经济圈海洋经济发展区域差异与分布动态及影响因素》，《自然资源学报》2022年第4期。

王曦：《我国沿海省市海洋经济高质量发展评价》，《合作经济与科技》2022年第7期。

王颖、许闻璐：《滨海旅游业对海洋经济发展的贡献度研究》，《海洋开发与管理》2022年第5期。

吴国兵：《金融支持海洋经济发展面临的问题与对策建议》，《时代金融》2020年第36期。

赵鹏：《"十四五"时期我国海洋经济发展趋势和政策取向》，《海洋经济》2022年网络首发版。

中国陆海经济统筹与协同发展分析

金 雪*

摘 要: 当前,世界各国对海洋经济发展高度重视,我国针对海陆统筹发展工作也出台了许多相应的政策规划。本报告通过分析中国典型沿海省市陆海经济统筹与协同发展现状,厘清陆海经济统筹与协同发展影响因素:一方面,产业结构方面战略性新兴产业发展水平、临海产业的发展、海洋产业结构同质化以及海洋产业链的长度都会对陆海经济协同发展产生影响;另一方面,空间布局、海洋资源环境承载率也是关键影响因素。另外,从产业相对优势度、产业结构偏离度、产业结构协同演进系数角度对陆海经济统筹与协同发展情况进行了测算及对比分析,为科学制定陆海经济统筹与协同发展、绿色发展战略性规划提供一定参考。

关键词: 陆海经济 相对优势度 结构偏离度 产业结构

一 中国典型沿海省市陆海经济统筹与协同发展分析

(一)上海

上海北接江苏、南临浙江,位处我国海岸线的中部区域,同时也是东海与长江入海口的交界地带,是国际金融中心。通过对上海市的陆海经济产业结构演变态势和陆海产业结构时空分布进行分析,可得到其陆海产业结构联

---

* 金雪,加拿大英属哥伦比亚大学博士后,中国海洋大学博士后,研究方向为海洋经济管理、数量经济分析与建模。

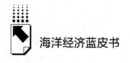

动发展状况。

由图1可知，上海市在2007~2020年的陆域三次产业生产总值持续增长。可以看到，2007~2019年，上海市第三产业一直处于主导地位，第一产业始终处于低位，且增长缓慢。其中，2007~2008年，二、三产业之间的绝对差较小，但是2009~2015年，第二产业占比逐渐下降，同时，第三产业主导地位不断加强，占比逐渐上升。2016~2020年，第三产业的生产总值远远超过第一、二产业，且差距不断增大，对社会发展影响深远。

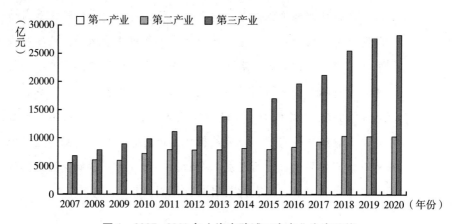

图1 2007~2020年上海市陆域三次产业生产总值

资料来源：国家统计局统计数据（2007~2020）。

从表1来看，纵向比较，上海市陆域第一产业占比在2007~2020年持续下降，第二产业总体下降。第三产业除了在2010年、2017年有一定幅度下降以外，一直稳中上升。横向比较，2007~2020年，上海市第三产业的发展一直处于主导地位，呈现"三二一"的发展趋势。

表1 2007~2020年上海市陆域三次产业占区域GDP比重

单位：%

年份	第一产业占比	第二产业占比	第三产业占比
2007	0.82	44.59	54.60
2008	0.79	43.25	55.95

年份	第一产业占比	第二产业占比	第三产业占比
2009	0.76	39.89	59.36
2010	0.66	42.05	57.28
2011	0.65	41.30	58.05
2012	0.63	38.92	60.45
2013	0.57	36.24	63.18
2014	0.53	34.66	64.82
2015	0.44	31.81	67.76
2016	0.39	29.83	69.78
2017	0.36	30.46	69.18
2018	0.29	28.77	70.94
2019	0.27	26.99	72.74
2020	0.27	26.59	73.14

从 2007~2020 年上海市海洋三次产业生产总值（见图 2）分析得出，上海市海洋三次产业生产总值整体上呈持续上升趋势，海洋第三产业总是占主导地位，而海洋第一产业占区域海洋生产总值比重极低。而且从 2009 年开始，第三产业增速加快，并远远超过第一、二产业的发展。

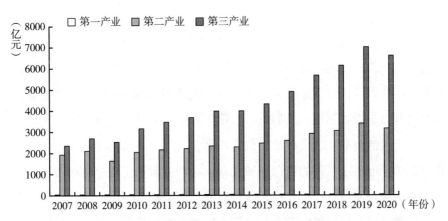

图 2 2007~2020 年上海市海洋三次产业生产总值

资料来源：《中国海洋统计年鉴》（2008~2017）、《中国海洋经济统计年鉴》（2018~2019）、2019~2020 年上海市海洋统计数据通过网络搜索获得。

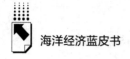

由表2可以看出,2007~2020年,上海市海洋第三产业一直在海洋三次产业中处于主导地位,且从2009年开始,第二、三产业占比的绝对差逐步增大。总体来看,呈现"三二一"的海洋产业结构模式。

表2 2007~2020年上海市海洋三次产业占区域海洋生产总值比重

单位:%

年份	第一产业占比	第二产业占比	第三产业占比
2007	0.10	45.36	54.55
2008	0.09	44.30	55.61
2009	0.09	39.49	60.42
2010	0.07	39.42	60.51
2011	0.07	39.10	60.83
2012	0.07	37.81	62.12
2013	0.06	36.76	63.18
2014	0.07	36.46	63.47
2015	0.07	36.04	63.89
2016	0.06	34.45	65.49
2017	0.06	34.04	65.90
2018	0.05	33.40	66.55
2019	0.05	32.82	67.13
2020	0.05	32.41	67.54

总体来看,上海市的陆域产业结构和海洋产业结构在2007~2020年一直处于"三二一"模式。上海市陆域产业发展以第三产业为主。主要是上海市的产业以及人口近年来的聚集,导致土地面积逐渐减少和单价上涨,部分耕地转为非农业用地以发展第二、第三产业。另外,区域经济发展的核心产业一直包括制造业、金融业、信息产业,上述产业支撑着上海经济发展,其中金融业近年来呈现的繁荣发展现状,与产业政策支持息息相关。上海经济基础雄厚,在海洋产业发展领域可以储备战略资源基础,比如上海海洋石油、天然气以及港口等资源充足,拥有广阔的利用前景。但是上海市的海洋第二产业有待进一步优化完善。上海市的海洋第三产业主要包括海洋运输业以及滨海旅游业,近年来在上海海洋生产总值中所占比重为六成以上,且还

有不断上升的趋势。另外，陆域信息产业的发展和金融产业的资金支持，也不断地推动上海市陆海产业结构的优化发展。

（二）广东

广东与香港、澳门相邻，其地理位置极大地便利了我国大陆与欧洲、非洲、东南亚等国家的海上交流，是我国对外开放的核心区域。通过对广东省的陆海经济产业结构演变态势和陆海产业结构时空分布进行分析，可得到其陆海产业结构联动发展状况。

从图3可以看出，广东省三次产业生产总值在2007~2020年不断增长，且一直以来，第一产业所占比重仅为5%左右。其中前6年广东省第二产业发展较为稳定，基本处于主导地位，但二、三产业之间的绝对差较小。从2013年开始，第三产业逐渐发展，其占比超过第二产业。

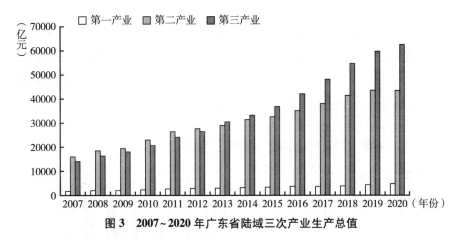

图3　2007~2020年广东省陆域三次产业生产总值

资料来源：国家统计局统计数据（2007~2020）。

从表3来看，纵向比较，第一产业所占比重除了在2008年、2011年有小幅度的增长外，总体呈下降趋势。第二产业占比在2007~2010年有升有降，2007年最高，从2011年开始逐渐下降。第三产业占比在2010年小幅下降，在其余年份均逐年上升。横向比较，2007~2012年，广东省呈现"二三一"的产业格局，2013年第三产业实现反超，呈现"三二一"的产业格局。

187

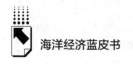

表 3　2007~2020 年广东省陆域三次产业占区域 GDP 比重

单位：%

年份	第一产业占比	第二产业占比	第三产业占比
2007	5.34	50.37	44.30
2008	5.36	50.28	44.36
2009	5.09	49.19	45.72
2010	4.97	50.02	45.01
2011	5.01	49.70	45.29
2012	4.99	48.54	46.47
2013	4.77	46.41	48.83
2014	4.67	46.34	48.99
2015	4.59	44.79	50.61
2016	4.57	43.42	52.01
2017	4.03	42.37	53.60
2018	3.84	41.42	54.74
2019	4.04	40.44	55.51
2020	4.31	39.23	56.46

从 2007~2020 年广东省海洋三次产业生产总值（见图 4）分析得出，广东省海洋三次产业生产总值整体呈上升趋势。虽然 2007~2016 年广东省的海洋第三产业一直处于主导地位，但是 2007~2013 年，第二、三产业的绝对差较小，2014 年第三产业增速加快，在 2015~2020 年规模远远超过第二产业。

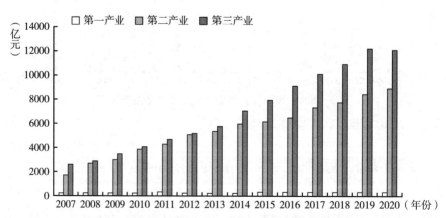

图 4　2007~2020 年广东省海洋三次产业生产总值

资料来源：《中国海洋统计年鉴》（2008~2017）、《中国海洋经济统计年鉴》（2018~2019）、2019~2020 年广东省海洋统计数据通过网络搜索获得。

由表 4 可以明显看出,广东省的海洋第三产业在 2007~2020 年一直处于主导地位,且从 2014 年开始,海洋第二、三产业所占比重的绝对差逐渐增加。总体来看海洋产业结构模式呈现为"三二一"。

表 4　广东省海洋三次产业占区域海洋生产总值比重

单位:%

年份	第一产业占比	第二产业占比	第三产业占比
2007	4.58	38.35	57.07
2008	3.78	46.68	49.54
2009	2.77	44.61	52.62
2010	2.35	47.49	50.15
2011	2.46	46.91	50.64
2012	1.71	48.87	49.41
2013	1.71	47.44	50.86
2014	1.52	45.31	53.17
2015	1.76	43.09	55.15
2016	1.71	40.71	57.57
2017	1.55	41.40	57.05
2018	1.49	40.71	57.79
2019	1.43	40.15	58.42
2020	1.35	41.73	56.92

总体来看,广东省陆域产业结构在 2013 年出现由"二三一"转换为"三二一"的发展趋势;而海洋产业结构的发展模式始终呈"三二一"。广东省陆域产业经济不断增长,经济发展形势良好。区域经济差距近年来逐步缩小,第三产业占比、现代产业占比持续提高,第二产业协同发展程度提高,整体经济质量和经济效益保持稳步提升。广东借助陆域科技的发展优势,积极探索新的经济发展方式,促进向海发展,进一步推进海洋渔业等传统产业发展,此外积极推动滨海旅游等产业的蓬勃发展。广东省出台的政策对于海陆产业的发展具有重要意义,促使海陆协同发展程度提高,稳定产业结构,为其他地区发展提供了借鉴意义。

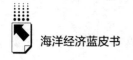

（三）山东

山东省拥有优越的地理位置以及充足的海洋资源，通过对山东省的陆海产业结构演变态势和陆海产业结构时空分布进行分析，可得到其陆海产业结构联动发展状况。

从图 5 可以看出，山东省 2007～2017 年陆域三次产业生产总值不断增长，到 2018 年略有下降，至 2019 年回升。前 9 年山东第二产业处于优势地位，第一产业始终处于低位，且增长缓慢。其中，2007～2008 年，二、三产业之间的绝对差增大，但是 2009～2015 年差值逐渐缩小，第三产业迎头赶上；2016～2020 年，第三产业反超第二产业，且差距逐渐增大。

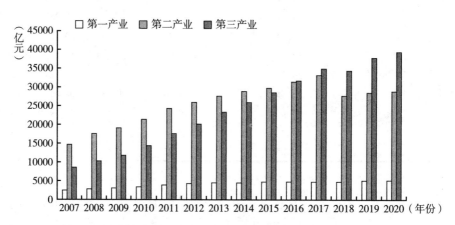

图 5 2007～2020 年山东陆域三次产业生产总值

资料来源：国家统计局统计数据（2007～2020）。

从表 5 来看，山东省陆域第一产业占比呈现下降趋势，第二产业占比逐渐下降，第三产业占比稳步上升。横向比较，2007～2015 年，山东省呈现"二三一"的产业格局，第三产业在 2016 年实现反超，2016～2020 年，三次产业结构总体呈现"三二一"格局。

表 5　2007~2020 年山东省陆域三次产业占区域 GDP 比重

单位：%

年份	第一产业占比	第二产业占比	第三产业占比
2007	9.73	56.82	33.44
2008	9.71	56.81	33.49
2009	9.52	55.76	34.72
2010	9.16	54.22	36.62
2011	8.76	52.95	38.29
2012	8.56	51.46	39.98
2013	8.27	49.69	42.04
2014	8.07	48.44	43.48
2015	7.90	46.80	45.30
2016	7.25	46.08	46.68
2017	6.65	45.35	47.99
2018	7.43	41.30	51.28
2019	7.20	39.84	52.96
2020	7.33	39.13	53.54

从图 6 分析得出，山东海洋第一、第二产业生产总值呈总体上升趋势，第一产业生产总值在 2007~2014 年小幅度增长，但是从 2014 年开始回落。2013 年后，第三产业增长明显加快，2016~2020 年反超第二产业发展为主导产业，其主要原因是政府加大对海洋第三产业的支持力度。

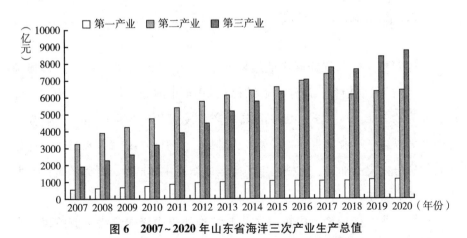

图 6　2007~2020 年山东省海洋三次产业生产总值

资料来源：《中国海洋统计年鉴》（2008~2017）、《中国海洋经济统计年鉴》（2018~2019）、2019~2020 年山东省海洋统计数据通过网络搜索获得。

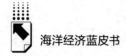

海洋经济蓝皮书

由表6可以明显看出，2007～2013年，海洋第二产业占据优势地位。2014～2020年，第三产业超过第二产业，总体来看海洋产业结构发展为"三二一"。

表6　2007～2020年山东省海洋三次产业占区域海洋生产总值比重

单位：%

年份	第一产业占比	第二产业占比	第三产业占比
2007	7.60	48.14	44.26
2008	7.20	49.18	43.62
2009	6.99	49.67	43.34
2010	6.28	50.21	43.51
2011	6.74	49.34	43.92
2012	7.23	48.63	44.14
2013	7.38	47.38	45.24
2014	7.04	45.08	47.88
2015	6.36	44.46	49.19
2016	6.25	43.15	50.60
2017	5.68	43.15	51.17
2018	5.38	42.65	51.97
2019	5.10	42.20	52.70
2020	5.66	42.92	51.43

总体来看，山东省陆域产业结构在2016年出现由"二三一"转换为"三二一"的发展趋势；海洋产业结构在2014年前为"二三一"模式，此后发展为"三二一"模式。山东省陆域产业发展状况为由以第二产业为主导转换为以第三产业为主导，发展较为健康、合理。在较长时间段内，相较于其他省份，食品加工、机械、电子等是山东省主体产业，导致该地区长期以第二产业为主导。

依据产业结构理论，山东海洋产业结构处于中级向高级过渡阶段。在2014年以前，海洋第二产业比例高，海洋船舶工业、油气业、化工业等的发展较为领先；2014～2020年，海洋第三产业占比快速上升，得益于海洋科研投入的增加。山东拥有优越的地理位置以及充足的海洋资源，滨海旅游业也促进了滨海餐饮、酒店等各类产业的发展，海洋油气、矿业等的发展为陆域产业提供丰富的能源；陆域产业积累的技术、资金、经验也成为海洋产业发展的重要推动力。

（四）天津市

天津依托京津冀，作为北方国际航运与物流中心，起到了重要的"服务环渤海，辐射'三北'"作用。通过对天津市的陆海经济产业结构演变态势和陆海产业结构时空分布进行分析，可得到其陆海产业结构联动发展状况。

从图7可以看出，天津市2007~2016年陆域三次产业总值不断增长，但一直以来第一产业所占比重较低。2007~2013年，天津市第二产业处于优势地位。但是，2009~2013年，二、三产业之间的绝对差逐步缩小。直到2014年，第三产业的生产总值超过第二产业，并在未来两年时间里发展迅速，二、三产业之间的绝对值逐步扩大。2018年第二、第三产业增加值均出现明显下降，究其原因，一是国家统计局在2018年对GDP进行了大幅修订，天津由于关停小散乱污企业，淘汰僵尸企业以及查处统计方面造假虚报案件，GDP整体调减5000多亿元；二是天津市作为京津冀老工业区，第一

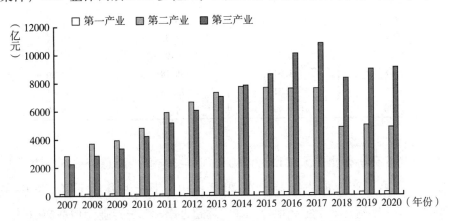

图7 2007~2020年天津市陆域三次产业生产总值

资料来源：国家统计局统计数据（2007~2020）。

轮崛起主要依靠第二产业，但也由此产生了第三产业不发达、商业活跃度不足的隐患，而且近年来第二产业也因为环保问题受到巨大影响。天津转型问题任重道远，近年来天津市的政府工作文件，基本都是围绕协同发展展开。经过一年的调整，天津2019年各项产业增加值有所回升。

从表7来看，天津市陆域第一产业占比逐渐下降，第二产业呈现先上升后下降趋势，在2008年占比最高，其后逐步降低，第三产业占比不断上升并超过第二产业。横向比较，2007~2013年，天津市呈现"二三一"的产业格局，2014年第三产业实现反超，其结构呈现"三二一"。

表7　2007~2020年天津市陆域三次产业占区域GDP比重

单位：%

年份	第一产业占比	第二产业占比	第三产业占比
2007	2.10	55.07	42.84
2008	1.82	55.21	42.96
2009	1.71	53.02	45.27
2010	1.58	52.47	45.95
2011	1.41	52.43	46.16
2012	1.33	51.68	46.99
2013	1.29	50.38	48.33
2014	1.27	49.16	49.57
2015	1.26	46.58	52.15
2016	1.23	42.33	56.44
2017	0.91	40.94	58.15
2018	1.31	36.18	62.50
2019	1.31	35.23	63.45
2020	1.49	34.11	64.40

从图8分析得出，天津市海洋第一、第三产业生产总值整体呈上升趋势。海洋第二产业的生产总值在2007~2016年先上升后下降，其中在2007~2015年始终处于主导地位，并远远超过第一、三产业。但在2016年，第二产业生产总值被第三产业赶超，第三产业逐渐发展成为海洋经济的优势产业。

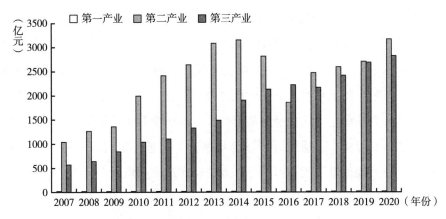

图8 2007~2020年天津市海洋三次产业生产总值

资料来源:《中国海洋统计年鉴》(2008~2017)、《中国海洋经济统计年鉴》(2018~2019)、2019~2020年天津市海洋统计数据通过网络搜索获得。

由表8可以看出,2007~2015年,海洋第二产业始终处于优势地位,2016年第二产业占比下降,第三产业反超成为占比最高的产业。2007~2020年,海洋产业结构整体呈现"二三一"模式。

表8 2007~2020年天津市海洋三次产业占区域海洋生产总值比重

单位:%

年份	第一产业占比	第二产业占比	第三产业占比
2007	0.31	64.43	35.25
2008	0.23	66.44	33.33
2009	0.24	61.60	38.16
2010	0.20	65.52	34.28
2011	0.20	68.49	31.30
2012	0.20	66.66	33.14
2013	0.19	67.32	32.49
2014	0.29	62.14	37.57
2015	0.31	56.94	42.76
2016	0.36	45.44	54.20
2017	0.32	53.34	46.34
2018	0.33	51.63	48.04
2019	0.34	49.96	49.70
2020	0.32	52.83	46.85

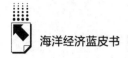

总体来看，天津市陆域产业结构在 2014 年出现由"二三一"发展为"三二一"的发展趋势；在 2016 年，海洋产业结构从"二三一"发展为"三二一"模式。近年来，天津坚持发展经济，转变方式，优化结构，培育具有核心竞争力的支柱性产业。除此之外，第三产业生产总值占比有了明显的提高，有效地促进了地区经济的增长。天津市相对于其他临海城市，海洋经济发展以及海洋产业接轨升级较为缓慢，但是近年来"海洋强市"战略的推进，极大地促进了天津市陆海产业结构实现协同发展，也为其他地区提供了参考。

二 陆海经济统筹与协同发展影响因素分析

（一）产业结构对陆海经济统筹与协同发展的影响

第一，海洋产业中的战略性新兴产业发展水平影响陆海经济统筹与协同发展。若海洋经济的发展与陆域经济发展矛盾突出，势必存在陆海经济产业结构的衔接错位，海洋产业中的战略性新兴产业发展水平较低，陆海经济产业结构的协同发展作用就较弱。

第二，海洋产业链的长度影响陆海经济统筹与协同发展。一般而言，受产业链的长度以及前后向产业的影响，海洋产业链的长度越长，陆海经济统筹与协同发展的程度越高。

第三，海洋产业结构同质化影响陆海经济统筹与协同发展。产业存在差异会对陆海经济协同发展起到促进作用，反之，陆海经济之间的竞争关系就会超过互补关系，不利于陆海经济产业结构的协同发展。

第四，临海产业也会影响陆海经济统筹与协同发展。临海产业的兴起一方面向陆域转移海洋优势，将海域生产和陆域加工相结合，促进陆海经济协同发展；另一方面又将陆域资源向沿海区域聚集，使海洋经济容量增加，可以充分发挥沿海地区的优势。

（二）空间布局对陆海经济统筹与协同发展的影响

第一，海域和陆域的功能区安排不合理会对陆海经济协同发展产生制约作用；第二，海岸带利用不充分也会对陆海经济协同发展产生负面影响；第三，海陆一体化基础设施不完善也会对陆海经济协同发展产生重要影响；第四，行政壁垒易导致陆海经济的人为分割，影响陆海经济协同发展。

（三）海洋资源环境承载率对陆海经济统筹与协同发展的影响

海洋资源环境对陆海经济的联动发展发挥着至关重要的作用。环境恶化会破坏海洋产业的发展潜力，制约陆海经济协同发展。另外，海洋资源的环境承载能力以及可利用程度也会对陆海经济协同发展产生约束作用。

三 陆海经济统筹与协同发展测算

（一）相对优势度

陆海经济相对优势度公式为：

$$X_i = \frac{M_i}{L_i} \ (i = 1,2,3) \tag{1}$$

其中，L_i 为陆域第 i 产业与该地区生产总值的比值，M_i 为海洋第 i 产业在该地区海洋生产总值中的占比。如果 $X_i > 1$，说明海洋第 i 产业具有产业相对优势，X_i 越大，相对优势越大。产业相对优势度的差异会导致产业结构的差异化布局。

1. 上海市产业相对优势度

根据产业相对优势度的计算方法，得出上海市陆海三次产业相对优势度如图 9 所示。

由图 9 可以看出，上海市陆海第一产业相对优势度呈现上升的态势，在

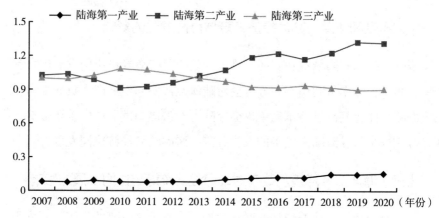

图9 上海市陆海三次产业相对优势度

2013~2020年逐年上升。上海作为全国的经济中心,人口密集,农业用地缩小,陆域第一产业占比下降,与此同时海洋经济发展势头迅猛。

陆海第二、第三产业相对优势度在2007~2013年接近,在2013~2020年二者开始分离,在此期间,陆海第二产业的相对优势度逐渐变大,而陆海第三产业的相对优势度逐渐变小。海洋第二产业优势凸显,主要是由于近年来上海市不断发展壮大金融、信息等相关产业,集中力量发展陆域第三产业,服务业占比迅速提升,与此同时海洋第二、三产业发展较为均衡,从而导致海洋第二产业优势度增加,第三产业优势度下降。

2. 广东省产业相对优势度

根据产业相对优势度的计算方法,得出广东省陆海三次产业相对优势度如图10所示。

虽然广东省陆域第一产业生产总值在2007~2020年稳步增加,但陆海第一产业优势度仅在2007年超过第二产业,此后逐年下降,主要是由于近年来广东省的海洋发展重心逐渐向第二、三产业转变。

陆海第二产业相对优势度在2007~2013年上升,在2014~2016年下降,2017~2020年有所回升;相较而言,广东海洋第三产业最具优势,陆海第三产业优势度在2007~2013年不断下降,2013~2016年开始逐年上升,2016~

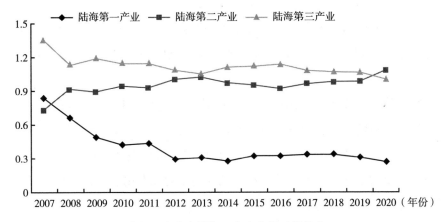

图 10　广东省陆海三次产业相对优势度

2020 年有一定程度下降，与陆海第二产业优势度发展趋势恰恰相反。主要因为广东省较早提出海洋强省战略，积极发展船舶制造业等海洋第二产业，2012 年，广东省开始发展海洋第三产业，同时，陆域产业也在快速发展。总之，广东省紧抓历史机遇，推动海陆产业实现协同发展。

3. 山东省产业相对优势度

根据产业相对优势度的计算方法，得出山东省陆海三次产业相对优势度如图 11 所示。

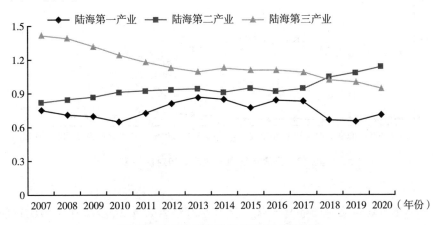

图 11　山东省陆海三次产业相对优势度

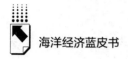
山东省陆域第一产业发展起步较早，发展模式稳定，并且近年来山东省的海洋发展与陆域发展逐渐转向以第二产业为主导，海洋第一产业所占比重逐渐减小，另外，近岸海域污染、海洋灾害都使海洋第一产业相对优势减弱。

陆海第二产业2007~2017年相对优势度变化较为稳定，但陆域第二产业的发展稍显优势，这与华北重工业基地的悠久历史发展联系密切。2007~2015年，第二产业在山东省陆海产业结构中均占比最大，资源、资金、技术等生产要素在陆海产业间的流动达到其利用的最大化水平，产业结构联动发展明显。

相较而言，山东省海洋第三产业更具优势。这与"山东半岛蓝色经济区"的规划建设密不可分。陆域高新技术产业对海洋产业发展的促进作用较弱，而海洋第三产业对陆域产业发展的带动作用较强。

4. 天津市产业相对优势度

根据产业相对优势度的计算方法，得出天津市陆海三次产业相对优势度如图12所示。

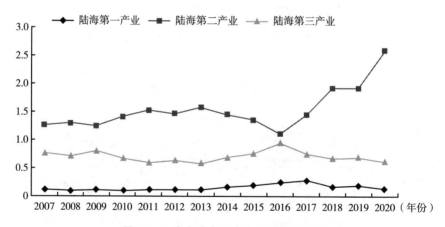

图12　天津市陆海三次产业相对优势度

天津市陆海第一产业相对优势度在2007~2017年稳步增加，相比较而言，海洋第一产业的增加速度比陆域第一产业的增加速度快，使陆海第一产业优势度不断上升。天津市相比其他沿海地区省市，海洋产业尤其是海洋第二、三产业的发展速度低，海洋产业接轨升级较为缓慢。

天津市陆海第二产业相对优势度在 2007~2013 年上升，2014~2016 年呈现下降趋势，后续继续上升。天津市积极响应国家海洋强国战略，重视海洋产业发展。

相较而言，天津市海洋第三产业更具优势，2007~2016 年陆海第三产业的优势度呈现上升趋势，2016 年以后有所下降。深入分析发现，天津市海洋第三产业发展较慢，与此同时，受到雄安新区等新设经济区的辐射性影响，天津市陆域第三产业开始迅猛发展，海洋第三产业跟不上陆域第三产业发展速度，使陆海第三产业优势度迅速下降。

（二）结构偏离度

结构偏离度是对产业间协同演进水平的刻画，是对陆海产业结构联动发展的定量化分析。数值越低，表明陆海三次产业间的协同演进水平越高。公式为：

$$P = \sum_{i=1}^{3} |M_i - L_i| \; (i = 1,2,3) \tag{2}$$

L_i、M_i 含义同上。

1. 上海市产业结构偏离度

根据公式（2）得上海市陆海产业结构偏离度如图 13 所示。

上海市陆海产业结构偏离度在 2007~2020 年波动幅度较大，2007~2009 年先上升后下降，趋势较缓，陆海产业协同发展，二者彼此促进，相互带动；2010 年结构偏离度迅速拉大，受到金融危机的影响，海洋三次产业在此期间发展十分缓慢，增长幅度非常低，与陆域经济的发展拉开差距；2011~2013 年，上海开始充分利用港口、景观、海洋石油天然气等，促使海洋经济快速发展，偏离度不断减小。

2014~2020 年，上海陆海产业结构偏离度基本保持在迅速提升状态。上海市得益于全国的经济以及金融中心地位，陆域经济尤其是第三产业发展最

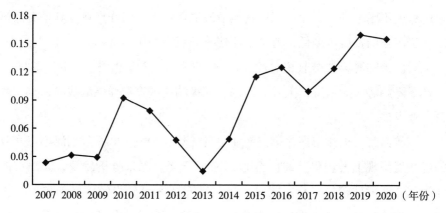

图 13 上海市陆海产业结构偏离度

为迅速，信息产业、金融业等高端服务业凸显优势，不断拉动区域经济的发展，而海洋经济产值虽然也在不断提升，但是发展速度跟不上陆域经济，导致二者的偏离度又开始拉大。

2. 广东省产业结构偏离度

根据公式（2）得广东省陆海产业结构偏离度如图 14 所示。

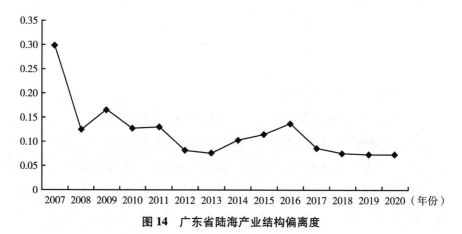

图 14 广东省陆海产业结构偏离度

广东省陆海产业结构偏离度在 2007~2013 年不断下降，在 2014~2016 年开始上升，2017~2020 年有所下降。广东省陆域产业在 2013 年发展模式由"二三一"转变为"三二一"，而在此期间海洋产业一直保持"三二一"

模式，所以在2007~2013年陆海产业结构偏离度一直呈下降趋势，海洋经济的发展会带动陆域经济发展。

2013年，广东省陆域第三产业规模反超第二产业，服务业等相关产业壮大，而海洋第二、三产业一直较为均衡发展，速度相比陆域经济低，从而从2013年之后，陆海产业结构偏离度不断加大。

3. 山东省产业结构偏离度

根据公式（2）得山东省陆海产业结构偏离度如图15所示。

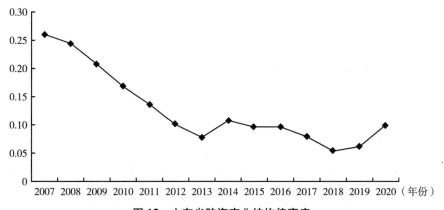

图15　山东省陆海产业结构偏离度

从整体来看，只有在2014年以及2019~2020年，山东省陆海产业结构偏离度有小幅度上升，其余年份一直呈下降趋势，即其陆海产业结构发展的联动加强，逐渐趋同，产业结构向高级化方向发展；2006年国家提出"促进区域协调发展""调整产业结构"，政策效应明显。

在2014年前，陆域第二产业强势发展，受益最大的应为海洋第二产业。随着陆域产业的发展壮大，得益于其带动效应，2014年海洋第三产业反超海洋第二产业，呈现"三二一"发展模式，从而使产业结构偏离度有小幅度上升。2014年后，海洋三产的发展平稳，在其反哺下陆域第三产业提升迅速，所占比重上升。2016年，陆域第三产业快速发展，反超第二产业，成为主导产业，2018~2019年二、三产业差距增大，也因此带来产业结构偏离度的上升。

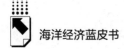

4. 天津市产业结构偏离度

根据公式（2）得天津市陆海产业结构偏离度如图 16 所示。

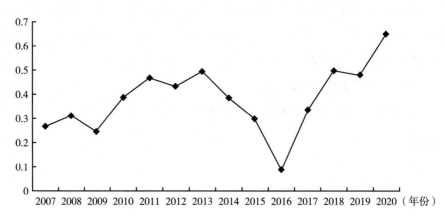

图 16　天津市陆海产业结构偏离度

天津市陆海产业结构偏离度总体上呈先上升后下降再上升的趋势，分水岭是在 2013 年和 2016 年，原因在于 2013 年以前，天津市海洋经济发展较为缓慢，受制于资源和环境约束等，天津市一直着力调整海洋经济结构，促进产业转型升级，2016 年达到谷值。但 2016 年及以后陆域第二、三产业之间的绝对差较大，而且海洋第三产业产值第一次高于第二产业，2017~2020 年偏离度再次上升。

2013 年，天津市开始转变经济发展方式，试图突破资源和环境对经济发展的约束，建设海洋强市。天津市借助其自身的地区优势，促使一些国家级的产业朝着集聚的方向发展。之后，天津市海洋经济开始凸显发展优势，海洋综合实力不断提升，从而使产业结构偏离度迅速下降。

（三）协同演进系数

该系数同样可以对产业间协同发展特征进行刻画，也是对陆海经济联动发展的定量化分析。但相对于结构偏离度而言更细化，两者相互印证，使对陆海产业结构联动的协同演化分析结果更为可靠。

产业结构协同演进系数取值范围为 0~1，计算结果为 1，表示陆海产业结构完全一致；若系数值随时间变化而逐步下降，则表示陆海产业结构协同趋势下降。

$$S = \frac{\sum\limits_{i=1}^{3} M_i L_i}{\sqrt{\sum M_i{}^2 \sum L_i{}^2}} \qquad (3)$$

L_i、M_i 含义同上。

1. 上海市产业结构协同演进系数

根据公式（3）得上海市陆海产业结构协同演进系数（见图 17）。

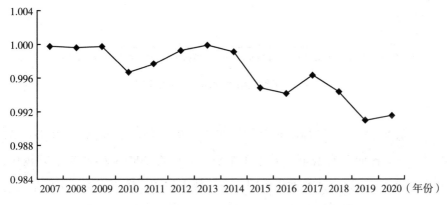

图 17　上海市陆海产业结构协同演进系数

上海市陆海产业结构在 2007~2020 年总体上保持着较高的协同度，其数值均在 0.991 以上，极其接近于 1。这主要是因为上海市的陆域产业结构和海洋产业结构一直都处于"三二一"模式，保持着较高的一致性。

2010 年、2014~2016 年以及 2018~2019 年，协同演进系数均有不同程度的下降。主要原因是 2010 年虽然上海市海洋第一、二、三产业都有涉及，但海洋产业结构不太健全，海洋和陆域之间的产业链不完整。2014~2016 年是陆海产业结构转型升级的关键时期，但上海市有限的陆域面积限制了海陆产业的系统协调发展。2017~2020 年，上海市陆域产业特别是第三产业发展

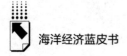

最为迅速，不断拉动区域经济的发展，而海洋经济产值发展速度跟不上陆域经济，导致协同演进系数降低。

2. 广东省产业结构协同演进系数

根据公式（3）得广东省陆海产业结构协同演进系数（见图18）。

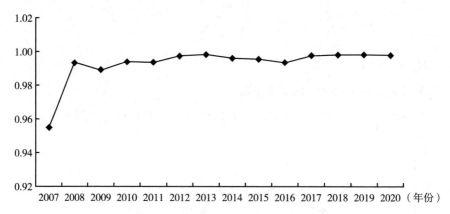

图18　广东省陆海产业结构协同演进系数

广东省陆海产业结构协同系数在2007~2013年呈上升趋势，2014~2016年略有下降，而后有所上升并趋于平稳。其中在2007~2008年上升较快，2008~2011年，陆海产业结构协同演进系数未能实现较快增长，主要是因为广东省海陆两个系统没能够形成互补互动的紧密关系。由于广东省未能在海洋产业和陆域产业之间构建完整的产业链，海陆产业协同发展较慢、协同发展水平较低。此外，海陆资源利用不充分，第二产业科技含量较低，而海水利用业等高新技术产业发展速度比较缓慢，不能对海陆产业系统协同发展起到较大的促进作用。

2012~2020年协同演进系数均在0.993以上。自2013年开始，广东省陆域产业结构由"二三一"转换为"三二一"的发展模式，与海洋产业结构的发展模式保持高度一致。

3. 山东省产业结构协同演进系数

根据公式（3）得山东省陆海产业结构协同演进系数（见图19）。

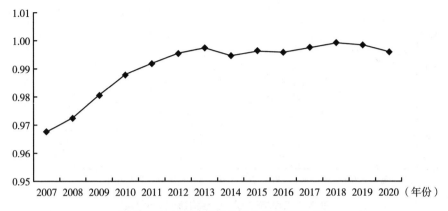

图 19　山东省陆海产业结构协同演进系数

山东省陆海产业结构协同演进系数出现高位协调一致，2007~2016 年联动发展趋势稳定。2007~2012 年，协同演进系数不断上升，且在一开始上升较快，究其原因，在此期间陆海产业结构保持高度一致，均为"二三一"布局。在 2013 年及以后，协同演进系数一直保持在高位，但是存在小幅度波动。

2014 年、2016 年以及 2019~2020 年，协同演进系数有小幅度回落，主要原因是 2014 年、2016 年分别为海洋、陆域产业结构模式转变的时间节点，2018~2019 年陆域二、三产业增长有所波动，产生较大差距，而同时段海洋第二、三产业基本保持稳步增长，陆海发展不同步，产业结构偏离度在此期间较高，使本年协同演进系数变动较大，出现一定波动。

4. 天津市产业结构协同演进系数

根据公式（3）得天津市陆海产业结构协同演进系数（见图 20）。

天津市的陆海产业结构协同演进系数在 2007~2009 年保持着较高态势，主要是因为在此期间，陆域产业结构与海洋产业结构都为"二三一"的发展模式。2009~2013 年，陆海产业结构协同演进系数下降趋势较为明显，究其原因，在此期间天津市正处于经济转型的关键时期，陆域第三产业占比增加。另外，海域和陆域的功能区安排不够协调，严重破坏了海洋的生态环

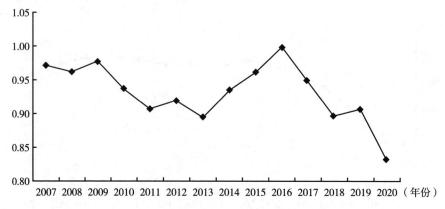

图20 天津市陆海产业结构协同演进系数

境；陆海一体化的基础设施不够完善，使海域对陆域的带动作用受到了严重的限制。

随着天津市陆域产业结构在2014年出现由"二三一"转换为"三二一"的发展趋势和构建"海洋强市"目标的提出，海洋产业结构也由"二三一"转换为"三二一"。所以，陆海产业结构协同演进系数在2014~2016年呈现较快的增长趋势。而2016~2020年陆海产业结构协同演进系数呈现下降趋势，原因主要包括天津产业结构调整步伐较慢，第二产业也因环保问题受到负面影响，以及国家统计局曾在此期间对GDP进行大幅调整。

四 对比分析及发展启示

从对以上四个省市分析中可以发现，山东省和天津市陆域产业结构均从"二三一"模式转变为"三二一"模式，山东省海洋产业结构在2014年从"二三一"模式转变为"三二一"模式，天津市仅在2016年呈现"三二一"模式。山东省海洋产业较天津市先行发生模式转变，海洋经济发挥的反哺带动力更强，主要得益于山东地理位置的优越性、海洋资源的充足储备以及滨海旅游业等相关产业的发展。在陆域产业方面，天津市较山东省先行发生模式转变，进而带动海洋产业发生模式转变，主要是由于天津市相对于其他临海城市，海洋经济发展以及海洋产业接轨升级较为缓慢。

广东省海洋产业结构的发展始终呈"三二一"的发展模式。政府等相关部门十分注重海洋经济尤其是第三产业发展，不断出台相关政策，早在2001年就提出"海洋强省"战略，使广东省海洋产业迅速发展壮大，且产业结构稳定，为其他地区提供了借鉴意义。

上海市的陆域产业结构和海洋产业结构一直处于"三二一"模式。上海是我国的经济中心，无论是陆域还是海洋产业均以第三产业为主，制造业、金融业以及信息产业始终被列为区域经济发展过程中的核心产业，海洋船舶工业、电力、油气业和生物制药业均是海洋领域的领头产业，从而促使上海市的海陆发展模式均以第三产业为主。

由于每个地区海陆经济基础、地理位置不同等，不同省市的海陆发展呈现不同模式。广东等南方滨海省市，较早注重海洋经济中第三产业的发展，而北方的山东、天津等省市相对较慢。但随着我国海陆统筹、海洋强国等方针政策的出台，各个省份都普遍重视海陆经济协同一致发展、互相补充、互相促进、互相带动，努力实现海陆经济兴盛局面。

参考文献

杨继瑞、罗志高：《"一带一路"建设与长江经济带战略协同的思考与对策》，《经济纵横》2017年第4期。

徐传谌、王艺璇：《"一带一路"视角下影响中国产业结构变动的因素——基于省级面板数据的实证分析》，《工业技术经济》2018年第3期。

李林汉、田卫民：《数字金融发展、产业结构转型与地区经济增长——基于空间杜宾模型的实证分析》，《金融理论与实践》2021年第2期。

葛世帅、曾刚、杨阳、胡浩：《黄河经济带生态文明建设与城市化耦合关系及空间特征研究》，《自然资源学报》2021年第1期。

马彦瑞、刘强：《工业集聚对绿色经济效率的作用机理与影响效应研究》，《经济问题探索》2022年第1期。

李梦程、李琪、王成新、丁晓明：《黄河流域人地协调高质量发展时空演变及其影

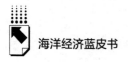
响因素研究》,《干旱区资源与环境》2022 年第 2 期。

Natalia Vukovic, Vladimir Pobedinsky, Sergey Mityagin, Andrei Drozhzhin, Zhanna Mingaleva, " A Study on Green Economy Indicators and Modeling: Russian Context ", *Sustainability* 2019, 11 (17).

T. Potts, P. Niewiadomski, K. Prager, "The Green Economy Research Centre-positioning geographical research in Aberdeen to address the challenges of green economy transitions", *Scottish Geographical Journal* 2019, 135 (3-4).

Rutskiy V. N. , Osipenko M. V. , "Green Economy as a Labor Productivity Factor in the Manufacturing Industry of European Union Countries", *Financial Journal* 2020, 12 (4).

Denona Bogovic Nada, Grdic Zvonimira Sverko, "Transitioning to a Green Economy— Possible Effects on the Croatian Economy", *Sustainability* 2020, 12 (22).

Xiaolong Li, Sidra Sohail, Tariq Majeed Muhammad, Waheed Ahmad, "Green logistics, economic growth, and environmental quality: evidence from one belt and road initiative economies", *Environmental science and pollution research international* 2022 (2).

B.10
海南空间规划与海洋经济发展分析

刘一霖　林明月　刘欣*

摘　要： 本文梳理了国内外空间规划发展历程、实践和成效，总结出空间
规划对海洋经济发展具有至关重要的作用，并以海南省国土空间
规划的海洋空间为基础，从海域使用现状和海洋功能区划分允许
使用的海域空间资源等方面分析评价海南省海洋国土空间开发强
度。研究结果表明，一是海域开发资源效应指数与各市县确权海
域面积和管辖海域总面积相关，海洋国土空间开发强度与海洋经
济发展产生正影响有一定的相关性，在国土空间资源承载力范围
内，海洋国土空间开发强度越高，海洋经济发展也较快；二是国
土空间规划对海洋经济的引导作用非常明显，得到政策保障的海
洋产业发展水平较高。因此，本文从陆海统筹、生态文明建设、
国土资源用途管控、优化空间布局等四个方面提出了国土空间规
划引导海洋经济高质量发展的对策建议，从而推动海洋经济向循
环模式转变、推进陆海经济一体化发展、拓展深远海利用空间、
促进海洋经济转型升级。

关键词： 国土空间规划　海洋经济　海南

改革开放以来，国土空间资源利用与经济社会发展之间的相互影响随着

---

* 刘一霖，海南省海洋与渔业科学院副研究员，研究方向为海洋经济、空间规划、产业规划；
林明月，海南省海洋与渔业科学院高级工程师，研究方向为空间规划、产业规划；刘欣，海
南省海洋与渔业科学院工程师，研究方向为海洋经济、产业规划。

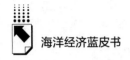

城市化、产业化的加快而越显强烈，国土空间资源的大量开发有力促进了经济社会的发展。然而，经济社会的发展对国土空间资源的需求越来越强烈，原有土地单一空间管制的管理局限愈加明显，因缺少用地指标而向海用地、向林用地的现象突出。我国国土资源人均占有率相对较低，且开放利用方式粗放、低效，不仅导致了国土空间资源不能满足经济发展的需求，而且造成了资源浪费、环境质量下降以及生态系统退化。

作为改革开放的前沿阵地，海岸带区域既是我国人口、资金、产业的集聚区和发展引擎，也是陆海空间保护的最重要的"生态脆弱区"。受人口集聚、城镇化进程以及海洋经济发展等影响，海岸带开发利用强度大大高于其他内陆地区。因此，如何协调海洋经济发展与国土空间资源利用方式之间的平衡，从而实现区域国土空间资源的优化配置与可持续利用已成为当今重要的研究课题。

一 国外空间规划的实践与经验

空间规划体系是国家行政架构在空间管理上的投影，国外有些国家/地区起步较早，其空间规划理论与方法经过长期的实践和积累，已经形成了较为完善科学的体系。总体来看，美国、荷兰、英国等联邦制国家大多采取地方主导的空间规划管理体系，而日本、法国、德国等单一制国家大多采取中央主导的空间规划管理体系。从规划范围看，大部分国家如英国、澳大利亚、日本等实行的是陆海分割、海岸带区域重叠的规划模式，而荷兰实行的是海域和陆域统一管理。本报告选择荷兰、英国、澳大利亚三个国家作为案例，梳理各国的空间规划管理体系、特征，研究国土空间规划/海洋空间规划与海洋经济发展的关系。

（一）荷兰国土空间规划的实践与经验

荷兰作为世界上人多地少的代表国家之一，在发展过程中也面临过经济社会发展与空间资源需求不足的矛盾——住宅、基础设施、休闲娱乐、产业发展对空间的需求逐步增加，而农业发展需要的空间在减少。因此，在保持现有空间资源质量的前提下，满足上述各种开发需求变得越来越困难。因此，荷兰很早就启动了国土空间规划与管理工作，来调控国土空间与人口分布、经济发展之间的关系。在经历了飞速增长之后，为改变空间的不合理使用状况，《荷兰第五次空间规划政策文件（2000-2020）》以创造高品质的空间为目标，在产业空间发展、城市与乡村区域联系等方面提出了政策要求。

实施以产业区位为核心的空间规划管控。在产业发展方面，为有效保证空间规划的实施，解决农业用地不足的问题，荷兰国土空间规划部出台了一系列的产业管控政策，通过空间规划划定各种产业的用地性质，企业必须在规划划定的区域内发展允许的产业。而在乡村区域，通过划定绿地保护区、自然景观区域、缓冲地带等空间来限制特定产业的发展，自然保护区域周边只允许发展农业、园林、防护林以及休闲农业，一般情况下不允许发展工业等对乡村环境破坏比较大的产业。与我国城镇开发边界的理念相似，荷兰也通过划定强制性的绿心、缓冲带等限制城镇的无序扩张以及人口的蔓延。

制定陆海统筹的全域规划体系。荷兰国土空间规划从区域上分为北部区域、东部区域、西部区域、南部区域、北海五个空间单元，并且对每个空间单元提出了目标、发展构想以及支撑的政策。例如北海区域，发展目标包括三个方面：维持北海自然生态系统的活力、以自然生态环境保护为前提促进海域的经济利用和各种经济产业发展之间的协调；为了渔业未来的生产发展，精心管理海域资源的开发；为了保护北海的经济重要性，对海港的可达性、船运通道、短途货物运输空间及电缆管线占用空间给予保障。为了保护海岸带地区的环境，荷兰政府明确了该区域潜在的建设或用途限制政策，例如公众利益一旦存在争论，则 12 英里以内地区的开发建设就必须得到公众允许才能进行。

（二）英国国土空间规划的实践与经验

英国空间规划实行的是陆海分割的规划体系。陆域空间规划方面，自1988 年以来，英国政府在国家层面陆续颁布了诸如规划政策指引、区域规

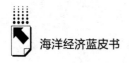

划指引和矿产规划指引等文件。2012 年英国颁布的《国家规划政策框架》，确定了陆域空间规划应由当地规划机构负责编制。而在海洋空间规划方面是由海洋管理机构负责海洋相关规划的编制。陆海分割的规划体系与我国在实施"多规合一"之前相似，也遇到了陆海发展冲突、海岸带区域重合、空间资源制约产业发展等问题。

而英国出台的规划政策也对地方规划机构的工作有一定的影响力。区域规划机构为了检验地方规划机构是否贯彻实施区域规划指引等政策，也制定了如下考核目标和相关指标。①经济发展和经济复兴。在优先发展区域内，而不是其他区域进行土地开发或保护，以支持经济发展或复兴，包括（提供土地）支持企业群落发展。②住房。区域性和次区域性的住房供应率、住房再利用目标、建筑密度问题、住宅户型和住宅面积的多样化。③交通。停车场建设和主要开发地点的交通标准。④零售和休闲。城市和城镇中心的区域性、次区域性重要设施的供应情况。⑤物种多样性和自然保护。对于具有区域和次区域重要性的现有的和已衰败的动植物栖息地，要提高其品质或促进其再生，提高社区森林覆盖率，构筑城市区内战略性的绿色开敞空间。⑥海岸带。在一定期限内强化物种多样性、保护自然特色并提高海滨区自然风景质量，尽可能减少对未开发海滨地区的开发建设。

（三）澳大利亚国土空间规划的实践与经验

澳大利亚的规划范畴较广，涵盖了经济发展、空间环境、生态安全、民生等各方面。从内容方面，可分为战略规划、发展规划、专项规划、开发申请等；从行政层级方面，可分为联邦的规划、州/领地的规划、地方的规划。澳大利亚国土空间规划也实行陆域和海域分割的规划方式。

在陆域空间规划方面，规划的核心问题主要包括土地用途和开发、基础设施、区域环境保护。以昆士兰州为例，为了应对持续性的人口增长、快速的全球化进程以及技术的日新月异等挑战，当地连续出台了一系列的政策措施来保障该区域在环境及经济、信息技术、农业及农村工业、人文服务规划和协调等方面的可持续发展。1991年昆士兰州成立了区域规划顾问小组（RPAG），并召集了当地社区各个部门以及联邦、州和地方政府来共同制定增长管理战略。在1994年，区域规划顾问小组颁布了昆士兰州第一个区域增长管理战略——《东南昆士兰区域的增长管理框架》。之后，区域规划顾问小组为了监督该框架的实施，专门成立了检讨修订小组，在1996年、1999年、2000年都对该框架做了修订。《2000年区域的增长管理框架》（RFGM2000）规划了4个有差异的城市地区的发展——布里斯班都市区、阳光海岸、黄金海岸和图文巴。这些主要中心区将是大规模零售业、商业、娱乐、文化和行政活动的首选之地，并成为就业和社会活动的中心。它们将配置于干线道路和公共交通路线旁，并将发挥重要公共交通枢纽的功能。《2000年区域的增长管理框架》致力于保护居民和访客享有的环境资源，保留本区域的环境资源，《2000年区域的增长管理框架》的提出有助于重要生态系统的保护。区域自然保护战略的制订在确认和保护重要生态系统方面起了重要作用。《2000年区域的增长管理框架》提出的4个主要的都市地区将通过维持和保护广大的农村地区及集水区和开敞空间地带，得以隔离。这些农村和开敞空间地带将有助于保护重要的植被、野生动物栖息地、主要的山岭和水道，使本区域的特色和宜居性得到增强，并构成本区域景观特色。

在海洋空间规划方面，澳大利亚是世界上进行海洋规划比较早的国家之一。澳大利亚通过颁布海洋空间规划，将周边海域从海洋开发、海洋生物保护等方面划分为东南、西南、西北和北部四大海域。另外，澳大利亚还非常注重海洋资源环境保护，比如大堡礁作为世界上最大的自然资产，澳大利亚很早就对其进行了规划。在1987年澳大利亚就发布了《大堡礁海洋公园规划》，该规划明确了大堡礁海洋公园的保护措施，并提出了渔业、旅游业等海洋开发活动的允许开发条件。之后为了适应新的发展形势，澳大利亚政府在2003年对该规划进行了重新修订，重新颁布了《大堡礁海洋公园再分区规划》。为了恢复珊瑚礁资源，保持大堡礁可持续发展性，确保大堡礁不断提升其卓越的普遍价值，澳大利亚政府在2015年出台了《大堡礁2050长期

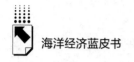

可持续计划》，该计划重点关注并解决珊瑚礁的主要威胁，并从废物倾倒、港口建设、环境和水质保护等方面提出了管理措施，以期提高珊瑚礁的健康和复原力，使其能够应对气候变化的影响。

二 我国国土空间规划发展历程和成效

改革开放后，我国国土空间规划发展历程可以分为工业化初期城市规划"一规主导"，中期城市规划与土地、海洋、生态等规划"多规并行、各自为政"，以及新时期国土空间管制的"多规合一"。

城市规划"一规主导"阶段（1978~1999年）。1978年，第三次全国城市工作会议正式颁布了《关于加强城市建设工作的意见》，确定了我国城市规划工作步入新的阶段，这一时期是中国城市规划迅速发展完善的阶段。而1987年颁布的《国土规划编制办法》，明确了我国国土规划的编制内容、土地开发及人口城镇发展格局。1989年经由第七届全国人民代表大会常务委员会出台的《城市规划法》，更明确了我国城市规划工作重新走上正轨并逐渐发展成为一套相对成熟的管理政策体系。

"多规并行、各自为政"阶段（2000~2013年）。21世纪初期，我国规划进入"多规"时代，不同的部门都有各自的行业规划：国土部门编制各个地区的土地利用总体规划，城建部门编制各城市不同的城市规划，而海洋管理部门编制海洋功能区划，环保部门编制生态保护规划，发改部门编制社会经济五年规划和主体功能区规划等。各类规划不仅内容存在交叉重叠，在管理标准上也存在很大差异，导致同一空间出现多重规划布局和管制冲突的现象。比如，"多规合一"试点之前三亚市的规划达70余个，所以经常出现规划冲突的现象，导致规划难以落地实施。

"多规合一"阶段（2014年至今）。2014年颁布的《关于开展市县"多规合一"试点工作的通知》开启了我国"多规合一"阶段。面对多部门多领域的发展要求，"多规合一"在刚开始也出现磨合的阵痛，通过对各个规划进行拼凑来达到合一的目的。因此，2016年国务院颁布《省级空间规划试点方案》，通过重新制定各个区域的国土空间规划来解决拼凑的问题。2017 年《中国共产党第十九次全国代表大会报告》明确了国土空间开发保护制度，在一定程度上把国土空间规划提升到了制度层面。2018 年通过机构改革，将所有国土空间资源的管理权限统一到各级自然资源与规划相关部门，并开启了国家到乡镇共 5 级的国土空间规划编制工作。2019 年出台的《关于建立国土空间规划体系并监督实施的若干意见》为我国国土空间规划的编制工作提供了重要依据。国土空间规划通过划定"三区三线"来对规划范围内的国土空间进行空间管制。

三　国土空间规划对海洋经济的政策引导作用

（一）分级分类规划，落实海洋经济顶层设计

国土空间规划的编制分为国家、省、市、县、镇（乡）五级，包括总体规划、项目规划和相关专项规划。国土空间规划是从上到下进行的，海洋发展空间的确定从"海洋强国"顶层设计到"海洋强省""海洋强市"的逐级传导，其实是从国家到地方的政策引导，有利于国家层面的整体把控与区域具体发展指标的落实。

（二）多规合一，实现全域全要素发展

按照国土规划编制要求，将主体功能区规划、土地利用总体规划、城市（镇）总体规划、城镇体系规划、海洋功能区划等原有的规划成果统一纳入新编制的同级别国土空间规划中，实现"多规合一"。把海洋纳入"多规合一"统筹考虑范围，落实重视海岸带统筹发展，把海洋产业发展链条向内陆腹地延伸，实现海洋经济全域全要素发展。

（三）优先保障生态区，推动海洋经济可持续发展

习近平总书记强调，生态环境保护和经济发展是辩证统一、相辅相成

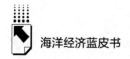

的。市级国土空间总体规划编制指南中明确指出"优先确定生态保护空间",其中海洋部分是划定具有特殊重要生态功能或生态敏感脆弱、必须强制性严格保护的海洋自然区域,包括海洋生态保护红线内集中划定区域,通过明确自然保护地和底线控制体系,平衡海洋保护与开发。划定海洋生态保护空间既有效保护生态环境资源,又可以推动海洋经济更高质量、更高效、更可持续地发展,实现生态环境保护和经济发展的双赢。海南省作为中国管辖海域面积最大的省份,在国家实施海洋强国战略中有相当重要的地位,坚持"生态优先"原则不动摇,推行海洋产业逐渐生态化,推广低碳运行、循环利用、可持续发展模式,推进海洋生态产品实现商业价值,将海洋生态环境优势转化为海洋生态农业、生态工业、生态旅游等经济优势,为海洋经济发展注入强劲动能。

(四)规划海洋发展区,助力海洋产业发展布局

市级国土空间规划中划定"海洋发展区"一级功能区和"渔业用海区、交通运输用海区、游憩用海区、工矿通信用海区、特殊用海区、海洋预留区"六个二级功能区。海洋发展区的划定,既是约束海洋发展条件,也是引导和布局海洋产业未来发展方向,从而实现海洋产业提质升级,提升海洋科技自主创新能力,促进海洋经济全面发展。

(五)明确渔业功能空间,助推海洋渔业转型升级

海南拥有全国 1/3 的海域面积,渔业资源十分丰富,是保障我国优质蛋白质供给的重要地区之一。海洋渔业是海洋产业的主要类型之一,2021 年海南省海洋渔业增加值占全省海洋生产总值约 16%,占全国海洋渔业增加值约 6%。市级国土空间总体规划编制指南中明确指出"沿海城市要合理安排集约化海水养殖和现代化海洋牧场空间布局",海南省市县级国土空间总体规划编制指南明确提出"渔业功能空间布局",通过优化建设用地结构和布局,推进产业园区发展与城市服务功能完善,有效保障海洋渔业发展空间,推进海洋渔业向岸上走、向深海走。

218

（六）统筹陆海空间，明确海洋利用空间

"坚持陆海统筹，加快建设海洋强国"是我国经济发展的重要战略部署。市级国土空间总体规划编制指南指出"细化海域空间功能分区和各功能区的具体管控要求"，海南省市县级国土空间总体规划编制指南明确"统一衔接陆海空间布局、保障用海需求"，从而优化海域使用结构、强化海岛分类管理、强化海岸线地区的建设管控，实现陆域海域全要素统筹规划，构建陆海经济一体化发展的新格局。海岸带综合保护与利用规划作为国土空间规划的一项专项规划，是陆海统筹的专门安排，是海岸带高质量发展的空间蓝图，为以海岸带为中心的海洋经济发展提供高质量指引。

（七）确定约束指标，推行绿色发展理念

粗放式、掠夺式的海洋资源开发与利用已经造成海洋产业发展体系的滞后，海洋生态文明建设越来越重要，海洋经济发展过程中需优先植入绿色发展理念，规划约束指标是推行绿色发展理念的重要抓手。国土空间规划中确定海洋生态环境保护、海洋生态修复、海洋产业发展中的约束性指标和预期性指标，在约束海洋产业发展的同时，对海洋经济绿色发展提出更高要求。

四 国土空间开发强度对海洋经济发展的影响

（一）海洋国土空间开发强度

因涉海产业活动多在开发条件便利的 20 米等深线以内浅水区域，以潟湖、海岛、海湾、河口等近海海域为主。因此，本文以海南省国土空间规划的海洋空间为基础，从海域使用现状和海洋功能区允许使用的海域空间资源等方面分析评价海南省海洋国土空间开发强度。

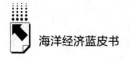

1. 评价方法

海洋国土空间开发强度，是指海洋国土开发资源效应指数与海洋国土空间规划中海域开发利用标准之比。

（1）海洋国土开发资源效应指数（P_E）

选取渔业用海、交通运输用海、旅游娱乐用海等九大类用海类型，根据各类用海对海洋资源的耗用程度和对其他用海的排他性强度，计算海洋国土开发资源效应指数。计算公式如下：

$$P_E = \frac{\sum_{i=1}^{n}(S_i \times l_i)}{S} \tag{1}$$

式中，P_E为海洋国土开发资源效应指数，n为用海类型数，S_i为第 i 种用海类型的面积，S 为国土空间规划中的海域总面积，l_i为用海类型的资源耗用系数，如表 1 所示。

表 1　海域使用类型资源耗用指数

海域使用类型	资源耗用系数	海域使用类型	资源耗用系数	海域使用类型	资源耗用系数	海域使用类型	资源耗用系数	海域使用类型	资源耗用系数
渔业用海	0.6	工业用海	0.5	海底工程用海	0.2	造地工程用海	0.9	其他用海	0.1
交通运输用海	0.6	旅游娱乐用海	0.4	排污倾倒用海	0.8	特殊用海	0.1		

（2）海域空间开发利用标准（P_{M0}）

以海南省国土空间规划海洋部分功能区划为基础，测算海域空间开发利用标准。计算公式如下：

$$P_{M0} = \frac{\sum_{i=1}^{8} h_i a_i}{S} \tag{2}$$

式中，P_{M0}为海域空间开发利用标准，a_i为第 i 类海洋功能区面积，h_i为第 i 类海洋功能区允许的海洋开发程度，并遵循海洋国土空间规划的管控要求，赋值方法如表 2 所示。

表2　主要海洋功能区海洋开发对海域资源环境的影响

海洋功能区类型	允许开发因子
工业与城镇区	$h_i = 0.60$
港口航运区	$h_i = 0.70$
矿产与能源区	$h_i = 0.60$
农渔业区	$h_i = 0.60$
旅游休闲娱乐区	$h_i = 0.60$
特殊利用区	$h_i = 0.40$
海洋保护区	$h_i = 0.20$
保留区	$h_i = 0.10$

2. 海南省海洋国土空间开发强度评价

（1）海南省海洋国土开发资源效应指数

依据海洋国土空间开发强度评价方法，利用收集到的海南省沿海各市县渔业用海、交通运输用海、工业用海和旅游娱乐用海等海域使用类型的面积数据，根据公式（1）和表1，测算出海南省沿海各市县的海洋国土开发资源效应指数，主要测算结果见表3。

表3　海南省沿海各市县海洋国土开发资源效应指数测算

单位：公顷

分区单元	渔业用海	工业用海	交通运输用海	旅游娱乐用海	海底工程用海	排污倾倒用海	造地工程用海	特殊用海	其他用海	海域使用面积	P_E
海口市	304.16	0.00	237.81	1009.08	0.00	20.07	15.88	3.45	0.00	735.72	0.0093
文昌市	121.57	1.51	86.67	211.14	0.00	0.00	0.67	31.82	79.99	213.42	0.0004
琼海市	13.07	0.00	1100.96	232.54	0.00	0.00	17.26	46.49	0.00	671.52	0.0044
万宁市	198.19	0.00	2.79	193.29	0.00	0.00	0.00	3.13	0.16	197.95	0.0007
陵水县	566.55	0.00	3.20	178.48	0.00	0.00	0.00	0.58	0.80	413.06	0.0022
三亚市	813.99	0.00	391.90	764.87	7.97	0.00	0.00	5.72	0.26	992.49	0.0031
乐东县	94.96	94.55	0.17	166.64	0.00	0.00	0.00	12.87	0.00	181.73	0.0011
东方市	158.87	6.72	246.37	54.26	10.09	0.00	0.00	0.00	0.00	246.25	0.0013
昌江县	627.21	13.10	0.00	63.62	0.00	0.00	24.13	0.00	0.00	431.35	0.0040
儋州市	1711.31	254.57	599.97	858.82	0.00	0.00	649.18	3.58	0.00	2407.66	0.0132
临高县	1456.76	78.68	3.38	4.00	0.00	0.00	0.00	1.49	0.00	924.71	0.0137
澄迈县	181.70	3.76	415.99	147.70	0.00	7.33	55.67	0.06	6.36	434.96	0.0091

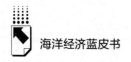

　　根据表3，海南省沿海各市县海洋国土空间使用程度差别较大，从而导致海洋国土开发资源效应指数不均衡。海洋国土开发资源效应指数较高的为儋州市、临高县、海口市和澄迈县，较低的为文昌市、万宁市、乐东县和东方市。海洋国土开发资源效应指数与各市县确权海域面积和管辖海域总面积相关。由表3可知，确权海域面积较大的市县为三亚市、儋州市、海口市，三亚市由于管辖海域较大，海洋国土开发资源效应指数相对较低。

　　（2）海南省海域空间开发利用标准

　　利用海南省国土空间规划中海洋功能区划的各类功能区面积以及表2中规定的各类海洋功能区允许的海洋开发程度指标值，计算各市县允许的海洋开发海域面积，最后除以各市县管辖海域的总面积，测算出沿海各市县海域空间开发利用标准（见表4）。

表4　海南省沿海各市县海域空间开发利用标准测算

单位：公顷

分区单元	农渔业区	港口航运区	工业与城镇区	旅游休闲娱乐区	矿产与能源区	特殊利用区	海洋保护区	保留区	P_{MO}
海口市	28954.85	9169.49	0.00	19993.62	0.00	9838.35	3830.81	10553.47	0.5238
文昌市	407959.13	2303.69	0.00	22118.30	0.00	129.86	41547.01	117654.12	0.4774
琼海市	113507.77	470.33	0.00	8214.78	0.00	532.00	3288.99	27065.43	0.5026
万宁市	186826.00	44.81	0.00	20225.70	8291.42	127.86	7231.74	54161.29	0.4917
陵水县	131736.17	0.00	0.00	14344.81		784.57	2169.03	41054.38	0.4868
三亚市	194821.95	5383.32	8861.19	25729.53	0.00	22000.65	7249.19	60549.63	0.4894
乐东县	73897.08	0.00	1577.80	16629.99		0.00	0.00	80723.53	0.3665
东方市	79783.00	7428.26	4509.12	4070.11		0.00	2054.19	85496.71	0.3664
昌江县	65293.58	0.00	7052.21	1075.30		0.00	1727.65	32740.86	0.4419
儋州市	43655.75	68595.71	408.07	6974.28		253.68	12584.04	50340.15	0.4720
临高县	755.66	2691.36	0.00	715.29		8.48	35428.81	27966.58	0.1873
澄迈县	29242.92	12453.72	0.00	1947.99		1913.04	1147.21	1026.94	0.5977

　　海南省沿海各市县海域空间开发利用标准相对平衡，原因主要是测算该项指标的基础数据（各类功能区面积）为规划面积，在规划层面已经考虑

到全省海洋发展的平衡性。从测算结果来看，澄迈县、海口市和琼海市海域空间开发利用标准较高，均占其管辖面积的一半以上；临高县海域空间开发利用标准最小，为0.1873，主要是临高县拥有海域面积占总面积52%以上的白蝶贝海洋保护区，导致全县允许开发利用的海域面积较小。

（3）海南省海洋国土空间开发强度（S_2）

根据海洋国土开发资源效应指数与海域空间开发利用标准之比，得到海洋国土空间开发强度S_2，如图1所示。由图可知，海南省近海海洋国土空间开发强度较高的市县有临高县、儋州市、海口市和澄迈县。海洋国土空间开发强度指标值由各市县管辖海域已开发海域面积和允许开发利用的海域面积决定。临高县海洋国土空间开发强度最高，主要是因为临高县拥有占其管辖海域面积一半以上的白蝶贝保护区，其管辖海域允许开发利用的海域面积较小。

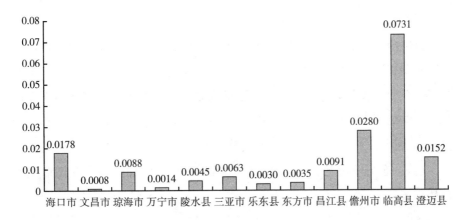

图1　海南省沿海各市县海洋国土空间开发强度

（二）海洋经济发展效益

1. 海南省海洋经济发展现状

从海南岛周边12个沿海市县海洋经济总产值（见图2）来看，大小排列依次为海口市、三亚市、临高县、儋州市、文昌市、陵水县、琼海市、东

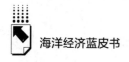

方市、万宁市、澄迈县、昌江县、乐东县，其中海口市占比最大，2020 年达到 688.63 亿元，占海南省海洋经济总产值的 43.08%。

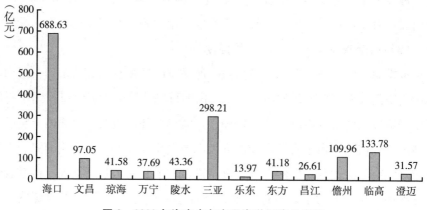

图 2　2020 年海南省各市县海洋经济总产值

2. 海南省海洋经济发展效益测算

海洋经济发展效益一般用海洋经济密度来表示。海洋经济密度可以用单位岸线长度对应相应区域的海洋生产总值来表征，即海洋生产总值与岸线长度（大陆岸线）的比值。为了更直观显示海南省各市县海洋经济发展水平，本文采用海南省各市县 2017~2020 年海洋经济密度增长率的年均值为变量。近年来海洋经济发展水平各市县分异相对明显，发展较快的为海口、文昌、东方等市县，万宁、琼海、昌江等市县海洋经济发展速度相对较慢。

表 5　海南省各市县 2017~2020 年海洋经济密度增长率

单位：%

市县	2017 年单位海岸线海洋生产总值	2018 年单位海岸线海洋生产总值	2019 年单位海岸线海洋生产总值	2020 年单位海岸线海洋生产总值	海洋经济密度增长率的平均值(PO)
海口	2.9436	3.6368	4.0685	4.2994	13.70
文昌	0.2098	0.2592	0.3111	0.3199	15.47

市县	2017 年单位海岸线海洋生产总值	2018 年单位海岸线海洋生产总值	2019 年单位海岸线海洋生产总值	2020 年单位海岸线海洋生产总值	海洋经济密度增长率的平均值（PO）
琼海	0.5930	0.5457	0.5982	0.5567	−1.76
万宁	0.2438	0.2491	0.2956	0.1928	−4.66
陵水	0.3573	0.3586	0.4221	0.3648	1.51
三亚	0.9063	1.0656	1.2610	1.1278	8.45
乐东	0.1654	0.1590	0.1869	0.1663	0.88
东方	0.2338	0.3189	0.3436	0.3556	15.89
昌江	0.4480	0.4154	0.4607	0.4141	−2.16
儋州	0.5023	0.4406	0.4898	0.4791	−1.10
临高	1.1757	1.0512	1.1378	1.1450	−0.57
澄迈	0.2887	0.2752	0.3027	0.2803	−0.70

（三）海洋国土空间开发强度与海洋经济发展效益关系分析

以海南各市县海洋国土空间开发强度（S_2）与近几年海洋经济密度增长率的平均值（PO）为横纵轴变量，参考波士顿矩阵对 S_2 与 PO 两指标做出散点图（见图 3），图中共分四个象限，其中Ⅳ象限海洋国土空间开发强度较大，而海洋经济发展速度较慢。临高县因为白蝶贝保护区面积过大，测算的海域开发强度过大，因而此次不放在一起比较分析。根据散点图，海口市海洋国土空间开发强度较大，其海洋经济发展速度也较快，说明海洋国土空间开发强度对海洋经济发展产生正影响；儋州、澄迈位于第四象限，表示海洋国土空间开发强度较大，而海洋经济发展速度较慢，说明海洋国土空间开发强度对海洋经济发展产生负影响。而东方、文昌位于第二象限，表示在全省范围内其海洋经济发展水平较高且海洋国土空间开发强度较小。

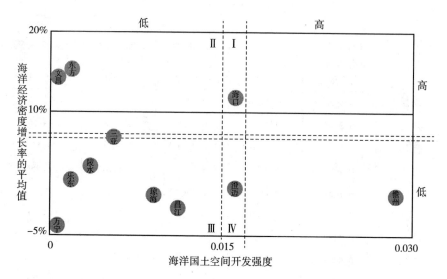

图3　海洋国土空间开发强度与海洋经济密度增长率平均值排序散点图

五　国土空间规划引导海洋经济高质量发展的对策建议

（一）加快海洋生态文明建设，推动海洋经济循环发展模式

海洋生态文明建设是生态文明建设的重要方面，也是海洋强国建设的重点内容。在国土空间规划中严格落实"两空间内部一红线"，即海洋生态空间、海洋开发利用空间和海洋生态保护红线，严格管控条件、严守规划指标，统筹生态环境保护与海洋经济发展，引导海洋经济向创新、集约、绿色发展模式转变。

（二）加快陆海统筹，推进陆海经济一体化

国土空间规划严格遵循陆海统筹原则，建立完善陆海统筹的空间规划体系，统筹陆域开发和海域利用，推进海岸带和海岛统一开发，近海、远海统筹利用，打造陆域海洋的综合发展格局。统筹陆域经济，带动海洋经济，合

理确定海洋旅游、海洋交通运输业、海洋渔业、海洋化工等主要海洋产业，积极拓展海洋工程装备、海洋生物医药、海洋新能源等海洋新兴产业，发挥陆海产业关联度高、辐射带动效应强、产业链条相互渗透的优势。

（三）区别管控方式，拓展深远海利用空间

近年来，鱼产品需求量逐渐提升，近海捕捞加剧造成近海渔业资源有衰竭迹象，深远养殖是海洋渔业发展的必然趋势。近岸养殖用海区划分以生态保护和融合发展为核心，深远海利用应充分考虑资源利用效率，在国土空间规划中增加深远海养殖用海布局及管控措施，不仅能拓展深远海利用空间，而且能够缓解近岸养殖带来的环境压力，保障优质蛋白质的正常供给的同时，带动深远海装备制造业的发展。

参考文献

《中共中央国务院关于建立国土空间规划体系并监督实施的若干意见》，中国政府网，http://www.gov.cn/zhengce/201905/23/content_ 5394187.htm，2019 年 5 月 23 日。

《自然资源部办公厅关于开展省级海岸带综合保护与利用规划编制工作的通知》，中华人民共和国自然资源部网，http://gi.mnr.gov.cn/202109/t20210913_ 2680305.html，2021 年 7 月 23 日。

《自然资源部办公厅关于印发〈省级国土空间规划编制指南〉（试行）的通知》，中华人民共和国自然资源部网，http://gi.mnr.gov.cn/202001/t20200120_ 2498397.html，2020 年 1 月 17 日。

《自然资源部办公厅关于印发〈市级国土空间总体规划编制指南（试行）〉的通知》，中华人民共和国自然资源部网，http://gi.mnr.gov.cn/202009/t20200924_ 2561550.html，2020 年 9 月 22 日。

《海南省市县级国土空间总体规划编制指南》，2020 年 12 月。

《海洋经济高质量发展应处理好"七对关系"》，《中国自然资源报》2021 年 7 月 23 日，第 3 版。

国家发改委、国家海洋局等：《资源环境承载能力监测预警技术方法（试行）》，2016 年 9 月。

海南省人民政府：《海南省海洋功能区划（2011—2020 年）》，2012 年 11 月 1 日。

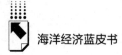

严金明、陈昊、夏方舟：《"多规合一"与空间规划：认知、导向与路径》，《中国土地科学》2017 年第 1 期。

陈利、毛亚婕：《荷兰空间规划及对我国国土空间规划的启示》，《经济师》2012 年第 6 期。

刘冠男、叶宸希：《国外空间规划体系经验借鉴——以美国、英国、德国为例》，《城乡规划设计》2021 年第 3 期。

汪劲柏：《澳大利亚国土空间规划的层级传导体系经验与启示——以首都领地堪培拉地区为例》，《北京规划建设》2022 年第 3 期。

陈磊、姜海：《国土空间规划：发展历程、治理现状与管制策略》，《中国农业资源与区划》2021 年第 2 期。

黄杰、王权明、黄小露、李滨勇、钟慧颖：《国土空间规划体系改革背景下海洋空间规划的发展》，《海洋开发与管理》2019 年第 5 期。

洪小春：《空间规划的历史沿革、现状与发展趋势》，《西安建筑科技大学学报》（社会科学版）2020 年第 2 期。

刘慧、高晓路、刘盛和：《世界主要国家国土空间开发模式及启示》，《世界地理研究》2008 年第 2 期。

余亮亮、蔡银莺：《国土空间规划管制与区域经济协调发展研究——一个分析框架》，《自然资源学报》2017 年第 8 期。

黄静怡、高宁：《山东省市辖区土地开发强度差异与经济效益研究》，《自然资源学报》2017 年第 8 期。

王江涛：《我国海洋空间规划的"多规合一"对策》，《城市规划》2018 年第 4 期。

农昀：《国土空间规划视角下的海洋空间规划编制思考》，载《面向高质量发展的空间治理——2020 中国城市规划年会论文集（20 总体规划）》2021 年第 9 期。

王业斌、王旦：《以绿色发展理念推动向海经济高质量发展》，《国家治理》2022 年第 3 期。

黄灵海：《关于推动我国海洋经济高质量发展的若干思考》，《中国国土资源经济》2021 年第 6 期。

韩增林、李博、陈明宝、李大海：《"海洋经济高质量发展"笔谈》，《中国海洋大学学报》（社会科学版）2019 年第 5 期。

专 题 篇
Special Topics

B.11
中国海洋经济高质量发展水平分析

刘培德　朱宝颖　潘 倩*

摘　要：　我国海洋经济的发展目标已从提高海洋生产总值的增速转向海洋
经济高质量发展。在此背景下，深入分析海洋经济高质量发展水
平对实现海洋经济高质量发展以及海洋强国战略具有重要的理论
与现实意义。本文立足于新发展阶段，贯彻新发展理念，深入剖
析海洋经济高质量发展的时代背景与内涵。从要素生产率视角出
发，测度了海洋经济绿色全要素生产率指数，刻画其动态分布与
地区差异。基于新发展理念，构建海洋经济高质量发展综合指
数、海洋创新高质量发展指数、海洋协调高质量发展指数、海洋
绿色高质量发展指数、海洋开放高质量发展指数与海洋共享高质
量发展指数，结果表明，沿海地区海洋经济高质量发展水平存在
较为显著的区域差异，广东、上海、山东的海洋经济高质量发展

---

* 刘培德，山东财经大学管理科学与工程学院二级教授，山东财经大学海洋经济与管理研究院
研究员，主要研究方向为决策理论与方法、海洋经济高质量发展评价等；朱宝颖、潘倩，山
东财经大学管理科学与工程学院博士研究生。

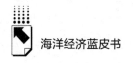

水平位居前三。此外，从加大海洋创新力度、优化海洋产业结构和加强海洋生态治理等方面提出了我国海洋经济高质量发展的对策建议。

关键词： 海洋经济　高质量发展　指标体系

一　海洋经济高质量发展的时代背景与内涵

（一）海洋经济高质量发展的时代背景

党的十九届六中全会通过的《中共中央关于党的百年奋斗重大成就和历史经验的决议》指出"立足新发展阶段、贯彻新发展理念、构建新发展格局、推动高质量发展。"高质量发展是全面建设社会主义现代化国家的需要，是"十四五"乃至更长时期我国经济社会发展的主题。海洋是高质量发展的战略要地，推动海洋经济由速度规模型向高质量发展转变，是实现由海洋资源大国到海洋经济强国转变的重要保障。立足新发展阶段、贯彻新发展理念、构建新发展格局，是以习近平同志为核心的党中央作出的重大战略判断和战略抉择。目前，我国经济已由依赖物质资源消耗的粗放式增长，转为追求依靠生产要素优化组合的高质量经济发展。在此背景下，海洋经济的发展目标也从提高海洋生产总值（GOP）的增速转向高质量发展阶段。因此，对我国海洋经济高质量发展水平进行深入分析对实现海洋经济的高质量发展具有重要的理论与现实意义。

（二）海洋经济高质量发展的内涵

2018 年，自然资源部发布了《关于促进海洋经济高质量发展的意见》（下文简称《意见》），明确指出要推动海洋经济由高速度增长向高质量发展转变。《意见》指出，将重点支持对传统海洋产业改造升级，培育新兴海洋产业，发展海洋绿色经济等领域。传统海洋产业由于产品附加值低和能耗高的缺点，面临持续发展动能不足和环境污染等问题。而新兴海洋产业具有高技术、高效益、高附加值和低污染等特点，具有广阔市场前景和巨大发展潜力。可见，高质量发展的一个重要特征就是以科技创新驱动海洋产业结构升级，在发展海洋经济的同时减少海洋环境污染。同时，《意见》强调海洋经济的高质量发展应建立在生产要素的合理配置之上，而非单纯依靠要素投入量的扩大。具体而言，加大资本和劳动的投入并不能提高海洋经济高质量发展的水平，这种粗放型的发展模式反而可能会造成海洋生态环境的进一步恶化。要素生产效率的提高能将微观主体（如涉海企业）的经济效益与海洋经济整体高质量发展水平的提高有机地联系起来，尤其是这种效率提高的过程将通过优化要素配置和生产技术进一步推动海洋产业结构升级。可见，要素生产率的提升是海洋经济高质量发展的核心内涵。

此外，海洋经济高质量发展是新发展理念在海洋经济领域的具体体现，是以人民为中心的发展。社会主义事业"五位一体"总体布局使海洋产业、海洋科技、海洋文化、海洋社会和海洋生态建设具备了整体对应依托，深刻把握"五位一体"总体布局，有助于更好地解析海洋经济高质量的内涵。第一，中国海洋经济高质量发展"五位一体"的系统架构包括海洋产业、海洋科技、海洋文化、海洋社会和海洋生态的复合系统，每个子系统并不是孤立运行的，而是有机统一、相辅相成、相互影响的辩证统一关系，海洋经济高质量发展的深层逻辑是每个子系统间的动态均衡发展。第二，海洋产业建设是海洋经济高质量发展的根本，海洋科技建设是海洋经济高质量发展的保障，海洋文化建设是海洋经济高质量发展的灵魂，海洋社会建设是海洋经济高质量发展的条件，海洋生态建设是海洋经济高质量发展的基础，它们统一于建设以人民为中心的高质量的海洋经济。第三，实现海洋经济高质量发展要统筹推进五个子系统的协调发展，以理念变革、动力变革、效率变革、质量变革和结构变革这"五大变革"为主线，统筹推进海洋产业、海洋科技、海洋文化、海洋社会和海洋生态实现整体跃升。第四，"五位一体"总体布局揭示了海洋经济高质量发展的差异化实现路径。由于沿海地区各省市

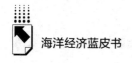

区位优势、资源禀赋、经济基础、生态环境和政策支持等的不同，难以找到一种适合所有省市海洋经济高质量发展的策略。发挥海洋经济高质量发展驱动因素间的协同作用，因地制宜，制定适合不同地区海洋经济高质量发展的差异化策略。

二 海洋经济绿色全要素生产率

（一）海洋经济绿色全要素生产率指标体系

21 世纪初，随着逐渐认识到海洋经济的重要性，政府加大了在海洋领域的资本和劳动力等要素的投入，GOP 快速增长。但是，一系列的海洋环境污染事件使人们认识到这种只强调要素投入的粗放型发展模式并不能实现海洋经济的可持续发展。因此，政府和学术界开始关注资源环境约束下的海洋经济可持续发展，旨在以清洁生产的方式和创新的技术实现海洋经济的持续增长并减少环境污染。一些学者开始从海洋经济全要素生产率（TFP）角度研究海洋经济的高质量发展。TFP 是指产出数量不能被生产要素数量所解释的那部分，其常被用来阐述经济的增长源泉问题。尽管 TFP 是衡量海洋经济增长的有效工具，但未将环境因素纳入经济效率测算框架的 TFP 难以对海洋经济高质量水平进行准确评价，更有可能会误导海洋政策的制定。为了解决上述问题，包含环境因素的绿色 TFP（GTFP）逐渐成为衡量海洋经济高质量发展的常用指标。

（二）海洋经济绿色全要素生产率测算结果

以随机前沿分析（SFA）为代表的参数方法和以数据包络分析（DEA）为代表的非参数方法是计算 GTFP 的两种主要方法。SFA 方法只能考虑单一产出，环境污染变量等非期望产出需要作为投入要素纳入生产函数，这不能反映真实的生产过程。而 DEA 方法一方面可以避免参数估计所带来的偏差，另一方面可以区分期望产出和非期望产出，尤其是可以考虑多投入和多产出的情形，已被广泛应用于计算 GTFP。因此，本文采用 DEA-Malmquist 模型计算 2006~2020 年中国沿海 11 省市的海洋经济 GTFP。中国海洋经济绿色全要素生产率指标体系如表 1 所示,由于缺少关于海洋资本存量的官方数据,本文使用永续盘存法估算海洋资本存量,计算结果如表 2 所示。

表 1　中国海洋经济绿色全要素生产率指标体系

目标层	准则层	指标层
投入	人力	各地区海洋相关从业人员
	资本	海洋资本存量
	资源	确权海域面积
	环境保护	工业废水污染处理投入
产出	期望产出	沿海地区 GOP
	非期望产出	工业废水直接排入海量

注:涉及价格因素的变量以 2006 年为基期进行平减。

表 2　2006~2020 年海洋经济 GTFP 指数测算结果及其分解

年份	MI	EC	TC
2006~2007	1.013	1.040	0.974
2007~2008	1.021	0.997	1.024
2008~2009	1.010	1.039	0.973
2009~2010	1.023	0.995	1.028
2010~2011	1.000	1.025	0.975
2011~2012	0.990	1.006	0.984
2012~2013	0.983	0.998	0.985
2013~2014	0.997	0.996	1.002
2014~2015	0.983	0.995	0.988
2015~2016	1.008	0.968	1.042
2016~2017	1.062	1.001	1.063
2017~2018	0.950	1.017	0.934
2018~2019	0.991	0.988	1.003
2019~2020	0.989	0.985	1.004

图 1 呈现了 2007~2020 年中国沿海地区海洋经济 GTFP 指数及其分解因素的变动趋势。总体上看海洋经济 GTFP 指数,EC 和 TC 的增长呈波动趋势,且 EC 和 TC 的变化在相当长的一段时期呈现"明显背离"的情形。在

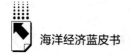

加入环境污染变量后，总体来看海洋经济 GTFP 前期增长较为稳定，但在中期一度出现下降的趋势，意味着海洋经济在快速发展的同时，一系列的环境污染对经济效率造成了负面影响。

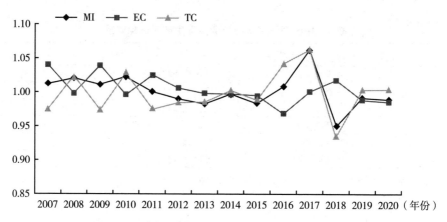

图1 2007~2020 年中国沿海地区 GTFP 指数及其分解因素变动趋势

（三）海洋经济绿色全要素生产率的核密度估计

为了刻画中国沿海地区海洋经济 GTFP 的演进和分布，本文利用核密度估计方法做出了海洋经济 GTFP 的密度曲线。如图 2 所示，从海洋经济 GTFP 的分布格局来看，2007 年的密度函数呈现明显的双峰分布，这表明我国沿海地区海洋经济 GTFP 存在显著的区域差异。与 2007 年的密度函数相比，2011 年中国海洋经济 GTFP 的密度函数中心左移，密度函数形状仍保持双峰分布，主峰高度降低。这意味着，这一时期海洋经济 GTFP 呈下降趋势，区域差异加剧。2015 年，密度函数曲线演变为四峰分布，主峰高度增加，且出现了"右拖尾"和"左拖尾"现象，表明沿海地区海洋经济高质量发展水平间的差异增大，某些地区的海洋经济高质量发展处于领先状态，还有一些地区的海洋经济高质量发展处于落后状态。2019 年，密度函数曲线演变为双峰分布，"右拖尾"和"左拖尾"现象消失，表明海洋经济高质量发展水平的区域差异减小。2020 年的密度函数曲线与 2019 年类似，但主峰高度进一步下降。为了更立体地刻画中国沿海地区海洋经济 GTFP 的演变趋势，本文进一步做出了 2007~2020 年中国沿海地区海洋经济 GTFP 的三维密度曲线，如图 3 所示。可以看出，2007~2013 年，密度函数曲线未出现拖尾现象，而在 2014~2020 年，部分年份出现了"右拖尾"和"左拖尾"现象，表明海洋经济高质量发展水平出现了显著的地区差异。

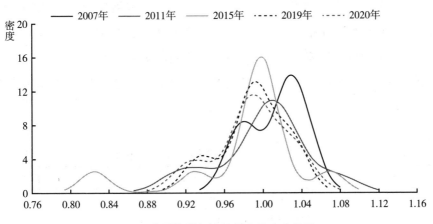

图 2　中国海洋经济 GTFP 核密度估计

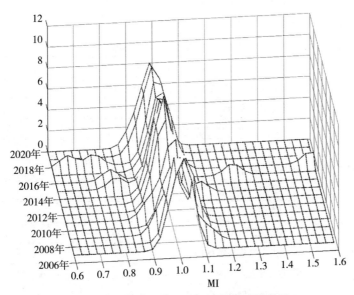

图 3　中国海洋经济 GTFP 三维核密度估计

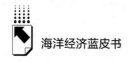

三　海洋经济高质量发展指数测度

（一）海洋经济高质量发展评价指标体系构建

本文基于创新、协调、绿色、开放、共享五大发展理念，根据系统性、科学性、综合性等原则，在考虑数据可得性的基础上，构建了中国海洋经济高质量发展评价指标体系，具体包括海洋创新高质量发展、海洋协调高质量发展、海洋绿色高质量发展、海洋开放高质量发展和海洋共享高质量发展等5个一级指标和22个二级指标，具体如表3所示。

表3　中国海洋经济高质量发展评价指标体系

一级指标	二级指标	指标属性
海洋创新高质量发展	海洋科研机构数	+
	海洋科研机构从业人员数	+
	海洋科研机构经费收入	+
	海洋科研机构课题数	+
	海洋科研机构专利数	+
海洋协调高质量发展	海洋第一产业占沿海地区生产总值比重	+
	海洋第二产业占沿海地区生产总值比重	+
	海洋第三产业占沿海地区生产总值比重	+
	产业结构系数	+
海洋绿色高质量发展	海洋工业废水直接排入海量	−
	海洋类型自然保护区项目数	+
	海洋能源消费量	−
	海洋废气排放量	−
	海洋固体废物排放量	−
海洋开放高质量发展	沿海地区进出口总额	+
	沿海港口集装箱吞吐量	+
	港口客货吞吐量	+
	沿海地区旅行社数	+

一级指标	二级指标	指标属性
海洋共享高质量发展	海洋经济总量	+
	海洋经济总量占地区生产总值的比重	+
	沿海地区人均可支配支出	+
	涉海就业人员数	+

注：指标的计算说明：①根据配第一克拉克定理，随着沿海城市经济的发展，资本、劳动力等生产要素会由第一产业向第二、第三产业逐步转移，推动产业结构升级。因此，本文构造了产业结构升级指数来衡量产业结构升级，具体公式为 $Stru = \sum_{i=1}^{3} S_i \times i$，$i = 1, 2, 3$，其中，$S_i$ 表示第 i 产业产值占 GOP 的比重；②海洋能源消费量由每个沿海地区的总能源消耗乘以 GOP 在区域生产总值（GRP）中的占比得到。海洋废气排放量和海洋固体废物排放量也由类似的方法得到。缺失的数据使用线性插值法进行补充。

（二）海洋经济高质量发展指数测度方法

为了保证海洋经济高质量发展指数测度结果的科学性，本文采用主观权重方法和客观权重方法相结合的测度方法。首先，充分考虑专家意见的重要性，利用 Best-Worst Method（BWM）主观权重方法获得指标的主观权重。其次，考虑指标数据自身的重要程度，利用离差最大化方法获得指标的客观权重。再次，利用博弈组合方法获得指标的综合权重。最后，在指标综合权重的基础上测度中国沿海地区海洋经济高质量发展综合指数。

1. BWM 主观权重方法

BWM 主观权重方法是目前应用最为广泛的主观权重计算方法之一。相较于经典的层次分析方法（AHP），BWM 能显著减少计算复杂性并保证计算结果具有较高的一致性，已在海洋可持续发展评价、海洋科技创新测度方面得到广泛应用。该方法的核心思想在于利用最优的评价指标和最差的评价指标与其他指标之间的成对比较来确定主观权重。

2. 离差最大化方法

对于离差最大化方法，若所有决策方案在指标属性 C_j 下的属性值 x_{ij}（$j = 1, 2, \cdots, n$）差异越小，则说明该属性权重对决策方案的作用越小；反

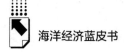

之，如果属性 C_j 对方案决策起到的作用越大，也可以说在该指标下决策方案的属性值 $x_{ij}(j=1, 2, \cdots, n)$ 有较大的离差。利用离差最大化方法计算指标的客观权重。

3. 博弈组合权重方法

博弈组合权重方法以实现纳什均衡为目标，在多种权重方法之间寻求妥协或一致，基本原理是将得到的组合权重与主观权重、客观权重之间的偏差最小化，使主客观权重合理有效结合，得到相对科学的组合权重，进而提高评价结果质量。

（三）海洋经济高质量发展指数测度结果

根据以上权重测度方法，首先，利用专家打分法对沿海地区海洋经济高质量发展指标的重要性根据经验、知识做出主观判断，并基于 BWM 主观权重计算模型对指标权重进行计算；其次，根据指标客观数据，利用离差最大化客观权重计算模型计算指标权重；最后，考虑到单一权重的局限性，利用博弈论组合权重求解指标组合权重，通过对指标进行标准化处理和线性加权，得到 2006~2020 年沿海地区海洋经济高质量发展综合指数如表 5 所示。

表 5 2006~2020 年沿海地区海洋经济高质量发展综合指数

年份	辽宁	河北	天津	山东	江苏	上海	浙江	福建	广东	广西	海南
2006	0.249	0.201	0.302	0.335	0.263	0.385	0.345	0.295	0.464	0.236	0.303
2007	0.257	0.19	0.31	0.345	0.272	0.379	0.354	0.298	0.475	0.235	0.315
2008	0.248	0.201	0.308	0.366	0.279	0.389	0.364	0.301	0.483	0.227	0.313
2009	0.299	0.182	0.322	0.361	0.288	0.402	0.375	0.314	0.495	0.244	0.318
2010	0.312	0.171	0.342	0.439	0.312	0.438	0.366	0.326	0.52	0.241	0.321
2011	0.324	0.192	0.335	0.418	0.334	0.452	0.383	0.312	0.547	0.241	0.311
2012	0.336	0.197	0.342	0.444	0.342	0.459	0.394	0.344	0.565	0.242	0.314
2013	0.346	0.202	0.345	0.453	0.343	0.476	0.4	0.343	0.574	0.236	0.313
2014	0.36	0.213	0.357	0.481	0.355	0.487	0.424	0.363	0.614	0.26	0.312
2015	0.387	0.221	0.367	0.491	0.361	0.494	0.431	0.396	0.664	0.264	0.315
2016	0.372	0.229	0.35	0.5	0.329	0.468	0.438	0.418	0.656	0.247	0.317

续表

年份	辽宁	河北	天津	山东	江苏	上海	浙江	福建	广东	广西	海南
2017	0.359	0.253	0.364	0.501	0.355	0.479	0.449	0.417	0.682	0.264	0.335
2018	0.37	0.323	0.379	0.488	0.346	0.478	0.445	0.427	0.635	0.313	0.379
2019	0.377	0.338	0.393	0.518	0.378	0.502	0.476	0.432	0.663	0.321	0.381
2020	0.411	0.398	0.443	0.423	0.456	0.481	0.465	0.442	0.478	0.427	0.436
平均值	0.334	0.234	0.351	0.438	0.334	0.451	0.407	0.362	0.568	0.267	0.332
排序	8	11	6	3	7	2	4	5	1	10	9

从整体的结果可以看出，不同沿海地区的海洋经济发展综合水平存在一定的差距，广东、上海、山东的海洋经济高质量发展水平位于前三，在2006~2020年，这三个沿海地区各年的海洋经济高质量发展水平都位于前列，相比较而言，广东省的海洋经济高质量发展水平更具有竞争性，《广东海洋经济发展报告（2022）》显示，广东省海洋经济总量已连续27年居全国首位，其以建设省级海洋经济高质量发展示范区为发展目标，构建现代海洋产业体系，推动粤港澳大湾区海洋经济高水平发展。河北省的发展水平位于11个沿海地区中的末位，出于地理和历史原因，经济一直以内陆地区为主，资源被天津地区分割的同时，拥有的唯一深水港秦皇岛港离河北的距离较远，发展海洋经济并不处于有利地位。福建、天津处于海洋经济发展的平均水平，但是相比较而言，这两个地区海洋经济总体规模不大，较先进省市仍存差距。

为了更好地分析沿海地区海洋经济高质量发展水平，我们同样利用权重测算方法分别对海洋经济高质量发展的5个一级指标进行测算，得到的测算结果分别如表6至表10所示。

表6反映了2006~2020年沿海地区海洋创新高质量发展水平，可以看出，我国沿海地区海洋创新指数整体不断提高。广东的海洋创新高质量发展水平首屈一指，广东海洋科技创新成绩显著，在海洋电子信息、海上风电、海洋工程装备、海洋生物、海洋新材料等领域研究取得重大突破，获评2021年度国家海洋科学技术奖项13项、省科学技术奖项15项，这些无疑都

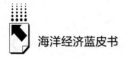

对广东省的海洋创新高质量发展起到了较大的推动作用。山东紧随其后，处于第二位，其中青岛的海洋创新力领跑全国，作为国家海洋科技创新城市，青岛拥有约 30 家涉海科研机构，占全国 1/5，超 30 家部级以上涉海高端研发平台，约占 1/3，全职在青涉海院士约占全国的 28%，三项指标均排名全国第一，对山东省建设海洋强省以及海洋创新高质量发展发挥了不可替代的作用。海南省的海洋创新指数和这两个地区相比具有明显差距，在沿海地区中处于末位，2018 年之前，可以明显看出海南省科技创新是短板之一，科技创新发展缓慢，创新意识薄弱，在 2018 年之后出现明显改善，差距持续缩小但仍然存在，这些对于海南海洋创新高质量发展的抑制作用导致其发展水平不高。

表 6 2006～2020 年沿海地区海洋创新高质量发展指数

年份	辽宁	河北	天津	山东	江苏	上海	浙江	福建	广东	广西	海南
2006	0.060	0.023	0.161	0.270	0.117	0.192	0.158	0.092	0.288	0.031	0.005
2007	0.061	0.023	0.165	0.279	0.134	0.200	0.162	0.099	0.292	0.031	0.008
2008	0.061	0.023	0.154	0.290	0.144	0.209	0.164	0.104	0.306	0.031	0.008
2009	0.204	0.031	0.200	0.333	0.229	0.294	0.189	0.133	0.369	0.062	0.005
2010	0.248	0.036	0.262	0.426	0.304	0.399	0.212	0.151	0.423	0.067	0.007
2011	0.286	0.039	0.271	0.469	0.333	0.454	0.235	0.157	0.464	0.070	0.009
2012	0.294	0.039	0.281	0.517	0.343	0.457	0.256	0.172	0.475	0.069	0.010
2013	0.291	0.040	0.282	0.530	0.348	0.503	0.270	0.175	0.476	0.069	0.008
2014	0.349	0.040	0.294	0.562	0.396	0.543	0.318	0.212	0.563	0.145	0.010
2015	0.464	0.042	0.323	0.582	0.412	0.550	0.326	0.194	0.754	0.147	0.010
2016	0.309	0.043	0.248	0.523	0.276	0.397	0.297	0.191	0.692	0.061	0.015
2017	0.311	0.045	0.239	0.536	0.307	0.347	0.303	0.195	0.830	0.061	0.013
2018	0.258	0.247	0.277	0.579	0.298	0.354	0.375	0.329	0.716	0.243	0.222
2019	0.270	0.259	0.282	0.611	0.314	0.374	0.380	0.324	0.749	0.254	0.234
2020	0.375	0.376	0.378	0.379	0.380	0.382	0.383	0.385	0.386	0.388	0.389
平均值	0.256	0.087	0.254	0.459	0.289	0.377	0.269	0.194	0.519	0.115	0.064
排序	6	10	7	2	4	3	5	8	1	9	11

　　表 7 反映了 2006～2020 年沿海地区海洋协调高质量发展水平，从表中数据可以看出，各沿海地区的海洋协调高质量发展水平差距不大，最高的海

南省和最低的天津市之间相差了约 0.16，差距较小且均无较大波动。海南省的产业结构逐渐趋于合理，发展水平持续提升，在 2019 年达到极大值之后出现了下降现象，但是海南的海洋协调高质量发展水平并未给其海洋高质量发展带来较高的正向收益，主要原因在于海洋第二产业发展缓慢和海洋第三产业过分依赖滨海旅游单一产业，极大限制了海南构建现代海洋产业结构体系和海洋经济的持续发展。而天津在 2006~2010 年经历了海洋产业转型时期，直到 2010 年之后才逐渐趋于稳定，海洋第二产业由于海洋矿存储量较少，天津港该类海洋产业名存实亡，这也直接导致了天津海洋高质量发展水平的不协调、不均衡。山东地区的海洋协调高质量发展处于较平均水平，山东海洋产业发展探索时期较短，2010~2018 年是山东海洋协调高质量发展水平较稳定时期，2019 年和 2020 年发展水平出现不同程度的增长。

表7　2006~2020 年沿海地区海洋协调高质量发展指数

年份	辽宁	河北	天津	山东	江苏	上海	浙江	福建	广东	广西	海南
2006	0.303	0.340	0.257	0.336	0.381	0.361	0.391	0.381	0.398	0.349	0.422
2007	0.313	0.337	0.265	0.341	0.359	0.377	0.387	0.384	0.407	0.353	0.447
2008	0.307	0.337	0.252	0.335	0.364	0.384	0.375	0.379	0.359	0.348	0.433
2009	0.351	0.312	0.282	0.333	0.323	0.412	0.355	0.362	0.375	0.364	0.449
2010	0.356	0.300	0.259	0.343	0.314	0.412	0.357	0.365	0.360	0.355	0.458
2011	0.354	0.303	0.242	0.335	0.318	0.414	0.361	0.365	0.362	0.368	0.471
2012	0.376	0.315	0.252	0.339	0.328	0.422	0.365	0.381	0.352	0.360	0.472
2013	0.389	0.325	0.249	0.345	0.341	0.429	0.372	0.383	0.361	0.351	0.464
2014	0.403	0.346	0.279	0.360	0.326	0.431	0.407	0.395	0.374	0.382	0.467
2015	0.406	0.362	0.309	0.367	0.330	0.432	0.413	0.405	0.388	0.389	0.468
2016	0.399	0.414	0.376	0.375	0.334	0.442	0.419	0.414	0.400	0.395	0.466
2017	0.420	0.430	0.371	0.380	0.359	0.446	0.441	0.427	0.415	0.402	0.478
2018	0.443	0.443	0.365	0.383	0.358	0.452	0.450	0.434	0.422	0.412	0.484
2019	0.452	0.443	0.361	0.415	0.348	0.463	0.456	0.442	0.473	0.429	0.503
2020	0.428	0.428	0.429	0.430	0.430	0.431	0.431	0.432	0.433	0.433	0.434
平均值	0.380	0.362	0.303	0.381	0.348	0.421	0.399	0.397	0.392	0.379	0.461
排序	7	9	11	6	10	2	3	4	5	8	1

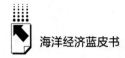

海洋经济蓝皮书

表 8 反映了 2006~2020 年沿海地区海洋绿色高质量发展水平。可以看出，海南、天津、广东的海洋绿色高质量发展水平位于前列，海南地理位置优越，四面环海，对于滨海旅游业的依赖较强，强调海洋生态建设也是海南建设"海洋强省"的主要内容，自 2009 年海南的海洋旅游被列为四大海洋主导产业之一，旅游业导致的海洋绿色高质量水平的下降一直在持续，绿色海洋建设仍然是海南的发展重点之一。自然资源部委托北京大学编制的《国民海洋意识发展指数研究报告（2017）》显示，河北国民海洋意识发展指数在中国沿海省份中排名倒数第一，同时河北海洋创新指数较低，且产业结构的不合理导致了河北地区海洋绿色高质量发展的滞后，同时也面临着环境污染、生态破坏等压力。

表 8　2006~2020 年沿海地区海洋绿色高质量发展指数

年份	辽宁	河北	天津	山东	江苏	上海	浙江	福建	广东	广西	海南
2006	0.557	0.504	0.759	0.551	0.600	0.705	0.665	0.668	0.815	0.746	0.867
2007	0.554	0.443	0.760	0.515	0.595	0.698	0.640	0.641	0.767	0.725	0.867
2008	0.493	0.473	0.756	0.566	0.582	0.701	0.644	0.628	0.773	0.680	0.860
2009	0.541	0.410	0.750	0.478	0.561	0.717	0.631	0.604	0.770	0.713	0.867
2010	0.515	0.335	0.738	0.429	0.539	0.701	0.616	0.601	0.701	0.691	0.848
2011	0.488	0.399	0.690	0.485	0.562	0.658	0.616	0.495	0.700	0.662	0.775
2012	0.490	0.393	0.685	0.496	0.553	0.658	0.615	0.597	0.703	0.656	0.774
2013	0.510	0.399	0.687	0.512	0.548	0.658	0.616	0.593	0.695	0.651	0.772
2014	0.487	0.406	0.683	0.539	0.543	0.658	0.620	0.603	0.701	0.646	0.766
2015	0.484	0.425	0.682	0.523	0.536	0.658	0.613	0.722	0.697	0.647	0.769
2016	0.571	0.416	0.668	0.591	0.512	0.647	0.800	0.679	0.640	0.760
2017	0.482	0.415	0.669	0.584	0.508	0.657	0.641	0.772	0.670	0.640	0.759
2018	0.558	0.503	0.619	0.479	0.502	0.601	0.554	0.605	0.556	0.607	0.655
2019	0.583	0.539	0.659	0.495	0.539	0.642	0.589	0.632	0.531	0.644	0.688
2020	0.536	0.498	0.640	0.538	0.595	0.639	0.627	0.620	0.616	0.607	0.643
平均值	0.523	0.437	0.696	0.519	0.552	0.667	0.622	0.639	0.691	0.664	0.778
排序	9	11	2	10	8	4	7	6	3	5	1

表 9 反映了 2006~2020 年沿海地区海洋开放高质量发展水平。海洋经济是外向型经济，对外开放水平对沿海地区海洋开放高质量发展水平的影响

是明显的。广东、山东、浙江的海洋开放高质量发展水平分别位于第一、第二、第三的位置。广东是我国对外开放的主要窗口之一,优越的地理位置极大地促进了广东对外贸易的发展,同时该地区拥有丰富的港口资源,航运便利,极大推进了珠三角地区与东南亚各国的贸易往来,为发展外向型经济提供了便利条件,也直接导致了广东地区拥有较高的海洋开放高质量发展水平。围绕"一带一路"和对外开放,山东和浙江地区也达到了不错的海洋开放高质量发展水平。广西的自然资源和人文优势在沿海地区中较为突出,但是在全国层面上仍与发达地区有较大差距,海洋产业发展较慢,且第二产业所占比重相对不足,特别是港口吞吐量受国际经济走势和国内劳动力价格上涨影响,增长趋于停滞。

表 9　2006～2020 年沿海地区海洋开放高质量发展指数

年份	辽宁	河北	天津	山东	江苏	上海	浙江	福建	广东	广西	海南
2006	0.154	0.088	0.063	0.245	0.139	0.286	0.299	0.083	0.431	0.017	0.031
2007	0.172	0.099	0.076	0.290	0.162	0.245	0.341	0.089	0.501	0.025	0.053
2008	0.188	0.111	0.086	0.310	0.181	0.261	0.377	0.101	0.521	0.028	0.058
2009	0.192	0.119	0.087	0.319	0.176	0.242	0.405	0.145	0.485	0.025	0.065
2010	0.222	0.138	0.102	0.359	0.215	0.281	0.340	0.178	0.590	0.032	0.088
2011	0.248	0.154	0.117	0.391	0.241	0.318	0.373	0.199	0.656	0.039	0.100
2012	0.271	0.166	0.126	0.423	0.253	0.325	0.381	0.213	0.696	0.046	0.104
2013	0.293	0.184	0.136	0.448	0.264	0.339	0.398	0.219	0.751	0.049	0.109
2014	0.303	0.198	0.145	0.473	0.269	0.353	0.421	0.228	0.791	0.054	0.114
2015	0.301	0.196	0.144	0.485	0.272	0.357	0.424	0.235	0.800	0.057	0.114
2016	0.304	0.202	0.146	0.496	0.270	0.365	0.431	0.234	0.809	0.061	0.113
2017	0.315	0.222	0.150	0.526	0.295	0.399	0.475	0.240	0.890	0.067	0.123
2018	0.327	0.233	0.214	0.499	0.250	0.410	0.447	0.285	0.872	0.126	0.201
2019	0.296	0.241	0.156	0.586	0.342	0.424	0.525	0.277	0.964	0.095	0.142
2020	0.332	0.327	0.336	0.377	0.437	0.413	0.411	0.360	0.512	0.338	0.328
平均值	0.261	0.179	0.139	0.415	0.251	0.334	0.403	0.206	0.684	0.071	0.116
排序	5	8	9	2	6	4	3	7	1	11	10

表 10 反映了 2006～2020 年沿海地区海洋共享高质量发展水平。从表中可以看出,广东的海洋共享高质量发展水平最高,沿海地区人均可支配支出

243

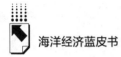

以及涉海就业人员数在 2006~2020 年均较为明显地提高，民生得到明显改善，这较大程度上反映了广东地区海洋共享高质量发展水平，同时，海洋经济总量以及海洋经济总量占地区生产总值的比重均处于领先水平。天津以及浙江地区的共享高质量发展在沿海地区中处于平均水平，天津地区在 2006~2019 年海洋共享高质量发展水平一直处于增长状态，2020 年受海洋经济总量占地区生产总值的比重下降的影响，共享高质量发展水平出现下降现象。广西的海洋共享高质量发展水平处于末位，主要原因在于广西海洋经济总量较小，经济发展水平和其他沿海地区相比也较低，这些均导致了海洋共享高质量发展水平的相对滞后。

表 10　2006~2020 年沿海地区海洋共享高质量发展指数

年份	辽宁	河北	天津	山东	江苏	上海	浙江	福建	广东	广西	海南
2006	0.162	0.046	0.252	0.259	0.063	0.374	0.194	0.259	0.355	0.014	0.193
2007	0.179	0.052	0.268	0.290	0.094	0.372	0.217	0.295	0.373	0.023	0.208
2008	0.189	0.058	0.270	0.313	0.105	0.387	0.238	0.313	0.416	0.031	0.209
2009	0.196	0.034	0.275	0.328	0.128	0.336	0.274	0.338	0.443	0.038	0.209
2010	0.204	0.046	0.330	0.364	0.155	0.382	0.288	0.348	0.487	0.046	0.207
2011	0.234	0.060	0.335	0.388	0.180	0.397	0.314	0.366	0.512	0.051	0.211
2012	0.236	0.073	0.349	0.416	0.200	0.420	0.338	0.371	0.554	0.068	0.227
2013	0.233	0.054	0.353	0.399	0.181	0.431	0.322	0.355	0.539	0.045	0.222
2014	0.244	0.071	0.372	0.439	0.202	0.426	0.334	0.391	0.587	0.055	0.212
2015	0.260	0.078	0.364	0.468	0.220	0.452	0.358	0.432	0.616	0.063	0.229
2016	0.261	0.077	0.310	0.488	0.236	0.476	0.379	0.459	0.649	0.072	0.248
2017	0.261	0.171	0.399	0.442	0.294	0.557	0.365	0.465	0.516	0.156	0.326
2018	0.256	0.184	0.428	0.477	0.317	0.592	0.387	0.499	0.551	0.166	0.347
2019	0.280	0.199	0.525	0.451	0.331	0.625	0.411	0.501	0.537	0.179	0.357
2020	0.382	0.360	0.428	0.385	0.427	0.543	0.465	0.405	0.421	0.356	0.370
平均值	0.238	0.104	0.351	0.394	0.209	0.451	0.325	0.387	0.504	0.091	0.252
排序	8	10	5	3	9	2	6	4	1	11	7

四 海洋经济高质量发展前景展望与对策建议

我国海洋经济正处于向高质量发展转变的关键时期，根据前文分析，以下提出几点建议。

第一，加大海洋创新力度，保障海洋经济高质量发展。沿海地区应重视海洋科技的发展，根据自身海洋经济发展需要，建立相应的海洋技术创新体系。此外，还应集中资金、人才、技术等要素，不断优化海洋技术配置，提高海洋技术创新水平，提高创新成果的吸收能力和转化能力，避免削弱海洋技术创新的补偿效应。

第二，优化海洋产业结构，推动海洋经济协调发展。充分发挥海洋第三产业"稳定器"的功能，继续保持海洋产业结构"三、二、一"的发展态势，构建完善的海洋经济产业体系，以新兴海洋产业为主导，以传统海洋产业的改造升级为驱动，大力发展配套的海洋产业服务体系。

第三，加强海洋生态治理，实现海洋经济绿色发展。建立和完善海洋生态治理法律体系，加大监管力度，推动海洋生态修复与保护。大力发展海洋碳汇，加快构建绿色低碳的海洋经济系统。积极推进"蓝色海湾""南红北柳""生态岛礁"等重大生态修复工程的实施。

第四，深化沿海地区对外开放，促进海洋经济开放发展。持续深化沿海地区对外开放，吸引外资投入海洋新兴产业领域，大力引进国外先进的生产经验和技术，吸引优秀人才，实施沿海地区外向型经济战略，利用自身区位优势打造特色海洋事业。

第五，推进沿海地区发展，实现海洋经济共享发展。坚持海洋经济高质量发展是以人民为中心的发展，缩小沿海地区海洋经济高质量发展的区域差异，避免广东、上海、山东、浙江这几个海洋经济高质量发展水平较高的省份对其周边省份的"虹吸效应"，根据周边省份的区位特点，制定差异化发展战略。

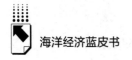

参考文献

狄乾斌、高广悦、於哲：《中国海洋经济高质量发展评价与影响因素研究》，《地理科学》2022 年第 4 期。

高晓彤、赵林、曹乃刚：《中国海洋经济高质量发展的空间关联网络结构演变》，《地域研究与开发》2022 年第 2 期。

程曼曼、陈伟、杨蕊：《我国海洋经济高质量发展指标体系构建及时空分析——基于海洋强国战略背景》，《资源开发与市场》2022 年第 1 期。

丁黎黎、杨颖、李慧：《区域海洋经济高质量发展水平双向评价及差异性》，《经济地理》2021 年第 7 期。

宋泽明、宁凌：《海洋创新驱动、海洋产业结构升级与海洋经济高质量发展——基于面板门槛回归模型的实证分析》，《生态经济》2021 年第 1 期。

秦琳贵、沈体雁：《科技创新促进中国海洋经济高质量发展了吗——基于科技创新对海洋经济绿色全要素生产率影响的实证检验》，《科技进步与对策》2020 年第 9 期。

国家统计局：《中国统计年鉴》，中国统计出版社，2006~2020。

国家统计局：《中国海洋统计年鉴》，海洋出版社，2006~2018。

Liu Peide, Zhu Baoying, Yang Mingyan, "Has marine technology innovation promoted the high-quality development of the marine economy? —Evidence from coastal regions in China", *Ocean & Coastal Management* 2021, 209.

Li Xuemei, Zhou Shiwei, Yin Kedong, Liu Huichao, "Measurement of the high-quality development level of China's marine economy", *Marine Economics and Management* 2021.

B.12
"双循环"背景下中国海洋经济的发展

杨林 安冬*

摘　要： 加快推进海洋经济融入新发展格局是构建海洋强国的现实路径。本文围绕中国区域海洋经济"双循环"发展水平及耦合协调度展开研究，结论如下。①中国区域海洋经济"双循环"发展逐年恶化，外循环发展水平显著优于内循环。其中，东部海洋经济圈位列第一，海洋经济内循环和外循环均处于领先地位。江苏、浙江和广东海洋经济内循环十分突出，广东海洋经济外循环占据绝对优势。②中国区域海洋经济"双循环"发展呈轻度失调状态，其中东部、南部和北部海洋经济圈分别为濒临失调、濒临失调和中度失调状态。沿海各省市中广东省为勉强协调状态，江苏、上海和浙江为濒临失调状态，山东和福建呈轻度失调状态，辽宁、天津和广西为中度失调状态，河北和海南为重度失调状态。鉴于此，应以全国统一大市场建设为海洋经济"双循环"提供动力、以构建现代海洋产业体系筑牢海洋经济"双循环"根基、以全球海洋中心城市建设打造海洋经济"双循环"重要枢纽。

关键词： 双循环　海洋经济　耦合协调度

　　面对世界百年未有之大变局，中国经济发展面临的外部条件和内部条件

---

* 杨林，博士，山东大学商学院教授，研究领域为海洋经济与管理；安冬，河北农业大学渤海学院讲师，研究领域为海洋经济与管理。

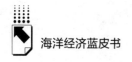

均发生着复杂而深刻的变化。与此同时,中国经济步入以"创新、协调、绿色、开放、共享"新发展理念为指导的高质量发展阶段,大力激发国内需求、加强自主创新和科技支撑是激发经济增长潜力和实现长远发展的必经之路。基于此,中央财经委员会第七次会议于2020年4月首次提出中国要构建"以国内大循环为主体、国内国际双循环相互促进"的新发展格局。2021年3月,《中共中央关于制定国民经济和社会发展第十四个五年规划和二〇三五年远景目标纲要的建议》更进一步提出我国要加快构建"双循环"新发展格局,旨在充分发挥我国超大规模的市场优势和内需潜力,借助内需和外需合力拉动经济的高质量发展。

海洋经济是中国经济增长的重要引擎,海洋是中国经济高质量发展战略要地。海洋强国战略要求到21世纪中叶,我国海洋经济增加值达到国内生产总值的1/4。纵观中国经济近20年的发展历程,中国已经逐渐发展成为高度依赖海洋的外向型经济体,呈现"大进大出、两头在海"发展特征。与此同时,海洋日益成为国际要素流动的核心枢纽,开展海上合作是"21世纪海上丝绸之路"建设的关键所在,是构建"一带一路"的基本路径。因此,加快推进海洋经济融入"双循环"新发展格局是进一步激发海洋经济高质量发展潜力、实现海洋强国和提升全球海洋治理能力的关键一招。

本文围绕中国区域海洋经济的"双循环"发展展开研究,首先描述2019~2021年中国沿海区域海洋经济和海洋产业的发展情况,其次从海洋经济内循环和外循环发展两个维度构建指标体系,运用熵权法对中国沿海整体、三大海洋经济圈、沿海11个省(区、市)海洋经济"双循环"发展水平展开测度,再次构建海洋经济内循环和外循环发展水平的耦合协调度模型,对中国沿海整体、三大海洋经济圈、沿海11个省(区、市)海洋经济内循环与外循环发展是否协调进行评价,最后提出中国沿海地区海洋经济融入"双循环"发展的路径规划,助力中国海洋强国建设目标的实现。

一　中国区域海洋经济发展概述

中国海洋经济呈现稳定的高速增长态势，海洋生产总值自 2012 年的 5 万亿元增长至 2019 年的 8.9 万亿元，受新冠肺炎疫情影响，于 2020 年回落至 8 万亿元，而后增长至 2021 年的 9 万亿元。从三大海洋经济圈来看，南部海洋经济圈的海洋生产总值排在首位，之后为东部海洋经济圈，排在末位的是北部海洋经济圈。2019 年，北部海洋经济圈的海洋生产总值为 264 百亿元，比 2018 年增长 8.1%；东部海洋经济圈的海洋生产总值为 266 百亿元，比 2018 年增长 8.6%；南部海洋经济圈的海洋生产总值为 365 百亿元，比 2018 年增长 10.4%。可见，2019 年南部海洋经济圈的海洋经济发展最为突出，海洋生产总值在绝对值和增长率两个方面均领先于北部和东部海洋经济圈。2020 年，北部海洋经济圈的海洋生产总值为 234 百亿元，比 2019 年减少 5.6%；东部海洋经济圈的海洋生产总值为 257 百亿元，比 2019 年减少 2.4%；南部海洋经济圈的海洋生产总值为 309 百亿元，比 2019 年减少 6.8%；可见，受新冠肺炎疫情影响，2020 年三大海洋经济圈海洋经济发展均呈现回落态势，东部海洋经济圈受疫情影响最小，南部海洋经济圈受到的冲击最强。2021 年，北部海洋经济圈的海洋生产总值为 259 百亿元，比 2020 年增长 15.1%；东部海洋经济圈的海洋生产总值为 290 百亿元，比 2020 年增长 12.8%；南部海洋经济圈的海洋生产总值为 355 百亿元，比 2020 年增长 13.2%。① 可见，新冠肺炎疫情冲击在 2021 年变弱，三大海洋经济圈海洋经济恢复增长趋势，北部海洋经济圈呈现较快增长态势，东部海洋经济圈的增长速度处于末位。

比较三大海洋经济圈海洋生产总值占比，南部海洋经济圈处于领先地位，其从 2019 年的 40.8%下降至 2021 年的 39.3%；东部海洋经济圈排名第二，其从 2019 年的 29.7%增长至 2020 年的 32.1%，并在 2021 年保持稳定；北部海洋经济圈排在末位，其从 2019 年的 29.5%缓慢下降至 2021 年的 28.6%。因

---

① 本部分数据来源于《中国海洋经济统计公报》（2019~2021 年），增长率为名义增长率。

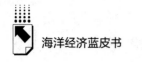

此，东部海洋经济圈海洋经济发展于 2019~2021 年呈现突出的追赶优势，与南部海洋经济圈的差距逐年缩小，与北部海洋经济圈的差距逐年扩大。

二 研究方法与数据

（一）研究方法

1. 熵权法

已有研究常用的指标权重计算方法可以概括为两种：主观赋权法（层次分析法、专家调查法）和客观赋权法（主成分分析法、灰色关联度分析法、因子分析法、熵权法）。本文选择熵权法开展海洋经济"双循环"指标赋权和综合得分的计算，熵值法是一种相对较好的客观赋权方法，限制条件较少，适合于多区域多指标的综合评价。熵是对不确定性的一种度量，信息量越大，不确定性就越小，熵也就越小，反之亦然。通过计算熵值可以判断一个事件的随机性及无序程度，使用熵值判断某个指标的离散程度，指标离散程度越大，该指标对综合评价的影响越大。为了能够实现研究对象不同年份之间的比较分析，本文对传统熵权法做出改进。

2. 耦合协调度模型

基于物理学中容量耦合概念，构建沿海 11 个省（区、市）海洋经济内循环与外循环之间的耦合度测度指数，第 i 区域的第 h 年双循环耦合度为：

$$C_{hi} = 4I_{hi} \cdot O_{hi} / (I_{hi} + O_{hi})^2 \qquad (1)$$

其中，C_{hi} 的取值范围为 $[0, 1]$，C_{hi} 的值越接近 1，代表海洋经济内循环与外循环发展水平的耦合性越高，整个海洋经济系统向有序方向发展；C_{hi} 的值越接近 0，代表海洋经济内循环与外循环发展水平的耦合性越低，系统则向无序方向发展。为进一步排除海洋经济内循环与外循环发展均呈低水平的高耦合状态带来的分析偏误，构建耦合协调度指数：

$$D_{hi} = \sqrt{C_{hi} \cdot T_{hi}} \qquad (2)$$

$$T_{hi} = \alpha I_{hi} + O_{hi} \tag{3}$$

其中，D_{hi} 的取值范围为 $[0, 1]$，D_{hi} 的值越接近1，代表海洋经济内循环发展和外循环发展处于高水平的耦合协调度越高。T_{hi} 为海洋经济"双循环"综合发展水平，α 和 β 分别为内循环发展和外循环发展的待定权重系数，且二者之和为1。

（二）数据来源

本文选取我国沿海11个省（区、市）作为研究对象，并将其划分为北部海洋经济圈（辽宁、河北、天津和山东）、东部海洋经济圈（江苏、上海和浙江）和南部海洋经济圈（福建、广东、广西和海南）。选取2011～2020年为研究区间，统计数据来自《中国统计年鉴》（2012～2021年）、《中国海洋经济统计公报》（2011～2020年）、《中国商务年鉴》（2012～2021年）、中国海洋信息网及各省海洋局网站等。①

三 中国区域海洋经济"双循环"发展水平测算

（一）中国区域海洋经济"双循环"发展指数构建

1.评价指标

根据"十四五"规划纲要的要求，中国要构建"以国内大循环为主体、国内国际双循环相互促进"的新发展格局。"双循环"新发展格局具有两层基本要义：一是畅通国内大循环，二是促进国内国际双循环。因此，本文从内循环和外循环两个维度构建中国区域海洋经济"双循环"发展评价指标体系。

（1）内循环维度

遵循畅通国内大循环目标，应谋求市场供给和市场需求间的平衡，即形成需求引领供给、供给创造需求的良性互动。一国经济循环得以畅通的根本

---

① 由于国际旅游收入2020年数据尚未公布，本文借助插值法补足。

条件在于生产与消费间的有效对接。从扩大内需的角度出发,应当以居民消费能力和消费意愿的提升为具体表现。从提升供给能力的角度出发,应当以生产效率和商品、服务市场占有率的提升为核心实现路径。[①] 因此,本文从消费端选择消费基础和消费需求指标,从供给端选择生产基础和生产能力指标,评价中国区域海洋经济内循环发展水平。

（2）外循环维度

基于经济发展新阶段和新要求,遵循促进国内国际双循环目标,应同时促进商品和服务的进口与出口、资金的引进和对外投资的协调发展,进而达到高效利用"两个市场",促进"两个循环"目标。因此,本文从资金端选择外商直接投资和对外直接投资指标,从贸易端选择进出口贸易和旅游业发展[②]指标来评价中国区域海洋经济外循环发展水平（见表1）。

表1 中国区域海洋经济"双循环"发展评价指标体系

目标层	子系统	指标层	指标定义
中国区域海洋经济"双循环"发展指数	内循环	消费基础	居民人均可支配收入
		消费需求	居民人均可支配支出
		生产基础	固定资产投资占 GDP 的比重
			国内专利申请授权量
		生产能力	人均海洋生产总值
			人均渔业总产值
	外循环	外商直接投资	外商投资企业投资总额
			外商投资企业数
		对外直接投资	对外非金融类直接投资流量
		进出口贸易	进出口贸易额占 GDP 的比重
		旅游业发展	国际旅游收入
			接待国际游客数

---

① 詹花秀:《论国内经济大循环的动能提升——基于资源配置视角的分析》,《财经理论与实践》2021 年第 3 期。

② 考虑到旅游业在中国主要海洋产业中增加值占比排名第一,故选取旅游业发展指标衡量海洋经济外循环发展水平。

2. 指标权重

结合中国沿海 11 个省（区、市）2011～2020 年的面板数据，运用熵权法计算得出中国区域海洋经济"双循环"发展评价指标权重如表 2 所示。加总海洋经济内循环发展和外循环发展维度的各个指标权重，得到内循环的权重为 0.340，外循环的权重为 0.660。可见，外循环对中国区域海洋经济发展的拉动力明显优于内循环。考虑到中国区域海洋经济的两大核心产业为滨海旅游业和海洋交通运输业，以及海洋经济内循环和外循环对中国区域海洋经济发展的重要性，将耦合协调度模型中的 α 和 β 参数分别设置为 0.4 和 0.6。

表 2　中国区域海洋经济"双循环"发展评价指标权重

评价指标	熵值	差异系数	权重
消费基础	居民人均可支配收入	0.953	0.036
消费需求	居民人均可支配支出	0.949	0.039
生产基础	固定资产投资占 GDP 的比重	0.965	0.027
	国内专利申请授权量	0.820	0.139
生产能力	人均海洋生产总值	0.930	0.055
	人均渔业总产值	0.944	0.043
外商直接投资	外商投资企业投资总额	0.938	0.048
	外商投资企业数	0.976	0.019
对外直接投资	对外非金融类直接投资流量	0.915	0.066
进出口贸易	进出口贸易额占 GDP 的比重	0.932	0.053
旅游业发展	国际旅游收入	0.918	0.064
	接待国际游客数	0.471	0.410

资料来源：根据原始数据测算所得。

（二）中国区域海洋经济"双循环"发展水平测算结果分析

1. 区域海洋经济"双循环"综合水平测算结果[①]

基于沿海 11 个省（区、市）2011～2020 年的统计数据，运用熵值法测算

---

① 鉴于熵值法得到的测算结果较小，此部分将得分扩大 100 倍，以便更直观地展示结果。

沿海区域整体、三大海洋经济圈和沿海各省（区、市）的海洋经济"双循环"发展综合得分，结果如表3所示。我国沿海区域海洋经济"双循环"发展综合得分整体呈缓慢下降趋势，平均得分为30.4。从三大海洋经济圈来看，东部和北部海洋经济圈"双循环"发展综合得分呈下降趋势，平均得分分别为39.2和17.7，南部海洋经济圈"双循环"发展综合得分整体呈上升趋势，平均得分为36.5。可见，东部海洋经济圈"双循环"发展水平排在首位，高于沿海区域整体平均得分，之后分别为南部和北部海洋经济圈。从沿海11个省（区、市）来看，"双循环"发展综合得分排序依次为广东、浙江、江苏、上海、福建、山东、广西、天津、辽宁、海南和河北。其中，广东、浙江、江苏、上海和福建"双循环"发展水平均高于沿海区域整体平均得分，山东、广西、天津、辽宁、海南和河北均低于沿海区域整体平均得分。与此同时，2011~2020年江苏、浙江和辽宁"双循环"发展水平整体呈下降趋势，广东"双循环"发展水平整体呈上升趋势，其余省份"双循环"发展水平处于波动中。

表3　中国区域海洋经济"双循环"发展综合得分

年份		2011	2012	2013	2014	2015	2016	2017	2018	2019	2020	平均值	排名
沿海区域		32.0	31.3	29.9	30.3	30.5	31.6	30.7	29.8	30.0	28.0	30.4	
三大海洋经济圈	北部海洋经济圈	20.3	19.4	18.4	18.3	17.4	18.5	16.8	15.4	16.7	15.4	17.7	3
	东部海洋经济圈	44.9	42.5	38.2	38.6	40.1	41.0	38.8	37.8	36.4	33.9	39.2	1
	南部海洋经济圈	34.0	34.8	35.1	36.0	36.3	37.5	38.7	38.2	38.4	36.2	36.5	2
沿海11个省(区、市)	天津	21.0	19.7	20.9	22.9	21.2	24.5	19.5	18.4	21.2	19.0	20.8	8
	河北	7.0	5.1	5.7	6.2	6.0	6.3	5.5	5.4	6.7	6.1	6.0	11
	辽宁	20.8	20.8	16.5	14.9	13.0	11.7	10.7	10.4	11.1	10.8	14.1	9
	上海	37.2	36.0	34.4	35.2	39.0	40.4	39.6	39.0	36.7	32.2	37.0	4
	江苏	51.8	47.7	40.7	39.9	39.6	39.6	35.0	35.1	34.7	33.5	39.8	3
	浙江	45.8	43.9	39.4	40.8	41.7	43.0	41.9	39.4	37.9	35.9	41.0	2
	福建	32.0	29.5	27.9	28.4	30.1	31.7	35.4	32.4	32.0	29.0	30.8	5
	山东	32.5	31.8	30.7	29.3	29.6	31.4	31.3	27.6	27.8	25.6	29.6	6
	广东	77.5	80.7	82.9	85.3	83.1	86.8	85.9	86.4	86.2	83.2	83.8	1
	广西	15.5	19.8	19.3	20.2	22.4	22.9	22.7	23.3	24.7	19.1	21.0	7
	海南	11.0	9.3	10.3	9.9	9.7	9.8	10.9	10.5	10.5	13.3	10.5	10

资料来源：根据原始数据测算所得。

2.区域海洋经济内循环和外循环分维度测算结果

基于沿海 11 个省（区、市）2011~2020 年的统计数据，运用熵值法测算沿海区域整体、三大海洋经济圈和沿海各省（区、市）的海洋经济内循环和外循环分维度得分。

（1）沿海区域

2011~2020 年，中国沿海区域海洋经济内循环和外循环分维度平均得分分别为 13.1 和 17.3，外循环发展水平明显高于内循环。同时，中国沿海区域海洋经济内循环发展水平稳定在 13 分左右，外循环发展水平在波动中下降，从 2011 年的 19.2 分下降至 2020 年的 15.3 分（见图 1）。2020 年中国沿海区域海洋经济外循环发展水平急剧下降的原因在于受新冠肺炎疫情影响，资金跨国流动、进出口贸易和滨海旅游业均受到较大冲击。

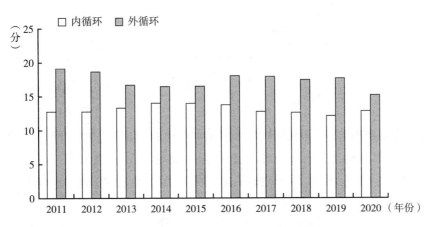

图 1　中国沿海区域海洋经济内循环和外循环维度得分

资料来源：根据原始数据测算所得。

（2）三大海洋经济圈

时间维度上，2011~2020 年，北部海洋经济圈海洋经济内循环和外循环分维度平均得分分别为 10.5 和 7.2，内循环发展水平明显高于外循环，且内循环发展水平于 2015~2018 年下降，外循环发展水平在波动中以较大幅度下降。由此可知，北部海洋经济圈内循环发展优于外循环，内、外循环发展均逐年恶化。东部海洋经济圈海洋经济内循环和外循环分维度平均得分分别为 18.0 和 21.2，外循环发展水平高于内循环，且内、外循环发展水平均不断波动。因此，东部海洋经济圈外循环发展显著优于内循环。南部海洋经济圈海洋经济内循环和外循环分维度平均得分分别为 12.0 和 24.5，外循环发展水平约为内循环发展水平的两倍，且内循环发展水平缓慢提升，外循环发展水平在波动中趋于稳定。

空间层面，三大海洋经济圈中内循环发展水平排序依次为东部、南部和北部海洋经济圈，外循环发展水平排序依次为南部、东部和北部海洋经济圈。可知，东部海洋经济圈在内循环维度占据绝对优势，南部海洋经济圈的优势为海洋经济外循环发展，北部海洋经济圈的优势在于海洋经济内循环发展。

（3）沿海 11 个省（区、市）

内循环层面，天津、河北、辽宁、上海、江苏、浙江、福建、山东、广东、广西和海南的平均得分分别为 15.2、4.6、8.2、11.2、21.7、21.1、15.3、14.0、20.3、3.9 和 8.5。其中，辽宁和江苏海洋经济内循环发展水平下降，福建和广东海洋经济内循环发展水平上升，其余各省（区、市）海洋经济内循环发展水平处于不断波动中。因此，海洋经济内循环发展第一梯队为江苏、浙江和广东，具备绝对优势，第二梯队为天津、福建和山东，第三梯队为上海、辽宁和海南，第四梯队为河北和广西。

外循环层面，天津、河北、辽宁、上海、江苏、浙江、福建、山东、广东、广西和海南的平均得分分别为 5.7、1.4、5.9、25.8、18.1、19.9、15.6、15.8、63.5、17.1 和 2.1。其中，江苏海洋经济外循环发展水平快速下降，其余各省（区、市）海洋经济外循环发展水平处于不断波动中。因此，海洋经济外循环发展第一梯队为广东，具备绝对优势，第二梯队为上海，第三梯队为浙江、江苏、广西、山东和福建，第四梯队为天津、辽宁、海南和河北。

四 中国区域海洋经济"双循环"耦合协调度评价

（一）中国区域海洋经济"双循环"耦合协调度计算结果

基于沿海11个省（区、市）2011～2020年的统计数据，计算得到我国沿海区域整体、三大海洋经济圈和沿海各省（区、市）的海洋经济"双循环"耦合协调度，结果如表4所示。2011～2020年，从沿海区域来看，中国区域海洋经济"双循环"耦合协调度缓慢下降，平均值为0.391；从三大海洋经济圈来看，排名第一的是东部海洋经济圈，其海洋经济"双循环"耦合协调度逐年缓慢下降，平均值为0.444。之后是南部海洋经济圈，其海洋经济"双循环"耦合协调度稳定于0.41左右。最后是北部海洋经济圈，其海洋经济"双循环"耦合协调度呈下降趋势，平均值为0.85；从沿海11个省（区、市）来看，天津、河北、辽宁、上海、江苏、浙江、福建、山东、广东、广西和海南海洋经济"双循环"耦合协调度平均值分别为0.271、0.134、0.252、0.410、0.437、0.448、0.391、0.386、0.581、0.267和0.159。其中，河北、辽宁和江苏海洋经济"双循环"耦合协调度整体呈下降趋势，天津、上海、广东和广西海洋经济"双循环"耦合协调度整体先上升后下降，其余四省海洋经济"双循环"耦合协调度处于波动中。因此，海洋经济"双循环"耦合协调程度从高到低依次为广东、浙江、江苏、上海、福建、山东、天津、广西、辽宁、海南和河北。

表4 中国区域海洋经济"双循环"耦合协调度计算结果

年份		2011	2012	2013	2014	2015	2016	2017	2018	2019	2020	平均值	排名
沿海区域		0.400	0.396	0.388	0.391	0.392	0.399	0.393	0.387	0.387	0.376	0.391	
三大海洋经济圈	北部海洋经济圈	0.316	0.306	0.291	0.285	0.273	0.295	0.281	0.266	0.282	0.258	0.285	3
	东部海洋经济圈	0.475	0.463	0.437	0.439	0.448	0.455	0.442	0.436	0.428	0.413	0.444	1
	南部海洋经济圈	0.395	0.396	0.403	0.413	0.418	0.422	0.428	0.427	0.424	0.418	0.414	2

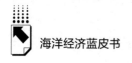
续表

年份		2011	2012	2013	2014	2015	2016	2017	2018	2019	2020	平均值	排名
沿海11个省（区、市）	天津	0.271	0.252	0.270	0.298	0.261	0.329	0.262	0.245	0.283	0.243	0.271	7
	河北	0.186	0.141	0.144	0.134	0.112	0.124	0.116	0.109	0.160	0.117	0.134	11
	辽宁	0.321	0.322	0.268	0.245	0.233	0.228	0.222	0.222	0.233	0.230	0.252	9
	上海	0.415	0.405	0.400	0.404	0.416	0.430	0.422	0.414	0.405	0.389	0.410	4
	江苏	0.511	0.487	0.436	0.429	0.426	0.435	0.413	0.417	0.417	0.397	0.437	3
	浙江	0.481	0.470	0.432	0.437	0.444	0.458	0.459	0.445	0.437	0.421	0.448	2
	福建	0.402	0.386	0.373	0.375	0.385	0.400	0.422	0.400	0.400	0.371	0.391	5
	山东	0.404	0.400	0.393	0.382	0.383	0.398	0.397	0.373	0.375	0.353	0.386	6
	广东	0.541	0.535	0.557	0.586	0.592	0.604	0.600	0.601	0.597	0.597	0.581	1
	广西	0.241	0.250	0.256	0.270	0.277	0.280	0.273	0.275	0.281	0.270	0.267	8
	海南	0.196	0.122	0.154	0.131	0.116	0.089	0.172	0.174	0.191	0.249	0.159	10

资料来源：根据原始数据测算所得。

（二）中国区域海洋经济"双循环"耦合协调类别划分

1. 耦合协调类型划分标准

参考周德田和冯超彩[①]的做法，根据海洋经济"双循环"耦合协调度测算结果和分类标准，确定中国沿海区域、三大海洋经济圈和沿海11个省（区、市）海洋经济"双循环"耦合协调类型，结果如表5所示。①中国沿海区域整体的海洋经济内循环和外循环发展呈轻度失调状态，且此状态在2012～2020年具有较强的稳定性。②北部海洋经济圈的海洋经济内循环和外循环发展呈中度失调状态，其于2011～2012年为轻度失调状态，于2013年开始转为中度失调状态。东部海洋经济圈的海洋经济内循环和外循环发展呈濒临失调状态，且此状态在2011～2020年具有较强稳定性。南部海洋经济圈的海洋经济内循环和外循环发展呈濒临失调状态，且此状态在2013～2020年具有较强的稳定性。可见，海洋经济内循环和外循环发展耦合协调状态较

---

① 周德田、冯超彩：《科技金融与经济高质量发展的耦合互动关系——基于耦合度与PVAR模型的实证分析》，《技术经济》2020年第5期。

好的是东部海洋经济圈和南部海洋经济圈，优于中国沿海区域整体水平。之后是北部海洋经济圈，其海洋经济内循环和外循环发展耦合协调状态劣于中国沿海区域整体水平。③沿海 11 个省（区、市）中海洋经济内循环和外循环发展处于勉强协调状态的为广东，处于濒临失调状态的为江苏、上海和浙江，处于轻度失调的为山东和福建，处于中度失调的为辽宁、天津和广西，处于重度失调的为河北和海南。因此，沿海各省（区、市）海洋经济"双循环"耦合协调第一梯队包括广东、江苏、上海和浙江，其海洋经济内循环与外循环发展耦合协调状态优于中国沿海区域整体水平。第二梯队包括山东和福建，其海洋经济内循环和外循环发展耦合协调状态与中国沿海区域相似。第三梯队包括辽宁、天津、广西、河北和海南，其海洋经济内循环和外循环发展耦合协调状态劣于中国沿海区域整体水平。

表 5　中国区域海洋经济"双循环"耦合协调类别

年份		2011	2012	2013	2014	2015	2016	2017	2018	2019	2020	总体评价
沿海区域		濒临失调	轻度失调	轻度失调	轻度失调	轻度失调	轻度失调	轻度失调	轻度失调	轻度失调	轻度失调	轻度失调
三大海洋经济圈	北部海洋经济圈	轻度失调	轻度失调	中度失调	中度失调	中度失调	中度失调	中度失调	中度失调	中度失调	中度失调	中度失调
	东部海洋经济圈	濒临失调	濒临失调	濒临失调	濒临失调	濒临失调	濒临失调	濒临失调	濒临失调	濒临失调	濒临失调	濒临失调
	南部海洋经济圈	轻度失调	轻度失调	濒临失调	濒临失调	濒临失调	濒临失调	濒临失调	濒临失调	濒临失调	濒临失调	濒临失调
沿海 11 个省（区、市）	天津	中度失调	中度失调	中度失调	中度失调	中度失调	轻度失调	中度失调	中度失调	中度失调	中度失调	中度失调
	河北	重度失调	重度失调	重度失调	重度失调	重度失调	重度失调	重度失调	重度失调	重度失调	重度失调	重度失调
	辽宁	轻度失调	轻度失调	中度失调	中度失调	中度失调	中度失调	中度失调	中度失调	中度失调	中度失调	中度失调
	上海	濒临失调	濒临失调	濒临失调	濒临失调	濒临失调	濒临失调	濒临失调	濒临失调	轻度失调	濒临失调	濒临失调
	江苏	勉强协调	濒临失调	濒临失调	濒临失调	濒临失调	濒临失调	濒临失调	濒临失调	轻度失调	濒临失调	濒临失调

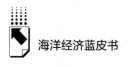

续表

地区		2011	2012	2013	2014	2015	2016	2017	2018	2019	2020	总体评价
沿海11个省（区、市）	浙江	濒临失调	濒临失调	濒临失调	濒临失调	濒临失调	濒临失调	濒临失调	濒临失调	濒临失调	濒临失调	濒临失调
	福建	濒临失调	轻度失调	轻度失调	轻度失调	轻度失调	濒临失调	濒临失调	濒临失调	濒临失调	轻度失调	轻度失调
	山东	濒临失调	濒临失调	轻度失调	轻度失调	轻度失调	轻度失调	轻度失调	轻度失调	轻度失调	轻度失调	轻度失调
	广东	勉强协调	勉强协调	勉强协调	勉强协调	勉强协调	初级协调	初级协调	初级协调	勉强协调	勉强协调	勉强协调
	广西	中度失调	中度失调	中度失调	中度失调	中度失调	中度失调	中度失调	中度失调	中度失调	中度失调	中度失调
	海南	重度失调	重度失调	重度失调	重度失调	重度失调	极度失调	重度失调	重度失调	重度失调	中度失调	重度失调

资料来源：根据原始数据测算所得。

五 结论与政策建议

（一）结论

总起来看，我国沿海区域海洋经济"双循环"发展综合得分缓慢下降，平均得分为30.4。其中，东部海洋经济圈平均得分为39.2，南部海洋经济圈平均得分为36.5，北部海洋经济圈平均得分为17.7。沿海11个省（区、市）排序依次为广东、浙江、江苏、上海、福建、山东、广西、天津、辽宁、海南和河北。

从内循环和外循环分维度来看，中国沿海区域海洋经济外循环发展水平明显高于内循环。北部海洋经济圈海洋经济内循环发展优于外循环，内、外循环发展均逐年恶化；东部海洋经济圈海洋经济外循环发展显著优于内循环；南部海洋经济圈海洋经济的外循环发展水平约为内循环发展水平的两倍，且内循环发展逐年优化。东部海洋经济圈在内循环维度占据绝对优势，南部海洋经济圈的优势为海洋经济外循环发展，北部海洋经济圈的优势在于海洋经济内循环发展。沿海 11 个省（区、市）海洋经济内循环发展第一梯队为江苏、浙江和广东，具备绝对优势，第二梯队为天津、福建和山东，第三梯队为上海、辽宁和海南，第四梯队为河北和广西。同时，海洋经济外循环发展第一梯队为广东，具备绝对优势，第二梯队为上海，第三梯队为浙江、江苏、广西、山东和福建，第四梯队为天津、辽宁、海南和河北。

从耦合协调度来看，中国沿海区域整体的海洋经济内循环和外循环发展呈轻度失调状态，其中，东部海洋经济圈呈濒临失调状态，南部海洋经济圈呈濒临失调状态，北部海洋经济圈呈中度失调状态。沿海 11 个省（区、市）中，广东为勉强协调状态，江苏、上海和浙江为濒临失调状态，山东和福建呈轻度失调状态，辽宁、天津和广西为中度失调状态，河北和海南为重度失调状态。

（二）提升中国区域海洋经济"双循环"耦合协调发展水平的对策建议

1. 以全国统一大市场建设为海洋经济"双循环"提供动力

加快建设全国统一大市场，借此实现生产、分配、流通、消费等商品流通各环节的有效贯通，打造完整、高效、合理的内需系统，助力畅通海洋经济的国内大循环，具体实现路径如下。一是着力扩大服务消费领域的需求量，供给符合当代居民消费升级偏好的医疗、养老、教育、文旅服务。结合中国滨海旅游业在沿海地区的快速发展，优化升级旅游餐饮、海岛游和滨海民宿等特色消费项目。二是大力引进数字贸易、网络直播等消费领域的新业态，借助大数据、人工智能、数字技术赋能传统企业业务开展，以科技创新助力消费升级。三是加强全国统一大市场的配套交通基础设施建设，构建起铁路、公路、水路等交通网，为沿海地区融入全国统一大市场筑牢基础。

2. 以构建现代海洋产业体系筑牢海洋经济"双循环"根基

一是促进海洋渔业和海洋船舶工业等具有竞争优势的海洋传统产业转型升级。推动海洋渔业引进现代绿色养殖技术和生态环保的养殖模式，推动精

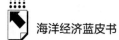

品水产养殖、深海智能网箱养殖和海洋牧场的落地发展，由唯产量论向质量导向转变。促进造船、修船、配套、海工等海洋船舶工业分领域的协同发展，同时积极突破船舶工业的关键瓶颈技术，构建智能制造新格局，以自主创新赋予产业转型升级内生动力。二是培育壮大海洋生物医药产业和海水淡化产业等海洋新兴产业。充分发挥海洋生物医药产业集聚发展潜力，将龙头医药企业和科研院所整合，强化其基础关联产业支撑力，并促进产学研一体化发展。提升海水淡化产业的现代化水平和全产业链发展水平，着力突破关键技术和关键核心装备制造瓶颈，延伸海水淡化产业的创新链、产业链和价值链，助力核心竞争力形成。三是加快发展滨海旅游业和海洋交通运输业等现代海洋服务业。积极构建海洋服务业融合发展新格局，如促进海洋文化与滨海旅游业融合发展，借此实现催生海洋文化产业载体和提升海洋文旅内涵的双重目标。运用互联网信息技术和大数据改造海洋交通运输业，借助服务模式创新提升服务效率。

3. 以全球海洋中心城市建设打造海洋经济"双循环"重要枢纽

一是制定全球海洋中心城市建设的顶层规划方案，构建"三核三群三圈"[①] 联动发展的中国蓝色经济空间格局。同时与国家重大区域发展战略、自贸区建设、海洋强国建设和"一带一路"倡议统筹推进，形成政策合力。二是在高水平上汇聚技术、人才、资本和数据要素，结合地区资源或产业优势，发展具有较强竞争力和鲜明特征的现代海洋经济创新高地、人才高地和资本高地。三是大力提升海洋公共服务和海洋全球治理能力。在海洋环境治理和公共服务方面深度参与国际海洋交流与海洋治理。

参考文献

孙康、周晓静、苏子晓、张华：《中国海洋渔业资源可持续利用的动态评价与空间分异》，《地理科学》2016 年第 8 期。

---

① "三核"即青岛、上海和深圳三大全球海洋中心城市，"三群"即京津冀城市群、长江三角洲城市群、珠江三角洲城市群，"三圈"即北部、东部和南部三大海洋经济圈。

郑金花、狄乾斌:《环渤海地区海洋经济发展水平与海域承载力耦合分析》,《海洋经济》2017年第5期。

孙才志、覃雄合、李博、王泽宇:《基于WSBM模型的环渤海地区海洋经济脆弱性研究》,《地理科学》2016年第5期。

杨丽、孙之淳:《基于熵值法的西部新型城镇化发展水平测评》,《经济问题》2015年第3期。

赖一飞、叶丽婷、谢潘佳、马昕睿:《区域科技创新与数字经济耦合协调研究》,《科技进步与对策》(2022-04-28优先出版)。

赵文举、张曾莲:《中国经济双循环耦合协调度分布动态、空间差异及收敛性研究》,《数量经济技术经济研究》2022年第2期。

魏婕、任保平:《新发展阶段国内外双循环互动模式的构建策略》,《改革》2021年第6期。

李勃昕、张玉荣、朱承亮、李宁:《中国跨境投资的内外双循环溢出效应》,《财经研究》2022年第3期。

B.13
中国海洋经济与区域联动关系分析

石晓然[*]

摘　要： 目前，我国海洋经济蓬勃发展，海洋经济增长率逐年提高，海洋
　　　　经济已成为国民经济增长的重要动能。本文选取北部、东部、南
　　　　部海洋经济圈作为对比分析对象，通过贡献度、拉动度、相对增
　　　　长率、计量模型回归等，定量揭示其海洋开发活动与区域经济发
　　　　展间的联动特征，并对三大海洋经济圈的回归结果进行对比。结
　　　　果显示：东部海洋经济圈的海洋产业与区域经济间联动作用最
　　　　强，拉动度和间接贡献度最高；南部海洋经济圈海洋产业对区域
　　　　经济的直接贡献度最强，尚未形成双向循环推动作用；北部海洋
　　　　经济圈的区域经济可有效带动海洋产业的发展，但海洋产业发展
　　　　对区域经济的推动作用相对较弱。各区域间联动差异的内在因素
　　　　主要为海洋资源配置与经济发展环境、海陆统筹协调发展程度、
　　　　海洋产业与区域经济关联匹配以及政策效应差异。

关键词： 区域联动　海洋经济　区域经济

中国海洋经济发展迅速，根据《2021 年中国海洋经济统计公报》，2021
年中国海洋生产总值为 90385 亿元，占沿海地区生产总值的比重为 15.1%，
海洋经济发展已经成为当前中国经济发展的新引擎、新支撑。海洋产业是区
域经济的组成部分，可将区域经济分为海洋经济与陆域经济，海洋经济增长

---

　*　石晓然，博士，海南热带海洋学院海洋科学技术学院讲师，研究方向为海洋政策评价、海洋
　　　生态环境评估等。

可直接推动区域经济提升，同时也与陆域经济发展存在着紧密的相互联系。根据陆海统筹理论，海陆间存在错综复杂的联系网络（见图1）。海洋产业的发展在对区域经济产生直接促进作用的同时，也通过关联陆域产业间接地对区域经济产生影响。

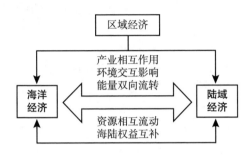

图1　海洋经济与陆域经济作用关系

一　海洋经济与区域经济发展现状分析

本文选取北部、东部、南部海洋经济圈作为对比分析对象。从经济发展现状来看，三大海洋经济圈是中国沿海地区国民经济发展的重要支柱，也是其高速发展的新动能。但因地理位置、资源保有情况、相关政策实施等不同，各海洋经济圈的海洋经济和经济发展各不相同，并存在明显差异，具体范围如表1所示。

表1　三大海洋经济圈范围

名称	范围	包含地区
北部海洋经济圈	指由辽东半岛、渤海湾和山东半岛沿岸地区所组成的经济区域	辽宁省、河北省、天津市和山东省
东部海洋经济圈	指由长江三角洲的沿岸地区所组成的经济区域	江苏省、上海市和浙江省
南部海洋经济圈	指由福建、珠江口及其两翼、北部湾、海南岛沿岸地区所组成的经济区域	福建省、广东省、广西壮族自治区和海南省

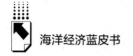

（一）北部海洋经济圈

北部海洋经济圈海洋产业总产值、海洋产业增加值、海洋产业中间投入总值、地区生产总值及其变化如图 2 所示，其海洋产业产值增长率、地区生产总值增长率和相对增长率（海洋产业产值增长率/地区生产总值增长率）的变化情况如图 3 所示。

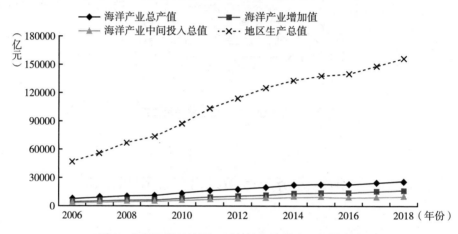

图 2　北部海洋经济圈区域经济与海洋产业规模变化

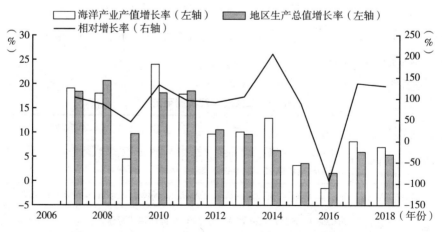

图 3　北部海洋经济圈海洋产业产值与地区生产总值增长情况

2006 年以来，北部海洋经济圈海洋经济和区域经济发展保持持续的增长趋势，海洋产业增加值、海洋产业中间投入总值持续上升。到 2018 年，海洋经济生产总值达 26219.2 亿元，比 2006 年增长了 2.7 倍，实现了 11.08% 的年均增长。其中 2008~2009 年受国际金融危机影响，海洋经济和区域经济增速降低，2009 年以后增速出现回升，2010 年之后宏观经济环境有所回暖，海洋生产总值和区域生产总值增速分别达 24% 和 18%。受区域产业结构调整影响，海洋经济和区域经济增速出现一定波动，并于 2016 年出现最低极值，2017 年后有所恢复。2006 年以来，北部海洋经济圈海洋产业产值和地区生产总值的相对增长率基本处在 94% 的稳定水平。2006~2018 年，北部海洋经济圈海洋产业总产值占该区域国内生产总值的比重基本维持在 16% 左右。

（二）东部海洋经济圈

东部海洋经济圈海洋产业总产值、地区生产总值等的变化情况如图 4 所示，其海洋产业产值增长率、地区生产总值增长率和相对增长率（海洋产业产值增长率/地区生产总值增长率）的变化情况如图 5 所示。

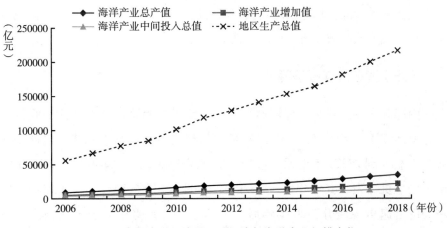

图 4　东部海洋经济圈区域经济与海洋产业规模变化

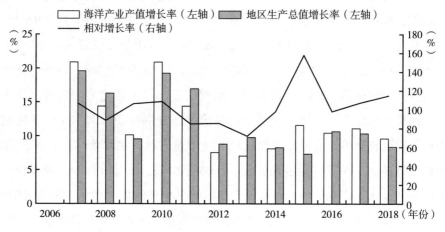

图 5　东部海洋经济圈海洋产业产值与地区生产总值增长情况

　　整体来看，东部海洋经济圈海洋经济和区域经济呈现平稳发展趋势，海洋产业增加值和海洋产业中间投入总值也均呈现逐年增长趋势。其海洋产业总产值从 2006 年的 8874.8 亿元上升至 2018 年的 34921 亿元，实现了12.18%的年均增长。其中 2008~2009 年受国际金融危机影响，海洋经济和区域经济增速降低，2009 年以后增速出现回升，2010 年之后增速逐渐下降，海洋经济和区域经济均进入增速换挡新时期，海洋经济增速明显高于区域经济增速，成为该区域经济发展的新动能。

（三）南部海洋经济圈

　　南部海洋经济圈所辖海域面积广阔，具有独特的区位优势。2006 年以来，南部海洋经济圈海洋产业总产值保持稳定持续的增长趋势，实现了从4726.2 亿元到 22274.5 亿元的增长，实现了 13.9%的年均增长。2009 年国际金融危机爆发，其增速降至 13.9%，2009~2010 年海洋经济增速带动区域经济增速出现回升，2011 年后，海洋经济增速明显大于区域经济增速（见图 6、图 7），成为重要的经济增长点。

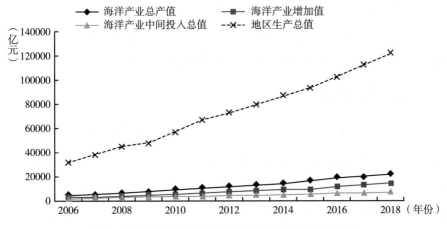

图 6　南部海洋经济圈区域经济与海洋产业规模变化

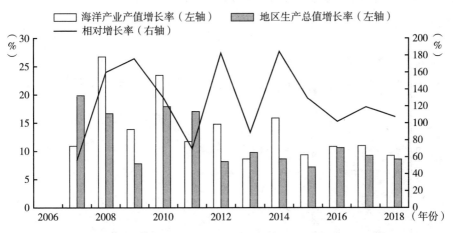

图 7　南部海洋经济圈海洋产业产值与地区生产总值增长情况

二　海洋产业与区域经济传统联动关系研究

本部分通过传统的分析方法，主要包括贡献度、拉动度以及相对增长率等，对海洋产业总产值、海洋产业增加值、地区生产总值及其增长率之间的简单比较，直观反映海洋产业发展与区域经济发展之间的联动作用关系。

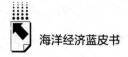

根据相关定义，贡献度为海洋产业总产值与地区生产总值的比值，直接贡献度为海洋产业增加值与地区生产总值的比值，间接贡献度为1减去直接贡献度，拉动度为贡献度同地区生产总值增长率的乘积。

（一）北部海洋经济圈

得到的计算结果如图8所示。可以看出，北部海洋经济圈海洋产业对区域经济的贡献度、直接贡献度和间接贡献度基本保持在一个稳定的水平，2006~2018年海洋产业对地区经济的平均贡献度为16.1%，平均直接贡献度为9.5%，平均间接贡献度为6.6%。北部海洋经济圈的海洋产业对区域经济的拉动度出现波动减少趋势，从2007年的3%降到2016年的0.26%，说明北海海洋经济圈海洋产业对区域经济的带动作用逐渐减弱。

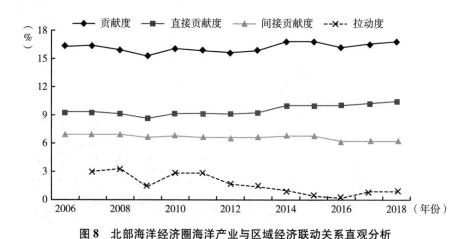

图8　北部海洋经济圈海洋产业与区域经济联动关系直观分析

（二）东部海洋经济圈

由图9所示，东部海洋经济圈海洋产业对区域经济贡献度在2006~2018年基本维持在15.8%左右，同时直接贡献度和间接贡献度也基本稳定，平均值分别为9.2%和6.6%。东部海洋经济圈海洋产业对区域经济的拉动度存在一些波动，但 2012 年后基本稳定在 1.5%左右。总体来看，东部海洋经济圈海洋产业与区域经济保持比较稳定的联动关系。

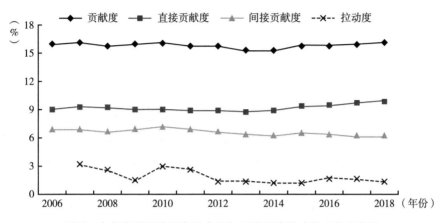

图 9　东部海洋经济圈海洋产业与区域经济联动关系直观分析

（三）南部海洋经济圈

如图 10 所示，2006~2018 年，南部海洋经济圈海洋产业对区域经济贡献度保持增长趋势，从 2006 年的 14.6%提升到 2018 年的 18.2%，表明南部海洋经济圈海洋产业总产值占地区生产总值比重逐年增加。同时，直接贡献度和间接贡献度也存在缓慢的增长趋势，分别从 2006 年的 9%和 4.5%增长到 2018 年的 12.2%和 6%，表明海洋经济为区域经济发展做出了直接和间接的贡献。海洋产业对区域经济的拉动度在 2007~2012 年存在一定波动，2012 年后基本保持在 1.6%左右。总体来看，南部海洋经济圈的海洋产业在一定程度上带动了地区经济增长，保持了一定的联动关系。

（四）三大海洋经济圈比较分析

结合以上结果，针对三大海洋经济圈海洋产业与区域经济的贡献度、拉动度以及相对增长率开展比较分析如下。

三大海洋经济圈海洋产业产值对地区经济总产值贡献度的比较结果见表

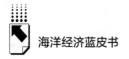

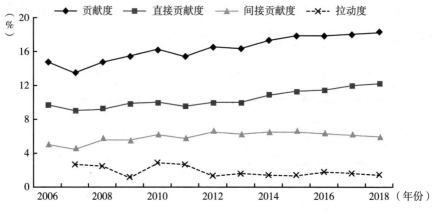

图 10　南部海洋经济圈海洋产业与区域经济联动关系直观分析

2。从中可知，2006～2018 年，三大海洋经济圈中，北部海洋经济圈海洋产业产值对区域经济的贡献度初始值最高，且在波动中呈现一定的上升趋势，从 2006 年的 16.2%增长到 2018 年的 16.7%；东部海洋经济圈海洋产业产值对区域经济总产值的贡献度初始值较高，相对较为稳定，基本保持在 15.81%左右。南部海洋经济圈海洋产业产值对区域经济总产值贡献度从 2006 年的 14.6%不断提升到了 2018 年的 18.2%，保持了较为强劲的增长势头。总体来说，2011 年之前，北部海洋经济圈和东部海洋经济圈贡献度差距不大，南部海洋经济圈最低但增长最为迅速；2012 年之后，东部海洋经济圈贡献度基本稳定，南部海洋经济圈仍保持较高的增长水平，北部海洋经济圈也保持也一定的增长，二者均优于东部海洋经济圈。此外，三大海洋经济圈 2006～2018 年海洋产业产值对区域经济总产值的平均贡献度分别为北

表 2　海洋产业产值对区域经济总产值贡献度比较

单位：%

年份	2006	2007	2008	2009	2010	2011	2012	2013	2014	2015	2016	2017	2018
东部海洋经济圈	16.0	16.1	15.9	16.0	16.2	15.8	15.6	15.2	15.2	15.8	15.8	15.9	16.1
南部海洋经济圈	14.6	13.5	14.7	15.5	16.2	15.5	16.5	16.3	17.4	17.8	17.8	18.1	18.2
北部海洋经济圈	16.2	16.3	15.9	15.1	15.9	15.8	15.7	15.7	16.7	16.7	16.2	16.5	16.7

部海洋经济圈 16.11%、东部海洋经济圈 15.81% 以及南部海洋经济圈 16.31%，呈现南部海洋经济圈>北部海洋经济圈>东部海洋经济圈的状况。

　　进一步对三大海洋经济圈的海洋产业情况进行分类，得出三大海洋经济圈海洋产业对区域经济的平均直接贡献度与平均间接贡献度的比例关系，以分别具体反映各海洋经济圈的海洋产业增加值和海洋产业中间投入产值对其区域经济的贡献比例情况，具体见图 11。结果表明，南部海洋经济圈海洋产业产值促进区域经济增长的贡献度平均值最高，其海洋产业增加值和海洋产业中间投入产值对自身区域经济的贡献度也最高，也在一定程度上反映了南部海洋经济圈相对对海洋产业的依赖程度最高。

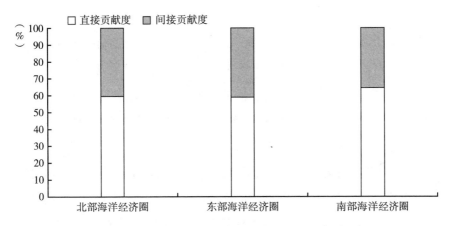

图 11　三大海洋经济圈贡献度结构比例关系比较

　　根据拉动度的定义，其可直观地反映各海洋经济圈的海洋产业发展对区域经济的带动作用，具体见图 12。2007～2018 年，三大海洋经济圈的海洋产业发展对区域经济拉动度基本保持一致趋势，尤其东部海洋经济圈和南部海洋经济圈的拉动度变化趋势非常一致。具体来看，2009 年受国际金融危机影响，三大海洋经济圈的拉动度急剧降低；2010 年有所回升，2012 年拉动度急剧下降；后因海洋经济步入增速换挡新时期，海洋产业发展对区域经济的拉动度基本保持在比较稳定水平。其中 2016 年北部海洋经济圈的拉动度急剧下降，与另外两个区域形成鲜明对比。总体来看，呈现东部海洋经济圈>南部

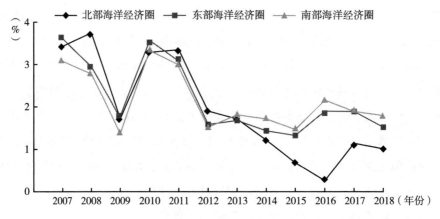

图12 三大海洋经济圈拉动度结果比较

海洋经济圈>北部海洋经济圈的状况。三大海洋经济圈的拉动度平均值依次为北部海洋经济圈1.71%、东部海洋经济圈1.92%和南部海洋经济圈1.89%。

相对增长率可反映各海洋经济圈的海洋产业产值增长速率与区域经济总值增长速率的相对值，代表二者平均增长速率之间的快慢程度，具体见图13。综合来看，2007~2018年三大海洋经济圈共计36个数据中有20个数据大于1，代表在大多数年份中，海洋产业产值增长速率高于地区平均增长速率，从侧面反映了各海洋经济圈的海洋产业在地区经济发展中具备更好的活力以及发展潜力。具体来看，三大海洋经济圈的相对增长率均呈现一定波

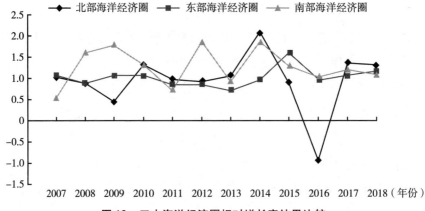

图13 三大海洋经济圈相对增长率结果比较

动，其中北部海洋经济圈的波动最大，并在 2016 年出现负值，究其原因为地区生产总值出现负增长；东部海洋经济圈波动最小，呈现相对均衡的状态。

三　海洋产业与区域经济联动的计量分析

本文选取北部、东部、南部海洋经济圈作为对比分析对象，通过计量模型回归定量揭示其海洋开发活动与区域经济发展间的联动特征，并对三大海洋经济圈的回归结果进行对比。下文分别对各海洋经济圈的区域海洋产业产值（$\ln x$，对原始值取对数）和区域经济生产总值（$\ln y$，同上）开展实证分析。

（一）北部海洋经济圈

依据计量分析步骤，结合 2006～2018 年北部海洋经济圈的相关数据，开展以下计算及分析。

1. 变量平稳性检验

变量平稳性检验结果见表 3，由其结果可以看出，在 5% 的置信水平下，原序列在一阶情况下为非平稳序列；开展二阶差分后成为平稳序列，故可对其进行变量协整性检验。

表 3　北部海洋经济圈变量平稳性检验

变量	检验方程式(t,c,k)	ADF 统计值	P 值	是否平稳
$\ln y$	$(t,c,2)$	−0.971674	0.9082	否
$\ln x$	$(t,c,2)$	−0.848432	0.9279	否
$D(\ln x,2)$	$(0,0,2)$	−5.027183	0.0003	是
$D(\ln y,2)$	$(0,0,2)$	−4.255962	0.0007	是

注：$D(\ln x, 2)$、$D(\ln y, 2)$ 分别表示 $\ln x$ 和 $\ln y$ 的二阶差分；(t, c, k) 中的三个变量依次代表单位根检验的趋势项、截距项和滞后项数。

2. 变量协整性检验和因果检验

分别对区域海洋产业产值（$\ln x$）和区域经济生产总值（$\ln y$）通过

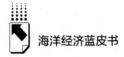

Johansen 检验方法开展协整检验，具体如表 4 所示。从检验结果来看，区域海洋产业产值（lnx）和区域经济生产总值（lny）在 95% 的置信区间内显著协整，并存在长期的相关性。通过开展 Granger 检验得表 5。

表 4 北部海洋经济圈变量协整关系检验

变量	模型选择	滞后项数	统计值	5%置信水平下临界值	是否协整
lnx,lny	模型 2	(2,2)	9.338991	9.164546	是

从表 5 可知，在滞后 1 期的条件下，北部海洋经济圈的海洋产业产值（lnx）对区域经济生产总值（lny）的影响关系不明显，而在滞后 2、3 期后，北部海洋经济圈的海洋产业产值（lnx）对区域经济生产总值（lny）则存在单向的 Granger 因果关系。

表 5 北部海洋经济圈变量 Granger 因果检验

零假设	滞后期	F 统计值	概率值
lnx 不是 lny 的格兰杰原因	1	2.61577	0.1403
lny 不是 lnx 的格兰杰原因	1	4.64440	0.0595
lnx 不是 lny 的格兰杰原因	2	2.48988	0.1632
lny 不是 lnx 的格兰杰原因	2	5.96202	0.0375
lnx 不是 lny 的格兰杰原因	3	2.59762	0.2269
lny 不是 lnx 的格兰杰原因	3	13.6021	0.0298

3. 回归分析与结果

通过以上结果可知，区域经济产值对北部海洋产业产值有着较大的影响并且存在着长期均衡关系，对两变量回归结果分析如下。

表 6 北部海洋经济圈变量直接回归

直接回归结果					
变量	系数	标准差	T 统计值	概率值	可决系数	DW 值
C	-2.177212	0.236294	-9.213996	0.0000	0.995661	1.211
lny	1.030469	0.020511	50.23999	0.0000		

在显著性水平 0.05 下，$n = 13$，$k = 1$ 时，DW 临界值为：DL = 0.738，DU = 1.038，直接回归分析结果中 DU<DW<4−DU，所以不存在自相关，并且 white 检验不存在异方差。

其中，$R^2 = 0.995661$ 说明模型中因变量可以被全部自变量 99.5%的解释，拟合优度较好。本回归中，F 统计量值为 2524.7，P 值为 0.00<0.05，说明拒绝零假设，也即在 95%的置信区间上可认为方程显著。参数 t 检验结果对应 P 值均小于 0.05，也即在 95%的置信区间上可认为此回归系数显著成立。

（二）东部海洋经济圈

依据计量分析步骤，结合 2006～2018 年东部海洋经济圈的相关数据，开展以下计算及分析。

1. 变量平稳性检验

表7　东部海洋经济圈变量平稳性检验

变量	检验方程式(t,c,k)	ADF 统计值	P 值	是否平稳
ln$y$	$(t,c,2)$	−2.211920	0.4392	否
ln$x$	$(t,c,2)$	−2.464090	0.3357	否
D(ln$x$,2)	$(0,0,2)$	−3.735272	0.0018	是
D(ln$y$,2)	$(0,c,2)$	−5.059938	0.0044	是

注：D（ln$x$，2）、D（ln$y$，2）分别表示 ln$x$ 和 ln$y$ 的二阶差分；(t, c, k) 中的三个变量依次代表单位根检验的趋势项、截距项和滞后项数。

从表7可知，东部海洋经济圈的海洋产业产值（ln$x$）对区域经济生产总值（ln$y$）在一阶条件下为非平稳序列；经过二阶差分后再进行单位根检验，结果表明 D（ln$y$，2）在（0，0，2）组合下和 D（ln$x$，2）在（0，c，2）均为平稳序列，即海洋经济圈的海洋产业产值（ln$x$）同区域经济生产总值（ln$y$）符合同阶单整，可开展协整检验。

2. 变量协整性检验和因果检验

分别对东部海洋经济圈的区域海洋产业产值（lnx）和区域经济生产总值（lny）通过 Johansen 检验方法开展协整检验，具体如表 8 所示。

表 8　东部海洋经济圈变量协整关系检验

变量	模型选择	滞后项数	统计值	5%置信水平下临界值	是否协整
lnx, lny	模型 2	(1,1)	44.60951	20.26184	是

从检验结果来看，lnx、lny 这对变量的极大似然比 44.60951 大于 5%置信水平下的临界值 20.26184，落在拒绝域，即有 95%的可能性，上述两变量之间是协整的，即变量间有长期的相关性。下面对其进行 Granger 检验。

表 9　东部海洋经济圈变量 Granger 因果检验

零假设	滞后期	F 统计值	概率值
lnx 不是 lny 的格兰杰原因	1	3.86178	0.0810
lny 不是 lnx 的格兰杰原因	1	0.68412	0.4296
lnx 不是 lny 的格兰杰原因	2	3.50038	0.0983
lny 不是 lnx 的格兰杰原因	2	2.09144	0.2046
lnx 不是 lny 的格兰杰原因	3	3.38619	0.1716
lny 不是 lnx 的格兰杰原因	3	1.02577	0.4919

在滞后 1 期和滞后 2 期时，东部海洋经济圈的海洋产业产值（lnx）对区域经济生产总值（lny）存在单向的 Granger 因果关系；在滞后 3 期时，东部海洋经济圈的海洋产业产值（lnx）与区域经济生产总值（lny）之间的相互影响关系均不明显。

3. 回归分析与结果

由以上结果可知，区域经济产值对东部海洋产业产值有着较大的影响并且存在着长期均衡关系，对两变量回归结果分析如下。

表 10　东部海洋经济圈变量直接回归

直接回归结果					
变量	系数	标准差	T 统计值	概率值	可决系数	DW 值
C	1.720928	0.127320	13.51657	0.0000	0.998213	0.912
$\ln x$	1.012564	0.012916	78.39372	0.0000		

在显著性水平 0.05 下，$n=13$，$k=1$ 时，DW 临界值为：DL=0.738，DU=1.038，直接回归分析结果中 DL<DW<DU，所以不确定是否存在自相关。之后进行拉格朗日检验发现在 5% 的显著性水平下并不存在自相关性，并且 white 检验不存在异方差。

$R^2=0.998123$ 说明模型中因变量可以被全部自变量 99.81% 的解释，拟合优度较好。参数 t 检验结果对应 P 值均小于 0.05，也即在 95% 的置信水平上可认为此回归系数显著成立。

（三）南部海洋经济圈

依据计量分析步骤，结合 2006~2018 年南部海洋经济圈的相关数据，开展以下计算及分析。

1. 变量平稳性检验

表 11　南部海洋经济圈变量平稳性检验

变量	检验方程式(t,c,k)	ADF 统计值	P 值	是否平稳
$\ln y$	$(t,c,2)$	-2.089243	0.5000	否
$\ln x$	$(t,c,2)$	-2.211920	0.4392	否
$D(\ln x,2)$	$(0,0,2)$	-15.20143	0.0001	是
$D(\ln y,2)$	$(0,c,2)$	-6.537268	0.0008	是

注：$D(\ln x,2)$、$D(\ln y,2)$ 分别表示 $\ln x$ 和 $\ln y$ 的二阶差分；(t,c,k) 中的三个变量依次代表单位根检验的趋势项、截距项和滞后项数。

从表 11 可知，南部海洋经济圈的海洋产业产值（$\ln x$）对区域经济生产总值（$\ln y$）在一阶条件下为非平稳序列；经过二阶差分后再进行单位根检

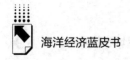

验，结果表明 D（lny，2）在（0，0，2）组合下和 D（lnx，2）在（0，c，2）均为平稳序列，即海洋经济圈的海洋产业产值（lnx）同区域经济生产总值（lny）符合同阶单整，可开展协整检验。

2. 变量协整性检验和因果检验

分别对南部海洋经济圈的区域海洋产业产值（lnx）和区域经济生产总值（lny）通过 Johansen 检验方法开展协整检验，具体如表 12 所示。

表 12　南部海洋经济圈变量协整关系检验

变量	模型选择	滞后项数	统计值	5%置信水平下临界值	是否协整
lnx, lny	模型 2	（1,1）	12.78815	9.164546	是

从检验结果来看，变量 lnx、lny 的极大似然比 12.788 大于 5%置信水平下协整，并存在长期的相关性。通过开展 Granger 检验得表 13。从表 13 可知，在滞后 1 期时，南部海洋经济圈的海洋产业产值（lnx）和区域经济生产总值（lny）之间的影响关系均不明显；在滞后 2 期时，南部海洋经济圈的海洋产业产值（lnx）对区域经济生产总值（lny）存在单向 Granger 因果关系；在滞后 3 期时，南部海洋经济圈的海洋产业产值（lnx）和区域经济生产总值（lny）之间的影响关系均不明显。

表 13　南部海洋经济圈变量 Granger 因果检验

零假设	滞后期	F 统计值	概率值
lnx 不是 lny 的格兰杰原因	1	3.34238	0.1008
lny 不是 lnx 的格兰杰原因	1	4.70903	0.0581
lnx 不是 lny 的格兰杰原因	2	15.0586	0.0046
lny 不是 lnx 的格兰杰原因	2	0.72594	0.5220
lnx 不是 lny 的格兰杰原因	3	3.24529	0.1797
lny 不是 lnx 的格兰杰原因	3	0.48016	0.7189

3. 回归分析与结果

通过以上分析可知，南部海洋经济圈的区域经济对海洋产业有着较大的影响并且存在着长期均衡关系，两变量回归结果见表14。

表14 南部海洋经济圈变量直接回归

变量	系数	标准差	T统计值	概率值	可决系数	DW值
			直接回归结果			
C	3.460263	0.148051	23.37211	0.0000	0.995934	2.338
$\ln x$	0.823659	0.015867	51.90861	0.0000		

在显著性水平为0.05下，$n=13$，$k=1$时，DW临界值为：DL=0.738，DU=1.038，直接回归分析结果中 DU<DW<4-DU，所以不存在自相关。之后进行拉格朗日检验发现在5%的显著性水平下并不存在着自相关性。但是white检验显示在5%的显著性水平下存在着异方差性，下面用加权最小二乘法进行修正，其中取权数为 1/abs（e）。

表15 南部海洋经济圈变量加权最小二乘法回归

变量	系数	标准差	T统计值	概率值	可决系数	DW值
			直接回归结果			
C	3.464762	0.072575	47.74059	0.0000	0.999066	2.1151
$\ln x$	0.823124	0.007588	108.4801	0.0000		

加权最小二乘修正法下，异方差现象已经消除。并且根据DW值发现并不存在自相关性。$R^2 = 0.999066$ 说明模型中因变量可以被全部自变量99.96%的解释，拟合优度较好。参数 t 检验结果对应 P 值小于0.05，也即在95%的置信水平上可以认为此回归系数显著成立。

（四）计量结果比较分析

通过开展计量分析，可深入挖掘海洋产业与区域经济联动发展的规律，本文选取 2006~2018 年各海洋经济圈的相关数据，更加客观、科学地分析其内在规律和相关关系。通过以上结果可知，三大海洋经济圈的海洋产业与区域经济发展存在一定的联动关系，但各区域的因果关系方向存在不同之处，揭示了各海洋经济圈内部海洋产业与区域经济的关联机制存在一定差异（见表16）。

表 16 计量经济学分析结果比较

区域	变量间影响方向	影响系数
北部海洋经济圈	区域经济是海洋产业的格兰杰原因	0.9662
东部海洋经济圈	海洋产业是区域经济的格兰杰原因	1.0123
南部海洋经济圈	海洋产业是区域经济的格兰杰原因	0.8231

（五）比较结果的综合评价

通过三大海洋经济圈海洋产业与区域经济的传统分析和计量分析的实证研究结果，进一步验证了各地区海洋产业发展与区域经济发展之间相互促进、相互制约的紧密联系。结合图 1 可知，海陆间存在错综复杂的联系网络。区域经济是海洋产业发展的基础和外部环境，影响海洋产业发展的各个环节和发展过程。如能进一步促进海陆经济间建立正向且更加高效的联动机制，充分发挥二者间的双向促进作用，实现双向 Granger 因果关系，将有利于各海洋经济圈更加充分、更加高效地利用海洋能源和资源，最大化发挥海洋产业对区域经济的带动和引领作用。

结合以上实证研究结果，东部海洋经济圈的海洋产业与区域经济间存在最大的影响作用机制，假设推动海洋产业产值增长 1 个单位，将带动区域经济增长 1.0123 单位，同时东部海洋经济圈的海洋产业对区域经济的拉动度和间接贡献度也最高，分别为 1.92% 和 6.92%，说明该区域海洋产业对区域经济增长的带动作用最强。而对于南部海洋经济圈，虽其海洋产业增长势头强劲，但对区域经济的促进作用相对较弱，影响系数仅为 0.8231，海洋产业对区域经济的直接贡献度最强，间接贡献度最弱，尚未形成双向循环推动作用,陆海产业作用机制亟须升级。就北部海洋经济圈而言,该区域的区域经济可有效带动海洋产业的发展,但海洋产业对区域经济的贡献度、拉动度、相对增长率等均处在相对低位,海洋产业发展对区域经济的推动作用相对较弱。

四 海洋产业与区域经济联动内在因素分析

各区域的联动关系及变化特征存在较大差异,导致这些差异的因素来源广阔、错综复杂。总体来说,主要包括区域本身海洋资源配置与经济发展环境差异、海陆统筹协调发展程度差异、海洋产业与区域经济关联匹配差异以及区域发展的政策效应差异等四方面。

(一)区域本身海洋资源配置与经济发展环境差异

从表17可知,因近岸海域面积、地理区位联系、海洋资源保有情况等不同,各海洋经济圈的海洋经济和经济发展各不相同,并存在明显差异。

表17 各海洋经济圈资源环境发展差异

区域	近岸海域面积	区位联系	海洋资源保有情况
北部海洋经济圈	78848平方公里	经济发达,腹地广阔	港口分布密集,油气资源丰富,盐业生产基地,渔业资源丰富
东部海洋经济圈	83002平方公里	沿海地区中心,走向全球的门户,港口航运体系完善	油气资源、固体矿床等资源丰富
南部海洋经济圈	101553平方公里	面向东南亚、东盟,靠近粤港澳大湾区,是太平洋和印度洋的交通要冲	丰富的油气储备,滨海和海岛旅游资源、海洋能资源、港口航运资源、热带亚热带生物资源

开发利用海洋资源是海洋产业发展的基础,而近岸海域更是海洋开发利用的主要区域。海洋资源多对海洋经济发展及其与区域经济的关联作用具有

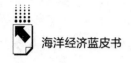

非常重要的作用。结合上文中 2006~2018 年三大海洋经济圈海洋产业与区域经济的拉动度、相对增长率等的变化规律，可发现南部海洋经济圈海洋产业对区域经济的拉动度和相对增长率均最高，这与其拥有最广阔的近岸海域和丰富的海洋能源存在直接关系。区位关系则是海洋产业和区域经济发展的基础，东部海洋经济圈和北部海洋经济圈所辖省份经济较为发达，产业结构更加完善，海洋产业增长能有效带动陆域经济发展，故其海洋产业增长对区域经济的间接贡献率也最高。

（二）海陆统筹协调发展程度差异

海洋与陆地相互接壤，互为依托。海洋资源的有效开发需要陆域经济的强大支撑，陆域经济的高速发展也离不开海洋经济的联动效应。海陆统筹才能进一步优化陆域经济和海洋经济的互动作用，促进区域经济健康协调发展。为了判断各海洋经济圈海洋产业与区域经济系统存在的协同关系，通过计算其耦合度（见表 18）进行具体分析。

表 18　2006~2018 年三大海洋经济圈海洋产业与区域经济耦合度

耦合度	2006 年	2007 年	2008 年	2009 年	2010 年	2011 年	2012 年
东部海洋经济圈	0.689	0.692	0.688	0.689	0.692	0.687	0.684
南部海洋经济圈	0.667	0.648	0.668	0.682	0.693	0.682	0.697
北部海洋经济圈	0.692	0.694	0.688	0.676	0.688	0.687	0.685
耦合度	2013 年	2014 年	2015 年	2016 年	2017 年	2018 年	
东部海洋经济圈	0.677	0.677	0.687	0.686	0.688	0.691	
南部海洋经济圈	0.694	0.711	0.716	0.716	0.720	0.722	
北部海洋经济圈	0.686	0.701	0.700	0.692	0.697	0.701	

耦合度主要表现系统相互作用的强弱程度，耦合度越大，表明海洋产业和区域经济的耦合程度越好。从表 18 可看出，根据耦合协调分类标准，2006~2018 年三大海洋经济圈海洋产业与区域经济耦合度较好，均处在磨合阶段。其中东部和北部海洋经济圈总体耦合水平比较稳定，南部海洋经济圈

耦合度呈现了较高的增长态势，这也进一步解释了南部海洋经济圈海洋产业对区域经济的拉动度和相对增长率最高的原因。

（三）海洋产业与区域经济关联匹配差异

海洋产业与区域经济联动发展是非常复杂的过程，通过测算海洋产业与区域经济的灰色关联度，深入挖掘海洋产业与区域经济之间的关联匹配差异，具体结果见表 19。

表 19　三大海洋经济圈三次海洋产业与区域生产总值的灰色关联度

区域	海洋第一产业	海洋第二产业	海洋第三产业	关联度排序
北部海洋经济圈	0.833	0.789	0.763	一>二>三
东部海洋经济圈	0.614	0.670	0.694	三>二>一
南部海洋经济圈	0.845	0.703	0.766	一>三>二

从表 19 可知，各海洋经济圈三次海洋产业与区域生产总值增长的关系出现明显的地区差异。总体来看，北部海洋经济圈和南部海洋经济圈的三次海洋产业与区域生产总值增长的关系较为密切，而东部海洋经济圈的关系则较弱，这也在一定程度上解释了东部海洋经济圈海洋产业对区域经济贡献度最低的原因。具体来看，北部海洋经济圈的海洋第一产业与区域生产总值的关系最大，达 0.833，且呈现海洋第一产业>海洋第二产业>海洋第三产业的格局，与其自身的海洋产业结构基本一致；东部海洋经济圈海洋第三产业是区域经济增长的主动力，可充分带动就业发展和相关上下游产业发展，解释了其海洋产业对区域经济的间接贡献度最大的原因；南部海洋经济圈海洋第一产业与区域生长总值增长的关联度最高，第二产业的关联度最低，主要因其辖内海南、广西两地海洋第二产业发展相对不成熟导致。

（四）区域发展的政策效应差异

区域经济政策会影响其产业发展特征，其对海洋产业的支撑力度决定了海洋经济的发展趋势，进而决定区域经济的进一步发展情况。区域经济的发

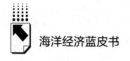

展则会为海洋产业升级带来有利环境。同时受制于区域经济相关政策因素不同，各区域产业特征和影响机制也会出现一定差异，导致地区经济发展不能有效带动海洋产值增长。上文研究内容表明，东部海洋经济圈和南部海洋经济圈区域经济发展不是海洋产值增长的格兰杰原因，说明二者的区域经济未对海洋产业发展起到有效带动作用，相关政府和单位应进一步加大相关政策实施力度，实现区域经济和海洋经济健康有效的联动。与此同时，北部海洋经济圈的区域经济可有效带动海洋产业的发展，但海洋产业发展对区域经济的推动作用相对较弱。因此，应结合各区域自身特征，制定差异化的政策措施，有效推进海洋产业与区域经济的双向联动。

五　对策建议

（一）依托区位优势，统筹海陆协调发展

结合区域本身海洋资源配置与经济、环境优势，制定合理规划，统筹陆域—海域经济发展。依托各海洋经济圈的区位优势，实现海洋产业和区域经济的联动发展。应进一步减少重陆轻海的政策束缚，尤其对北部和东部海洋经济圈，可通过进一步优化海陆资源要素的合理配置，调整海洋产业布局，加大对涉海基础设施建设的资金投入，重视海洋生态环境保护，充分发挥海洋经济的辐射带动作用，促进海陆经济间的优势互补和产业联动。

（二）依据关联程度，推进相关产业发展

结合各区域海洋产业与区域生产总值的关联情况，应制定差异化措施，推进各区域相关产业健康发展。其中，北部海洋经济圈应在保持传统优势海洋产业基础上，进一步优化海洋产业结构，加大对海洋第三产业尤其是战略性新兴海洋产业的政策倾斜和扶持力度；东部海洋经济圈应在促进传统海洋产业升级的基础上，继续加强对关联度相对较高的第三产业的扶持，引领海洋产业对区域经济的促进作用，实现良好的协同效应；南部海洋经济圈应结

合自身资源优势，着重发展海洋石油化工、海洋生物制药等相关产业，带动海洋产业和区域经济实现双向促进的良好局面。

（三）加强区域合作，改善海洋管理机制

可充分发挥各区域优势，加快各海洋资源要素的区域间流动，进一步有效提升海洋资源开发效率；同时，应结合自身优势，大力发展各自的强势海洋产业，实现区域互补，缩小各区域海洋经济的发展差距，实现海洋经济的均衡发展。应进一步提升海洋管理机制，针对各区域特征，制定差异化、针对性强的管理措施，完善海洋经济与区域经济相关联的综合管理体制，为海洋产业与区域经济关联效应提供政策保障。在投融资方面，可进一步扩大融资渠道，创新涉海产业投融资机制，为相关海洋产业尤其是新兴海洋产业发展提供充足资金保障。

参考文献

徐世腾、陈有志：《"一带一路"国家经济联动效应研究》，《浙江工商大学学报》2018年第2期。

陈烨：《沿海三大经济区海洋产业与区域经济联动关系比较研究》，中国海洋大学硕士学位论文，2014。

桑召敏：《中国东北与俄罗斯东部地区经济联动发展研究》，黑龙江大学硕士学位论文，2014。

秦月、秦可德、徐长乐：《流域经济与海洋经济联动发展研究——以长江经济带为例》，《长江流域资源与环境》2013年第11期。

李芳、张丕景：《环渤海省市海洋经济对区域经济发展的影响研究》，《海洋经济》2016年第6期。

梁南南、陈首丽：《环渤海海洋经济对区域经济发展的影响研究》，《统计与决策》2013年第5期。

樊建强、韩凌云、王超：《交通基础设施门槛下旅游业与区域经济联动发展的实证分析——以关中城市群为例》，《西安理工大学学报》2022年7月4日，http：//kns.cnki.net/kcms/detail/61.1294.N.20211118.2147.006.html。

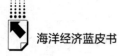
候勃、岳文泽、马仁锋、王腾飞、贾艺璇：《国土空间规划视角下海陆统筹的挑战与路径》，《自然资源学报》2022年第4期。

赵鸣：《"十四五"江苏海洋中心城市建设与区域协调发展问题研究》，《江苏海洋大学学报》（人文社会科学版）2020年第6期。

王双：《我国主要海洋经济区的发展现状及潜力比较》，《经济体制改革》2012年第5期。

黄瑞芬、苗国伟：《海洋产业集群测度——基于环渤海和长三角经济区的对比研究》，《中国渔业经济》2010年第3期。

殷克东主编《中国海洋经济发展报告（2019~2020）》，社会科学文献出版社，2020。

B.14
中国海洋数字经济发展形势与分析

张彩霞 吴克俭 高金田*

摘 要： 大数据时代，海洋经济新产业、新技术、新业态、新模式不断涌现，云计算、大数据、物联网、人工智能等高新技术的应用改变了传统海洋产业的生产方式与发展模式，以海洋产业数字化和海洋数字产业化为核心的海洋数字经济发展模式应运而生。本报告首次提出海洋数字经济这一理念，旨在探析数字经济与海洋经济协调促进的最新趋势，捕捉传统海洋产业与智能信息技术融合发展的最新动态，寻求海洋经济高质量发展的最新路径。首先对海洋数字经济的概念、内涵和特征进行解析厘定，然后从发展历史、发展环境以及发展架构三个角度对中国海洋数字经济的发展现状进行了分析阐述，其次从当前发展困境突破、信息基础建设、数据要素市场等多角度辨析了中国海洋数字经济的发展机遇，最后给出了中国海洋数字经济发展的政策建议。

关键词： 数字经济 数字海洋 海洋数字经济

一 海洋数字经济相关概念解析

随着互联网、大数据等技术的高速发展，世界经济正在经历以数字化、

---

* 张彩霞，博士，北京大学深圳研究生院博士后，研究方向为资源管理与海洋灾害风险评估；吴克俭，博士，中国海洋大学海洋与大气学院教授、博士生导师，研究方向为海洋资源与权益综合管理；高金田，博士，中国海洋大学经济学院教授、硕士生导师，研究方向为国际贸易、海洋经济与管理。

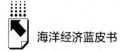

信息化、智能化为代表的新一轮科技革命的洗礼，以数字经济为主要动力的产业变革步伐加快，数字化不断渗透到经济发展的各个领域，数字经济已成为新时期经济发展的重要动力引擎，这为发展海洋数字经济提供新的历史机遇。在数字经济不断催生各种新模式、新业态的背景下，海洋数字经济应运而生，成为中国海洋经济高质量发展的重要增长点，中国正逐步走入海洋数字经济发展新时代。

（一）海洋数字经济的相关概念

1. 数字经济

1996 年，Don Tapscott 最早提出数字经济的概念，并撰写在著作《数字经济：智力互联时代的希望与风险》中；1998 年，美国商务部发布了《新兴的数字经济》报告，从此"数字经济"正式成形。根据中国信息通信研究院《中国数字经济发展白皮书 2017》相关术语释义，数字经济是以数字化的知识和信息为关键生产要素，以数字技术创新为核心驱动力，以现代信息网络为重要载体，通过数字技术与实体经济深度融合，不断提高传统产业数字化、智能化水平，加速重构经济发展与政府治理模式的经济形态。

2. 海洋经济

中国现代海洋经济理论起步于 1978 年，经历了 40 多年的发展。我国的海洋经济研究仍处于初级阶段，海洋经济的基本概念和相关理论还在不断补充与更新之中。2003 年 5 月，国务院发布的《全国海洋经济发展规划纲要》给出定义：海洋经济是开发利用海洋的各类产业及相关经济活动的总和。2006 年制定的《海洋及相关产业分类》（GBT20794-2006）认为海洋经济是开发、利用、保护海洋的各类产业活动，包括海洋产业和海洋相关产业两大部分，其中海洋产业又划分为主要海洋产业和海洋科研教育管理服务业两大类。

3. 数字海洋

数字海洋概念的提出是在 1990 年代末。2006 年底，国家海洋局批准"中国近海数字海洋信息基础框架构建总体实施方案"，标志着我国数字海洋建设正式起步。数字海洋是随着数字地球研究与应用的深化而自然产生的，是数字地球在海洋领域深入而具体的应用，是海洋数字经济的重要基础部分。综合运用 GPS、RS、GIS 技术，数据库技术，网络技术，虚拟现实与仿真等技术手段，集成多分辨率、多维度的海洋观测与监测等数据，多类型数据分析算法和模型，建造一个数字集成的仿真虚拟的海洋系统。数字海洋系统以数字化、可视化等高科技方式，通过对海洋现象和活动过程的模拟输出，实现展现真实海洋世界、再现海洋的过去、预现海洋的未来，从而提高人类对海洋的实时、客观认识，为海洋经济发展提供信息支撑，支持海洋经济的可持续、高质量发展。

4. 海洋数字经济

结合数字经济、海洋经济和数字海洋相关概念，海洋数字经济是数字经济与海洋经济交叉融合的产物，是数字海洋与海洋经济统筹协调的结果，是传统海洋产业与智能信息技术结合发展的新型经济形态。以海洋环境、经济、社会大数据为关键生产要素，以开发和利用海洋的各类产业技术创新、模式创新、业态创新为核心驱动力，以物联网、云计算、5G 技术、3S 技术、数据库技术、网络技术、虚拟现实与仿真等技术为重要载体，通过数字经济与传统海洋经济的深度融合与相互促进，不断提高各类开发、利用、保护海洋的各类海洋产业数字化水平、智能化水平以及现代化管理水平，加速重构海洋经济高质量发展的新模式。

（二）海洋数字经济的内涵

海洋数字经济是对真实海洋及其相关现象的数字化进行重现和认识，以数字化的知识和信息作为关键生产要素，以先进数字技术为海洋经济发展核心驱动力量，以现代信息网络为海洋经济发展的重要载体，通过数字技术与实体海洋经济深度融合，最大限度地统计并合理利用海洋信息资源，不断提高海洋经济的数字化水平。可从以下几个方面解析海洋数字经济的内涵。

1. 海洋数字经济是海洋经济"数字化"和数字经济"海洋化"两个过程的统一

海洋数字经济的目标是通过建立一个数字化的海洋经济系统，依靠智能化技术构建海洋信息基础模型，使每个海洋经济参与人可以快速、准确地收集和应用海洋经济实体系统的信息，并将数字化的海洋信息融合到实体海洋经济状态，更好地加深人类对海洋现象和规律的认识。因此，海洋数字经济系统是对真实海洋及其相关信息的统一数字化认知，是以现代信息网络为基础、以整体空间时间数据为依托、以智能化技术为支撑的，具有三维界面和多种维度的面向服务支持的信息系统。海洋数字经济运用关键技术将多源多维空间数据和实体信息"融为一体"，对信息进行可视化展示与模型构建分析。海洋数字经济是融合和应用现实的多源多维信息，将整合信息"嵌入"海洋数字经济的基本框架系统，对信息进行"三维展示"和智能化的网络虚拟分析，实现海洋经济的"数字化"和数字经济的"海洋化"过程。

2. 海洋数字经济是新兴的交叉理论，其发展将促进不同学科间的融合

海洋数字经济是由海洋科学、数字经济和相关智能技术领域高度融合的学科领域，是海洋科学、互联网技术发展到一定程度的综合产物，其研究对象是与海洋产业、海洋经济有关的信息、技术及模型。其研究方法包括遥感、数据库、信息系统、经济系统以及模拟与仿真等，切实展示国家的海洋经济和相关信息科技等综合实力。海洋经济实体信息极其复杂，收集和监测通常具有一定难度，由此导致海洋经济信息的研究困难性。海洋数字经济系统中在描述一个海洋真实动态或海洋经济活动时，需要巨量多维多源的海洋空间数据和实体信息的融合、展示和分析利用，涉及数字经济、海洋经济、海洋科学和海洋信息理论等多项学科和多种技术，这些理论与技术的开发和应用必然会随着海洋数字经济的发展不断得到研究深化。海洋数字经济为数字经济、海洋经济和海洋信息技术研究提供开放的平台，为多学科的知识创新和理论深化创造条件。

3. 海洋数字经济集成与利用多项科研技术，能够推动相关技术的发展与创新

海洋数字经济涵盖海洋实体信息、海洋经济信息等海洋信息收集、处理、展示和应用服务的整个过程。从信息数字化的角度来看，海洋数字经济涵盖了海洋数据的实时和持续采集，海洋数据的处理与集成管理，海洋信息

的可视化与综合应用。海洋数字经济是以空间位置为核心枢纽，对海洋相关信息进行实时收集、即时处理、迅即传输、多维展示、模拟仿真，实现海洋信息资源的全面数字化存储、管理数据挖掘、共享利用等，其发展将有力地推动相关技术的发展和创新。

4. 海洋数字经济能够为公众和海洋经济管理提供及时有效的信息服务

海洋数字经济把海洋自然属性特征、海洋经济属性特征和发展变化特征数字化、网络化，通过多源多维的海洋各类信息，探究和掌握海洋相关变化及其规律，为海洋经济、管理、环境保护、科技、防灾减灾等各项海洋相关工作提供及时有效的信息产品服务和决策参考依据。海洋经济数字化是海洋管理的有效基础，通过数字化海洋信息可以实现快速收集数据、迅速下达指令，切实提高海洋经济管理的智能化和科学化水平。同时，海洋经济数字化通过互联网平台等多种快捷服务方式，为公众提供从信息检索到产品公开的一系列支持服务，逐步成为关注和宣传海洋知识的一种手段，不断提高大众的海洋意识，便捷地服务于公众的工作和生活需求，达到宣扬海洋文化、服务大众的目标。

5. 海洋数字经济建设是一项纷繁复杂需要长期努力的系统工程

公众对海洋的认知是个不断探究、逐步深入的过程，我国的海洋意识仍需要拓展；海洋相关的科技水平受限，支撑数字化的智能科技与国际水平相比仍有相当大的差距，先进科技的发展和研发速度极快，新理念技术层出不穷，注定海洋数字经济的发展是一个不断探索科学技术前沿、不断发展创新的长期发展过程。目前我国海洋相关数据的获取能力还明显不足，缺乏及时准确的观测能力，导致海洋信息难以快速收集与更新，为海洋科学的研究和成果的转化带来困难，难以满足海洋经济管理与决策对海洋信息的高度需求，因此，海洋数字经济在不断建设和发展的过程中始终要与海洋发展战略相统一，与沿海社会经济发展相统一，与海洋经济综合管理需求相统一，与智能科技创新相结合，不断完善海洋信息管理的体制，实现海洋经济管理决策整体规划、分步实施和可持续高质量发展。

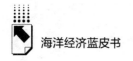

（三）海洋数字经济的特征

海洋数字经济是海洋数字化、数字海洋化的融合，具备了海洋经济和数字经济的双重特征。

1. 迅捷性与直接性

互联网技术突破了传统的空间界限，海洋资源、海洋产业等被网络连为一体，使整个海洋工作密切联系起来。同时，数字化具有速度型特征，突破时间的制约，使海洋相关信息的监测、传输、处理与预测，及海洋经济往来可以在很短的时间内准确进行，提高效率与经济效益。互联网技术、3S 技术、监测模拟等智能化可视化技术手段的应用，使资源数据、产业数据、经济数据等各维度数字化、整理迅捷化、更具参考性。

2. 高技术性、高投资性与边际效益递增性

数字化需要辅助现代海洋产业向智能化转变，从数字化角度和现代海洋产业角度出发，先进的科学技术是海洋数字经济发展的核心支撑。海洋高新技术的研究开发和应用离不开高额的资金投入，高技术性特征决定海洋数字经济具有高投资性的特征。海洋数字经济固定资产投入大，互联网技术、信息技术使三大产业之间的界限模糊，经济边际成本递减，具有累积增值性。

3. 资源依赖性和可持续性

海洋数字经济具有涉海性，海洋资源、海洋区域对海洋数字经济具有约束性，海洋数字经济对海洋资源利用率、海洋资源质量、海洋资源总量等具有高度依赖性。数字经济基本上能有效遏制固有工业生产过程对资源及能源的过度耗损，减少环境污染，减轻生态恶化，促进海洋经济实现可持续、高质量发展。海洋数字经济利用高新技术，减少对海洋资源的破坏性，推动海洋资源的合理高效利用。

4. 国家主导性

海洋资源属性决定海洋数字经济的国家主导性，同时，国家政府部门作为监督管理部门，对海洋资源的合理开发和可持续利用起到了重要的监督和主导的作用。海洋数字经济对高新技术、资金和综合管理方面的需求，对国

家提供法律制度、政策等方面的服务与管理支持有高度依赖性。涉海企业、涉海单位和个体是海洋相关工作中真正的行为主体，同时是参与经济发展和海洋经济国际竞争的主体，国家各级海洋相关部门承担主导、监督、服务和协调的责任。

二　中国海洋数字经济发展现状分析

（一）海洋数字经济发展历史沿革

中国海洋数字经济的发展是建立在数字海洋的基础之上。20 世纪 90 年代，我国沿海的一些省份开始探索海洋数字化建设，如"海上山东"建设项目、广东海洋信息化五大工程等。这些海洋数字化的举措有力地促进了海洋管理效率的提高和海洋经济建设的进程。海洋数字化的显著经济效益吸引了国家和社会层面的广泛关注。2003 年，我国近海资源调查专项（908 专项）成为海洋数字化建设中的一个里程碑事件，标志着海洋数字化建设正式开始。推动海洋经济发展，立足海洋新能源、海洋生物医药和滨海旅游等是建设数字海洋的战略目标之一。建设完备的基础与专题数据体系对于海洋经济的应用和支撑作用明显。2021 年，我国海洋生物医药的产业进程加快，对海洋经济的服务作用越来越明显。海洋数字经济作为引领未来的新型经济形态，已经表现出强劲的经济潜力。整体而言，海洋数字经济是一个新兴的学科领域，数字海洋在我国的实施和应用只有短短的几十年时间，因此海洋数字经济应用平台的建设更是处于萌芽阶段，目前以我国海洋数字经济为基础的应用平台不多，但是社会各界对海洋数字经济平台有很大的现实需求，迫切需要这一平台为海洋经济，包括海洋数字经济的进一步发展提供强有力的支撑。

（二）海洋数字经济发展政策环境

21 世纪，人类进入了大规模开发海洋的时代，世界各国为此制订了一

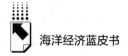

系列的海洋开发政策。2004 年美国发布《21 世纪海洋蓝图》，同年发布《美国海洋行动计划》，首次为美国开发和利用海洋提供了蓝图；2007 年日本通过《海洋基本法》，进一步强化了海洋政策事务的中央集权和权威。我国对海洋的重视在党的十八大以后得到了加强，海洋强国首次进入公众眼帘。在数字技术革命和海洋开发的双重作用下，海洋数字经济的发展迎来了研究热潮。习近平总书记提出建设海洋强国是全面建设社会主义现代化强国的重要组成部分，之后，"海洋强国"战略被写进十八大报告，明确指出"数字海洋"是海洋强国战略的具体目标之一，"数字海洋"是实现海洋强国的基础和海洋经济发展的必要条件。2017 年，十九大报告再次提及"加快建设海洋强国"。国家层面两次重大时刻均指出建设海洋强国的重要性，为海洋数字经济的发展提供了有力的政策支持，同样也为海洋数字经济的发展指明了道路。目前，我国海洋经济产业正从近海走向深蓝，海洋数字经济产业的近海政策法制环境已逐步完善，然而深蓝政策法制环境需要以海洋数字经济建设为原则进行培养。

（三）海洋数字经济发展布局解析

国家"十四五"规划的第五篇主题为"加快数字化发展，建设数字中国"，对数字经济的未来发展提供了指导，为传统生产方式、生活方式等进行数字化转型提供了方向。未来数字化技术要覆盖社会生活的方方面面，构筑全民生活数字化新模式。在"十四五"规划纲要的指导下，海洋产业也迎来了数字化发展的新契机。2021 年，"中国产业经济发展年会暨数字经济赋能海洋产业发展论坛"在上海召开，同年上海数据交易所成立，为推动上海海洋数字经济提供了良好的发展环境，有力推动了上海海洋产业的新旧动能转换进程。在国家层面对海洋数字经济顶层设计的总框架下，地方政府在自身发展实情、产业优势和技术支持等条件下，纷纷补充完善了本地的海洋数字经济发展规划。海洋数字经济建设的主战场在我国沿海地区，"十四五"规划明确提出加快数字化发展，建设数字中国的新要求，鼓励进行产业数字化转型。海洋（产业）经济的数字化转型成为沿海地区发展的重点方向。海洋战略性新兴产业是科学技术进步、社会生产力提高的发展结果，具备一定的科技门槛，在数字技术革命的热潮中，逐步强化数字技术的支撑作用，完善海洋高新技术产业的发展框架，科学有效提高海洋高新技术产业的经济效益，以高标准推动沿海地区的经济发展。依托自由贸易试验区的政策红利，深化数字技术在仓储、物流、港口、能源贸易等领域的全过程应用，扩大产学研的合作范围，主动为数字技术应用提供全场景实验平台。在数字经济的顶层设计框架下，海洋数字经济呈现多点散发态势，海洋重点领域数字技术应用需求提升，海洋产业数字化的经济效益显著。

三　中国海洋数字经济发展机遇分析

（一）海洋经济高质量发展困境突破

海洋经济是国民经济的重要组成和战略支点，海洋经济高质量发展是我国经济完成由高速增长向高质量发展转型升级的关键任务，也是建设海洋强国、实现中国梦的有力支撑。21 世纪以来，我国的海洋经济发展取得了长足进步，海洋产业规模不断扩大，产业类型显著增多，产业结构持续优化。但目前，我国海洋经济高质量发展也遇到了许多阻力，面临着产业困境、生态困境、科研困境以及管理困境等各类问题。传统海洋经济发展模式受到的海洋资源约束正在增强，高速经济发展阶段给生态环境带来沉重压力，海洋经济领域创新性成果相对不足，海洋经济政策连贯性与一致性水平有待提高，各种发展困境亟须突破创新，寻求新的发展思路、发展媒介和发展路径迫在眉睫。海洋经济应紧跟数字经济发展浪潮，创建海洋数字经济发展模式，为我国海洋各类产业突破发展瓶颈、解决发展困境、优化产业体系提供新的动力引擎。积极推动海洋大数据、云计算、物联网等高新技术发展与政策扶持，促进海洋产业数字化与海洋数字产业化，创建海洋数字经济发展平台，营造海洋数字经济生态模式，培育海洋数字经济新兴产业，力争解决海洋经济发展所遇问题，激发海洋经济发展新型动力，确保海洋经济高质量发展持续推进。

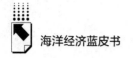

（二）数字海洋信息基础建设稳步落实

海洋数字经济的发展落实离不开数字海洋的支撑。数字海洋以数字化、网络化、可视化等现代信息技术，监测、模拟、展现各类海洋现象，搜集、处理、融合大量海洋数据，形成多样化、规范化、体系化信息产品。将海洋进行数字化处理，为海洋数字经济提供了有利平台和适宜条件。海洋信息基础设施是数字海洋建设的基础，也是海洋数字经济发展的重要支撑。2003年国务院专门设立"数字海洋信息基础框架构建"项目（908-03项目），从海洋调查资料统计、信息标准体系制定、海洋信息基础平台、数字海洋原型系统等方面设立建设目标，以期为数字海洋的全面建设打牢基础。2007年，我国已建成覆盖11个沿海省（区、市）和所有局属单位的数字海洋专线网络。当前，海洋信息基础设施建设正逐步由传统型向新型方向发展，由近海向中远海地区扩展。海洋信息化新型基础设施致力于研制一系列体系级、系统级、平台级、专业类高技术产品，以满足对大面积、深远海域信息的采集、传输、服务等需求。2021年中国海洋发展研究中心提出海洋信息化新型基础设施建设的三个阶段——未来30~50年时间里从基本建成覆盖我国管辖海域的海洋信息网络到覆盖"海上丝绸之路"海域的信息网络，最终建成覆盖全球海域的海洋信息网络。海洋信息基础建设的稳步落实，将进一步助推海洋数字经济的发展，使其更加深入地融入全球价值链、产业链和供求链。

（三）数字经济发展持续助力海洋经济

根据中国信息通信研究院在2021年4月发布的《中国数字经济发展白皮书》，我国的数字经济实现了快速发展，规模从2005年的2.60万亿元增长至2021年的45.20万亿元（见图1），占国内生产总值的比重也由2005年的14.20%提升至2021年的39.54%，数字经济成为我国经济的核心增长极之一，为经济社会持续健康发展提供了强大动力。2022年1月，国务院颁布《"十四五"数字经济发展规划》，明确将继续坚持推进数字产业化和产业数字化，赋能传统产业转型升级，为构建数字中国提供有力支撑，并提出到2025年，数字经济核心产业增加值占GDP比重达到10%的重要发展目标。数字经济的发展带动了海洋大数据的采集、交易与流通，推动了海洋信息基础设施的构建、扩大与完善，促进了智慧渔业、智慧港口、海洋智能产业集群等的建设与发展，加快了海洋科技与海洋经济的深度融合。伴随数字经济的快速发展，我国海洋生产总值从2005年的1.7万亿元增长到2021年的9.04万亿元（见图1），并由高速发展阶段转向高质量发展阶段。根据《2021年中国海洋经济统计公报》，海洋新兴产业增势强劲，海洋产业结构进一步调整优化。截至2021年底，已建立国家级海洋牧场示范区136个，厦门、青岛、上海等沿海地区建成自动化码头33个。数字经济与海洋产业的深度融合，有助于改造提升传统海洋产业，推进构建现代化海洋产业链。

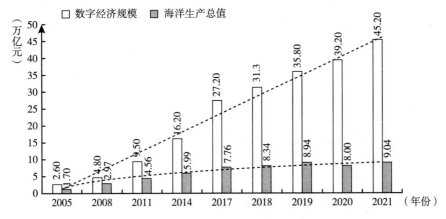

图1　2005~2021年我国数字经济规模与海洋生产总值

资料来源：《中国海洋经济统计公报》（2005~2021）、中国信息通信研究院。

（四）传统海洋产业向产业数字化转型

国家推进各个产业向数字化转型的力度不断加大，并配套相关政策支持，为产业数字化发展创造优良环境。《中华人民共和国国民经济和社会发展第十四个五年规划和2035年远景目标纲要》提出以数字化转型整体驱动

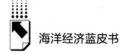

生产方式、生活方式和治理方式变革，要建设现代海洋产业体系，围绕海洋工程、海洋资源、海洋环境等领域突破一批关键核心技术。2020年上海临港新片区通过打造世界级海洋智能产业集群，已成为我国海洋经济高质量发展高地，实现了以海洋产业数字化为抓手的弯道超车。2021年7月，山东省政府发布《山东省"十四五"数字强省建设规划》，明确提出了加快海洋产业数字化的发展战略。目前，各沿海省（区、市）正积极构建互联网+、物联网+、大数据+传统海洋产业的发展模式。在渔业方面，建立智能海水养殖、产品加工、冷链输送产业链条，构建渔船实时监控作业大数据平台，探索建立5G海洋牧场，完善智能渔业管理制度，实现传统渔业数字化转型；在港口物流方面，放大港口作为区域供应链的中心节点优势，纳入邻接河港共建港口物流云数据信息服务平台、追踪监管平台及供应链服务平台；在海洋工程装备方面，大型原油、天然气装备正加速向智能化、数字化方向迈进，2022年6月15日，我国首个海洋油气装备"智能制造"项目在天津智能化制造基地完成主体结构封顶，海洋工程装备制造行业实现了突破式发展。传统海洋产业向智能化、数字化转型势不可挡，海洋数字经济规模也将进一步扩展升级。

（五）海洋数据要素市场体系有望建立

数据是发展海洋数字经济的核心要素之一，数据要素市场体系的建立将为海洋数据的标准整合、有效分析、高效流通以及充分利用提供规范流程和监管体系，从而切实推动海洋数据产业化发展进程。2020年，《中共中央国务院关于构建更加完善的要素市场化配置体制机制的意见》要求，加快培育数据要素市场，提升社会数据资源价值，突出了数据要素在社会经济中的关键地位。随着海洋观测数据的指数级增长和海量数据计算分析能力提升，海洋环境数据、经济数据已进入大数据时代，构建完善的海洋大数据市场体系，促进与社会多源多模态数据的互联互通，是海洋数字经济做大做强做优的重要基石，也是推动海洋经济高质量发展的关键举措。《"十四五"数字经济发展规划》指出，到2025年初步建立数据要素市场体系，2035年力争形成统一公平、竞争有序、成熟完备的数字经济现代市场体系。在海洋领域，《海洋大数据标准体系》作为首项海洋领域的大数据标准于 2022 年 5 月 1 日起实施，该标准体系为海洋大数据技术标准、平台和工具标准、管理标准、安全标准和应用标准等提供了制修订依据，为我国海洋大数据标准体系建设与发展奠定了基石，有效推动了海洋大数据领域标准建设，海洋数据要素市场体系有望在不久的将来建成落地。

四　中国海洋数字经济发展对策建议

（一）擘画海洋数字经济发展蓝图，创新海洋经济发展动力机制

海洋数字经济发展是建设海洋强国的重要内容。政府部门和各相关海洋机构应基于中国海洋数字经济基础信息平台，依照国家数字信息化发展的战略和政策，依据海洋数字经济发展对海洋数据信息的需求，制定中国海洋数字经济发展规划。搭建海洋数字信息测度与收集、传递与输送、处理和实际应用集中一体化平台与体系，实现海洋经济数据的全面整合与有效共享，搭建我国规范和权威的海洋数字经济信息平台。统筹规划海洋数字经济发展和建设的指导方针与总体目标，明晰海洋数字经济在海洋信息化中的重要地位，全面擘画海洋数字经济发展蓝图。为缓解我国愈发凸显的海洋生态环境问题，亟须改变传统落后的海洋经济发展动力机制；以海洋深水、环保、安全的综合高新科技突破的链条式发展为主导，着重强化海洋经济发展模式转变中急需的最主要技术和核心共性科技创新与研发，加强与深化海洋高新技术与海洋数字经济融合。通过科技创新驱动发展，推动海洋科技成果转化和产业化，全面提升海洋经济增长的质量和效益，有力推动海洋经济发展方式转变。适应由海洋数字经济所衍生出的各种新业态、新模式，融入当前科技创新、可持续发展的大环境，创新海洋经济发展动力机制，逐渐形成符合我国海洋经济发展特点的持续健康与和谐的发展模式；采用云计算、区块链、物联网、人工智能等基于大数据与各类信息的新型智能技术，加快海洋经济

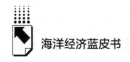

由传统要素驱动模式向创新性全要素驱动模式的转变，助力构建海洋经济高质量发展新格局。

（二）推动数字经济赋能海洋产业，培育数据驱动新型业态模式

海洋产业数字化与海洋数字产业化趋势是海洋数字经济发展的关键特点。在人口数量、土地面积与能源库存量等资源环境的限制下，传统的各类海洋产业发展总成本持续上升，需要发挥多源异构数据在辅助规划与决策、推动行业与产品运营、改进生产过程与促进创新等维度的效用，提升各类数据信息和新一代知识核心要素在海洋产业系统中的应用广度与深度，提升海洋传统产业与新兴产业链的各枢纽之间的协调水平，推进海洋产业分工细致化与全国各地区特别是沿海区域之间贸易效率的提高。面对海洋产业数字化转型升级的历史关口，必须紧紧抓住海洋数字经济带来的契机，推进数字资源赋能传统海洋产业转型升级，释放数字经济对海洋产业升级的放大和倍增作用，加快推动海洋产业高质量发展。搭建海洋大数据通信网络平台与智能海洋信息体系，开展海洋卫星遥感技术实际运用与"互联网+海洋数据信息"服务模式，努力推进海洋产业信息化，共同促进国际智库、产业创新与各类资本高效率对接和互通互动。借助新型数字信息技术，以海洋数据要素价值释放作为核心、数字经济赋能海洋产业作为主导线，实现对传统海洋产业全范围、全角度、全环节与链条式的综合改进。持续促进海洋产业数字化与海洋数字产业化，实现传统海洋产业与数字技术深度融合发展，促进我国海洋产业迈向中高端水平。

（三）加速海洋数据要素价值转化，完善海洋数字经济市场体系

政府部门和各相关海洋机构应积极强化海洋经济数据测度与收集、标记与注释、储存与输送、管理与运营等全生命周期的数据价值管理，突破不同海洋经济主体间的数据信息互通障碍，使智能传感、支配与控制、管理与应用等海洋数字信息落实一体化集成。搭建不同海洋经济主体之间数字信息测度与收集、共享体系，鼓励实现海洋数字经济发展领域的数据标记与注释、

管理与运用。打造全国海洋数据信息融合与标注平台和数据资源共享机制，落实海洋多源异构数据信息的汇聚与储存。采取海洋数据质量监督与管理措施，设计规范且严格的海洋数据信息质量评估监管、响应追责与流程升级计划。加快完善海洋数字经济市场体系，推动形成海洋数据要素市场，研究制定海洋数据流通交易规则，引导培育海洋数据要素交易市场，依法合规开展海洋数据交易，支持各类所有制涉海企业参与海洋数据要素交易平台建设。推动海洋数据要素全面深度应用，深化海洋数据驱动的全流程应用，提升基于海洋数据分析的各类海洋产业供给与消费，落实各类海洋产业生产活动过程的全面管理与综合运营。积极布局海洋数据信息标准的拟定工作，推动各类不同标准之间的承接与配置。

（四）突破信息领域核心关键技术，构筑物联网大数据共享平台

信息科学技术的发展水平体现着数字信息化发展程度，海洋产业化与数字信息化深度协调发展与融合创新，以海洋数字信息流牵引着技术、资金、人才和物资等各领域的信息流动，推动海洋环境资源分配布局改进与优化，加快推进海洋全要素生产率上升，是实现海洋产业结构升级的有效路径。政府部门和各海洋机构需要坚定不移、持之以恒、瞄准重心，加快促进海洋数字信息领域关键技术的创新与突破。在信息产业领域我国已经逐步进入由大国向强国转变的关键时期，但与全球经济发达国家相比，我国的各类产业发达程度特别是在数字信息的关键技术领域仍具有较大差距。应当加速搭建数字信息领域基础研究与发展框架，强化数字信息学科高端人才培养，出台以研发投入和科技贡献率为依据的支持政策，加快构建信息技术创新体系与产品应用体系。加快大数据的基础设施建设，充分利用我国数据产生与占有量优势，培育最高、最快、最好的数据分析能力，提高数据信息有效开发与应用能力。紧紧抓住数字信息技术进行改进与创新发展的核心规律，积极设计海洋产业中的信息科技融合、产业体系构建、产业环境改善、基础研究支撑，促进数字信息领域关键科学技术创新与突破，为打造全球海洋强国予以关键支撑。构筑海洋经济领域的物联网大数据共享平台，将海洋经济管理、

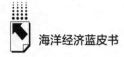

数据信息服务、综合分析决策过程实现智能化，以数字信息科技革命推动实现产业革命，激发海洋经济高质量发展内生动力。

（五）建立健全数据交易法律法规，保障海洋数字经济安全发展

海洋数据交易法律法规是推动互联网、大数据、人工智能和海洋实体经济深度融合的重要前提，也是保障海洋数字经济安全发展的必要条件。应建立数据交易监督与管理体制，严格规范数据交易活动，打造优良的数据交易市场亦是重中之重。促使数据贸易市场主体、行业协会以及政府机构联合建立智能化数据交易平台；在数据交易机构授权下进行数据的准确性监督与审核、存储与处理、清洗加工和数据标准化，从而为数据定价奠定基础；关注数据要素市场的特殊性，加快数字技术在数据交易平台运营中的应用。提高数据自由流动效能，推进数据资产统计与核算标准的研制与应用。要打造构建有效市场和有为政府相结合的数据治理格局，充分发挥政府在数据治理中的主导作用，把数据要素市场纳入市场监管体系，完善元数据管理、数据脱敏、质量评估等标准体系；健全法律法规和政策制度，在数据生成聚合、传输流转、挖掘衍生、交易共享等环节落实相应法律责任，打破数据垄断，防范信息茧房、大数据杀熟乃至隐私泄露等问题，开展数据全生命周期的合规公证、安全审计和算法审查。建立与完善数据交易中的安全管理体制，着重强化数据风险监督监测与及时处理数据安全事件等义务和责任。基于数据贸易法规完善和政策的制定与出台，鼓励数据信息运营途径合理、合法、有效，最大限度上释放数据信息的基础资源效果与创新牵引效用，不断形成以创新为主要牵引和支撑的海洋数字经济，更好地保障海洋数字经济安全发展。

参考文献

刘康：《创新发展路径推进我国海洋经济高质量发展》，《民主与科学》2020年第1期。

石绥祥、雷波：《中国数字海洋——理论与实践》，海洋出版社，2011。

舟山市普陀区人民政府：《普陀区数字经济发展五年行动计划》，2019 年 9 月 12 日，http：//www. putuo. gov. cn/art/2019/9/12/art_ 1229296042_ 2951827. html，最后访问日期：2022 年 6 月 22 日。

盛朝迅：《五大新经济将引领"十四五"产业发展》，《企业观察家》2019 年第 5 期。

董伟：《美国海洋经济相关理论和方法》，《海洋信息》2005 年第 4 期。

孙才志、宋现芳：《数字经济时代下的中国海洋经济全要素生产率研究》，《地理科学进展》2021 年第 12 期。

蹇令香、苏宇凌、曹珊珊：《数字经济驱动沿海地区海洋产业高质量发展研究》，《统计与信息论坛》2021 年第 36 期。

王宁：《全方位推进高质量发展超越》，《经济日报》2021 年 5 月 18 日。

李加林、沈满洪、马仁锋等：《海洋生态文明建设背景下的海洋资源经济与海洋战略》，《自然资源学报》2022 年第 4 期。

《推动信息领域核心技术突破》，中国共产党新闻网，2018 年 6 月 22 日，http：//www. people. com. cn/，最后访问日期：2022 年 7 月 1 日。

王宏：《着力推进海洋经济高质量发展》，《学习时报》2019 年 11 月 22 日，第 1 版。

张峰、金继业、石绥祥：《我国数字海洋信息基础框架建设进展》，《海洋信息》2012 年第 1 期。

王志文：《借力浙江信息经济优势 打造浙江数字海洋经济高地》，载《海洋开发与管理第二届学术会议论文集》，2018。

张颖、靖鸣：《网络强国重要论述的理论建构与内涵解读》，《传媒观察》2021 年第 11 期。

B.15
中国海洋资源资产价值统计与核算

王舒鸿*

摘　要： 本文首先明确海洋资源资产与负债界定、分类等基础性问题，并
将海洋资源划分成海洋矿产、海洋生物、海洋湿地等五部分，系
统梳理不同海洋资源具体的划分范围。随后基于资产负债表的原
理和核算方式，以海洋生物、海洋矿产及海岛资源核算为例，对
不同类型资源的核算方法进行详细讨论和深入剖析，并基于不同
视角对其价值量进行全面评价，构建相对完整的核算体系。通过
上述研究绘制出海洋生物资源资产负债表总表，探索性地构建了
一套海洋资源资产负债表的编制模式。

关键词： 海洋资源资产负债表　实物量核算　价值量核算

　　十九大报告提出的强国富民目标，成为未来进一步建成海洋强国战
略，发展海洋经济的基本参照，这也进一步要求我国对于海洋资源价值
有更精确的掌握。所以，海洋自然资源资产核算应运而生，这是当前我
国对于海洋经济价值核算的一个衡量指标，对海洋自然资源资产的核算，
有助于我国对海洋资源价值有更深入的了解、更精确的评估，是我国继
续发展海洋经济的基础，也是新时代中国特色社会主义海洋强国建设的
最基本的要求。

---

　　* 王舒鸿，博士，山东财经大学管理科学与工程学院教授，研究领域为海洋系统工程与管理。

一 中国海洋资源资产负债表编制的意义

我国海域辽阔，海洋资源丰富。然而，海洋资源如今面临着过度采掘与滥用的困境，已导致其储量日渐枯竭，制约着海洋经济的可持续发展。当前的海洋自然资源保护和开发面临严峻问题，编制海洋领域自然资源资产负债分部报表是对海洋资源资产管理模式的创新，有助于管理和保护海洋自然资源，统一行使全民所有海洋资源资产所有权，增进海洋自然资源福祉。然而，由于海洋自然资源的多层次、复杂型、复合性和流动性，海洋环境数据难以获取，编制海洋领域自然资源资产负债分部报表兼具理论与现实意义。

（一）掌握海洋自然资源资产家底

目前最根本的问题是人类对海洋自然资源家底认知极不充分，且统计监测体系远未健全，在技术上严重阻碍了海洋自然资源资产管理体制的建立。构建集海洋自然资源资产调查、监测、核算及评价信息为一体的海洋领域自然资源资产负债分部报表，可以及时反映一定时期内全民所有海洋自然资源资产的质量及其管理状况，摸清海洋自然资源家底的变动情况，可以对不同地区内的资源开发利用现状进行精确把控，明确不同海域的主题功能定位和发展方向，实现资源的可持续利用。

（二）推进生态文明建设重要途径

当前，海洋经济增长趋势良好，但海洋资源储量下降，海洋环境污染等问题制约着海洋经济的长期持续发展。探索编制海洋领域自然资源资产负债分部报表，能够精确把控相关经济主体对海洋资源资产的使用情况，全面反映海洋经济发展的海洋自然资源环境代价和生态效应。这一编制工作有助于解决局部海洋生态系统退化等一系列问题并统筹海洋产业和生产、生活、生

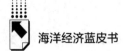

态空间。在保护海洋生态环境下促进经济发展是生态文明建设的要求，协调发展平衡好两者之间的关系是生态文明建设的重要步骤。海洋生物资源资产负债表能对海洋资源使用起到监督管理作用，同时能够减少资源滥用行为的发生。

（三）有利于加强领导干部的管理

"海洋强国"战略的提出要求保护海洋生态环境，发展过程中注重平衡经济增长与环境保护之间的相互关系，坚决走生态可持续发展道路。编制海洋领域自然资源资产负债表对领导干部实行离任审计，这种监督方式不仅对于海洋资源资产的保护与后续管理有着重要的现实意义，而且对于领导干部的任职工作有重要的督促意义。

二　海洋生物资源资产负债表编制

海洋生物资源是海洋资源的重要组成部分，在维持海洋环境的生态平衡以及保障生态安全上发挥着重要作用。[①] 但是近些年来，有些地区过度追求经济效益而使海洋生物资源被过度开采、海洋环境被严重破坏。在海洋生物资源可持续性面临严峻挑战，亟须海洋资源管理的状况下，海洋生物资源资产负债表的编制至关重要。

（一）海洋生物资源的基本特性

1. 生物资源具有再生性

与矿产资源不可再生不同，生物资源在一定的自然和人力条件下进行繁殖更新，从而可以源源不断地为人类所用。这启示我们在报表的编制过程中，既要统计期初存在的生物资源，也要核算在会计期间生物资源自然增长

[①] 付秀梅、苏丽荣、李晓燕、鹿守本：《海洋生物资源资产负债表基本概念内涵解析》，《海洋通报》2018年第4期。

与死亡以及人为繁殖中增加的部分。

2. 用途的多样性和未知性

海洋生物资源用途的多样性和未知性是由基因的多样性与物种的多样性决定的。同一种生物既可以作为食材、药材等实现其经济效益，又可以作为实验室中的实验原料进行基因序列研究和新种培育，也可以作为标本和海洋馆中的展览品实现其观赏价值。用途的多样性决定了该种生物资源并非以简单的市场价格来衡量，也要考虑该生物的研究价值、观赏价值等其他难以用价格进行衡量的价值。还有一些生物资源并没有为人类开发利用创造收益，但其本身的存在就体现了其基因价值。另外，由于一些珍稀物种无法进行买卖，其价值衡量也为报表的编制增加了困难。

3. 生物资源具有流动性

海洋动物自身运动会为该区域该种生物的数量确定造成困难，再加上海洋内部水流不稳定，影响生物数量的确定。海洋植物的种子也会因为海水而流动。另外，海洋灾害等非人类行为事件的发生也会改变生物活动。因此在编制报表时，每期报表存量的确定要取相同且固定的时点，关于数量的变化也要将其影响因素做出说明。

（二）海洋生物资源资产负债表的编制过程

首先制定一个海洋资源的实物量表，实物量表中包含海洋经济生物和海洋濒危生物。其次对海洋资源的实物进行价值核算，制定一个海洋资源的价值量表，综合考虑实物量表和价值量表以构建资产负债表。

1. 实物量表

由于资源的价值量会随着市场价值不断变化，所涉及的资源的实物量变化就无法体现出来，难以保持查清我国自然资源情况这一自然资源资产负债表的编制初衷，所以我们要进行实物量的核算。同时，实物量的准确核算也有利于价值量的准确判断。在具体核算过程中，可以采用样方法和标志重捕法。

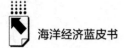

2. 资产和负债的划分

根据财务报表中资产负债表的含义，负债和净资产是钱从哪里来的，而资产是钱花在了哪里。[①] 类比这个含义，自然资源的资产负债表中的负债和净资产就可以分别划分为资源从哪里来、往何处去。对于海洋生物资源，简单来看，我们不妨以海洋中的鱼为例，这一个时点鱼是从何而来？一方面，是在这一年年初依然活着，并且是活到了这个时点还没死的鱼，另一方面是从年初以来出生的鱼减去死亡的鱼的净增量，这部分增量又可以划分为野生的增量和人工养殖的增量。那这些鱼又去往哪里呢？一方面，是留到下一年继续生长，另一方面是被人们利用（见图1）。

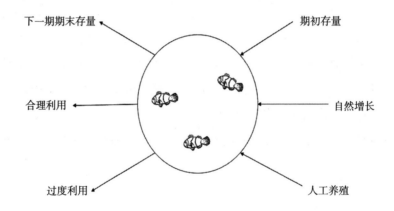

图1 鱼的来去关系

通过这一分析，可以将净增长量和期初存量划分为负债和净资产，利用量和期末存量划分为资产。根据净增长量的来源，可以将自然增长量划分为负债，表示对自然的债务，将人工增量划分为净资产，以表示人类对于资源增长量所做出的努力，其划分形式如表1所示。

---

① 邱琳、俞洁、邓劲松、林溢、董俐、岑庆、周梦梦：《遥感和GIS支持下浙江省自然资源资产负债表编制研究》，《中国环境管理》2019年第5期。

表 1　资产负债表样例

资产	负债
期末存量	自然增长量
	出生量
合理利用量	死亡量
	净资产
过度利用量	人工养殖量
	初期存量
总资产	负债和净资产总量

与财务报表有所不同的是，企业的财务报表是对存量的刻画，而本处则是对流量的表征。这一点是符合我们建立报表的初衷的，编制海洋资源资产负债表能够摸清海洋资源的家底，在所编制的报表中，资产这一项可以表征该地区对于生物资源的实际控制量，即期末存量可以表示未来生物资源可以利用的潜能，而利用量可以表示过去实际应用的可以创造收益的生物资源。资产数值大小的变动可以表现出一个地区生物资源增减状况。而负债这一项可以看出生物资源自然状况下，即在没有人为参与的情况下所释放的潜能，继而可以显示该地区自然环境的状况，净资产则表示人类行为对于生物资源增加所做出的贡献，也能表示该地区人们对于资源增长所做出的努力。

（三）海洋经济生物和其他生物的核算

1. 实物核算

海洋经济生物的增加分为自然增长、人工养殖、重估增长三种方式。海洋经济生物的减少主要包括合理利用、海洋灾害、重估减少三个方面，合理利用主要指在满足资源可持续利用的情况下为创造经济效益利用的部分；海洋灾害主要指海洋自然环境激变引致海洋生物量减少；重估减少主要指对以往评估过程中误差修正减少的部分。具体如表 2 所示。

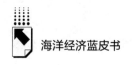

表 2　某种生物的实物量

项目	数量
期初存量	
增加量	
自然增长	
人工养殖	
重估增加	
减少量	
合理利用	
海洋灾害	
重估减少	
期末存量	

2. 对合理利用和过度利用的界定

阻滞增长模型最初用于人口预测。假设人口增长达到一定数量，自然资源限制和环境条件降低了人口增长率，且下降速度伴随人口增长而增长。我们将阻滞增长模型运用在预测海洋经济生物的种群数量上。随着种群密度的增加，由于空间、食物等生活条件的限制，个体之间的种内冲突将不可避免地加剧，天敌数量增加。最终，种群出生率下降，死亡率上升，增长率下降，在达到环境资源能提供的最大临界值后保持相对稳定。

假设种群增长率 r 为种群数量 x 的函数 $r(x)$，种群在极短时间内的数量增减量为种群数量乘种群增长率，或者为种群数量的微分，则有方程：

$$\frac{dx}{dt} = r(x) \times x \tag{1}$$

由于受到食物条件、生存空间的限制以及种群之间的竞争影响，函数 $r(x)$ 应是减函数，设 $r(x)$ 为 x 的线性函数，即

$$r(x) = r - sx \,(r > 0, s > 0) \tag{2}$$

其中 r 为初始条件中，环境对种群数量限制较少时的固有增长率。引入资源和环境条件所能容纳的最大种群数量 K，称环境容纳量，$x = K$ 时种群数量不

再增长，即此时增长率 r 为 0。所以

$$r(x) = r(1 - \frac{x}{K}) \tag{3}$$

联立（1）式和（3）式可得：

$$\frac{dx}{dt} = rx(1 - \frac{x}{K}) \tag{4}$$

设最初种群数量为 $x(0) = x_0$，可以解得，种群数量随时间变化方程为：

$$x(t) = \frac{K}{1 + (\frac{K}{x_0} - 1)e^{-rt}} \tag{5}$$

根据此方程，可以画出种群数量随时间变化的曲线（见图 2 甲）与种群增长速率随时间变化曲线（见图 2 乙）。

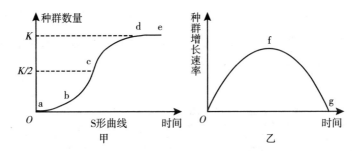

图 2　种群数量、种群增长速率随时间变化关系

a 期为初始期（潜伏期），种群数量少，增长缓慢；b 期为加速期，个体数量增大，增长加速；c 期为转折期，个体数达到饱和密度一半（$K/2$），密度上升最快；d 期为衰退期，个体数超过个体数密度半数（$K/2$），增长放缓；e 期为饱和期，个体数量达到 K 值并饱和。可以看出，在种群达到 $K/2$ 时是最利于可持续发展的时刻，存量最佳应保持在 $K/2$；于是我们将超出 $K/2$ 界限的利用量定义为过度利用，即过度利用量为 $K/2$ 减去现有存量。K 值可以根据生物的习性和所处的海洋环境确定。

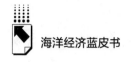
3. 价值量度量

由于生物的价值具有多样性，用价格来替代价值虽然在操作上相对简便，但不能全面地衡量生物的价值。生物的价值主要包括经济价值、生态价值、文化价值和其他价值，价格只是经济价值的一部分，还包括另外的食用、药用、工业原料价值。[①]

生态价值、文化价值以及其他价值虽然不易衡量，但这是衡量绿色发展的重要指标。这部分价值的变动伸缩空间大，很容易受到当局的压力，所以这部分的衡量应当综合考虑专家和群众的意见，保持合理性、独立性、客观性和统一性。

具体核算方式如下：

$$V_T = V_{ec} + V_{en} + V_c + V_o \qquad (6)$$

其中，V_T 是该物种的总价值；V_{ec} 是该物种的经济价值；V_{en} 是该物种的生态价值；V_c 是该物种的文化价值；V_o 是该物种的其他价值；这四种价值又可以根据上述论述细分为多种二级价值，其所包含的二级价值、价值表现以及核算方法如表 3 所示（未列示其他价值）。

表 3　海洋生物价值指标、价值表现及价值核算

一级价值	二级价值	价值表现	核算方法
经济价值	食用	海鲜产品、植物食品	$V_{ec} = \Sigma P_i \cdot Q_i$ 其中，V_{ec} 是生物的经济价值，P_i 是第 i 种生物的价格；Q_i 是第 i 种生物的数量
	药用	药物原料、中药制品	
	原料	工业原料	
	饲料	饲料原料	

[①] 陈尚、任大川、夏涛、李京梅、杜国英、王栋、王其翔、柯淑云、王丽、王敏、赵志远：《海洋生态资本价值结构要素与评估指标体系》，《生态学报》2010 年第 23 期。

一级价值	二级价值	价值表现	核算方法
生态价值	气体调节	固碳、释氧	$V_q = \sum V_{o_2i} + V_{co_2i}$ 其中，V_q 为生物气体调节的价值量，V_{o_2i} 为第 i 种生物释放氧气的价值量，V_{co_2i} 为第 i 种生物吸收二氧化碳的价值量
	气候调节	调节温度、水分	$V_h = \sum V_{ti} + V_{wi}$ 其中，V_h 为生物气候调节的价值量，V_{ti} 为第 i 种生物对调节气候所贡献的价值量，V_{wi} 为第 i 种生物对调节湿度所贡献的价值量
	生物防治	以虫治虫	$V_f = \sum V_{fi} = \sum P_{fi} \cdot Q_i$ 其中，V_f 为生物防治的价值量，V_{fi} 为第 i 种生物对防治有害生物所贡献的价值量，P_{fi} 为第 i 种生物单位量对防治有害生物所贡献的价值量
	废物处理	海洋污染净化	$V_j = \sum V_{ji} = \sum P_{ji} \cdot Q_i$ 其中，V_j 为生物在废物处理过程中贡献的价值量，V_{ji} 为第 i 种生物对海洋污染净化所贡献的价值量，P_{ji} 为第 i 种生物单位量对海洋污染净化所贡献的价值量
	干扰调节	如海洋噪声的调节等	$V_g = \sum V_{gi}$ 其中，V_g 为生物在干扰调节过程中贡献的价值量，V_{gi} 为第 i 种生物对干扰调节所贡献的价值量
文化价值	休闲娱乐	旅游休闲	$V_x = \sum V_{xi}$ 其中，V_x 为生物休闲娱乐价值量，V_{xi} 为第 i 种生物对休闲娱乐所贡献的价值量
	文化用途	制作标本、参与展览	$V_{cu} = \sum V_{cui}$ 其中，V_{cu} 为生物文化用途价值量，V_{cui} 为第 i 种生物的文化用途价值量
	科研价值	基因价值、开发价值	$V_{re} = \sum V_{gei} + V_{poi}$ 其中，V_{re} 为生物的科研价值，V_{gei} 为第 i 种生物的基因价值，V_{poi} 为第 i 种生物的潜在开发价值

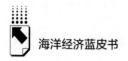

4.资产负债表分表构建

表4　海洋经济生物和其他生物资产负债表

资产			负债		
期末存量			自然增长量		
	实物量	价值量		实物量	价值量
海洋植物			海洋植物		
海洋动物			海洋动物		
海洋微生物			海洋微生物		
合理利用			净资产		
	实物量	价值量	人工养殖		
海洋植物				实物量	价值量
海洋动物			海洋植物		
海洋微生物			海洋动物		
过度利用			海洋微生物		
	实物量	价值量	期初存量		
海洋植物				实物量	价值量
海洋动物			海洋植物		
海洋微生物			海洋动物		
重估减少			海洋微生物		
	实物量	价值量	重估增加		
海洋植物				实物量	价值量
海洋动物			海洋植物		
海洋微生物			海洋动物		
资产合计			海洋微生物		
			负债和净资产合计		

（四）海洋濒危生物的核算

1.实物量核算

根据世界自然保护联盟公布的《濒危物种红色名录》，由于濒危物种的数量较少，核算精度要求较高，数量的细微变动可能影响重大，故将其单列出来进行核算。在增加量和减少量的核算中与经济生物有细微的差别。在经济生物的核算中，增加量中自然增长的部分是指出生多于死亡的部分，而考虑到濒危生物本身数量较少以及更好地对其进行保护，将增加量中自然增长替换成自然出生，相应地，在减少量中设置自然死亡这一项。对于濒危生物，更应该注重保护而非利用，所以在减少量的核算中并没有"合理利用"这一项，具体核算如表5所示。

表 5　海洋濒危生物资源资产实物量表

项目	数量
期初存量	
增加量	
自然出生	
人工养殖	
重估增加	
减少量	
自然死亡	
海洋灾害	
重估减少	
期末存量	

2. 价值量核算

濒危物种的价值也可以分为经济价值、生态价值、文化价值和其他价值。[①] 经济价值主要体现在一些濒危生物具有食用和药用的价值。生态价值主要体现在对于食物链的稳定作用。文化价值主要体现在濒危生物的基因价值上。

濒危生物可以分为野生濒危生物和异地保护的濒危生物。大多数海洋野

---

① 王辉龙：《创新和富民的路径及其价值：江苏的例证》，《江苏师范大学学报》（哲学社会科学版）2017年第6期。

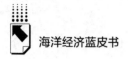

生濒危生物主要是海洋动物，由于其数量有限，存量难以准确确定，同时濒危生物资源不允许进行交易，所以其经济价值很难确定，本文中我们只对其生态价值和文化价值进行核算。异地保护的濒危生物可以采用异地保护成本法对濒危生物的经济价值进行核算。濒危生物的价值核算表如表6所示。

表6 濒危生物的价值核算表

一级指标	二级指标	含义	核算方法
经济价值	环境成本	对濒危生物进行异地保护提供环境所花费的成本，如环境内温度、湿度的控制，房屋的租金	$C_{en} = \sum C_{eni}$ 其中，C_{en}为生物的环境成本，C_{eni}为第i种生物所占用的环境成本
	人工成本	对生物进行饲养或培育所付出的劳动力成本	$C_l = \sum C_{li}$ 其中，C_l为生物的人工成本，C_{li}为第i种生物所占用的人工成本
	营养成本	生物生长所需要的饲料和营养液的成本	$C_n = \sum C_{ni}$ 其中，C_n为生物的营养成本，C_{ni}为第i种生物所使用的营养成本
生态价值	平衡食物关系	生物对于食物链的稳定作用	由于其影响较大，须由专家论证决定
文化价值	休闲娱乐	生物的观赏价值	$V_x = \sum V_{xi}$ 其中，V_x为生物休闲娱乐价值量，V_{xi}为第i种生物对休闲娱乐所贡献的价值量
	文化用途	在历史和文化中所表现出的价值	$V_{cu} = \sum V_{cui}$ 其中，V_{cu}为生物文化用途价值量，V_{cui}为第i种生物的文化用途价值量
	科研价值	生物的基因价值和潜在价值	$V_{re} = \sum V_{gei} + V_{poi}$ 其中，V_{re}为生物的科研价值，V_{gei}为第i种生物的基因价值，V_{poi}为第i种生物的潜在开发价值

3. 资产负债表分表构建

表 7　海洋濒危生物资产负债表

资产			负债		
期末存量			野生增长量		
	实物量	价值量		实物量	价值量
濒危植物			濒危植物		
濒危动物			濒危动物		
濒危微生物			濒危微生物		
死亡量			净资产		
	实物量	价值量	人工养殖		
濒危植物				实物量	价值量
濒危动物			濒危植物		
濒危微生物			濒危动物		
过度利用			濒危微生物		
	实物量	价值量	期初存量		
濒危植物				实物量	价值量
濒危动物			濒危植物		
濒危微生物			濒危动物		
重估减少			濒危微生物		
	实物量	价值量	重估增加		
濒危植物				实物量	价值量
濒危动物			濒危植物		
濒危微生物			濒危动物		
			濒危微生物		
资产合计			负债和净资产合计		

　　本部分具体讨论了海洋生物资源的核算。我们将海洋生物分为经济生物、濒危生物和其他生物。其中经济生物和其他生物的核算方法一致。首先要对海洋生物进行实物量核算，具体核算其期初存量、期末存量、期间增加量、期间减少量。其次，通过所列出的指标对其进行价值量核算，主要包括经济价值、文化价值和生态价值。最后，综合实物量和价值量构建资产负债表。

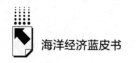

三 海洋矿产资源资产负债表编制

随着陆地矿产资源的日益减少，人们逐渐注重对海洋矿产资源的开采。经济的发展、技术的进步、人口的大量增加等因素导致了对矿产资源需求量加大，增加了海洋资源的开发强度。由于矿产资源的稀缺性和不可再生性，建立海洋矿产资源的资产负债表，以实现海洋矿产资源的优化配置显得尤为重要。

（一）海洋矿产资源的资产属性

要对海洋矿产资源进行核算，进而编制资产负债表，海洋矿产资源应具备资产属性。按照我国《宪法》、《民法》和《矿产资源法》的规定，矿产资源为国家所有，不属于企业、个体所有。但可以通过国家有偿转让给企业矿业权许可的方式，使企业在许可的范围内依法支配该矿产资源。

（二）海洋矿产资源资产负债表的构建

1.资产负债的划分

我们将期末存量和减少量作为资产端，表示矿产资源的去向，将期初存量和增加量作为负债和净资产端，表示矿产资源的来源，其中，将期初存量和增加量新发现的资源分布量定义为负债，将增加量中由于技术进步所增加的开采量作为净资产。由于矿产资源具有不可再生性，所以净资产中技术进步所增加的开采量可以看成人们为资源的开发所做出的努力。

2.核算方式

海洋矿产资源的核算过程主要分三步：一是核算实物量，绘制矿产资源的实物量表；二是根据实物量表对矿产资源的价值进行评估，绘制矿产资源的价值量表；三是根据实物量表和价值量表对矿产资源的核算进行整合重构，绘制矿产资源的资产负债表。①

---

① 殷丽娟、许罕多：《海洋捕捞渔业资源资产负债表编制研究》，《海洋经济》2021年第11期。

（1）构建实物量表

矿产资源实物量的变动中，增加量主要包括发现新资源、技术进步所增加的开采量、重估增加、重新分类四个方面。减少量主要包括提取资源、灾难性的损失、重估减少三个方面。提取资源指资源的开发利用，应用于生产生活中的部分；灾难性的损失主要指开发技术不当造成的资源浪费或自然灾害的爆发使资源消失的部分；重估减少是指在统计过程中资源统计量减少的部分，具体表格如表8所示。

表8 某种海洋矿产资源实物量表

项目	数量
期初资源存量	
增加量	
发现新资源	
技术进步所增加的开采量	
重估增加	
重新分类	
合计	
减少量	
提取资源	
灾难性的损失	
重估减少	
合计	
期末资源存量	

（2）构建价值量表

根据 SEEA[①] 的分析框架，存在活跃市场的资源价值量的计算公式为：价值量=实物量×单价，根据市场价格就可以具体核算出其价值，而其他资源则适用基于自然资源租金的净现值法（NPV），其公式如下：

$$V_{ec} = \sum_{t=1}^{N} \frac{R}{(1+r)^t} \tag{7}$$

---

① 杨缅昆：《SEEA 框架：资源价值理论基础和核算方法探究》，《当代财经》2006 年第 9 期。

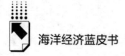

其中，V_{ec}为资源的经济价值，N为自然资源的使用年限，R为自然资源租金，r为折现率，t为时间。

值得注意的是，海洋矿产资源在开发的过程中会对海洋环境造成一定程度的破坏，所以要考虑矿产资源的生态价值，具体表现为对海水的污染和造成海洋生物的减少。

$$V_{en} = V_w + V_{bio} \tag{8}$$

其中，V_{en}为矿产资源的生态价值，V_w为矿产开采过程中对海水的污染价值，V_{bio}为造成海洋生物的减少价值。

某种矿产资源的价值为：

$$V_{min} = V_{ec} - V_{en} \tag{9}$$

根据实物量表进行价值测算，可以得到价值量表如表9所示。

表9　某种矿产资源的价值量表

项目	经济价值	生态价值	总价值
期初资源存量			
增加量			
发现新资源			
技术进步所增加的开采量			
重估增加			
合计			
减少量			
提取资源			
灾难性的损失			
重估减少			
合计			
期末资源存量			

（3）资产负债表样例

根据以上分析我们可以绘制矿产资源的资产负债表如表10所示。

表10　某种矿产资源资产负债表

	实物量	价值量		实物量	价值量
资产			负债		
期末资源存量			期初资源存量		
提取资源			发现新资源		
灾难性损失			重估增加		
重估减少			净资产		
			技术进步所增加的开采量		
合计			合计		

　　本部分从矿产资源的特征出发，明确矿产资源的编制原则，在此基础上提出了矿产资源资产负债以及净资产的界定。与其他资源的核算方式一致，首先要编制海洋矿产资源的实物量表，在此基础上对价值量进行评估，获得价值量表，将二者综合起来，我们可以构建完整的海洋矿产资源的资产负债表。

四　海岛资源资产负债表编制

（一）海岛以及海岛自然资源资产核算

　　海岛不仅具有经济、生态和文化价值，还具有独特的政治和军事价值，例如，我国的钓鱼岛和西沙群岛等。近年来，我国的海岛开发建设随着国家海洋领域事业的发展，也进入了较为快速发展的时期，尤其是党的十八大以来提出的海洋强国战略，更是对原本就趋于较快速发展的海洋经济增柴添火。国家进一步加强了对无居民海岛的管理，促使沿海陆域产业向海岛逐渐延伸，增强了海陆经济的一体化发展。因此，海岛本身在国家海洋经济建设和维护国家海洋安全等方面起着越来越重要的作用。

（二）海岛自然资源的价值评估方法

本部分现有研究的基础上结合海岛的典型特征，遵循"先实物，再价值""先存量，再流量""先分类，再综合"的原则，[①] 建立海岛自然资源资产负债表实物账户和价值账户。

1. 资源分类及其主要核算方法

海岛资源可以大致分为海岛旅游资源、海岛生物资源、海岛空间资源、海洋矿产与能源资源以及海水资源。相关评估方法介绍及应用如表 11 所示。

表 11　相关评估方法介绍及应用

评估方法类型		具体方法	价值类型
市场评估法	市场法	市场价格法	直接、间接使用价值
	成本法	避免成本法	直接、间接使用价值
		替代成本法	直接、间接使用价值
		缓解/恢复成本法	直接、间接使用价值
	生产法	生产函数法	间接使用价值
		要素效益法	间接使用价值
非市场评估法	显示偏好法	旅行成本法	直接（间接）使用价值
		享乐定价法	直接、间接使用价值
	陈述偏好法	条件估值法	使用和非使用价值
		选择模型法/联合分析法	使用和非使用价值
		条件排序法	使用和非使用价值
		协商小组估值法	使用和非使用价值

（三）海岛自然资源的核算方法

海岛资源资产以实物量核算为基础，利用价值化手段来进行核算，在具

[①] 季曦、刘洋轩：《矿产资源资产负债表编制技术框架初探》，《中国人口·资源与环境》2016 年第 26 期；石洪华、池源、郑伟：《海岛自然资源资产负债表设计基本思路》，《中国海洋经济》2016 年第 2 期。

体的表式结构上，纵向表示海岛资源资产的不同资源类型，横向表示期初和期末存量、本期增加与减少（见表12）。

表12　海岛资源资产实物型分类账户结构

项目	海岛旅游资源	海岛生物资源	海岛空间资源	海岛矿产与能源资源	海水资源
期初资源存量					
资源存量增加量					
资源存量减少量					
期末资源存量					

1. 海岛自然资源资产及收入

《自然生态空间用途管制办法（试行）》明确指出，"自然生态空间是指具有自然属性、以提供生态产品或服务为主导功能的国土空间，涵盖需要保护和合理利用的森林、草原、湿地、河流、滩涂、岸线、海洋、无居民海岛等。"其中，涉及海洋领域的自然生态空间可主要概括为海域和无居民海岛两大类。因此，在对海岛自然资源资产负债进行核算时，主要研究无居民海岛的资产核算方法，一是因为居民使用岛可以包括在海域资产核算中，二是因为居民使用岛仅占我国海岛总数的6%，可以近似忽略。基于此，将纳入海洋领域自然资源资产负债分部报表的自然资源资产主要划分为海域和无居民海岛，并以此设置两组一级账户。在确定一级账户之后，应进行二级账户、三级账户甚至四级账户的确定，即将海域资源资产和无居民海岛资源资产再分类纳入账户，以尽量保证海洋自然资源资产负债数据的准确性。

2. 海岛自然资源资产的界定

海岛资产应界定为已确权进入经济适用的国家主张管辖范围层面上的海岛。依据《关于开展市县级海岛保护规划编制工作的通知》《调整海域、无居民海岛使用金征收标准》等相关文件，对海岛的分类如表13所示。

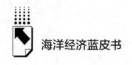

表 13 海岛分类

一级类型	二级类型
保护类岛屿	国家权益类
	海洋自然保护类
	自然遗迹和非生物资源保护类
	海洋特别保护类
	重要渔业品种保护类
利用类岛屿	旅游娱乐用岛
	交通运输用岛
	工业仓储用岛
	渔业用岛
	农牧业用岛
	可再生能源用岛
	城乡建设用岛
	公共服务用岛
	国防用岛
保留类岛屿	保留类

3. 海岛自然资源负债及费用

（1）海岛自然资源负债

海洋自然资源负债是指由开发利用海洋自然资源导致的不可预测、不可控制的环境污染或生态破坏所需要承担的现时义务，这里强调"不可预测、不可控制"以区别于海洋自然资源费用。

（2）海岛自然资源费用

企业用海岛行为导致的可预测可控制的污水、废水、废渣、固体废弃物、噪声等的处理成本以及企业在进行用海用岛项目前投入的预防海洋环境污染费用。

4. 海岛自然资源资产及利润

（1）海岛自然资源资产

资产=负债+净资产

（2）海岛自然资源利润

海岛自然资源利润＝海岛资源收入−海岛资源费用净额＋直接计入当期利润的利得和损失

5. 报表要素计量

（1）实物量计量

在海岛资源资产的实物量计量的实际操作中，首先对核算区域内已经确权的各等级各类型的海岛面积进行准确连续的统计，从而获取不同时间点的无居民海岛资源资产的存量情况，再通过对比不同时间点之间存量变化情况得到核算期间内无居民海岛资源资产的流量。

（2）价值量计量

海岛资源资产的价值量计量。根据海岛等别、用岛类型和用岛方式，综合考虑海岛上生物物种、沙滩等资源环境的价值评估结果，制定公式如下：

$$A = a \times (1 + \theta) \times S \tag{10}$$

$$\theta = \theta_g + \theta_t + \theta_m + \theta_e + \theta_p \tag{11}$$

得到：

$$A = a \times (1 + \theta_g + \theta_m + \theta_e + \theta_p) \times S \tag{12}$$

其中，A 表示待计量的海岛资源资产的最终价值量；a 表示基本单价，一般为毗邻土地转让单价；θ 表示修正系数，θ_g 表示海岛等别修正系数，θ_t 表示用岛类型修正系数，θ_m 表示用岛方式修正系数，θ_e 表示环境修正系数，θ_p 表示政策修正系数，S 表示待计量的用岛面积。

海岛负债的价值量计量。在具体操作中，理论上的海洋自然资源负债的价值量难以直接计量，建议使用中央或者地方政府海域、海岛整治修复的资金量来反映负债价值，制定公式如下：

$$L = f \times \alpha \times S \tag{13}$$

其中，L 表示待计量的海岛资源负债的价值量；f 表示海岛整治修复专项资金在单位用海岛面积上的分摊金额；α 表示修正系数，若参考海岛与待计量

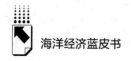

的无居民海岛在生态环境方面有明显差异，则使用修正系数进行修正，在实际操作中可由专家打分获取 α 值；S 表示待计量的用海用岛面积。

五 总结及展望

本文从编制海洋资源资产负债表的现实背景出发，结合国内外学者的研究现状明确当前海洋资源资产负债表编制存在的问题，以从中发现新的研究视角。本文的创新点主要在于以下方面。首先，在报表编制过程中，将资产、负债和净资产赋予其实际意义，与企业的资产负债表相同且易于理解。其次，本文基于不同视角对资源的价值量进行全面评价，并构建相对完整的核算体系，例如，在分析矿产资源的价值时，本文考虑了其在开发过程中所造成的生态损失。再次，本文综合考虑了摸清自然资源家底和进行离任审计这两个编制目的，与核算框架较为契合。最后，本文逻辑严谨，条理清晰，对资产负债表的编制过程由浅入深、层层递进。

当然，本文还存在着许多不足，比如本文没有考虑实际核算过程中的经济成本，较为理想。另外，本文只是构建出一套理论体系，提供技术指导，并没有进行实际论证，有些模型也为了追求实际应用过程中的简便易行，有些粗糙，与现实会有出入。

参考文献

艾晓荣、张华、王方雄：《海岸带资源价值评价方法研究进展》，《海洋开发与管理》2012 年第 7 期。

常岭、谭春兰、朱清澄：《无居民海岛开发利用适宜性评价——以上海市九段沙岛为例》，《海洋开发与管理》2021 年第 3 期。

陈尚、任大川、夏涛、李京梅、杜国英、王栋、王其翔、柯淑云、王丽、王敏、赵志远：《海洋生态资本价值结构要素与评估指标体系》，《生态学报》2010 年第 23 期。

崔旺来、孔凡振：《海洋渔业资源资产负债表编制：要素、框架及报表设计》，《浙江海洋大学学报》（人文科学版）2021 年第 3 期。

付秀梅、苏丽荣、李晓燕、鹿守本：《海洋生物资源资产负债表基本概念内涵解析》，《海洋通报》2018 年第 4 期。

高奕康、刘旭、林河山、徐金燕、邓云成：《我国无居民海岛管理现状、问题及建议》，《海洋开发与管理》2021 年第 9 期。

洪宇：《自然资源资产负债与资产离任审计协同性分析》，《会计之友》2018 年第 14 期。

季曦、刘洋轩：《矿产资源资产负债表编制技术框架初探》，《中国人口·资源与环境》2016 年第 3 期。

李巧稚：《无居民海岛管理的关键问题研究》，《海洋信息》2004 年第 4 期。

李文君：《海岸线价值评测方法研究》，中国地质大学，2016。

李晓璇：《海洋领域自然资源资产负债分部报表编制研究》，国家海洋局第一海洋研究所，2018。

马煜曦、李秀珍、林世伟、谢作轮、薛力铭、韩骥：《崇明环岛湿地生态服务价值核算及其不确定性》，《生态学杂志》2020 年第 6 期。

齐玥、马恭博、康婧、吴楠、鲍晨光、杜宇：《无居民海岛资源环境承载力评价——以渤海为例》，《海洋环境科学》2022 年第 1 期。

邱琳、俞洁、邓劲松、林溢、董俐、岑庆、周梦梦：《遥感和 GIS 支持下浙江省自然资源资产负债表编制研究》，《中国环境管理》2019 年第 5 期。

盛明泉、姚智毅：《基于政府视角的自然资源资产负债表编制探讨》，《审计与经济研究》2017 年第 1 期。

石洪华、池源、郑伟：《海岛自然资源资产负债表设计基本思路》，《中国海洋经济》2016 年第 2 期。

王辉龙：《创新和富民的路径及其价值：江苏的例证》，《江苏师范大学学报》（哲学社会科学版）2017 年第 6 期。

王娇月、邴龙飞、尹岩、郗凤明、马铭婧、张文凤：《湿地生态系统服务功能及其价值核算——以福州市为例》，《应用生态学报》2021 年第 11 期。

王翊、王方方、谭小平等：《加快体制机制改革　高质量推进广东海洋自然资产化管理》，《特区经济》2021 年第 6 期。

Chongliang Ye, Feihan Sun, "Development of a social value evaluation model for coastal wetlands", *Ecological Informatics* 2021, 65.

Qian Cheng, Linfei Zhou, Tieliang Wang, "Assessment of ecosystem services value in Linghekou wetland based on landscape change", *Environmental and Sustainability Indicators* 2022.

热 点 篇
Key Issues

B.16
海洋经济高质量发展协同效应分析

关洪军　孙珍珍*

摘　要： 作为开放的复杂适应性系统，海洋经济高质量发展通过经济、科技、生态、文化与社会五个子系统间的协同作用实现复合系统的演化与发展。本报告基于复合系统视角，建立海洋经济高质量发展复合系统协同水平评价指标体系，构建子系统有序度模型与复合系统协同度模型，利用沿海 11 个省份 2010~2020 年的相关数据，测算子系统有序度与复合系统协同度。研究结果表明，沿海地区复合系统协同发展呈现强差异性、强波动性、不稳定性与低协同性的特征。因此，应强化顶层设计、加强宏观调控、实现动态共享、因地制宜发展，以提升复合系统协同发展水平。

关键词： 海洋经济　复合系统　协同效应　高质量发展

* 关洪军，博士，山东财经大学管理科学与工程学院二级教授，海洋经济与管理研究院研究员，研究方向为复杂系统理论与方法、海洋经济高质量发展；孙珍珍，山东财经大学管理科学与工程学院博士研究生。

海洋经济高质量发展以海洋经济活动为主要载体，涵盖利用海洋资源和海洋空间进行的生产、交换、分配和消费等涉海活动，涉及经济、社会、生态等多个领域。从复合系统的角度出发，海洋经济高质量发展复合系统包含海洋经济、海洋科技、海洋生态、海洋社会与海洋文化五个子系统，子系统通过彼此联系、互相影响，实现复合系统的协同演化与发展。基于复合系统的视角，揭示海洋经济高质量发展复合系统协同发展水平，对于精准把握海洋经济高质量发展的短板，科学判断海洋经济高质量发展阶段，助力实现海洋强国战略目标具有重要意义。

一　海洋经济高质量发展复合系统发展现状分析

由于海洋经济自然资源成分与产业门类众多，海洋经济高质量发展复合系统五个子系统涉及的因素也较为繁杂，本部分仅选取各子系统中较具有代表性的热点因素对海洋经济高质量发展复合系统的发展现状予以分析。

（一）海洋经济子系统——经济总量与产业结构

当前，海洋经济已经成为中国经济高质量发展的战略要地。作为一个海陆兼备的大国，中国在海洋强国的建设中不断取得新成就。如图 1 所示，近年来，我国海洋经济发展迅速，海洋经济总量持续增加，占国内生产总值比重也持续维持在 9% 左右（2020 年受新冠肺炎疫情影响，海洋生产总值与其占 GDP 比重均有所下降）。

海洋产业结构不断优化。海洋第一产业与第二产业占海洋生产总值的比重持续下降，海洋第三产业占比明显提升，海洋三次产业比例从 2010 年的 5.1∶47.8∶47.2 调整为 2020 年的 4.9∶33.4∶61.7（如图 2 所示），海洋经济体系"三、二、一"的发展格局得以巩固，海洋产业发展稳中向好。

（二）海洋科技子系统——科技新兴产业

当前，我国海洋科技创新能力虽得以大幅提升，但其对海洋经济高质量

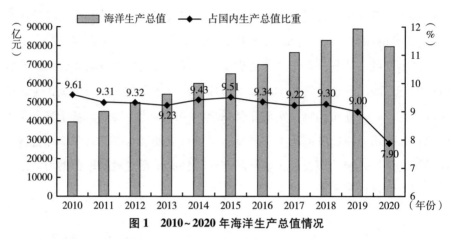

图1　2010~2020年海洋生产总值情况

资料来源：中国海洋信息网（http：//www.nmdis.org.cn/hygb/zghyjjtjgb/）、《中国海洋经济统计公报》（2010~2020）。

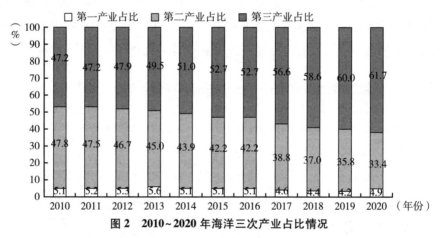

图2　2010~2020年海洋三次产业占比情况

资料来源：中国海洋信息网（http：//www.nmdis.org.cn/hygb/zghyjjtjgb/）、《中国海洋经济统计公报》（2010~2020）。

发展的带动作用略显不足，主要体现在海洋+科技、海洋+生态、海洋+文化等科技新兴业态较少，新兴技术产业占比不高。如图3所示，2020年，占比较高的仍为滨海旅游业、海洋交通运输业、海洋渔业等传统产业，海洋生物医药业、海洋电力业、海洋利用业等新兴技术产业在海洋经济产业中仅占2.38%。

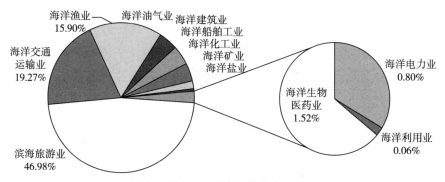

图3 2020年中国主要海洋产业占比

资料来源：中国海洋信息网（http：//www.nmdis.org.cn/hygb/zghyjjtjgb/）、《中国海洋经济统计公报（2020）》。

（三）海洋生态子系统——生态灾害

近年来，由于涉海经济活动破坏了近海生态环境与海岸生态系统，加之自然变异，海洋生态灾害频发。如图4所示，赤潮、绿潮等生态灾害频发，导致海水入侵和土壤盐渍化严重，海洋生态保护任务艰巨，对海洋生态、经济、社会等造成了巨大损失，海洋高质量发展亟须协调好经济与生态保护之间的关系。

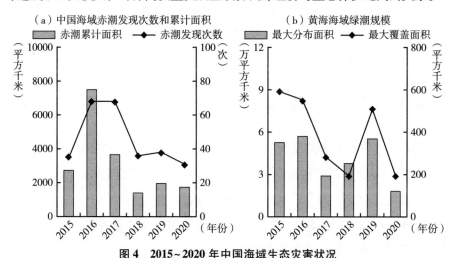

图4 2015~2020年中国海域生态灾害状况

资料来源：中华人民共和国生态环境部（https：//www.mee.gov.cn/）、《中国海洋生态环境状况公报》（2015~2020）。

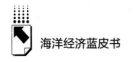

（四）海洋社会子系统——涉海就业

就业是民生之本，海洋经济高质量发展也离不开劳动生产率的提升。《中国海洋经济统计公报》显示，近年来，涉海就业人员数量持续增加，增长趋势明显（见图5）。2010年全国涉海就业人员为3350万人，2018年全国涉海就业人员增长至3648万人，占全国就业人员比重达4.68%；预计2020年涉海就业人员达3800万人，约占全国就业人员比重为5.06%。

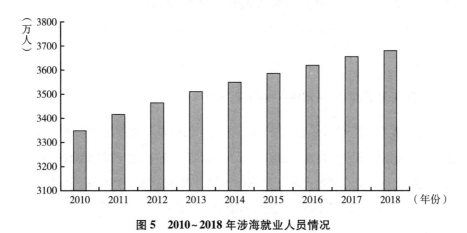

图5　2010~2018年涉海就业人员情况

资料来源：中华人民共和国生态环境部（https://www.mee.gov.cn/）、《中国海洋经济统计公报》（2010~2018）。

（五）海洋文化子系统——海洋制度文化

海洋政策是海洋制度文化的一部分。近年来，我国出台了一系列海洋经济发展专项政策（具体如表1所示），涉及海洋预报警报服务、海洋科技创新、海洋生态保护、海洋产业升级、海洋资源可持续利用等多个方面，为其他四个子系统的发展提供了良好的政策环境，为海洋经济高质量发展复合系统协同发展注入了新的活力和动力。

表1 海洋经济发展专项政策

时间	政策名称	政策内容
2016 年 12 月	《海洋观测预报和防灾减灾"十三五"规划》	推进建设海洋观测站,建设海洋立体观测网。稳步提升海洋预警报服务水平
2017 年 5 月	《"十三五"海洋领域科技创新专项规划》	提出重点任务,包括深海探测技术研究、海洋环境安全保障、资源可持续开发利用等
2018 年 2 月	《全国海洋生态环境保护规划(2017~2020年)》	明确了"绿色发展、源头护海""顺应自然、生态管海""质量改善、协力净海""改革创新、依法治海""广泛动员、聚力兴海"的原则,确立了海洋生态文明制度体系基本完善、海洋生态环境质量稳中向好、海洋经济绿色发展水平有效提升、海洋环境检测和风险防范处置能力显著提升4个方面的目标,提出了近岸海域优良水质面积比例、大陆自然岸线保有率等8项指标
2018 年 5 月	《关于促进海洋经济高质量发展的实施意见》	重点支持传统海洋产业改造升级,开展"一带一路"海上合作的金融支持
2018 年 11 月	《关于建设海洋经济发展示范区的通知》	支持山东威海等10个市级以及天津临港等4个园区的海洋经济发展示范区建设,并明确了各示范区的总体目标和主要任务
2019 年 6 月	《国家级海洋牧场示范区建设规划(2017~2025年)》	提出建设国家级海洋牧场示范区,同时实行不同地区动态调整原则
2020 年 5 月	《国家海洋局 国家发展和改革委员会 国土资源部关于印发〈围填海管控办法〉的通知》	提出应加强和规范围填海管理,严格控制围填海总量,以促进海洋资源可持续利用

二 海洋经济高质量发展复合系统协同水平评价指标设计与模型构建

(一)指标选取与数据来源

1. 复合系统协同水平评价指标设计

海洋经济高质量发展复合系统协同水平评价指标体系的构建应符合

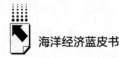

指标选取的原则与方法，满足综合定性与定量分析的要求。本报告依据上述原则，构建涵盖5个子系统20个序参量39个序参量分量的海洋经济高质量发展复合系统协同水平评价指标体系：海洋经济子系统从经济规模、经济效率、经济协调、经济稳定、经济开放5个序参量出发，筛选11个序参量分量；海洋科技子系统从创新投入、创新产出、创新效率和创新动能4个序参量出发，筛选6个序参量分量；海洋生态子系统从生态条件、生态效率、生态压力和生态保护4个序参量出发，筛选8个序参量分量；海洋社会子系统从城市建设水平、居民生活质量、消费水平和消费结构4个序参量出发，筛选7个序参量分量；海洋文化子系统从制度文化、精神文化、物质文化3个序参量出发，筛选7个序参量分量，具体如表2所示。

表 2　海洋经济高质量发展复合系统协同评价指标体系

子系统	序参量	序参量分量	指标属性
经济子系统	经济规模	海洋产业增加值	正向
	经济效率	要素市场发育程度指数	正向
		全要素生产率	正向
	经济协调	产业结构高级化	正向
		各省份最高人均GOP/最低人均GOP	负向
		城镇人均消费支出/农村人均消费支出	负向
	经济稳定	城镇登记失业率	负向
		居民消费价格指数	负向
	经济开放	海洋货物运输量/货运总量	正向
		进口贸易总额/出口贸易总额	正向
		高新技术产品出口额/出口总额	正向

子系统	序参量	序参量分量	指标属性
科技子系统	创新投入	科研经费投入占海洋生产总值比重	正向
		海洋科技活动人员/涉海就业人员总数	正向
	创新产出	新产品开发项目数	正向
	创新效率	发明专利申请数/发明专利授权数	正向
	创新动能	海水风电项目	正向
		海洋科研教育管理服务业占海洋生产总值比重	正向
生态子系统	生态条件	海水养殖面积	正向
	生态效率	单位 GDP 能耗	负向
		海水养殖产量/确权海域面积	正向
	生态压力	沿海地区风暴潮受灾面积	负向
		接待国内外旅游人数	正向
	生态保护	海洋类型自然保护区数量	正向
		生态修复项目管理情况	正向
		环保财政预算支出/财政支出	正向
社会子系统	城市建设水平	建成区绿化覆盖率	正向
		规模以上港口生产用码头（万吨级）泊位个数	正向
	居民生活质量	社保参保率	正向
		万人公共汽、电车运营数量	正向
	消费水平	消费支出占海洋生产总值比重	正向
	消费结构	人均食品消费支出	负向
		人均教育文化娱乐消费支出	正向
文化子系统	制度文化	政府与市场关系指数	负向
		海洋预报警报服务次数	正向
		海洋政策与规范性文件印发情况	正向
	精神文化	海洋专业专科以上在校生（包含硕博）情况	正向

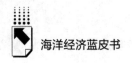

续表

子系统	序参量	序参量分量	指标属性
文化子系统	物质文化	人均拥有公共图书馆藏量	正向
		文化产业固定投资占全社会固定资产投资比重	正向
		出版海洋科技著作	正向

2. 数据来源

本报告以 2010~2020 年沿海地区 11 个省份（鉴于数据的可得性与可比性，未纳入港澳台三地）的相关数据为样本，数据均来源于相应年份的《中国海洋经济统计年鉴》《中国海洋年鉴》《中国统计年鉴》以及各省份的《中国海洋经济统计公报》。

本报告从以下三个方面对原始数据进行处理：首先，对缺失值进行线性插补和近似处理；其次，由于部分指标缺乏相应的海洋统计口径数据，本部分借鉴王涛等[1]、纪建悦等[2]、宋泽明和宁凌[3]的做法，采用剥离系数法对与之对应的国民经济数据进行剥离，剥离系数为海洋生产总值占地区生产总值的比重；最后，为消除价格因素的影响，对相关经济数据以 2010 年为基期进行价格换算。

（二）复合系统协同度模型构建

子系统有序度模型构建

海洋经济高质量发展复合系统由海洋经济子系统、海洋科技子系统、海洋生态子系统、海洋社会子系统与海洋文化子系统五个系统复合而成，本报

---

① 王涛、赵昕、郑慧、丁黎黎：《比较优势识别下的海陆经济合作强度测度》，《中国软科学》2014 年第 4 期。

② 纪建悦、王奇、任文菡：《我国海洋经济增长方式的实证研究——基于超越对数生产函数随机前沿模型》，载《第十九届中国管理科学学术年会论文集》，2017。

③ 宋泽明、宁凌：《海洋创新驱动、海洋产业结构升级与海洋经济高质量发展——基于面板门槛回归模型的实证分析》，《生态经济》2021 年第 1 期。

告综合运用子系统有序度模型与复合系统协同度模型，测算海洋经济高质量发展复合系统的协同发展水平。

首先，依据本报告设计的海洋经济高质量发展复合系统指标体系的相关数据测算各序参量分量的"贡献度"，并利用子系统有序度模型分别测算海洋经济子系统、海洋科技子系统、海洋生态子系统、海洋社会子系统与海洋文化子系统的有序程度。随后，利用复合系统协同度模型，依据海洋经济高质量发展复合系统五个子系统的时间序列动态变化过程，分析得出海洋经济高质量发展复合系统的协同状态，计算复合系统协同发展水平。

海洋经济高质量发展复合系统的协同度需要基于海洋经济子系统、海洋科技子系统、海洋生态子系统、海洋社会子系统以及海洋文化子系统的有序度随时间变化的动态过程判定，即从五个系统有序度的时间序列动态变化过程中分析得出海洋经济高质量发展复合系统的协同状态。当海洋经济子系统、海洋科技子系统、海洋生态子系统、海洋社会子统与海洋文化子系统在 t_1 时刻的有序度优于五个子系统各自在 t_0 时刻的有序度时，海洋经济高质量发展复合系统处于协同度为正的协同演进状态；反之，当其中某个或某几个（总数为单数）子系统在 t_1 时刻的序有度劣于其在 t_0 时刻的有序度时，海洋经济高质量发展复合系统处于协同度为负的协同演进状态。

记海洋经济高质量发展复合系统协同度为 C，C 的取值区间为 $[-1, 1]$。在取值区间内，海洋经济高质量发展复合系统协同度 C 的取值越大，系统协同发展程度就越高；反之，协同度 C 的取值越小，海洋经济高质量发展复合系统的协同发展程度越低。特别指出：如果海洋经济高质量发展复合系统五个子系统中有一个（或几个）子系统的有序度随时间演进后提高的幅度较大，而其他四个（或几个）子系统的有序度随时间演进后提高的幅度较小，虽然此时海洋经济高质量发展复合系统的协同度取值仍为正值，但数值相对较小，表明复合系统的协同演进状态处于相对较低的良性发展水平；反之，如果任何一个子系统在 t_1 时刻的有序度劣于它在 t_0 时刻的有序度，则无论其他四个子系统的有序度是何种情况，都将导致海洋经济高质量发展

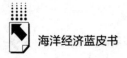

复合系统的协同度 C 取值为负，这表明该复合系统处于非协同演进的劣质状态。复合系统协同水平划分情况如表 3 所示。

表 3 复合系统协同水平划分

复合系统协同度	协同水平
$C \in [-1.000, -0.666]$	高度不协同
$C \in (-0.666, -0.333]$	中度不协同
$C \in (-0.333, 0.000]$	低度不协同
$C \in (0.000, 0.333]$	轻度协同
$C \in (0.333, 0.666]$	中度协同
$C \in (0.666, 1.000]$	高度协同

三 海洋经济高质量发展复合系统 协同水平的测算与分析

依据前文所列公式对海洋经济高质量发展复合系统协同度进行计算，并依据计算结果对子系统有序度及复合系统协同度的时序变化与空间演化进行分析。

（一）子系统有序度分析

2010~2020 年沿海 11 个省份五个子系统的有序度对比情况如图 6 所示。

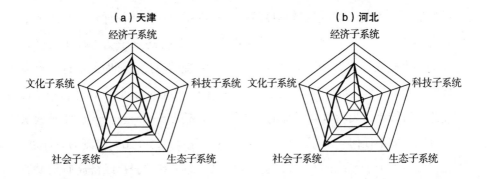

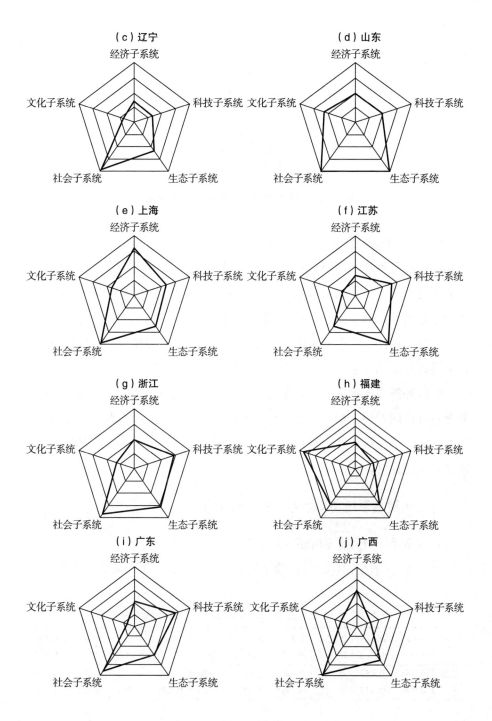

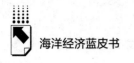

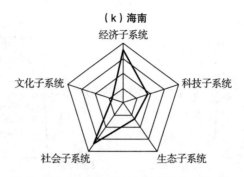

（k）海南

图6 沿海11个省份五大子系统有序度对比

11个沿海省份的短板主要集中于科技子系统和文化子系统。具体而言，天津的短板是科技子系统，在11个沿海省份中位列倒数第二，与之情况相似的还有山东。河北的短板是科技子系统和生态子系统，且均在11个沿海省份中位列倒数第一。辽宁的短板是文化子系统，与之情况类似的还有上海、江苏、浙江、广东和海南。福建的短板是科技子系统。广西的短板是科技子系统和文化子系统，均位于11个沿海省份倒数水平。

海洋经济高质量发展复合系统在科技和文化两方面均存在短板，阻碍了复合系统协同发展，亟须通过子系统内部优化资源配置、协调内部发展，并与外部经济子系统、社会子系统等协同驱动，保障海洋经济高质量发展复合系统的全面提升。

（二）复合系统协同水平时空演化分析

1.复合系统协同水平时序变化分析

沿海11个省份海洋经济高质量发展复合系统协同度结果如表4所示。

表4 沿海11个省份海洋经济高质量发展复合系统协同度

省份	2010~2011年	2011~2012年	2012~2013年	2013~2014年	2014~2015年	2015~2016年	2016~2017年	2017~2018年	2018~2019年	2019~2020年
天津	0.454	0.457	0.462	0.441	0.436	0.476	0.508	-0.524	-0.451	-0.495
河北	0.428	0.457	0.416	-0.410	0.395	0.510	0.444	0.506	0.471	0.444

省份	2010~2011年	2011~2012年	2012~2013年	2013~2014年	2014~2015年	2015~2016年	2016~2017年	2017~2018年	2018~2019年	2019~2020年
辽宁	0.415	0.469	0.465	0.427	0.459	-0.508	-0.403	0.517	-0.536	0.556
山东	0.445	0.456	0.455	0.466	0.553	0.496	0.515	0.507	-0.616	0.543
上海	-0.558	0.584	-0.476	-0.542	-0.449	0.453	-0.433	0.428	0.537	0.461
江苏	0.447	0.447	0.451	0.477	0.426	0.416	0.545	0.462	0.533	-0.472
浙江	0.522	0.535	0.546	0.491	0.508	0.512	0.473	0.523	0.570	0.558
福建	-0.409	0.417	0.450	0.411	0.416	0.474	0.537	0.510	0.607	0.529
广东	0.472	-0.495	0.420	0.407	0.422	0.487	0.503	0.471	0.608	0.525
广西	0.393	-0.424	-0.436	0.397	-0.393	0.420	0.543	0.388	0.437	0.411
海南	0.520	-0.497	0.461	-0.424	0.497	0.580	-0.492	-0.635	0.599	-0.517

由表4可知，我国沿海11个省份海洋经济高质量发展复合系统协同水平呈现强地区差异性、强波动性、不稳定性、低协同性的时序变化特征。强地区差异性体现在11个省份的协同水平差别十分明显，如在观察年间，浙江的协同发展水平一直表现为中度协同水平；而同处南部海洋经济圈的上海协同发展水平大多年份处于中度不协同水平。强波动性体现为大多省份在观察年间的变动趋势明显且变动幅度较大，如海南，在观察年间多处于"中度不协同—中度协同"的隔年变动趋势。不稳定性体现为虽在观察年间部分省份处于中度协同水平，但其协同发展水平较难维持稳定状态，变动频繁且显著。低协同性体现为，虽有浙江、山东等地协同发展水平大致处于中度协同状态，但并无省份达到高度协同状态，甚至部分省份在大多数观察年间处于中度不协同状态，总体而言，沿海地区海洋经济高质量发展复合系统协同水平还较低。

依据计算公式可知，复合协同度与五大子系统的变动轨迹相关。为分析复合系统协同度的时序变动规律，进一步分析沿海11个省份海洋经济高质量发展复合系统协同度及五大子系统变动轨迹，如图7所示。

343

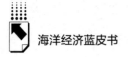海洋经济蓝皮书

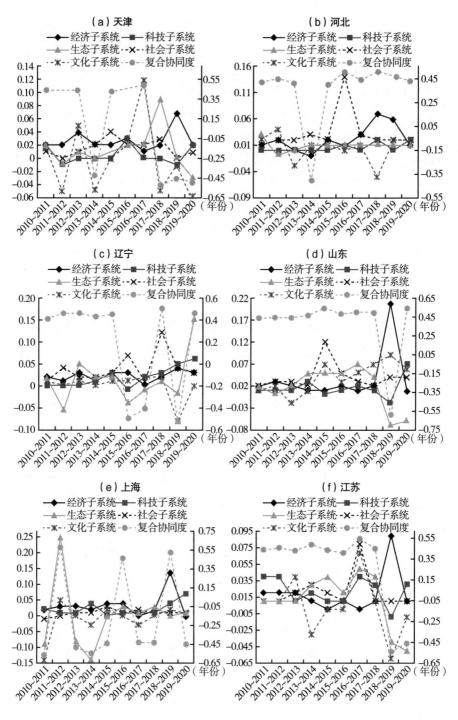

344

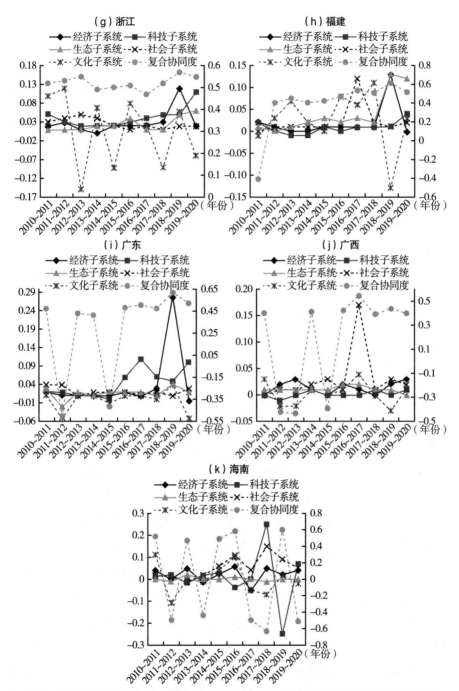

图7　沿海11个省份海洋经济高质量发展复合系统协同度及五大子系统变动轨迹

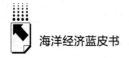

如图 7（a）所示，在观察期内，天津的海洋经济高质量发展复合系统协同发展水平呈现"几"字形的时序变动趋势，2010～2013 年与 2014～2017 年保持在中度协同状态，但在 2013～2014 年与 2017～2020 年下降至中度不协同状态。仔细观察五个子系统的时序变化轨迹，天津复合系统协同发展状态较为稳定时，五个子系统大致呈现相同的变动趋势，如 2010～2013 年，五个子系统变动趋势相同；反之，2017～2020 年，五个子系统的变动轨迹相差较大，文化子系统、经济子系统在部分年份（如 2017～2018 年、2018～2019 年）与其他子系统呈现相反的变动趋势，导致复合系统协同发展水平下降且维持在低水平。这表明，子系统之间的协同发展对于复合系统协同发展水平具有决定性作用。

如图 7（b）所示，在观察期内，河北的海洋经济高质量发展复合系统协同发展水平整体处于中度协同状态且相对稳定，但在 2013～2014 年急剧下降，出现中度不协同的状态，在该年份，经济子系统出现负向变动轨迹，与其他四个子系统的变动轨迹相反，阻碍了复合系统协同水平的稳步提升，由此可见，子系统间的协同发展不可忽视。

如图 7（c）所示，辽宁的海洋经济高质量发展复合系统协同发展水平在观察前期呈现较为稳定的中度协同状态，但在观察后期呈现"W"形的时序变动轨迹。仔细观察五个子系统的时序变化轨迹，在 2010～2015 年，五个子系统的变动轨迹大致相似且变动幅度相对稳定；但在 2015～2020 年，五个子系统的变动趋势呈现较大差别，如社会子系统与生态子系统呈现完全相反的变动轨迹且变化幅度较大。这表明，子系统之间的均衡协同发展对于复合系统协同发展水平的稳定具有重要作用。

如图 7（e）所示，在观察期内，上海的海洋经济高质量发展复合系统协同发展水平呈现"M"形的时序变化轨迹，协同发展水平差别较大且不稳定。仔细观察五个子系统的时序变化轨迹，生态子系统与文化子系统的变动趋势与其大致相似，且变动幅度较大，结合前文的短板分析，文化子系统是上海的短板，生态子系统则是相对优势。这表明，复合系统协同发展水平并非只由短板或者优势子系统可以决定，只有子系统间均衡、协同发展，复合系统协同发展水平才会稳步提升。

如图 7（d）和（f）所示，在观察期内，山东的海洋经济高质量发展复合系统协同发展水平虽略高于江苏，但其变动轨迹与江苏极为相似：在观察前期均呈现较为稳定的中度协同状态，但在 2018～2019 年急速下降为中度不协同状态，随后协同水平提升。仔细观察五个子系统的时序变化轨迹，前期山东和江苏复合系统协同水平的稳定均得益于经济、生态、社会子系统方向一致的稳步提升，而作为山东短板的科技子系统与作为江苏短板的文化子系统与其呈现相反趋势，虽基数较小影响有限，但也阻碍了山东和江苏复合系统协同水平的提升。

如图 7（g）所示，在观察期内，浙江的海洋经济高质量发展复合系统协同发展水平均处于中度协同水平，在 11 个省份中位居第一。仔细观察五个子系统的时序变化轨迹发现，经济、科技、生态与社会四个子系统的时序变化轨迹大致相同，文化子系统的变动幅度虽然较大且变化轨迹与其他四个子系统不同，但由前文可知，其为浙江复合系统协同发展的短板且基数较小，对浙江整体的复合系统协同水平影响相对较小，但正因如此，也是浙江复合协同发展水平提升的关键。

如图 7（h）所示，在观察期内，福建的海洋经济高质量发展复合系统协同发展水平呈现稳中向好的中度协同发展状态。仔细观察五个子系统的时序变化轨迹，科技子系统的变动幅度虽不明显，但其作为福建的短板，时序变化轨迹与复合系统协同发展轨迹相反，对复合系统协同发展水平起一定的抑制作用。因而，提升科技子系统有序度有利于提升福建的复合系统协同发展水平。

如图 7（i）和（j）所示，在观察期内，广东和广西的海洋经济高质量发展复合系统协同发展水平的时序变动轨迹类似，在观测前期呈现"W"形的变动趋势，在后期则呈现稳步增长态势。仔细观察五个子系统的时序变化轨迹，2010～2016 年，复合系统协同发展水平变动明显且整体水平较低，文化系统与两者的时序发展轨迹相似。2015～2020 年，复合系统协同发展水平趋于稳定且相对较高，生态子系统与两者的发展轨迹相似，但科技子系

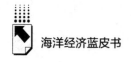

统均与两者的发展轨迹相反；广西的社会子系统与其发展轨迹类似，广东的经济子系统与其发展轨迹类似。因而，合理发挥经济、社会、生态子系统优势，补齐文化与科技短板，对于广东和广西提升复合系统协同发展水平至关重要。

如图 7（k）所示，在观察期内，海南的海洋经济高质量发展复合系统协同发展水平呈现"W"形的隔年时序变动趋势，协同发展水平极为不稳定。仔细观察五个子系统的时序变化轨迹，且 2010～2016 年，经济子系统与其变化轨迹相似；2016～2020 年，经济、科技和社会子系统与其发展轨迹相反。值得注意的是，观察期内，文化子系统与其变化轨迹大致相同，而文化子系统是其发展短板，也是提升复合系统协同水平的关键。

上述结果分析表明，当前我国海洋经济高质量发展复合系统的协同发展水平不高，且存在不稳定性、非均衡性等问题。海洋经济高质量发展复合系统协同水平的提升离不开子系统的有序发展，尽快补齐复合系统发展中的短板，促使子系统内部协调并稳中向好发展，形成子系统之间的均衡协同一致发展，是复合系统协同水平提升的关键。

2.复合系统协同水平空间演化分析

本部分将观察期分为 2010～2013 年、2013～2016 年与 2016～2020 年三个阶段，对各个阶段 11 个沿海省份复合系统协同度的最小值、最大值与平均值进行分析，以探究其空间演化的特征趋势。三个阶段复合系统协同度的最小值、最大值、平均值及其在 11 个省份中的排名如表 5 所示。

表 5　沿海 11 个省份三个阶段海洋经济高质量发展复合
系统协同度空间统计分析及排名情况

省份	2010～2013 年				2013～2016 年				2016～2020 年			
	最小值	最大值	均值	排名	最小值	最大值	均值	排名	最小值	最大值	均值	排名
天津	0.455	0.462	0.458	2	-0.441	0.474	0.156	8	-0.526	0.508	-0.241	10
河北	0.413	0.452	0.430	6	-0.410	0.510	0.165	7	0.434	0.506	0.464	4
辽宁	0.411	0.464	0.445	3	-0.502	0.449	0.125	10	-0.536	0.513	0.007	8
山东	0.442	0.446	0.444	4	0.466	0.553	0.503	1	-0.612	0.543	0.238	7

省份	2010~2013 年				2013~2016 年				2016~2020 年			
	最小值	最大值	均值	排名	最小值	最大值	均值	排名	最小值	最大值	均值	排名
上海	-0.558	0.585	-0.150	10	-0.542	0.456	-0.176	11	-0.441	0.534	-0.192	9
江苏	0.431	0.457	0.442	5	0.412	0.487	0.445	3	-0.462	0.545	0.272	6
浙江	0.522	0.546	0.533	1	0.491	0.512	0.501	2	0.473	0.570	0.530	2
福建	-0.409	0.450	0.151	8	0.411	0.474	0.434	4	0.510	0.607	0.545	1
广东	-0.491	0.472	0.134	9	0.407	0.478	0.432	5	0.471	0.608	0.526	3
广西	-0.432	0.395	-0.154	11	-0.393	0.420	0.146	9	0.388	0.547	0.443	5
海南	-0.497	0.520	0.161	7	-0.427	0.580	0.215	6	-0.634	0.599	-0.260	11

由表 5 可见，11 个省份在三个阶段中的海洋经济高质量发展复合系统协同度空间统计分析数据呈现较大的差异性，且总体而言协同发展水平较低。2010~2013 年，排名前 6 的省份复合系统协同度均值均大于 0.430，位于中度协同发展水平，但第 7 名出现断崖式下跌，协同发展水平仅为 0.161，处于轻度协同状态，而最末的广西仅为-0.154，处于轻度不协同状态；2013~2016 年，排名前 5 的省份均大于 0.432，而第 6 名仅为 0.215，排名最末的上海仍为负值，处于轻度不协同状态；2016~2020 年，排在前 5 名的省份均大于 0.443，远高于第 6 名的 0.272，第 9 名之后均为负值，区域间差异十分明显。结合前文的分析可知，处于轻度协同水平或轻度不协同水平的省份存在较为严重的子系统短板，阻碍了海洋经济高质量发展复合系统协同水平的提升，但都具有较大的进步空间。

四　发展趋势展望与对策建议

（一）发展趋势展望

运用插值与拟合预测方法，对 2020~2022 年海洋经济高质量发展复合系统的协同水平进行预测，如图 8 所示。

由图 8 可以看出，2020~2022 年，沿海 11 个省份的海洋经济高质量发

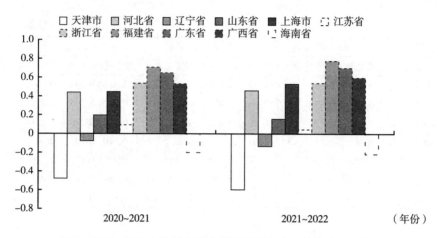

图 8 2020~2022 年海洋经济高质量发展复合系统协同水平预测

展复合系统协同水平仍然处于较低协同水平，且呈现强地区差异性，但部分地区的协同水平明显提升。低协同性体现为仍然有辽宁、海南、山东等 5 个省份处于中度协同水平之下。强地区差异性表现为地区间协同水平差距明显：天津、辽宁与海南 3 个省份的复合系统协同水平可能仍处于不协同状态，尤其是天津，预测值仍处于中度不协同水平；福建、广东、上海等 6 个省份处于中度协同水平。此外，福建、广东、广西等省份的协同水平明显提升，提升幅度相对明显。

但值得指出的是，海洋经济高质量发展复合系统协同水平的预测并未将新冠肺炎疫情的影响考虑在内。具体来看，短期内，新冠肺炎疫情对海洋经济高质量发展复合系统的经济子系统与社会子系统的冲击较大，主要体现在一方面居民消费减少，涉海产品国内需求不足；另一方面，国际海洋运输业拥堵、海外订单转移等，不仅导致涉海活动减少，外需不足，由此引发的原材料供应等问题也对全球产业链及生产贸易网络产生剧烈冲击，影响国际市场。若疫情带来的经济不利影响与消费者信心下降难以恢复，很可能带来长期的经济危机。经济与社会子系统的变动必然对科技、生态、文化子系统产生不同程度的消极影响。

但与此同时，疫情带来医疗卫生行业需求激增，海洋生物医药业等成为产业创新高地，而涉海活动的减少、海产品需求量的减少以及大规模的停运停航，客观上有利于海洋生态环境的修复。此外，国家及各级政府部门积极应对疫情带来的影响，精准施策，通过免除个人所得税等措施保障民生，通过重点帮扶中小企业，推动企业复工复产等措施提升区域经济韧性。

综上所述，新冠肺炎疫情虽可能对海洋经济高质量发展复合系统协同发展水平产生不良影响，但国家及各省份相关部门出台的各类补偿性政策措施也在发挥积极作用，海洋经济高质量发展复合系统协同发展趋势整体向好。

（二）对策建议

依据前文的分析可以发现，海洋经济高质量发展复合系统五个子系统之间的发展存在不均衡现象，且大多省份协同发展的短板为科技子系统和文化子系统；总体而言，沿海11个省份的复合系统协同水平呈现强地区差异性、强波动性、不稳定性、低协同性的时空演化特征。据此，本部分提出以下对策建议。

1.强化顶层设计，统筹复合系统协同发展

由于发展条件与基础水平的不同，沿海地区各省份的海洋经济高质量发展战略目标与发展任务存在差异，复合系统协同水平差异大。因此，需要以全局的、长远的眼光加强海洋经济高质量发展复合系统协同发展的顶层设计，总体谋划沿海地区联动发展，通过构建多层次、多元化的区域复合系统协同发展机制，尽快消除沿海地区各省份间的行政壁垒，加强区域内各省份协作，加强复合系统协同联动发展。

2.加强宏观调控，完善复合系统协同发展机制

海洋经济高质量发展复合系统协同水平的提升取决于五个子系统有效发挥各自的作用。依据对海洋经济高质量发展复合系统协同水平的分析，当前沿海11个省份复合系统协同程度较低，且仍有小部分省份处于中度不协同与轻度不协同状态，究其原因，相关省份大多存在较为明显的短板子系统，或子系统间均衡性与一致性不足，因此，需要政府相关部门以协同发展为中心，强化政策调控，多管齐下，完善复合系统协同发展机制。一方面，要加

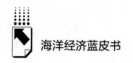

强这些地区的薄弱发展环节，利用政策倾斜等措施补足海洋经济高质量发展短板；另一方面，要充分发挥区域的资源与区位等优势，建立健全市场机制，激发复合系统发展潜力；此外，也应注重子系统间的均衡发展，通过前瞻布局、完善相关政策等缩小子系统间的发展差距，促进五个子系统一致向好发展。

3. 因地制宜，精准提升短板

海洋经济高质量发展复合系统协同发展存在"木桶效应"，复合系统协同水平与短板子系统息息相关。沿海各省份应在充分分析自身优劣势的基础上，深刻认识并发展短板，有的放矢，通过政策倾斜、积极学习其他沿海省份发展经验等途径，补齐短板。结合前文的序参量分量选取情况与沿海各省份子系统发展情况，具体而言，天津、山东、福建协同发展中的最大短板是科技子系统，针对科技短板，天津与山东应着眼于创新动能的开发，积极推进海上风电项目等，为其科技子系统持续发展提供支撑；福建可着力提升科技创新成果转化，提升科技创新效率。辽宁、上海、江苏、浙江、广东、海南最大的短板是文化子系统，针对文化短板，一方面，政府可以适当增加文化产业投资，优化文化子系统内部的资源配置，优化文化发展环境；另一方面，可以借助文化子系统与经济发展、社会进步的紧密关系，带动其文化产业的发展。河北的短板是科技子系统和生态子系统，科技方面，河北可以适当增加科研经费投入，以提升科技创新效率；生态保护方面，河北作为我国近代工业的摇篮，应当借助先进的科学技术，提升生态保护效率，并针对已有的海洋环境污染情况及时开展生态修复等。广西的短板是科技子系统和文化子系统，科技方面，广西应当着力提升科技创新效率，促进科技成果的尽快转化，并积极开拓海上风电项目等创新动能，为科技子系统的发展提供动力；文化方面，应尽快完善相关的制度，在借助政府力量的基础上，充分利用经济子系统与社会子系统的优势，推动文化子系统有序发展。

4. 搭建共享平台，实现动态管理

通过组建沿海地区海洋经济高质量发展复合系统管理部门或协会组织，建立统一、开放、竞争、有序的复合系统管理体系，搭建网络化、专业化动态共享平台，实时采集和管理复合系统最新动态。通过共享平台实现子系统间、沿海省份间的数据、知识、技术等信息服务共享，实时关注各地区海洋经济高质量发展复合系统协同发展的过程，并定期对复合系统协同状态予以测度更新，省份间优势互补，互动交流，并提出复合系统良性协同发展的意见及建议，从而为提升各个子系统的有序度与复合系统协同度提供保障。

参考文献

姜旭朝、刘铁鹰：《海洋经济系统：概念、特征与动力机制研究》，《社会科学辑刊》2013 年第 4 期。

丁黎黎：《海洋经济高质量发展的内涵与评判体系研究》，《中国海洋大学学报》（社会科学版）2020 年第 3 期。

汪永生、李宇航、揭晓蒙、李玉龙、李桂君、王文涛：《中国海洋科技—经济—环境系统耦合协调的时空演化》，《中国人口·资源与环境》2020 年第 8 期。

丁黎黎、杨颖、李慧：《区域海洋经济高质量发展水平双向评价及差异性》，《经济地理》2021 年第 7 期。

刘志迎、谭敏：《纵向视角下中国技术转移系统演变的协同度研究——基于复合系统协同度模型的测度》，《科学学研究》2012 年第 4 期。

洪进、汪良兵、赵定涛：《自组织视角下中国技术转移系统协同演化路径研究》，《科学学与科学技术管理》2013 年第 10 期。

邬彩霞：《中国低碳经济发展的协同效应研究》，《管理世界》2021 年第 8 期。

B.17
海洋灾害对中国海洋经济影响分析

"海洋灾害经济影响研究"课题组*

摘　要： 海洋灾害是我国海洋经济可持续发展的主要障碍。通过系统回顾
2019~2021年我国海洋灾害现实情况，研判海洋灾害的时空演变
特征，基于内生经济增长视角，利用差分GMM法和PVAR模型探
析海洋灾害对海洋经济的作用关系。结果表明，中国海洋灾害呈
现发生频次和直接经济损失逐渐减小的演变趋势，风暴潮灾害占
我国海洋灾害直接经济损失比重最高，南部海洋经济圈更易遭受海
洋灾害的侵袭；海洋灾害对我国及三大海洋经济圈的海洋经济增长
存在负向影响，且负向作用存在持续期；海洋灾害对海洋第三产业
的负面冲击效应尤为突出。因此，我国沿海地区应当构建防灾减灾
体系、完善应急管理系统，保障海洋经济平稳运行；加强绿色海洋
科技创新、推动海洋经济结构转型，提高海洋经济韧性。

关键词： 海洋灾害　海洋经济　防灾减灾

随着我国海洋强国战略的不断推进，海洋经济已经成为我国沿海地区经
济社会绿色、低碳、协调与高质量发展的新引擎。2006~2021年，沿海地区海
洋生产总值占沿海地区GDP的16.06%，其对沿海地区GDP的贡献率高达
14.71%。[1] 然而，我国海洋经济系统仍存在抵御风险和冲击能力低下、适应调
整与恢复能力薄弱，海洋经济高质量发展与可持续发展能力不强问题。

---

* 课题组成员：李雪梅、周仕炜、李娜、徐豪骏、张雨晨、赵志国。

[1] 国家统计局：《中国海洋经济统计公报》（2006~2021）。

占国土面积 13.33% 的我国沿海地区，分布着 45.09% 的人口和 61.11% 的一线城市，创造出 52.83% 的国民经济（2021 年），[1] 也是遭受风暴潮、海平面上升等海洋灾害最严重的地区。海洋灾害增强了海洋经济非线性复杂网络系统的不确定性；2010~2021 年，我国海洋灾害年均发生频次高达 78 次，造成的年均直接经济损失高达 86.69 亿元（中国海洋灾害公报），严重影响着我国海洋经济的可持续发展。因此，探析海洋灾害对中国海洋经济的影响效应，对于增强海洋经济系统稳定性、抵御力、恢复力，提升防灾、减灾、救灾能力，加快海洋强国建设具有重要的科学价值、社会价值和实践价值。

一 发展回顾

（一）中国海洋灾害概述

在全球气候变化背景下，风暴潮、海浪、海冰、海平面上升等海洋灾害现象日益凸显，给全球沿海国家和地区带来了严重冲击破坏。我国拥有海域辽阔、海岸线绵延，从北到南横跨温带、亚热带和热带三个温度带，极易遭受各类海洋灾害侵袭。由于海洋灾害发生频率和强度具有显著的不确定性，其直接经济损失存在明显的波动性，我国面临着海洋灾害风险突出的问题，防灾减灾形势严峻。我国海洋灾害类型主要有风暴潮灾害、海浪灾害、赤潮灾害、海冰灾害等。

（二）海洋防灾减灾工作

党的十八大以来，党和国家领导人高度重视防灾减灾、促进海洋经济可持续发展工作，政府及各级相关部门积极出台一系列海洋防灾减灾和应急管理的相关政策，开展海洋观测、监测预警以及风险防范工作，切实提高我国海洋经济韧性和抵御海洋灾害冲击的能力，为实现海洋强国目标战略增砖添瓦。习近平总书记多次就防灾减灾救灾工作作出重要指示，强调"从应对

---

[1] 国家统计局数据。

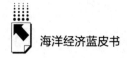

单一灾种向综合减灾转变",提出了一系列新理念新思路新战略。

2020 年,自然资源部编制印发了《全国海洋灾害风险普查方案》,制定出台涵盖海洋灾害风险评估、重点隐患排查等 11 项标准规范,为沿海各级海洋灾害普查提供技术指导;此外,我国先后编制和发布了《海洋灾害调查和影响评估技术指南》《海洋灾害核查技术指南》《海洋灾害应急工作组工作手册》《海洋灾害防御应对工作指南》等文件指南,以推进海洋灾害调查评估制度建设,提升海洋灾害防范与应对能力,为沿海地区海洋灾害防灾减灾和应急管理工作保驾护航。"十四五"规划强调,要坚持陆海统筹,协同推进海洋经济等方面的发展,加快建设海洋强国,促进海洋灾害应急管理体系建设,切实提高防灾减灾抗灾救灾能力。《"十四五"国家应急体系规划》明确将"提高海洋灾害的抵御和减灾能力"作为加强海洋灾害风险防范的主要任务。

2020 年,广东省自然资源厅印发《广东省自然资源厅海洋灾害应急预案》,提高广东省海洋灾害预警报能力,减少海洋灾害造成的人员伤亡和财产损失。2021 年,为提高基层海洋灾害防治能力,山东省海洋局与自然资源部海洋减灾中心共同开展了海洋灾害承灾体风险预警工作。

我国海洋防灾减灾政策的实施,极大提高了我国海洋经济对于海洋灾害的应对能力、监测预警能力与管理水平。自 2020 年以来,我国政府及各级相关部门均高度重视海洋灾害防灾减灾体系建设与海洋经济韧性提高,海洋防灾减灾行为也实现了从无序到有序、从分散到整合的跨越式发展。

二 发展形势研判

(一)海洋灾害时间特征分析

1. 直接经济损失

2001~2021 年,中国海洋灾害直接经济损失与风暴潮灾害直接经济损失表现出显著的波动性特征(见图 1),且 2005 年、2006 年、2008 年、2010

年、2012 年、2013 年、2014 年及 2019 年超出海洋灾害直接经济损失平均值（2001~2021 年）。受"海棠""麦莎""泰利""卡努"等 9 次台风风暴潮的冲击，2005 年我国沿海 11 个省份全部受到海洋灾害的侵袭，造成的直接经济损失高达 332.4 亿元，位于 21 世纪之首，较上年增加约 5 倍；而2020 年的海洋灾害和风暴潮灾害的直接经济损失均为近二十年的最低值，与 2019 年相比，直接经济损失分别减少了 92.89% 和 93.04%。

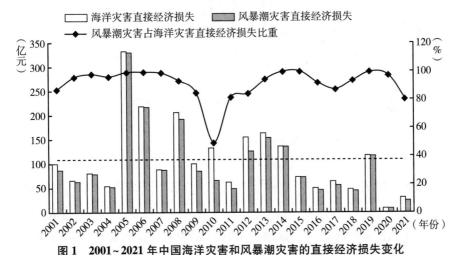

图 1　2001~2021 年中国海洋灾害和风暴潮灾害的直接经济损失变化

资料来源：《中国海洋灾害公报》（2001~2021）。

从风暴潮灾害直接经济损失占比来看，除 2010 年之外，风暴潮灾害直接经济损失占比均高于 80%，且其呈现不规律的 U 形变化趋势，2015 年达到最高的 99.84%；2010 年，受 30 年一遇的重大海冰灾害的严重冲击，风暴潮灾害直接经济损失占比下降为 49.54%。

如图 2 所示，2001~2021 年，海浪灾害直接经济损失相较于海冰和赤潮灾害直接经济损失波动较大，其中 2009 年、2012 年及 2013 年海浪灾害严重，导致直接经济损失较高，均在 6 亿元以上，而 2014 年之后海浪灾害造成的直接经济损失较少。

海冰灾害和赤潮灾害的直接经济损失均呈现显著的倒 U 形变化趋势，海冰灾害直接经济损失历年均保持较低水平，但 2010 年冰情发生早、速度

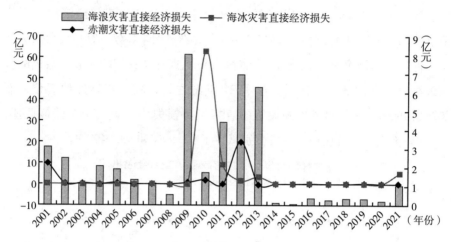

图2 2001~2021年中国海浪、海冰、赤潮灾害直接经济损失变化

注：次坐标轴为海冰灾害、赤潮灾害直接经济损失。

资料来源：《中国海洋灾害公报》（2001~2021）。

快、浮冰范围大、冰层厚，致使辽宁、河北、山东、天津等沿海三省一市的人口、船只、港口及码头、水产养殖等遭受到不同程度的损害，造成的直接经济损失高达63.18亿元。赤潮灾害直接经济损失保持较低水平且波动较小，而在2012年5月至6月，福建沿岸海域共出现10次赤潮灾害，且均以米氏凯伦藻为优势种，累计受灾面积达323平方千米，导致贝类特别是鲍鱼大规模死亡，造成的直接经济损失水平达到历史峰值（20.15亿元）。

随着海洋生态环境逐步改善、海洋资源配置不断合理，与近十年平均状况相比，2020年海浪、海冰及赤潮灾害表现出灾害强度偏低、发生次数较少的特点，因此造成的直接经济损失较低。

2. 受灾人口数量

2001~2021年，随着救援技术的进步和海洋灾害预警系统的完善，海洋灾害死亡（含失踪）人口总体呈现波动下降的趋势，且自2011年开始，海洋灾害死亡（含失踪）人口均低于近20年的平均水平；2006年由于风暴潮灾害较为严重，海洋灾害死亡（含失踪）人口达到近20年峰值，而2020年为海洋灾害死亡（含失踪）人口最少的一年（见图3）。

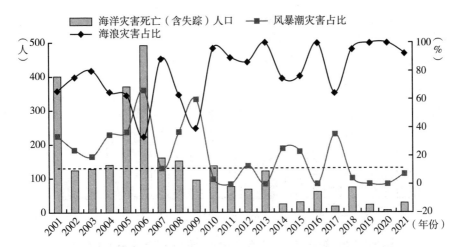

图3　2001~2021年中国海洋灾害死亡（含失踪）人口及风暴潮、海浪灾害占比变化

资料来源：《中国海洋灾害公报》（2001~2021）。

由于海洋灾害自身固有的不确定性，风暴潮灾害与海浪灾害死亡（含失踪）人口占总受灾人口的比重均呈现较大波动；风暴潮和海浪是海洋灾害中导致人口死亡或失踪的两大灾害，故而二者存在反向变动的关系。总体而言，除2006年和2009年，海浪灾害造成死亡（含失踪）的人口均多于风暴潮灾害，且2019年、2020年海洋灾害人口死亡（含失踪）全部由海浪灾害造成。

（二）海洋灾害空间特征分析

1. 海洋灾害直接经济损失

2006~2021年，我国海洋灾害直接经济损失表现出由北到南逐渐增强的演变规律；北部海洋经济圈、东部海洋经济圈、南部海洋经济圈的直接经济损失占比分别为19.93%、20.03%、60.04%，南部海洋经济圈的受灾程度较为突出。

如图4所示，2006~2010年北部海洋经济圈海洋灾害直接经济损失呈现波动上升趋势，而2011~2021年呈现下降趋势，且存在三个明显的突变点，分别为2012年、2016年和2019年，受风暴潮灾害的影响，三年的直接经

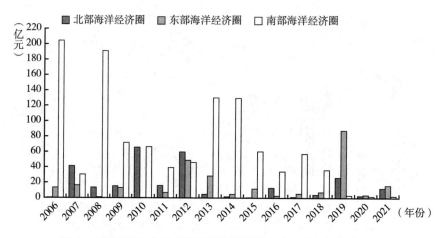

图4　2006~2021年三大海洋经济圈海洋灾害直接经济损失变化

资料来源：《中国海洋灾害公报》（2006~2021）。

济损失分别为52.07亿元、19.5亿元和26.24亿元。2020年北部海洋经济圈海洋灾害直接经济损失为2.65亿元，为近三年最低值。

2006~2012年东部海洋经济圈海洋灾害直接经济损失呈现上升趋势，2012年风暴潮灾情偏重，其中浙江省因灾直接经济损失为42.57亿元。2013~2021年东部海洋经济圈海洋灾害直接经济损失总体呈现下降趋势，而在2019年由于"利奇马"重大风暴潮灾害事件的影响出现异常增加。2020年东部海洋经济圈海洋灾害直接经济损失为3.74亿元，为近四年最低值。

2006~2021年南部海洋经济圈海洋灾害直接经济损失总体呈现下降趋势，在2013年和2014年出现较大损失值，尤其是2013年发生3次达到红色预警级别的台风风暴潮过程，灾害灾情严重，其中广东省和福建省直接经济损失分别为74.20亿元和45.06亿元。

2. 风暴潮灾害直接经济损失

如图5所示，2006~2021年，我国风暴潮灾害直接经济损失表现出与海洋灾害直接经济损失相同的空间演变规律，即由北到南逐渐增强，年均直接经济损失分别为10.75亿元、16.20亿元、70.08亿元。其中，北部海洋经济圈、东部海洋经济圈、南部海洋经济圈风暴潮灾害直接经济损失占比分别为 11.08%、16.69%、72.22%，广东、福建等南部海洋经济圈城市受到风暴潮灾害侵袭程度大。

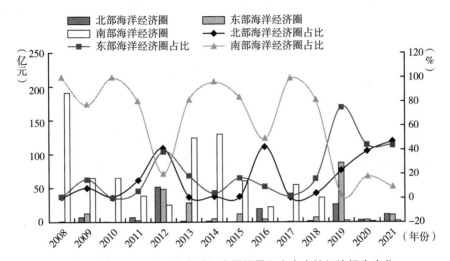

图 5　2008~2021 年三大海洋经济圈风暴潮灾害直接经济损失变化

资料来源：《中国海洋灾害公报》（2006~2021）。

2008~2021 年北部海洋经济圈风暴潮灾害直接经济损失呈现波动状态，分别在 2012 年、2016 年和 2019 年达到峰值；北部海洋经济圈中山东省受风暴潮灾害的影响效应最明显。2017~2021 年，受风暴潮、海冰、海岸侵蚀等多发海洋灾害叠加冲击影响，北部海洋经济圈风暴潮灾害直接经济损失占比呈现上升趋势，需要注重提升防灾减灾能力；其中，2021 年北部海洋经济圈风暴潮灾害直接经济损失为 11.59 亿元，占我国风暴潮灾害直接经济损失的 46.97%。

2008~2021 年东部海洋经济圈风暴潮灾害直接经济损失同样呈现波动状态，四个波峰出现在 2009 年、2012 年、2015 年和 2019 年，其中最严重的省份分别为浙江省、浙江省、江苏省和浙江省，因此东部海洋经济圈中浙江省受风暴潮灾害的影响最大。2021 年，东部海洋经济圈风暴潮灾害直接经济损失为 10.86 亿元，占我国风暴潮灾害直接经济损失的 44.02%。

2008~2021 年南部海洋经济圈风暴潮灾害直接经济损失总体呈现下降

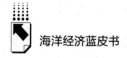

趋势,其中2013年和2014年出现异常值。南部海洋经济圈四个省份中,广东省和福建省受风暴潮灾害的影响最大。2021年,南部海洋经济圈风暴潮灾害直接经济损失为2.22亿元,占我国风暴潮灾害直接经济损失的9.01%。

三 发展趋势预判

基于C-D生产函数拓展形式,本文将海洋灾害直接经济损失内生化,与海洋科技创新、海洋劳动力、海洋资本等要素纳入C-D生产函数。海洋灾害、海洋经济变量及具体名称如表1所示。

表1 海洋灾害、海洋经济变量及具体名称

变量	具体名称	变量	具体名称
$mdloss$	海洋灾害直接经济损失	$gop.1$	海洋第一产业增加值
$mdloss.1$	滞后1期的海洋灾害直接经济损失	$gop.2$	海洋第二产业增加值
$mdloss.2$	滞后2期的海洋灾害直接经济损失	$gop.3$	海洋第三产业增加值
$mdloss.3$	滞后3期的海洋灾害直接经济损失	$jyrs$	全国涉海就业人数
gop	海洋生产总值	tz	沿海地区全社会固定资产投资
		kt	海洋科研机构课题数

通过探究海洋灾害与海洋经济相关变量之间的关联关系,利用差分GMM法探究海洋灾害对我国海洋经济、海洋三次产业及三大海洋经济圈海洋经济发展的静态影响关系,进而构建PVAR模型,预判海洋灾害对我国及三大海洋经济圈的动态影响。

(一)海洋灾害—海洋经济关联关系分析

整体而言,如表2所示,海洋灾害与海洋经济呈负相关关系,相关系数绝对值在0.4左右。具体而言,对于海洋三次产业,海洋第三产业与海洋灾害直接经济损失相关性最大，主要原因在于海洋灾害会对滨海旅游业产生严重影响；沿海地区全社会固定资产投资与海洋灾害直接经济损失的相关系数为-0.49，说明随着国家逐步重视提升减灾、救灾能力，海洋灾害造成的固定资产损失补偿机制日益完善。

　　海洋经济与全国涉海就业人数、沿海地区全社会固定资产投资、海洋科研机构课题数密切相关，其存在强正相关关系，说明随着我国海洋强国战略的实施和海洋经济可持续发展相关政策的完善，海洋经济发展空间不断拓展，综合实力和质量效益大幅提高，进而有效增加涉海就业岗位与海洋投资项目，不断提高海洋科研能力，进而形成海洋经济发展的正向反馈机制。

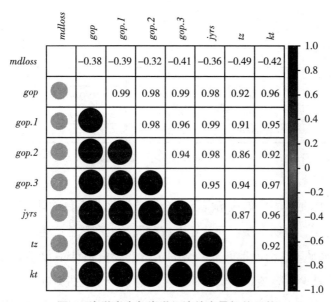

图6　海洋灾害与海洋经济的变量相关系数

（二）海洋灾害—海洋经济静态影响分析

1.海洋灾害对中国海洋经济静态影响分析

不管是否考虑控制变量和时间固定效应，在5%的显著性水平下，海洋灾害直接经济损失的估计系数显著为负，说明海洋灾害直接经济损失对海洋生产总值产生了抑制效应。

表2 全国海洋生产总值基准回归结果

项目	lngop			
	（1）	（2）	（3）	（4）
ln*jyrs*	5.672 ***	5.538 ***	52.291	62.028
	（0.000）	（0.000）	（0.499）	（0.431）
ln*tz*	0.204 ***	0.243 ***	0.222 ***	0.211 **
	（0.002）	（0.001）	（0.007）	（0.048）
ln*kt*	0.007	0.017	0.022	0.024
	（0.744）	（0.447）	（0.357）	（0.247）
mdloss	−0.001 *	−0.001 *	−0.001 **	−0.001 **
	（0.077）	（0.093）	（0.036）	（0.025）
控制变量		是		是
时间固定效应	否	否	是	是
个体固定效应	是	是	是	是
AR（1）	0.000	0.001	0.039	0.034
AR（2）	0.546	0.522	0.549	0.779
Sargan	0.025	0.037	0.019	0.031

注：*、**、*** 分别表示10%、5%、1%的显著水平，括号里的数值为P值。

在不考虑时间固定效应情况下，全国涉海就业人数估计系数都在1%水平下显著为正，说明全国涉海就业人数对海洋生产总值产生了促进效应；在1%显著性水平下，沿海地区全社会固定资产投资估计系数显著为正，说明沿海地区全社会固定资产投资对海洋生产总值产生促进效应；海洋科研机构课题数估计系数未通过显著性检验，说明目前海洋科技尚未起到推动海洋经济发展作用。

2.海洋灾害对海洋三次产业静态影响分析

海洋灾害直接经济损失对海洋三大产业增加值的影响存在显著差异。表3第（1）列和第（2）列结果显示，无论是否考虑时间固定效应，海洋灾害直接经济损失的估计系数都没有通过显著性检验，说明海洋灾害直接经济损失对海洋第一产业的发展未起到明显影响。

表3第（3）列和第（4）列结果显示，无论是否考虑时间固定效应，海洋灾害直接经济损失的估计系数在5%和10%的显著性水平下显著为负，说明海洋灾害直接经济损失对海洋第二产业增加值产生抑制效应。

表3第（5）列和第（6）列结果显示，无论是否考虑时间固定效应，海洋灾害直接经济损失的估计系数都在5%的水平下显著为负，说明海洋灾害直接经济损失对海洋第三产业增加值产生了抑制效应。

表3　海洋三大产业产值基准回归结果

项目	ln*gop*.1		ln*gop*.2		ln*gop*.3	
	（1）	（2）	（3）	（4）	（5）	（6）
ln*jyrs*	3.517***	−95.651	4.572***	26.075	6.361***	111.908
	（0.004）	（0.447）	（0.001）	（0.762）	（0.000）	（0.133）
ln*tz*	0.305***	0.317***	0.172	0.160	0.293***	0.241***
	（0.002）	（0.000）	（0.263）	（0.308）	（0.000）	（0.003）
ln*kt*	0.028	0.201**	−0.033	−0.024	0.045	0.053***
	（0.369）	（0.040）	（0.321）	（0.468）	（0.170）	（0.001）
mdloss	0.002	0.002	−0.001**	−0.001*	−0.001**	−0.001**
	（0.142）	（0.174）	（0.029）	（0.061）	（0.017）	（0.029）
控制变量	是	是	是	是	是	是
时间固定效应	否	是	否	是	否	是
个体固定效应	是	是	是	是	是	是
AR（1）	0.017	0.022	0.032	0.040	0.023	0.037
AR（2）	0.157	0.200	0.661	0.923	0.991	0.682
Sargan	0.007	0.000	0.025	0.006	0.001	0.009

注：*、**、***分别表示10%、5%、1%的显著水平，括号里的数值为P值。

全国涉海就业人数、沿海地区全社会固定资产投资和海洋科研机构课题数对海洋三大产业增加值的影响也存在显著差异。其中，在不考虑时间固定效应的情况下，全国涉海就业人数的估计系数都在1%的水平下显著为正，会对海洋三大产业增加值都产生促进效应；无论是否考虑时间固定效应，沿海地区全社会固定资产投资会对海洋第一产业和海洋第三产业产生促进效

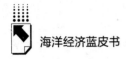
应,尚未对海洋第二产业的发展起到推动作用;只有在考虑时间固定效应的情况下,海洋科研机构课题数会对海洋第一产业和海洋第三产业的发展起到明显的推动作用。

3. 海洋灾害对区域海洋经济静态影响分析

无论是否考虑时间固定效应,在5%的显著性水平下,海洋灾害直接经济损失的估计系数显著为负,说明海洋灾害直接经济损失对三大海洋经济圈的海洋经济发展普遍存在抑制效应。总体而言,海洋灾害直接经济损失对北部海洋经济圈海洋经济发展的抑制效应最大,说明北部海洋经济圈海洋经济韧性不足,防灾减灾能力亟须提升。

表4　三大海洋经济圈海洋生产总值基准回归结果

项目	lngop. north		lngop. east		lngop. south	
	(1)	(2)	(3)	(4)	(5)	(6)
ln$jyrs$	4. 945 ***	84. 994	3. 850 ***	-155. 601 ***	4. 853 ***	105. 285 *
	(0. 000)	(0. 570)	(0. 000)	(0. 001)	(0. 000)	(0. 067)
lntz	0. 192 ***	0. 196 **	0. 442 ***	0. 418 ***	0. 339 ***	0. 187 ***
	(0. 000)	(0. 030)	(0. 000)	(0. 001)	(0. 000)	(0. 000)
lnkt	0. 029	0. 0360	-0. 036	0. 013	-0. 001	0. 011
	(0. 521)	(0. 707)	(0. 678)	(0. 815)	(0. 985)	(0. 562)
$loss$	-0. 002 ***	-0. 003 ***	-0. 001 ***	-0. 002 ***	-0. 001 **	-0. 001 **
	(0. 000)	(0. 002)	(0. 000)	(0. 000)	(0. 020)	(0. 034)
控制变量	是	是	是	是	是	是
时间固定效应	否	是	否	是	否	是
个体固定效应	是	是	是	是	是	是
AR(1)	0. 020	0. 023	0. 029	0. 008	0. 007	0. 015
AR(2)	0. 211	0. 579	0. 824	0. 241	0. 173	0. 294
Sargan	0. 024	0. 009	0. 015	0. 004	0. 000	0. 000

注:*、**、*** 分别表示10%、5%、1%的显著水平,括号里的数值为 P 值。

只有在不考虑时间固定效应的情况下,全国涉海就业人数才会对北部海洋经济圈和东部海洋经济圈的海洋经济发展发挥促进作用。无论是否考虑时间固定效应,全国涉海就业人数对南部海洋经济圈的海洋经济发展都产生促进效应,且沿海地区全社会固定资产投资对三大海洋经济圈的海洋经济发展都存在促进作用;海洋科技尚未起到推动三大海洋经济圈海洋经济发展的作用。

(三)海洋灾害—海洋经济动态影响预判

借助蒙特卡洛方法,通过 200 次模拟得到全国及三大海洋经济圈滞后十期的脉冲响应图(见图7),明晰海洋灾害对海洋经济的动态影响关系。图中横轴表示滞后期数,中间实线表示给某一冲击变量一个标准差的冲击后响应变量的脉冲响应值。海洋灾害直接经济损失、海洋生产总值面对自身一个标准差的冲击时,均表现出显著的正向影响,表明海洋灾害直接经济损失、海洋生产总值均表现出相对惯性。

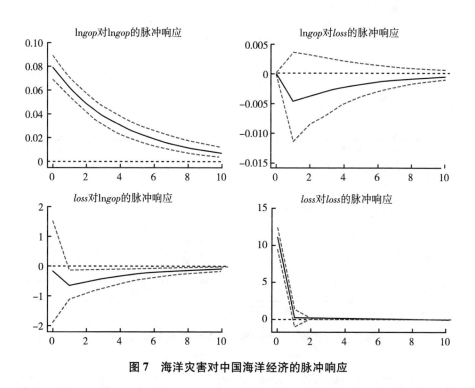

图7 海洋灾害对中国海洋经济的脉冲响应

当海洋生产总值面对海洋灾害直接经济损失一个标准差的冲击时,在全国及北部海洋经济圈、东部海洋经济圈、南部海洋经济圈的当期影响为0,

随后呈现先扩大后缩小 U 形负向影响，表明海洋灾害直接经济损失对海洋生产总值的影响具有一定的滞后性。全国海洋灾害直接经济损失对海洋生产总值的最大冲击力度不及 0.005。

北部海洋经济圈海洋灾害直接经济损失对海洋生产总值的负向影响比较微弱，峰谷值不及-0.01，原因可能是山东、辽宁、河北、天津遭受风暴潮灾害侵袭的频次低，而海浪、海冰、赤潮等产生较少经济损失的海洋灾害发生频率较高；尽管其对海洋经济发展的冲击效应不明显，但引致海水倒灌、土地盐渍化等次生灾害，北部海洋经济圈仍然需要注重制定有效的防灾减灾措施。

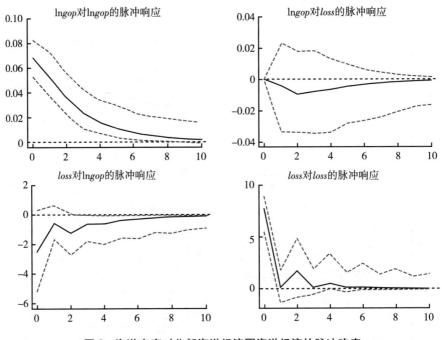

图 8　海洋灾害对北部海洋经济圈海洋经济的脉冲响应

东部海洋经济圈的负向影响最为严重，冲击力度最大超过 0.015，可能是由于该区域大陆海岸线绵长，风暴潮等海洋灾害的发生频率高、发生强度大，人口密度大；但是，滞后 10 期的冲击效应趋向于 0 的速度较为缓慢，

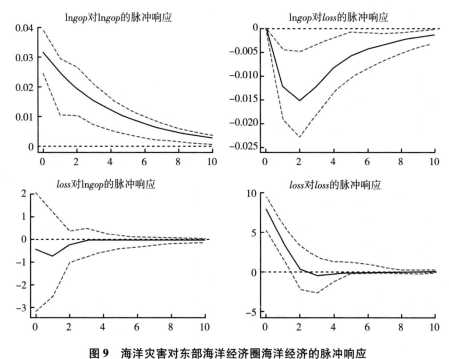

图9 海洋灾害对东部海洋经济圈海洋经济的脉冲响应

说明尽管上海、江苏、浙江的经济发展水平较高，但是海洋科技对海洋经济赋能成效较低，故而海洋灾害对东部海洋经济圈带来长期的负面影响。

南部海洋经济圈的负向影响相对微弱，冲击力度最大仅仅超过 0.005，尽管该区域海洋灾害发生频率较高，但是其具有较强的防灾减灾救灾能力、完善的应急预案机制，尤其是广东省和福建省具有较强的海洋经济韧性，因此海洋灾害不会对其海洋经济增长产生显著冲击。

总体而言，当海洋经济面对海洋灾害一个标准差的冲击时，在全国及三大海洋经济圈均呈先扩大后缩小的倒 U 形负向影响，表明海洋灾害的发展会对沿海地区海洋经济可持续发展产生抑制作用；从长期来看，尽管海洋灾害对海洋经济负向影响作用持续减弱但仍然存在，因此，在关注海洋灾害自身的同时，需要进一步重视次生灾害、衍生灾害的持续冲击。

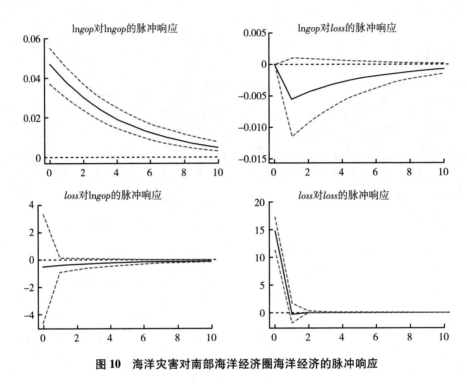

图10　海洋灾害对南部海洋经济圈海洋经济的脉冲响应

四　对策建议

（一）构建防灾减灾体系，筑起海洋灾害防护屏障

　　建立区域性海洋监测预警系统。根据不同沿海省份海洋灾害特点，建立不同的海洋监测预警系统，为区域性海洋防灾减灾与生态环境管理提供共享网络平台。建立海洋防灾减灾国际合作机制。在"人类命运共同体"大背景下，在海洋防灾减灾方面加强与国际组织合作，比如建立防灾减灾国际联盟、实现技术共享和风险共担，进而维护国民生命财产安全和利益；在合作过程中，充分发挥各国优势、取长补短，共同应对海洋灾害冲击，形成长效合作机制，实现海洋经济高质量发展。

（二）完善应急管理系统，保障海洋经济平稳运行

分阶段做好应急管理工作。海洋灾害应急管理可分为灾害发生前、灾害发生时、灾害发生后三个阶段。在海洋灾害发生前，做好应急预案和人员物资准备；在灾害发生时，做好应急响应和应急处置工作，是海洋灾害应急管理的核心环节；在灾害发生后，做好灾后重建与资金调配工作。加强应急管理政策落实与监督体系建设；完善海洋灾害应急预案并实施动态管理，根据我国海洋灾害形势不断对预案做出调整和修订，增强预案针对性和实效性，并切实监督好应急预案落实情况。

（三）注重耦合协调发展，提高海洋经济系统韧性

提升海洋灾害风险防控水平，优化海洋功能规划和布局，推动海洋经济与社会、生态、文化、资源的耦合协同发展，提升海洋经济发展韧性。

协调兼顾区域海洋经济发展韧性。在现有的产业基础和技术水平下，构建多元化的产业体系与以韧性政策为核心的政策响应机制，实现海洋产业、海洋文化环境、海洋资源、海洋生态四方面的政策良性互动。建立沿海地区科技创新、金融发展与海洋经济系统之间的耦合协调发展机制。处理好海洋经济发展与环境之间的关系；加强海洋环境约束，减轻海洋环境负担，并开展海洋环境保护的宣传教育，建立健全海洋生态补偿机制，早日达到海洋环境库兹涅茨曲线拐点。

（四）引领科技创新驱动，促进海洋经济结构转型

发挥金融支持在海洋经济结构转型中的优化作用。完善金融政策，构建公开透明、多元化、长期稳定的资金来源体系，通过设立专门的海洋金融机构，促进金融与海洋产业融合，通过调拨资金大力支持海洋新兴产业发展，推出创新型海洋灾害保险产品，增强抵御各类海洋灾害风险的能力。抓住"一带一路"倡议契机，提高海洋经济开放层次。与周边国家建立深厚密切的海洋经济合作关系，引进先进产业科技与产品，借鉴海洋经济发达国家经

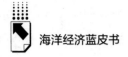

验，实现优势互补、互惠互利。

参考文献

黄健元、龚志冬：《缓发性海洋灾害影响评估研究：基本视角与理论框架》，《河海大学学报》（哲学社会科学版）2018年第3期。

刘成、车达升、李晓东：《黄渤海海冰分布特征及其影响因子》，《资源科学》2019年第6期。

王妍、高强、李华：《海洋灾害对海洋经济增长影响研究——基于内生经济增长与拓展C-D函数》，《地理科学》2018年第6期。

季睿、施益军、李胜：《韧性理念下风暴潮灾害应对的国际经验及启示》，《国际城市规划》2022年4月18日。

韩增林、朱文超、李博：《中国海洋渔业经济韧性与效率协同演化研究》，《地理研究》2022年第2期。

汪永生、李宇航、揭晓蒙、李玉龙、李桂君、王文涛：《中国海洋科技—经济—环境系统耦合协调的时空演化》，《中国人口·资源与环境》2020年第8期。

B.18
中国蓝碳经济发展形势分析与展望[*]

刘雅莹　谢素美[**]

摘　要： 发展蓝碳经济，对于提高碳汇能力实现碳中和、推进海洋生态文明建设具有重要意义。"十二五"至今，我国海洋碳汇逐步得到重视，蓝碳经济发展逐渐迎来发展良机。我国蓝碳资源禀赋优越，在发展蓝碳经济方面优势日益凸显、劣势不容忽视，机遇与挑战并存。在我国推动实现碳达峰碳中和目标背景下，随着海洋生态文明建设和海洋强国战略的不断推进，预计我国蓝碳交易市场将逐步扩大、蓝碳开发的种类将更加丰富多样、蓝碳市场化将促进蓝碳经济高质量发展。为推动我国蓝碳经济在应对气候变化和推进海洋生态文明建设过程中发挥重要作用，建议在完善政策保障体系、加强蓝碳科技研究、开展蓝碳调查监测和评估、推进蓝碳市场交易、拓展国际交流合作等方面加强研究、持续推进。

关键词： 蓝碳经济　蓝碳市场　蓝碳交易

一　发展回顾

蓝碳的概念诞生只有十多年时间。自 2009 年 *Blue Carbon: the Role of*

---

* 本研究得到"中国海洋发展基金会项目"（CODF-002-ZX-2021）支持。

** 刘雅莹，国家海洋局南海规划与环境研究院助理工程师，研究方向为海洋政策与经济、海洋管理；谢素美，国家海洋局南海规划与环境研究院高级工程师、南京师范大学海洋科学与工程学院在职博士，研究方向为海洋自然资源管理、海洋经济高质量发展和港澳海洋发展。

Healthy Oceans in Binding Carbon：*A Rapid Response Assessment* 首次提出"蓝碳"这一概念，"蓝碳"一词开始进入中国视野。我国最先提及的"蓝碳"是在"碳汇渔业"，它是在 2010 年由我国海洋渔业与生态学家唐启升院士率先提出的。此后，我国专家学者纷纷对海洋碳汇展开研究，其中，比较著名的是中国科学院院士、海洋环境研究专家焦念志提出的"海洋微型生物碳泵"（MCP）理论。

"十二五"时期，沿海地方政府开始意识到海洋碳汇对于缓解气候变化、促进经济发展的重大意义和作用，纷纷提出要发展海洋低碳经济，如 2012 年广东提出在全省建设 10 个渔业示范园区，大力发展"碳汇渔业"[①]；2014 年浙江宁波提出加大海洋牧场建设力度，打造百万亩碳汇渔业区[②]。2015 年 4 月 25 日，我国首个提及"海洋碳汇"的国家层级文件——《中共中央国务院关于加快推进生态文明建设的意见》出台，明确了增加海洋碳汇作为控制温室气体排放的重要手段被正式纳入国家战略部署。该时期是蓝碳经济的萌芽时期，对蓝碳经济的研究方向主要是"碳汇渔业"，"碳汇渔业"成为我国低碳经济的新亮点。

"十三五"时期，国家层面陆续出台多个政策支持海洋碳汇发展，沿海各地蓝碳经济萌芽与发展。2016 年 11 月 4 日，国务院印发的《"十三五"控制温室气体排放工作方案》要求探索开展海洋碳汇试点，海洋碳汇被列为解决我国碳排放问题的重要路径之一。自此，沿海各地纷纷对蓝碳技术研究、蓝碳核算、蓝碳方法学、蓝碳交易、蓝碳金融等方面展开探索研究，研究范围扩大至红树林、海草床、盐藻等滨海湿地海洋碳汇。该时期是蓝碳经济的起步探索时期，全国上下都开始倡导发展海洋碳汇，相关研究在酝酿和蓄力。

"十四五"时期，"双碳"目标的提出加快了我国发展蓝碳经济的步伐。自我国做出碳达峰、碳中和的重大战略决策，蓝碳经济在我国的能见度、热

[①] 《关于印发〈广东省节地节水高质高效渔业示范园区建设项目和资金管理办法〉的通知》。

[②] 《宁波市人民政府办公厅关于印发宁波市低碳城市试点工作 2014 年推进方案的通知》（甬政办发〔2014〕111 号）。

度急速上升。沿海省份在发展蓝碳经济上积极探索、先行先试。2021年4月，全国首个蓝碳经济发展纲领性文件——《威海市蓝碳经济发展行动方案（2021—2025）》出台；2021年5月，全国首个《海洋碳汇核算指南》在深圳发布；2021年6月，我国完成首个蓝碳交易项目——"广东湛江红树林造林项目"；2021年10月，全国首个蓝碳司法保护与生态治理研究中心在福建省漳州成立；2021年8月，全国首个海洋碳汇交易服务平台在厦门产权交易中心成立，2022年1月，该平台完成了全国首宗海洋渔业碳汇交易。该时期是蓝碳经济的发展探索时期，蓝碳经济发展初见成效，为实现"双碳"目标，许多沿海省份把发展蓝碳写进相关"十四五"发展规划，把发展蓝碳经济作为"十四五"时期发展的重点。

我国蓝碳发展成效尚未凸显，相关研究推进缓慢。在顶层设计方面，仅有两个地方出台了蓝碳专项行动计划——《威海市蓝碳经济发展行动方案（2021—2025）》和《漳州市蓝碳司法保护与生态治理行动计划（2021年—2025年）》，国家和其他地方暂无系统的蓝碳发展规划或者行动计划，也尚未出台相关的法律法规和专门的政策制度；在蓝碳调查、监测和评估方面，仅有一个地方标准——深圳针对大鹏海域出台的《海洋碳汇核算指南》以及一个国家行业标准——自然资源部出台的《养殖大型藻类和双壳贝类碳汇计量方法碳储量变化法》（HY/T 0305-2021），尚未出台覆盖整个蓝碳系统、全国范围适用的国家调查监测体系方法，也未在全国大范围开展蓝碳调查、监测和评估；在蓝碳标准和方法学方面，我国自主创立的蓝碳方法学仅有2个，一个是威海市与清华大学等合作开发的海带养殖碳汇方法学，另一个是厦门大学陈鹭真教授针对湛江红树林交易项目创立的"红树林造林碳汇项目方法学"，但都尚未经国家有关主管部门备案和签发，方法学适用范围较窄；在蓝碳交易方面，我国仅有3宗蓝碳交易——广东湛江红树林造林项目、在厦门产权交易中心完成的我国首宗海洋渔业碳汇交易以及海口市三江农场红树林修复项目产生的蓝碳生态产品交易，蓝碳的交易、定价、监管等体系机制仍未探明。CCER增量项目备案申请自2017年以来仍然处于停滞状态，重启存在不确定性，故蓝碳尚未作为CCER参与国内碳交易。

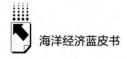

总的来说，我国蓝碳经济发展尚处于起步阶段，统一的蓝碳监测与核算、公认的蓝碳标准和方法学、成熟的交易市场体系、完备的法律和制度保障等仍未建立起来，未来，我国蓝碳经济发展机会和挑战并存。

二 发展形势研判

以下采用 SWOT 方法对我国蓝碳经济发展的内外部条件进行综合分析。

（一）优势分析

1. 党和国家高度重视蓝碳发展，为发展蓝碳经济提供可靠的政策支持

随着蓝碳的重要性日益凸显，我国对蓝碳的重视有增无减，政策支持力度持续加码。从 2015 年至今，我国在国家战略、政策层面不断部署蓝碳工作，已发布相关政策文件多达 10 余项。政策围绕增加海洋碳汇、开展海洋碳汇试点、建立蓝碳标准体系和交易机制、建立蓝碳监测核算体系、加强蓝碳国际合作等内容做出了一系列部署，抢占海洋碳汇制高点。图 1 汇总了我国蓝碳相关政策发展历程。

2. 我国蓝碳资源禀赋优越，为发展蓝碳经济提供坚实的物质基础

我国主张管辖海域约 300 万平方千米①，大陆海岸线长达 1.8 万千米，海洋生态系统多样化，海洋生物资源丰富，蓝碳发展的自然条件优越。其中，被国际公认的三大蓝碳生态系统红树林、海草床、滨海沼泽在我国广泛分布，第三次全国国土调查数据显示，我国现有红树林地面积 2.71 万公顷（40.60 万亩），主要分布在我国南部沿岸；我国现有海草床总面积约23062.44 公顷，包含 4 科 10 属 22 个物种，占世界海草物种数的 30%，分布区主要在南海和黄渤海；根据 2020 年自然资源部全国滨海盐沼、海草床生态系统调查结果，我国滨海盐沼面积 1132.15 平方千米，滨海盐沼植物种类丰富，大型底栖动物物种丰富，生境总体稳定。

---

① 国家领土与版图，中华人民共和国自然资源部。

2015年

- 《关于加快推进生态文明建设的意见》：明确指出"增加森林、草原、湿地、海洋碳汇等手段，有效控制二氧化碳、甲烷、氧化亚氮、氢氟碳化物、全氟化碳、六氟化硫等温室气体排放"
- 《生态文明体制改革总体方案》：提出"逐步建立全国碳排放总量控制制度和分解落实机制，建立增加森林、草原、湿地、海洋碳汇的有效机制"
- 《全国海洋主体功能区规划》：明确提出推进海洋经济绿色发展，提高产业准入门槛，积极开发利用海洋可再生能源，增强海洋碳汇功能

2016年

- 《"十三五"控制温室气体排放方案》：提出"探索开展海洋碳汇试点"的要求
- 《中国气候变化第二次两年更新报告》：首次就我国为减缓气候变化在发展蓝碳方面所做工作进行说明

2017年

- 《关于完善主体功能区战略和制度的若干意见》：提出"探索建立蓝碳标准体系及交易机制"
- 《"一带一路"建设海上合作设想》：明确提出"加强蓝碳国际合作，中国政府倡议发起21世纪海上丝绸之路蓝碳计划，与共建海岸带蓝碳生态系统监测、标准规范与评估体系研究，联合发布21世纪海上丝绸之路蓝碳报告，推动建立国际蓝碳论坛与合作机制"

2019年

- 《国家生态文明试验区（海南）实施方案》：明确提出"开展海洋生态系统碳汇试点"，"依法依规探索碳排放权交易，探索设立国际碳排放权交易场所"

2020年

- 第七十五届联合国大会：我国向世界郑重承诺力争在2030年前实现碳达峰，努力争取2060年前实现碳中和
- 联合国气候行动峰会：我国发表对于我的立场和行动中提到"海洋方面，开展海平面监测评估工作，开展蓝色碳汇研究及试点工作，开展海洋生态修复"

2021年

- 中央财经委员会第九次会议：会议强调"把碳达峰、碳中和纳入生态文明建设整体布局"。会议同时指出，"十四五"时期，要提升生态碳汇能力，强化国土空间规划和用途管控，提升森林、海洋、土壤、草地、湿地、冻土等生态系统的固碳作用，提升生态系统碳汇增量
- 《关于统筹和加强应对气候变化与生态环境保护相关工作的指导意见》：明确推进海洋及海岸带生态保护与修复，强化气候变化协同增效，推动海洋生态系统碳汇等一系列重点任务
- 《关于完整准确全面贯彻新发展理念做好碳达峰碳中和工作的意见》《国务院关于印发2030年前碳达峰行动方案的通知》：提出"稳定现有森林、草原、湿地、海洋、土壤、冻土、岩溶等固碳作用……整体推进海洋生态系统保护和修复，提升红树林、海草床、盐沼等固碳能力，开展森林、草原、湿地、海洋、土壤、冻土、岩溶等碳汇本底调查、碳储量评估、实施生态保护修复碳汇成效监测评估"

2022年

- 《"十四五"海洋生态环境保护规划》：部署了"加快实施海洋生态恢复修复，提升海洋生态系统碳汇能力"，"开展海洋碳源汇监测与评估，推进海洋生态系统碳汇能力提升，提升红树林、海草床等海洋碳汇响应气候变化的韧性""开展海洋碳汇本底调查和储量评估，新增固碳增汇通量、碳储量监测与评估""探索增汇适应气候变化的新途径可行性研究，有效发挥海洋固碳作用作为相关重点工作"

图 1　我国蓝碳相关政策发展历程

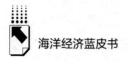

3.海洋碳汇试点初见成效，为发展蓝碳经济提供充足的信心和经验

自2017年海洋生态系统碳汇试点开展以来，沿海地区掀起蓝碳发展热潮，海洋碳汇试点成效硕果累累，全国首个碳汇标准、蓝碳交易、交易平台等陆续上线：2021年5月，深圳大鹏新区推出全国首个《海洋碳汇核算指南》。2021年6月，广东湛江红树林造林项目碳减排量转让协议签署完成，标志着我国首个蓝碳交易项目正式完成。该项目采用的方法学是由厦门大学院士团队开发的"红树林造林碳汇项目方法学"，这也是我国自主创立的第一个红树林碳汇方法学。2021年8月，厦门成立了全国首个海洋碳汇交易服务平台。2022年3月，海南国际碳排放权交易中心获批设立，中心将通过蓝碳产品的市场化交易，推动海南的蓝碳方法学成为国际公认标准，并纳入国际海洋治理体系，抢占海洋碳汇国际制高点。总的来说，我国在蓝碳核算、蓝碳产品市场化交易、蓝碳交易平台、蓝碳方法学、蓝碳生态系统增汇等方面均积累了一定经验，蓝碳试点探索示范引领作用效果显现。

（二）劣势分析

1.缺乏统一指导蓝碳经济发展的行动纲领或指南

目前，在发展蓝碳经济上缺乏包含指导思想、战略导向、主要目标、主要任务等系统内容的指导文件，缺乏发展规划或者行动计划，支撑蓝碳发展的相关战略导向零散地出现在各政策文件上，导致蓝碳经济发展出现发展思路、发展重点、发展任务、发展方向不明等问题，蓝碳经济在蓝碳增汇、蓝碳核算、蓝碳标准、蓝碳交易等方面出现碎片发展、割裂发展、各自发展的局面，未能实现协调发展、相互促进的效果。目前，我国仅有个别地级市出台了蓝碳专项行动计划，国家和省级暂无系统的蓝碳发展规划或者行动计划，也尚未出台和建立相关的法律法规和专门的政策制度，对蓝碳经济发展缺乏系统的布局和科学的指导。

2.成熟公认的蓝碳标准和方法学尚未确立

可测量、可报告、可核查是温室气体排放和减排监测的基本要求，蓝碳标准和方法学就是对温室气体排放和减排监测进行测量、报告和核查的工具。利用这一工具，将蓝碳开发成标准化的交易产品，才能进入碳市场进行交易。显然，能在市场上交易的蓝碳项目，其蓝碳方法学必须经过国家认证，而想要进入国际碳市场，还需要符合国际标准。可惜的是，我国成熟公认的蓝碳标准和方法学尚未确立，这是蓝碳进入市场交易前必须攻克的问题。在蓝碳核算和计量方面，我国尚未出台覆盖整个蓝碳系统、全国范围适用的相关国家标准，仅有深圳出台了一个海洋碳汇核算的地方标准以及自然资源部出台的针对养殖大型藻类和双壳贝类的一个行业标准，对于其他蓝碳资源及其生态系统，尚未形成国内国际公认的蓝碳标准体系。在项目开发方面，我国现有的碳汇项目开发标准和方法学主要针对陆地生态系统，如森林碳汇、竹林碳汇等。目前，我国自主创立的蓝碳方法学仅有 2 个，一个是威海市与清华大学等合作建立的海带养殖碳汇方法学，另一个是厦门大学陈鹭真老师针对湛江红树林交易项目创立的"红树林造林碳汇项目方法学"，但都尚未经国家有关主管部门备案和签发。总的来说，计量、核算、监测、评估等一系列成熟的、公认的标准体系在我国尚未确立。

3.蓝碳交易市场体系尚不完善

一是相关法律法规缺乏。目前，我国的碳汇交易集中发生在林业碳汇，蓝碳项目的开发与交易市场工作起步较晚，与之相关的法律法规、规章制度相对缺乏。二是交易市场尚未形成。2021 年 7 月上线的全国碳交易线上系统是以碳配额（现货）为主进行交易，CCER 项目交易以存量项目的交易为主，原因在于 CCER 增量项目备案申请仍然处于停滞状态，故蓝碳参与国内碳交易还需等 CCER 项目的重启。三是各类蓝色碳汇的交易、定价、监管等机制仍未完全探明。目前我国仅有三宗蓝碳交易——广东湛江红树林造林项目、在厦门产权交易中心完成的我国首宗海洋渔业碳汇交易以及海口市三江农场红树林修复项目产生的蓝碳生态产品交易，交易、定价、监管机制由交易双方协商确定，处于探索阶段。

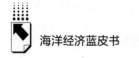

（三）机遇分析

1. 发展蓝碳经济为实现"双碳"目标提供了新的途径

为实现"双碳"目标，除了要一手抓减排，还要一手抓增汇。相较于绿碳，蓝碳具有更大的碳吸收速率、更高的储存密度以及更长的储存时间，所以蓝碳是用增汇方式解决温室气体排放问题更加有效的手段。我国是海洋大国，优越的自然条件赋予蓝碳巨大的发展潜力，提升海洋碳汇能力和扩大蓝碳增量，为解决温室气体排放提供了广阔空间，对我国实现"双碳"目标极为重要。发展蓝碳经济，不仅促进海洋生态系统的保护与增汇固碳，还催生生态旅游、生态养殖等新业态新模式，进一步助力低碳经济发展。把增加的碳汇转化成为可供市场交易的产品，增汇行为通过引入市场机制变得有利可图，将引导和鼓励我国企业和机构积极参与其中，发展蓝碳经济为实现"双碳"目标提供了一种新途径。

2. 发展蓝碳经济为生态文明建设提供了新的动力

我国在推进生态文明建设、解决温室气体排放问题、推动生态产品价值实现等国家战略和政策层面都将发展海洋碳汇列为重点任务。"十三五"期间，我国大力推进蓝碳增汇工程，整治修复岸线约 1200 公里，修复湿地约 2.3 万公顷，增加红树林面积约 3000 公顷①，我国海岸带蓝碳生态系统的碳汇能力显著提高。在生态文明建设过程中，我国积极推进海岸带蓝碳生态系统修复与保护，为固碳和减少排放提供了巨大的潜力。通过引入市场机制，将保护或修复蓝碳生态系统产生的碳汇价值纳入经济活动流转起来，碳汇卖方获得经济收益，碳汇买方解决了二氧化碳排放问题，双方实现互利共赢，将保护海洋生态与市场经济建立联系，这极大提高了社会保护海洋生态的积极性，发展蓝碳经济为保护海洋生态环境提供了新的动力。

3. 发展蓝碳经济为海洋强国建设提供了新的经济增长点

发展蓝碳经济，为发展海洋经济提供了可持续的、新的经济增长点，为

---

① 《对十三届全国人大四次会议第 6443 号建议的答复》（自然资人议复字〔2021〕64 号）。

海洋强国建设增添新活力。狭义上的蓝碳产业指蓝碳交易产业，广义上的蓝碳产业指与蓝碳相关的全产业链，大致可以分为蓝碳产业上、中、下游，以及衍生的相关产业。其中，上游产业指蓝色碳汇的生产和提供，即保护和修复蓝碳生态系统的产业；中游产业指制造蓝碳产品，即把蓝碳资源转化成为可供市场交易的产品，包括蓝碳的监测、计量、项目的备案和签发等蓝碳技术服务；下游产业指蓝碳产品的交易，即碳汇的供需双方在市场上的自由买卖行为；蓝碳相关产业指培育、保护和修复海洋生态工程所衍生出来的生态旅游、生态养殖等相关产业。可见，蓝碳产业属于海洋新兴产业，其上、中、下游产业及相关产业均是围绕海洋生态保护、海洋产业生态化、海洋生态产业化展开的，催生了海洋低碳产业新业态新模式，为海洋强国建设注入新的活力。

（四）挑战分析

1. 蓝碳产权归属尚未明晰，影响市场交易和流转

产权是市场交易得以进行的第一前提，而蓝碳本身属于具有外部性的自然资源，不属于《物权法》中的物，更谈不上产权，因此，想要蓝碳能够进行市场交易，需要有清晰的产权安排。但我国现有法律法规的立法目的主要是保护海洋自然资源与环境，虽然对海洋资源的所有权和使用权进行了规定，但对蓝碳生态系统使用权权能界定较为粗糙。蓝碳是依附于蓝碳生态系统这一物质载体而存在的，一方面，蓝碳的流转涉及其生态系统产权的整体流转，另一方面，蓝碳具有明显的外部性，这都增加了蓝碳产权界定的复杂程度，蓝碳产权的归属、分割和流转等问题没有明确，市场交易中经济主体的权力义务边界不明晰，影响蓝碳市场的发展。

2. 开发蓝碳项目的成本收益难以评估，影响蓝碳经济价值实现

一方面，蓝碳生态系统大多靠近海岸线，开发、修复和管理成本较高，蓝碳只有在项目经过认证、备案和签发后才能在市场上交易，然后才能获得项目收入，自然风险和认证风险并存，项目可能存在开发失败的风险，导致项目投资失败；另一方面，由于交易市场未形成，我国尚未有蓝碳产品价格

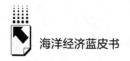

评估指南，定价很复杂，意味着蓝碳产品价格波动较大，而且红树林、渔业碳汇等不同的蓝碳项目类别之间的定价也存在差异，难以形成稳定的投资回报预期，降低了投资者的购买欲望，可能存在交易失败的风险。支付了蓝碳高昂的开发成本和费用，不一定能得到相应的经济回报，降低了市场主体开发蓝碳项目的积极性，发展蓝碳经济的主要责任如果只落在政府身上则是不可持续的。

3. 科技对蓝碳经济发展的支撑能力薄弱

科技是社会经济发展的第一动力，当前我国蓝碳经济发展受限的主要原因之一是蓝碳相关研究及科技支撑薄弱，主要体现在以下几方面。一是缺乏专业技术和人才。蓝碳研究在我国方兴未艾，蓝碳的固碳能力、交易、评估和监测等方面缺乏专业的人才和技术支持，理论研究和实践基础较为薄弱，专业力量薄弱。二是关键技术研究不足。蓝碳生态恢复、固碳减排及增汇、蓝碳通量与碳储量监测以及蓝碳评估等关键技术薄弱。三是尚未建立蓝碳调查、监测和评估体系。由于缺乏蓝碳的监测和评估方法，我国尚未对蓝碳开展系统性监测，因此，对蓝碳的分布情况、物种的组成、存储数量和效率等基础数据积累不足。只有对蓝碳开展综合调查，摸清我国蓝碳资源家底，掌握了解我国蓝碳的具体情况，才能建立全国蓝碳基础数据库，为蓝碳发展研究提供基础支持。

三 发展趋势预测

（一）蓝碳交易市场将逐步扩大

一是随着全国碳排放权交易开市，未来其将覆盖除电力外更多的高排放行业和重点排放企业，碳市场交易覆盖范围从碳交易试点扩大到全国，碳交易需求将上升，这种趋势将刺激蓝碳项目的开发。二是碳汇交易作为碳减排交易的重要补充，在配额总量逐渐收紧、有偿分配比例有所增加的背景下，其碳价会因供给缩减逐步提升，那么，作为替代品的碳汇需求也会逐步提升，蓝碳作为碳汇交易的重要开发对象，其市场交易前景广阔。三是目前国家主管部门已备案和签发的方法学尚不包括海洋碳汇项目，我国蓝碳资源丰富，与绿碳相比，蓝碳具有更高的固碳效率、更强的固碳能力，在数量和效率上都更具优势，因此，蓝碳项目方法学作为"蓝海"有更大的发展空间，将被更多地研究和开发。未来，在碳交易需求上升而碳配额收紧的背景下，蓝碳作为 CCER 项目的重要开发对象，参与我国碳交易市场的潜力巨大。

（二）蓝碳开发的种类将更丰富多样

随着国际上对蓝碳的理解和提倡正逐渐从海岸带进入海洋，比如磷虾、鱼类和鲸类的固碳能力开始受到关注，蓝碳的开发不局限于三大典型的海岸带蓝碳，蓝碳开发的种类将更加丰富和多样。如自然资源部副部长、国家海洋局局长王宏和中国工程院院士、海洋渔业与生态学家唐启升均认为，海洋牧场中藻类、贝类、海草等的养殖所产生的渔业碳汇以及海洋微生物碳泵也可以成为蓝碳交易的主要对象。据联合国粮农组织统计，2019 年，我国大型海藻养殖面积约 1300 平方千米，产量约 2018 万吨，占全球 58.1%。[①] 截至2020 年底，全国国家级海洋牧场示范区已经有 136 个。[②] 因此，我国发展渔业碳汇的潜力巨大。目前我国已完成的三宗蓝碳交易（两宗是红树林碳汇交易，另一宗是渔业碳汇交易），将为蓝碳项目开发提供案例参考经验。

（三）蓝碳市场化将促进蓝碳经济高质量发展

蓝碳市场化就是以碳汇交易为基础和核心的海洋碳汇资源的市场化。广义上的蓝碳经济，是以蓝碳资源的市场化为核心提供生态产品和服务的减碳经济。也就是说，蓝碳经济是包含蓝碳市场化在内的更大概念，蓝碳市场化是蓝碳经济的重要组成部分，是促进蓝碳经济发展的关键经济手段，也是解决气候变暖问题的重要手段。围绕蓝碳资源市场化，包含蓝碳的"生产"、

---

① 范振林、宋猛、刘智超：《发展生态碳汇市场助推实现"碳中和"》，《中国国土资源经济》2021 年第 12 期。
② 《中华人民共和国农业农村部公告第 377 号》。

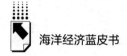

产品的提供、市场交易和技术服务在内的蓝碳全产业链得以发展，并带动海洋生态工程、生态旅游、生态养殖等蓝碳相关产业发展，提供生态服务和产品，实现生态产品价值，进而推动形成以绿色可持续发展为核心的低碳经济新模式和产业链，形成"绿水青山"向"金山银山"转变的有效市场机制，促进蓝碳经济发展。

（四）发展蓝碳经济将成为应对气候变化和推进生态文明建设的重要途径

中国实现减排承诺需要在加大减排力度的同时探索新的途径，即一手抓减排，一手抓增汇。"双碳"背景下，蓝碳的地位和作用将更加凸显，在国际社会日益重视蓝碳的今天，发展蓝碳不仅能为我国应对气候变化做出重要贡献，更对世界蓝碳发展具有重要意义。健康、可持续的海洋生态环境是海洋碳汇存续的基础，海洋碳汇的发展模式是通过保护和修复海洋生态系统来增加碳汇。因此，应坚持"污染者付费"原则，将破坏生态环境的外部性内部化为污染成本，建立"政府+社会资本"合作模式等，多渠道拓宽海洋生态补偿资金来源，推动控排企业、其他企事业单位、团体组织等多种碳排放主体参与到蓝碳市场中，探索多元生态补偿机制和海洋碳汇增汇模式，通过引入市场机制进行碳交易，构建蓝碳产业绿色化发展模式，将实现生态效益的部分补偿，促进蓝碳经济、生态保护和缓解气候变化的协调发展。

四　对策建议

（一）完善政策保障体系

蓝色碳汇的相关政策、规划及举措是布局和发展蓝碳经济的重要保障。一是制定发展规划或行动计划，明确指导思想、战略导向、主要目标、主要任务等，进一步建设及完善顶层设计、地区政策及机制，以政策为引导，以地方经济为考量因地制宜推动蓝碳生态保护和经济价值转化。同时，做好与国家重大战略、空间规划、专项规划等的统筹衔接，推动与生态补偿、节能减排、低碳经济等领域工作有机融合。二是建立健全管理、使用、开发、交易等相关制度，为蓝碳经济发展保驾护航。推进蓝碳使用和管理法律法规政策的制定和实施；建立和出台蓝碳交易的相关规章制度、行业规范和技术标准等。三是制定蓝碳产品开发和交易的优惠政策。创新完善人才引进、技术研发、资金扶持、税收减免等政策，对海洋碳汇技术、产品和项目等，在财政、价格等政策上予以激励，调动企业、高校、研究院所、金融机构等发展蓝碳经济的积极性。

（二）加强蓝碳科技研究

加强科技研究，解决蓝碳经济发展的"卡脖子"问题。一是推进海洋碳汇关键技术突破，由国家相关部委牵头，成立蓝碳研究工作小组、实验室、工作站等，联合国内涉海科研力量，包括机关事业单位、高等院校和社会组织等，开展蓝碳相关研究，通过多学科交叉和协同创新，聚焦海洋碳汇关键环节，攻克海洋碳汇的增汇、监测、核算、评估等多个关键环节的重大技术。二是加快建立我国蓝碳资源调查、监测与评估体系，推进蓝碳生态系统相关调查、监测、计量、核算、评估标准的研究和制定。三是建立蓝碳标准和方法学，在开展蓝碳储量调查、监测与评估的基础上，先建立适合我国国情的海洋增汇理论、蓝碳标准和方法学体系，再逐步完善并获得国际认可，填补蓝碳标准体系空白。

（三）开展蓝碳调查、监测和评估

只有摸清蓝碳资源家底，才能科学地评估蓝碳经济的发展潜力和发展方向。按照试点先行、总体部署原则，先在蓝碳资源丰富的地区试点开展蓝碳综合调查与评估，盘点试点地区主要的传统蓝碳家底，形成试点经验和方法并向全国推行，掌握重要蓝碳资源的分布、权属、数量、质量、保护和开发利用状况，及时跟踪掌握各类蓝碳资源变化情况，科学监测、分析和评估典型蓝碳生态系统的碳储量及碳汇动态，建立全国蓝碳基础数据库，储备蓝碳

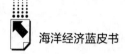

科学数据，实行全国统一规范的蓝碳资源调查、监测、核算和评估方法。同时，推动蓝碳领域数据开放应用，推动各地方、各部门实施数据资源共享，确保跨部门、跨层级工作机制协调顺畅。

（四）推进蓝碳市场交易

推进市场交易是推动蓝碳经济发展的重要环节。一是依托国家统一碳交易市场，推动构建海洋碳汇交易机制。在前期市场培育的过程中，政府多措并举实施蓝碳示范企业培育行动，引导更多社会资本参与蓝碳生态系统的保护与修复，推动其进入海洋碳汇交易市场，通过蓝碳交易弥补项目投资成本，同时获得经济收益，最终形成生态保护—经济收益—社会效益的良性循环，实现保护海洋生态系统和促进蓝碳经济发展的共赢。二是推进蓝碳纳入碳交易体系。目前，仅厦门产权交易中心在 2021 年 8 月成立了全国首个海洋碳汇交易服务平台，在 9 月完成了一宗红树林碳汇①现货交易。很显然，当前蓝碳交易服务平台功能不完善、覆盖范围窄，蓝碳产品单一，蓝碳交易不成熟。因此，依托公共资源交易平台，以 CCER 市场为切口，开发蓝碳项目和产品，推动蓝碳项目作为碳减排抵消产品进入 CCER 市场，促进蓝碳交易市场有序发展。三是推动蓝色金融创新发展，借鉴国内外绿色金融发展经验，积极开发蓝碳金融产品和服务，充分挖掘蓝碳资源的投资增值潜力，拓宽融资渠道。

（五）拓展国际交流合作

加强与国际社会在蓝碳方面的交流合作。一是积极推动"引进来"工作，借鉴国外先进的蓝碳理论和发展经验，结合我国蓝碳发展的特点，引进、创新蓝碳关键技术并推广应用，找到适合我国蓝碳经济发展的道路。二是搭建国际交流合作平台，通过论坛研讨、大会展览、参观学习等方式，积极推进与有关国家、国际组织和机制的蓝碳政策、技术方面的交流与合作，

---

① 泉州洛阳江红树林生态修复项目 2000 吨海洋碳汇。

提高我国蓝碳科学研究、标准制定和政策制定水平。三是加强与国际规则对接，深入探索碳达峰、碳中和领域具有较强国际竞争力的开放政策和制度，着力营造具有我国特色的蓝碳产业生态。

参考文献

吴逸然：《基于碳中和背景下蓝碳经济发展研究——以湛江红树林造林项目为例》，《科技与金融》2022年第3期。

邢庆会、于彩芬、廖国祥、雷威、卢伟志、徐雪梅、刘长安：《浅析我国海岸带蓝碳应对气候变化的发展研究》，《海洋环境科学》2022年第1期。

刘强、张洒洒、杨伦庆、朱婵、欧婷：《广东发展蓝色碳汇的对策研究》，《海洋开发与管理》2021年第12期。

范振林、宋猛、刘智超：《发展生态碳汇市场助推实现"碳中和"》，《中国国土资源经济》2021年第12期。

杨越、陈玲、薛澜：《中国蓝碳市场建设的顶层设计与策略选择》，《中国人口·资源与环境》2021年第9期。

范振林：《开发蓝色碳汇 助力实现碳中和》，《中国国土资源经济》2021年第4期。

王俊、李佐军：《探索碳汇交易机制 实现生态产品价值——以深圳市大鹏新区为例》，《特区实践与理论》2021年第1期。

王成荣：《21世纪海上丝绸之路背景下的广东省蓝碳发展研究》，《海洋开发与管理》2017年第8期。

白洋、胡锋：《我国海洋蓝碳交易机制及其制度创新研究》，《科技管理研究》2021年第3期。

陈光程、王静、许方宏等：《滨海蓝碳碳汇项目开发现状及推动我国蓝碳碳汇项目开发的建议》，《应用海洋学学报》2022年第2期。

B.19
"双碳"目标与中国海洋经济发展分析

贺义雄　王燕炜*

摘　要： 2019~2021年，我国海洋经济发展经历了一定曲折，但总体发展趋势依然向好。同期，碳排放量整体呈上升趋势，我国要实现碳达峰的目标还有较长的路要走。本报告通过运用动态空间计量模型，分析碳排放对我国海洋经济发展的影响，结果显示碳排放对海洋经济发展有显著的负向影响，且空间溢出效应也十分明显。为保障未来我国海洋经济的可持续高质量发展，应因地制宜调整海洋产业结构，注重海洋经济的效率改进，注重区域海洋经济发展模式的优化，大力推进产业融合发展，继续加大绿色低碳在海洋经济中的比重，同时充分利用数字手段来为海洋经济发展提供新技术与新途径。

关键词： 碳排放　海洋经济　高质量发展

《中华人民共和国国民经济和社会发展第十四个五年规划和2035年远景目标纲要》（以下简称"十四五"规划）中提出"持续改善环境质量，积极应对气候变化"的重要论述，以推动实现我国向世界承诺的力争2030年实现碳达峰、努力争取2060年实现碳中和的目标。目前，碳排放的增加对气候、农业经济等领域的影响已得到广泛认识，但其对海

---

* 贺义雄，博士，浙江海洋大学经济与管理学院副教授，研究方向为海洋资源环境价值评估与核算、海洋生态系统服务经济、海洋经济运行评价与政策；王燕炜，浙江海洋大学经济与管理学院。

洋经济发展是否会产生影响，这种影响会在多大程度上阻碍海洋经济的健康发展，针对诸如此类的问题还没有系统明确的答案。作为海洋经济大国，我国应对此有清晰全面的认知，以保障海洋经济更好、更快发展。

本文基于对沿海区域碳排放与海洋经济发展之间关系的探析，结合针对各沿海省份及不同时期的异质性分析，并考虑 2021～2022 年的发展态势，探讨促进海洋经济高质量发展的措施办法，为我国海洋经济发展实现可持续性提供参考借鉴。

一 发展现状

（一）海洋经济发展情况

1. 海洋经济发展整体情况

2019～2021 年我国海洋经济发展经历了一定曲折，表现为先大幅下降后大幅上升（见图 1），主要是受到新冠肺炎疫情的影响，2021 年以来总体发展趋势向好，说明我国海洋经济具有较强的韧性。同时，全国海洋经济发展的"三圈"格局基本形成，北部海洋经济圈依靠海洋科技创新发展船舶和装备制造业，东部海洋经济圈重点发展港口航运业和远洋渔业，南部海洋经济圈旅游资源丰富，独特的地理位置使其成为对外开放的前沿阵地。从图 2 来看，近三年南部海洋经济圈的海洋生产总值一直保持领先，说明福建省、广东省、广西壮族自治区和海南省是我国海洋经济发展的重要支撑。环渤海、长江三角洲和珠江三角洲地区构成三足鼎立的海洋中心经济区格局，沿海区域基本形成了由广西北部湾经济区、深圳经济特区、海峡西岸经济区、上海浦东新区、天津滨海新区和辽宁沿海经济带组成的海洋经济布局。从图 3 各产业占比变化趋势可得，2020 年第三产业占比较 2019 年有所提升，2021 年与 2020 年基本持平；2020 年第二产业占比较 2019 年有所下降，2020 年与 2021 年占比相同；第一产业占比逐年小幅度上升。这表明我国海洋产业结构正在不断调整优化，朝着第三产业引领方向发展。根据表1显示的我国主要海洋产业产值情况，滨海旅游业、海洋交通运输业、海洋渔业、海洋油气业、海洋工程建筑业是我国海洋经济的主要支撑产业，这与世界海洋经济四大支柱产业情况基本一致。

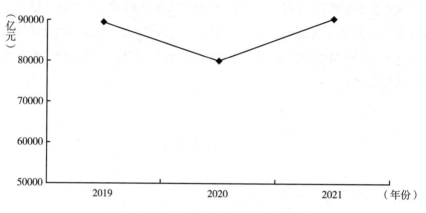

图1 2019~2021年海洋经济总产值趋势

资料来源：《中国海洋经济统计公报》（2019~2021）。

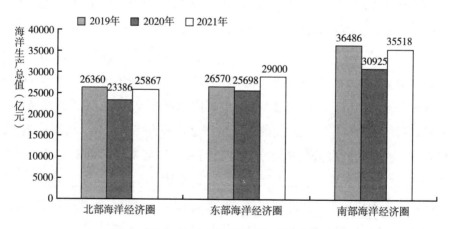

图2 2019~2021年区域海洋经济发展情况

资料来源：《中国海洋经济统计公报》（2019~2021）。

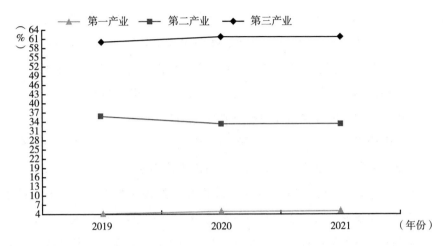

图 3　2019~2021 年海洋三大产业占比情况

资料来源:《中国海洋经济统计公报》(2019~2021)。

表 1　2019~2021 年主要海洋产业产值

单位: 亿元

年份	2019	2020	2021
主要海洋产业	35724	29641	34050
海洋渔业	4715	4712	5297
海洋油气业	1541	1494	1618
海洋矿业	194	190	180
海洋盐业	31	33	34
海洋化工业	1157	532	617
海洋生物医药业	433	451	494
海洋电力业	199	237	329
海水利用业	18	19	24
海洋船舶工业	1182	1147	1264
海洋工程建筑业	1732	1190	1432
海洋交通运输业	6427	5711	7466
滨海旅游业	18086	13924	15297

资料来源:《中国海洋经济统计公报》(2019~2021)。

2. 海洋经济发展具体情况

2019 年海洋经济总体保持平稳发展, 海洋经济总产值为 89415 亿元,

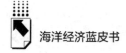

海洋三大产业结构为4.2∶35.8∶60。国家出台《关于统筹推进自然资源资产产权制度改革的指导意见》，全面加强海洋资源开发利用监管；中央稳步推进海洋生态保护修复工作，提高预警监测水平，支持多个城市开展"蓝色海湾"整治行动；海洋科学考察、海洋本科专业开设等不断提升海洋科技创新能力；中国海洋经济博览会、首届中国—欧盟蓝色伙伴关系论坛等活动和会议成功举办，与国际的海洋经济合作交流更加深入；同时，各省份在海洋产业上不断投入更多资金，以推进海洋经济高质量、全方位的发展。

2020年受新冠肺炎疫情的影响，我国海洋经济虽然在总量上有所降低但具有明显的复苏迹象，海洋经济总产值为80010亿元，海洋三大产业结构为4.9∶33.4∶61.7。5G、人工智能、大数据、无接触服务等技术融入海洋领域发展海洋数字经济，涌现一大批新业态新模式；全国第一个海洋综合管理平台启动，实现海洋信息管理一体化；"十四五"规划对海洋生态环境保护、海洋现代化产业体系建设、全球海洋治理合作等方面做出新部署。

2021年我国海洋经济具有明显的延续恢复性增长态势，海洋经济总量迈上新台阶，海洋经济总产值为90385亿元，海洋三大产业结构为5.0∶33.4∶61.6。2021年是"十四五"规划开局之年，国务院印发《"十四五"海洋经济发展规划》后，11个沿海省（区、市）和部分沿海城市也相继印发了促进海洋经济发展的相关规划。有关部门相继出台了《海水淡化利用发展行动计划（2021—2025年）》《"十四五"全国渔业发展规划》等。

3. 我国海洋经济发展的优势与不足

在全球海洋经济发展加快的格局下，我国利用"海上丝绸之路"这一对外合作交往的重要通道，加强了与东盟国家等的海洋经济交流，同时借助海洋经济中心向亚洲转移的发展态势巩固我国海洋经济地位。我国海洋经济发展有独特的优势和特色。一是产业结构处于不断优化中，除四大支柱产业发展稳定外，海洋生物医药业、海洋电力业、海水利用业等新兴产业发展迅速，2021年增速分别为18.7%、30.5%、16.4%，同时第三产业地位持续上升，一、二产业稳中有进。二是海洋经济增速及其在GDP中占比相对稳定，除2004~2006年及2010年前后是海洋经济的高速增长期外，其余时期海洋经济的增速与 GDP 的增长幅度保持相对同步。三是发展速度快,从多项指标来看,长期以来海洋经济都比其他产业的增速快,有望成为中国产业结构深度调整的重要领域和关键经济增长支点之一。但同时海洋经济发展中仍有一些不足,如海洋生态环境破坏严重、海洋管理水平相对落后、海洋产业结构存在漏洞等问题制约着我国海洋经济高质量发展。

(二)碳排放情况

1. 碳排放基本情况

2019~2021 年我国碳排放量整体呈上升趋势,碳排放总量仍在不断增加。从图 4 中可以看到,2020~2021 年碳排放量增长速率比上一年快,我国要实现碳达峰的目标还有较长的路要走。化石能源与我国经济发展紧密相关,其大量燃烧是碳排放的最主要来源。由图 5 可知,我国碳排放强度逐年递减,能源结构向低碳清洁型加速发展,经济转型效果明显,减排工作的成效不断显现。但是从全球来看,我国近三年的碳排放量全球占比均高于30%,我国碳排放量增速高于全球碳排放量增速,尤其是在 2020 年全球经济受到疫情影响之际,我国碳排放量占比不降反升(见图 6)。

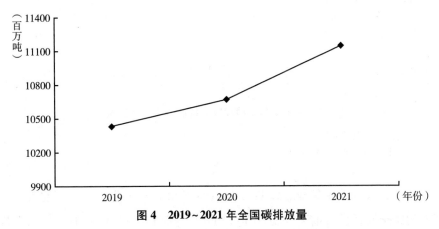

图 4 2019~2021 年全国碳排放量

资料来源:2019 年数据为中国碳核算数据库,2020 年数据为中国多尺度排放清单模型估计值,2021 年数据来源于全球实时碳数据。

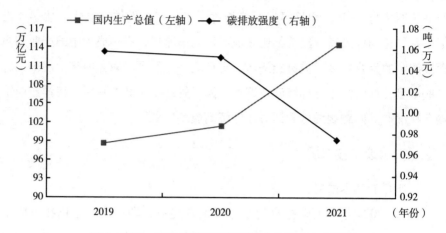

图5 2019~2021年我国碳排放强度与国内生产总值

资料来源：《中国统计年鉴》、笔者整理。

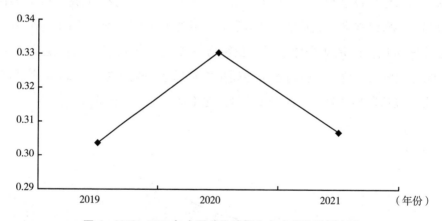

图6 2019~2021年中国碳排放量占全球碳排放量比重

注：2021年为估算数据。

资料来源：笔者整理。

分省域来看，在我国沿海11个省（区、市）中，山东省、河北省、江苏省的碳排放量位居前三（见图7），同时广东省、辽宁省、浙江省的碳排放量也不容忽视。但沿海地区碳排放量在全国碳排放量中的占比逐年递减（见图8），反映出沿海低碳经济成效显著。

我国在碳排放方面设定的目标是2030年实现碳达峰、2060年实现碳中和，为了准时甚至提早实现这一目标，中央政府已从减排和增汇两方面入手，运用碳排放交易、碳税和法律法规等多种政策工具，从推动激励绿色低碳技术创新等多方面来减少碳排放量。目前，全国共设有9个碳交易所，截至2021年12月29日，全国碳市场累计成交1.65亿吨左右的碳排放配额，市场运行总体平稳有序，未来碳市场还拥有广阔发展空间。

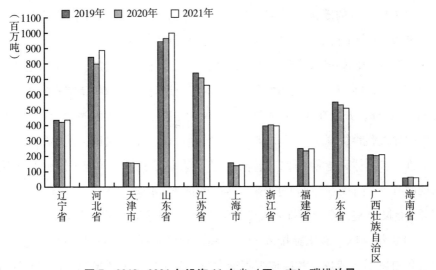

图7 2019~2021年沿海11个省（区、市）碳排放量

注：2021年为估算数据。

资料来源：中国多尺度排放清单模型。

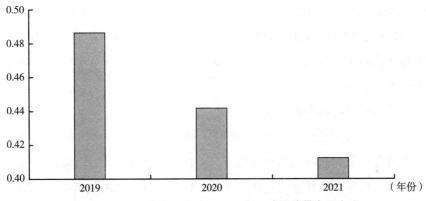

图8 2019~2021年沿海省（区、市）碳排放量全国占比

注：2021年为估算数据。

资料来源：中国多尺度排放清单模型、笔者整理。

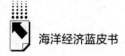

2. 具体情况

2019 年我国碳排放量约为 104 亿吨，单位 GDP 碳排放比 2005 年和 2015 年分别下降 48.1% 和 18.2%，但我国单位 GDP 碳排放是世界平均水平的 3 倍多。在国际合作方面，我国参与发起了全球气候适应委员会，积极展现大国担当、贡献中国智慧，向全世界提出中国气候治理方案。针对国内重点排放单位改进的碳排放数据报告核查工作进一步贴合了全国碳市场的要求，涉及 20 余个行业的碳排放核算报告指南陆续发布。

2020 年我国碳排放量约为 106 亿吨，较上年小幅度增加。习近平总书记在第 75 届联合国大会上提出我国 2030 年实现碳达峰、2060 年实现碳中和的"双碳"目标，并且在联合国生物多样性峰会、第三届巴黎和平论坛、二十国集团领导人利雅得峰会、气候雄心会等国际会议上多次强调，其中气候雄心会上进一步具体到能源消耗、碳排放强度、森林蓄积量、新能源使用等方面。与此同时，"十四五"规划对未来五年的碳排放工作做出指示性指导，生态环境部开始陆续提出全国碳排放权交易相关意见征求稿，逐步完善碳交易市场。

2021 年全球二氧化碳排放大幅反弹，我国碳排放量约为 111 亿吨。气候变化白皮书、蓝皮书和绿皮书相继发布，其中白皮书指出我国已超额完成在 2020 年将碳排放强度减少 40%～45% 的目标，基本上改变了二氧化碳排放快速增长的趋势。生态环境部颁布《碳排放权登记管理规则（试行）》《碳排放权交易管理规则（试行）》《碳排放权结算管理规则（试行）》，为碳市场交易和履约提供关键性、原则性规则。各行业、各地区都提出了相应的碳排放政策，如《"十四五"循环经济规划》《"十四五"全国清洁生产推行方案》等。

3. 我国碳减排的优势与不足

近年来，我国在低碳技术上取得了较大突破，传统能源工业领域已进行了多次科技革新，科技创新成为能源结构优化的巨大支撑。随着低碳技术的不断开发与应用，碳排放强度逐年下降。在一系列政策的支持下，我国二氧化碳捕获、利用及封存技术的开发与应用得到充分发展。新一代信息技术与第三产业的融合扩大了第三产业等低碳排放行业的规模，相应地，二氧化碳排放强度也间接降低。我国在增汇方面开展了大量植树造林、海洋生境修复工作，加上原有的基础条件，碳汇量增加优势明显。但目前我国仍在一些方面存在不足，如新能源技术利用效率不高、绿色低碳技术应用范围较小、相关技术创新的体系化能力建设不足等。

二 发展形势研判

（一）模型建构

由于碳排放存在显著的空间溢出效应，变量之间可能会受到空间交互作用的影响，因此本文在考察其对海洋经济发展的影响时利用空间计量方法。目前，空间滞后模型（SAR）和空间误差模型（SEM）是常用的两类空间计量模型：

$$Y_{it} = \alpha_i + \rho \sum_{j=1}^{n} W Y_{it} + \varepsilon_{it}, \varepsilon_{it} \sim N(0, \sigma^2 I) \tag{1}$$

$$Y_{it} = \alpha_i + \alpha_j X_{ijt} + \varepsilon_{it}, \varepsilon_{it} = \lambda \sum_{j=1}^{n} W \varepsilon_{it} + \mu_{it}, \mu_{it} \sim N(0, \sigma^2 I) \tag{2}$$

其中，Y、X 分别为被解释变量和解释变量，ε_{it}、μ_{it} 分别为服从正态分布的随机误差项，W 为空间权重矩阵，ρ、λ 分别为空间滞后系数和空间误差系数。由于海洋经济发展会受到上一年发展情况以及周边地区碳排放量变化的影响，本文进一步构建动态空间面板模型。该模型包含被解释变量的时间滞后项与空间加权项，不仅考虑了碳排放的时间效应和空间效应，还能有效避免解释变量与被解释变量之间内生性问题。同时，本文添加了碳排放的空间加权项来探索本地区海洋经济发展受到的其他地区碳排放的影响。从研究目的出发，本文的动态空间面板模型设置为：

$$Y_{it} = \beta Y_{it-1} + \rho \sum_{j=1}^{n} W_{ij} Y_{it} + \gamma X_{it} + \eta W_{ij} X_{it} + \delta X_{ijt} + \alpha_i + \upsilon_{it} + \varepsilon_{it} \tag{3}$$

$$\varepsilon_{it} = \lambda \sum_{j=1}^{n} W_{ij} \varepsilon_{it} + \mu_{it} \tag{4}$$

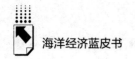

（二）指标选取与数据来源

本文选取碳排放量（CO_2）作为核心解释变量，海洋经济总产值（$OGDP$）作为被解释变量。为了更加精确地分析二氧化碳排放对海洋经济发展的影响，本文还设置了以下控制变量：产业结构（$struc$）——采用第一、二产业增加值占 GDP 的比重表示；居民储蓄存款余额（sav）；年末金融机构各项贷款余额（loa）；财政支出水平（$gove$）；财政收入水平（$govr$）；人口量（$human$）——采用常住人口数量表示。

采用数据来源于《中国统计年鉴》《中国海洋经济统计公报》，自然资源部、生态环境部、财政部，沿海各省（区、市）生态环境厅、财政厅、规划和自然资源局、海洋局，中国多尺度排放清单模型、全球实时碳数据、中国碳核算数据库等网站公开数据信息。样本区间为 2012~2021 年，数据频率为年度。

（三）变量描述性统计分析

为了消除异方差问题，本文对所有解释变量和被解释变量均做了对数化处理，其中 lnZ1 至 lnZ6 代表产业结构、居民储蓄存款余额、年末金融机构各项贷款余额、财政支出水平、财政收入水平、人口量。各变量的描述性统计结果见表 2。

表 2 变量的描述性统计结果

变量	mean	sd	min	p50	max	N
$lnCO_2$	5.763	0.866	3.619	5.945	6.870	110
$lnOGDP$	8.495	0.887	6.624	8.585	10.80	110
lnZ1	-0.748	0.183	-1.321	-0.721	-0.506	110
lnZ2	10.94	0.877	8.539	11.05	12.59	110
lnZ3	10.69	0.842	8.266	10.78	12.31	110
lnZ4	8.594	0.654	6.823	8.663	9.810	110
lnZ5	8.136	0.784	6.015	8.120	9.554	110
lnZ6	8.380	0.757	6.788	8.489	9.448	110

（四）空间相关性检验

在进行空间计量建模之前，通常需要检验被解释变量和核心解释变量的空间相关性。本文利用全局莫兰指数（Moran's I）方法对海洋经济总产值和二氧化碳排放量做了空间相关性检验，检验结果如表 3 所示。

表 3 全局莫兰指数检验结果

Year	OGDP			CO_2		
	Moran's I	Z	P-value	Moran's I	Z	P-value
2012	0. 714 **	2. 403	[0. 016]	0. 758 **	2. 553	[0. 011]
2013	0. 77 **	2. 569	[0. 01]	0. 778 ***	2. 616	[0. 009]
2014	0. 759 **	2. 542	[0. 011]	0. 759 **	2. 575	[0. 01]
2015	0. 784 **	2. 587	[0. 01]	0. 59 **	2. 436	[0. 015]
2016	0. 725 **	2. 442	[0. 015]	0. 71 **	2. 417	[0. 016]
2017	0. 696 **	2. 369	[0. 018]	0. 725 **	2. 465	[0. 014]
2018	0. 698 **	2. 371	[0. 018]	0. 727 **	2. 463	[0. 014]
2019	0. 695 **	2. 371	[0. 018]	0. 771 ***	2. 609	[0. 009]
2020	0. 686 **	2. 344	[0. 019]	0. 834 ***	2. 741	[0. 006]
2021	0. 718 **	2. 434	[0. 015]	0. 766 **	2. 537	[0. 011]

注：*** 、** 、* 分别表示达到1%、5%、10%的显著性水平。

从表 3 的检验结果可以看出，海洋经济总产值和二氧化碳排放量的全局莫兰指数均在 5%或 1%统计水平上显著为正，说明两者具有明显的空间集聚特征，因此利用空间计量模型研究海洋经济总产值和二氧化碳排放量之间的关系具有很好的适用性。

（五）基础回归结果

碳排放对海洋经济发展的空间计量检验结果如表 4 所示。

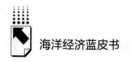

表 4　动态空间面板模型估计结果

变量	(1)	(2)	(3)	(4)	(5)	(6)
	Model1	Model2	Model3	Model4	Model5	Model6
$\ln OGDP(-1)$	0. 586 **	0. 718 ***	0. 604 *	0. 645 ***	0. 417 **	0. 751 ***
	(0. 285)	(0. 226)	(0. 321)	(0. 196)	(0. 191)	(0. 177)
$\ln CO_2$	−0. 881 **	−0. 377 *	−0. 481 **	−0. 543 **	−0. 438 *	−0. 512 ***
	(0. 400)	(0. 191)	(0. 232)	(0. 276)	(0. 229)	(0. 158)
$W\ln CO_2$	−0. 163 **	−0. 151 ***	−0. 160 ***	−0. 195 ***	−0. 138 ***	−0. 131 ***
	(0. 842)	(0. 035)	(0. 041)	(0. 021)	(0. 023)	(0. 035)
$\ln Z1$		0. 775 ***		0. 447 **		0. 607 *
		(0. 292)		(0. 211)		(0. 342)
$\ln Z2$		0. 125 ***		0. 435 **		0. 155 ***
		(0. 026)		(0. 213)		(0. 027)
$\ln Z3$		0. 124 *		0. 537 **		0. 218 *
		(0. 062)		(0. 250)		(0. 115)
$\ln Z4$		0. 044		0. 110		0. 019
		(0. 046)		(0. 220)		(0. 066)
$\ln Z5$		−0. 043		0. 270		−0. 020
		(0. 041)		(0. 212)		(0. 058)
$\ln Z6$		0. 297 **		1. 175 ***		0. 161 **
		(0. 139)		(0. 209)		(0. 074)
rho	0. 104 ***	0. 106 ***	0. 663 ***	0. 147 ***	0. 220 ***	0. 211 ***
	(0. 012)	(0. 036)	(0. 198)	(0. 013)	(0. 024)	(0. 080)
省份固定效应	Yes	Yes	No	No	Yes	Yes
年份固定效应	No	No	Yes	Yes	Yes	Yes
LogL	134. 735	164. 508	−105. 330	13. 963	144. 137	173. 939
adj. R^2	0. 748	0. 819	0. 753	0. 767	0. 698	0. 805
观测值	110	110	110	110	110	110

注: *** 、 ** 、 * 分别表示达到 1%、5%、10%的显著性水平。

在表 4 中，Model1 和 Model2 只控制了省份固定效应，未控制年份固定效应；Model3 和 Model4 只控制了年份固定效应，未控制省份固定效应；Model5 和 Model6 同时控制了省份和年份固定效应。从回归结果可以看到：$\ln OGDP$（−1）代表滞后一期的被解释变量，所有模型的 $\ln OGDP$（−1）均在 10%、5%或 1%水平上显著，说明海洋经济发展具有一定的时滞效应；
rho 代表空间滞后系数，其均在 1%水平上高度显著，说明各省份之间的海洋经济发展具有正向的协同效应，相互促进彼此发展；$\ln CO_2$ 和 $W\ln CO_2$ 的系数大部分在 5%水平上都显著为负，说明本地区碳排放和其他地区碳排放对本地区的海洋经济发展具有显著的负向影响。

从表 4 的回归结果可以得到，①碳排放对我国海洋经济发展存在显著的负向作用，而且其他地区的碳排放对海洋经济的影响更为显著，这意味着减少碳排放对促进海洋经济发展具有重要意义，需要全面加强对碳排放的统筹管理。可能的原因在于，各省（区、市）的海洋经济基础和产业结构均存在较大差异，海洋经济对碳排放造成的冲击的承受能力因此受到影响，所以碳排放的省（区、市）差异的负向影响更为显著。此外，碳排放造成了海洋环境的恶化，使得海洋生境受损，海洋生态遭到破坏，从而减缓了海洋经济的发展。②海洋经济发展的时间滞后项存在显著的正向影响，表示上一期的海洋经济总体发展情况对本期具有明显的促进作用。该结果意味着各地区整体的前一期发展情况较令人满意，决定了在本期相关行为将持续发生，以维持类似的状态。③各省（区、市）间海洋经济发展联系紧密。究其原因可能在于，随着省（区、市）之间的经济、技术、文化交流越来越频繁、深入，生产要素流通加快，海洋经济发展不断取长补短，共同进步。同时，在海洋强国战略的指导下，海洋经济统筹协调发展，加强了各省（区、市）之间的交流。

控制变量的估计结果表明，虽然海洋经济低碳化趋势在不断增强，但地区的碳排放程度与海洋经济发展水平呈同向变动，主要根源是从整体来看我国海洋经济发展仍处在工业化发展阶段。产业结构的估计结果也再一次验证了这一结论，即以服务型为主的产业结构能显著降低碳排放影响，但第一、二产业占比仍较大，能源消耗产生的碳排放量也较多。另外，在研究期内政府支持力度与海洋经济发展间并无显著的相关关系，可能的原因在于虽然政府对海洋科技的重视程度和支持力度逐年提升，但转化到实际应用中的海洋科技成果尚未显现明显的效果。居民储蓄存款余额与人口量对海洋经济发展有显著的正向影响，年末金融机构各项贷款余额对海洋经济发展有较大促进作用。

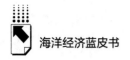
（六）异质性分析

1. 分地区检验

不同地区的海洋资源禀赋、地理区位、比较优势、经济基础等都存在差异，产生的碳排放量差异也很大，而碳排放在空间上的流动性导致本地区和周边地区的海洋经济发展都受到相互之间的影响。为了识别区域差异对于碳排放影响效应的异质性作用，本文在前文实证研究的基础上，采用动态空间面板模型分别对环渤海地区、东海地区、南海地区[①]的具体效应情况进行分析，结果见表5。

表5 分地区空间面板模型回归结果

变量	(1)	(2)	(3)	(4)	(5)	(6)
	Model1	Model2	Model3	Model4	Model5	Model6
	环渤海地区		东海地区		南海地区	
$\ln OGDP\ (-1)$	0.251 **	0.337 **	0.815 ***	0.784 ***	0.638 ***	0.723 ***
	(0.126)	(0.167)	(0.255)	(0.173)	(0.112)	(0.146)
$\ln CO_2$	−0.743 **	−0.685 **	−0.149 *	−0.137 **	−0.347 **	−0.218 **
	(0.332)	(0.307)	(0.079)	(0.061)	(0.158)	(0.101)
$W\ln CO_2$	−0.458 **	−0.573 ***	−0.629 ***	−0.587 ***	−0.275 **	−0.309 **
	(0.205)	(0.177)	(0.123)	(0.087)	(0.125)	(0.138)
$\ln Z1$		0.270 *		0.853 ***		0.521 ***
		(0.144)		(0.144)		(0.131)
$\ln Z2$		2.824 ***		0.189		0.055
		(0.263)		(0.390)		(0.057)
$\ln Z3$		0.532 **		0.701 **		0.443 **
		(0.225)		(0.087)		(0.221)
$\ln Z4$		0.273		−0.005		−0.171
		(0.405)		(0.051)		(0.213)

---

① 环渤海地区包括天津、河北、辽宁和山东三省一市，东海地区包括上海、江苏、浙江两省一市，南海地区包括福建、广东、广西、海南四地。

变量	（1）Model1	（2）Model2	（3）Model3	（4）Model4	（5）Model5	（6）Model6
	环渤海地区		东海地区		南海地区	
lnZ5		1.057		-0.282		-0.135
		(0.538)		(0.545)		(0.091)
lnZ6		0.855***		1.115***		1.042***
		(0.229)		(0.026)		(0.088)
rho	0.258***	0.319***	0.663***	0.147***	0.220***	0.211***
	(0.048)	(0.074)	(0.198)	(0.013)	(0.024)	(0.080)
省份固定效应	Yes	Yes	Yes	Yes	Yes	Yes
年份固定效应	Yes	Yes	Yes	Yes	Yes	Yes
LogL	85.518	127.049	54.786	-201.187	85.125	-51.347
adj. R^2	0.731	0.745	0.903	0.904	0.996	0.998
观测值	40	40	40	40	30	30

注：***、**、*分别表示达到1%、5%、10%的显著性水平。

表5的结果表明，①三个地区当年的海洋经济发展情况均受到前一年海洋经济发展情况的正向影响，且这一正向影响是显著的。同时，三个地区自身产生的碳排放不仅对本地区海洋经济发展产生显著的负向影响，而且会显著负向影响周边地区的海洋经济发展，说明碳排放是区域海洋经济发展较大的阻力。②对于环渤海地区，碳排放对海洋经济发展的负向影响最大，可能原因在于区域较低层次的海洋产业产生的碳排放量对聚集程度较高的海洋第一、二产业的发展产生了较大的阻力。③对于东海地区，海洋经济发展受到其他地区碳排放的负向影响最大，但是本地区的碳排放对海洋经济发展的负向影响是最小的。可能是由于东海地区与环渤海地区相邻，但其海洋经济层级较高，同时第三产业发达，碳排放量较小，且对海洋资源和环境的依赖性较低，海洋经济技术效率的提升促进了海洋经济的迅速发展以及海洋经济规模的不断扩大，形成了良性循环。④对于南海地区，其他地区的碳排放对本地区海洋经济发展的负向影响最小，可能的解释是：南海地区地理位置优越，海域面积广阔，海洋资源禀赋好，产业结

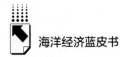

构高级化主要依靠现代服务业的发展来推进。同时，南海地区的海洋科技水平位居全国前列，能够将碳排放的负向影响降低，使海洋经济更多受到科技创新的驱动。

2. 分时间段检验

不同时间段的社会经济环境条件不同，也会对碳排放的作用产生差异化的影响。2018年，"高质量发展"一词首次出现在国务院政府工作报告中，促使海洋经济从数量增长逐渐转向质量增长。为了识别时间差异对于碳排放影响效应的异质性作用，本文在前文实证研究的基础上，以2018年为界，采用动态空间面板模型分别估计了2012~2017年、2018~2021年的效应，结果见表6。

表6 分时间段空间面板模型回归结果

变量	(1)	(2)	(3)	(4)
	Model1	Model2	Model3	Model4
	2012~2017年		2018~2021年	
$\ln OGDP(-1)$	0.448 **	0.509 **	0.674 ***	0.658 ***
	(0.199)	(0.225)	(0.148)	(0.095)
$\ln CO_2$	−0.823 ***	−0.795 ***	−0.252 **	−0.318 *
	(0.175)	(0.203)	(0.043)	(0.164)
$W\ln CO_2$	−0.694 ***	−0.752 ***	−0.308 *	−0.214 **
	(0.018)	(0.067)	(0.163)	(0.096)
$\ln Z1$		0.499 **		1.628 ***
		(0.225)		(0.176)
$\ln Z2$		1.610 ***		0.905 ***
		(0.337)		(0.045)
$\ln Z3$		1.082 **		1.227 **
		(0.494)		(0.569)
$\ln Z4$		−0.233		0.107
		(0.252)		(0.190)
$\ln Z5$		0.194		0.019
		(0.286)		(0.418)

续表

变量	(1)	(2)	(3)	(4)
	Model1	Model2	Model3	Model4
	2012~2017 年		2018~2021 年	
$\ln Z6$		9.021**		0.476
		(3.949)		(0.496)
rho	0.304***	0.357***	0.749***	0.725***
	(0.017)	(0.056)	(0.018)	(0.153)
省份固定效应	Yes	Yes	Yes	Yes
年份固定效应	Yes	Yes	Yes	Yes
logL	128.607	−36.518	106.219	38.714
adj. R^2	0.883	0.891	0.993	0.993
观测值	66	66	44	44

注:***、**、*分别表示达到1%、5%、10%的显著性水平。

从表6中可以看出,两个阶段的 $\ln OGDP$(−1)均通过了显著性检验,且正向影响变化较大,说明海洋经济发展存在较不稳定的时滞性。另外,与前一个阶段相比,后一个阶段碳排放对海洋经济发展的负向影响整体呈现更小的状态。这说明,后一个阶段的海洋经济质量较前一个阶段有了明显的提升,碳排放的影响在逐渐减弱。此外,后一个阶段的产业结构调整对海洋经济发展的正向影响远大于前一个阶段,说明海洋产业结构的优化是推动海洋经济发展的重要动力,尤其是全国海洋经济发展"十三五"规划发布以后,海洋经济布局得到进一步优化,海洋新兴产业加速发展,使得各区域的海洋经济有明显增长。

此外,2012~2017 年,人口量对海洋经济发展产生显著的正向影响且这一正向影响十分大,而2018~2021 年,人口量的影响并不明显。这一研究结论验证了海洋产业从劳动力密集型转向技术导向型,对人力资源的依赖程度大幅下降。同时,财政支出水平对海洋经济发展的影响虽然不显著,但是由负向影响转为了正向影响,说明政府财政支出的改变能够促进海洋经济发展,可能是因为财政支出更加向科技创新倾斜,并推动了科技成果的转化。

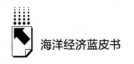

三 发展趋势分析与对策建议

（一）发展趋势预测与分析

通过运用动态空间杜宾模型，探究 2012~2021 年碳排放对我国海洋经济发展的影响。结果显示，碳排放对海洋经济发展有负向影响，地区之间的碳排放也会互相影响。从碳排放的趋势来看，2021 年、2022 年的碳排放总量仍将不断增长，远远未达到碳达峰目标，同时由于新冠肺炎疫情的影响，碳排放量的预测变得更加困难。因此，本文根据全球实时碳数据、中国多尺度排放清单模型、中国碳核算数据库和历年碳排放量的变化，以各年海洋经济总产值和碳排放量变动比例来对 2022 年各省（区、市）的海洋产业总产值、二氧化碳排放量等相关数据进行推算。

我国 2021 年的海洋经济总产值已突破 9 万亿元，预计到 2022 年这一数值将超过 9.5 万亿元。在这一发展势头下，依据各省（区、市）每年的海洋生产总值增长率来预估 2022 年的海洋生产总值更为可靠，预测结果中广东、山东、福建、上海、浙江的海洋经济总产值在沿海 11 省（区、市）中位居前列，均将超过 1 万亿元。可能的原因是，这几个地区的海洋经济基础扎实，依靠海洋科技的发展推动海洋第三产业占比快速增长，同时较早地将发展重点转移到海洋高端制造业和现代综合服务业上，使海洋产业结构不断得到优化。而其他沿海省（区、市）的海洋产业仍以第一、二产业为主，海洋经济发展相对缓慢，同时海洋产业发展引起的碳排放量对海洋经济的不利影响也较大。

二氧化碳排放方面，本文估测 2022 年全国碳排放量将达到 116 亿吨。沿海 11 省（区、市）中，除江苏省、广东省、海南省、浙江省的碳排放量略有减少外，其余省（区、市）的碳排放量均为正增长，主要原因可能是前述几个省份对外的经济交流受到疫情影响较大，尤其是在进出口贸易、航运交通等方面；而像河北、天津、辽宁等省市对传统化石能源的依赖度较高，同时经济受到疫情等的影响相对较小，进而碳排放量仍在增加。

（二）对策建议

依据前文分析，本文提出促进我国海洋经济在未来更好、更快发展的对策建议如下。

第一，要因地制宜调整海洋产业结构，注重海洋经济的效率改进。在海洋第二产业增长较强劲的地区，如天津、河北，要对传统工业设备进行更新改造，大力发展应用创新性技术，降低能源消耗压力，尤其是减少海洋经济发展进程中油气资源的使用量，着重发展海洋新能源、生物医药工程等。而在海洋第一产业占比较大的地区，如山东、辽宁，建设海洋战略性新兴产业的实验基地具有重要意义，可以充分发挥科技对海洋经济的推动作用以及低碳技术对海洋经济效率的支撑作用。同时，制定及实施合理的环境政策，推动我国海洋经济效率的改善，引导各省（区、市）出台健全完善的节能减排政策，实现海洋经济可持续发展。

第二，要优化区域海洋经济的发展模式，大力推进产业融合发展。南海地区的海洋第三产业集群已经形成；东海地区的区域海洋经济发展主要依靠以上海为中心的港口经济，开辟了航运与经济发展的新格局；环渤海地区的造船、钢铁等产业为全国海洋经济做出了重要贡献。从总体来看，各区域仍以单一的海洋经济发展模式为主，在空间布局、产业选择等方面缺少创新。如辽宁、山东拥有丰富的海洋旅游资源，应加快海洋旅游产业和海洋渔业、工业的融合发展，推进海洋旅游产业转型升级，促进海洋第三产业向高级化、多元化方向发展。

第三，要继续加大绿色低碳在海洋经济中的比重，坚持高质量发展道路。从海洋经济管理的宏观视角来看，中央和地方政府应与市场相配合，在市场有效调节的基础上制定并完善海洋经济绿色发展的规划和政策。具体做法可以是：在创新海洋经济发展模式中贯彻"生态+"绿色理念，沿海区域在海洋资源开发管理和海洋环境整治维护中开展联合行动，持续创新海洋资

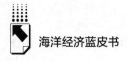

源管理体制，均衡发展海洋生态治理和海洋经济。同时，三大区域内部绿色海洋经济效率高水平地区的饱和产业可以向中、低水平地区迁移，发挥高水平地区的溢出效应。此外，区域内中心城市应引领周边地区发展，注意区域内部的极化效应。

第四，要充分利用数字手段来为海洋经济高质量发展提供新活力、新技术、新途径。首先要营造一个适合海洋数字经济发展的良好环境，打造前沿、高端的海洋数字产业集群，扩大海洋数字经济体的规模与体量。其次要保持数据获取通道畅通，破除数据壁垒，让不同海洋产业间的信息交换更加流畅，实现更加广泛、深入的合作。最后要进一步加强海洋数字经济基础设施建设，将人工智能、数字海洋、工业互联网等数字经济模式与传统海洋产业相融合，加入 5G、区块链等新技术，使我国的海洋经济能应对更加复杂的环境、多变的条件与较高的风险。

参考文献

沈坤荣、金刚、方娴：《环境规制引起了污染就近转移吗？——来自中国地级及以上城市的证据》，《经济研究》2017 年第 5 期。

王银银：《绿色海洋经济效率时空演变与趋同分析——基于沿海 53 个城市面板数据》，《商业经济与管理》2021 年第 11 期。

徐胜、马振文：《环渤海地区海洋产业结构对低碳发展影响分析》，《牡丹江师范学院学报》（哲学社会科学版）2018 年第 2 期。

于斌斌、金刚、程中华：《环境规制的经济效应："减排"还是"增效"》，《统计研究》2019 年第 2 期。

Elhorst J. P. , "Dynamic Spatial Panels：Models，Methods and Inferences"，*Journal of Geographical System* 2012（1）.

B.20
气候变化对中国海洋经济影响分析

孟昭苏*

摘　要：　面对全球气候变化影响的加速，IPCC 第六次报告指出气候变化
对海洋生态系统造成的严重后果以及海洋在缓解气候变化中的积
极作用。实行可持续和适应气候变化的海洋经济政策，是我国海
洋经济高质量发展的必然选择。本文通过分析全球气候变化的现
状，基于系统动力学研判全球气候变化与海洋经济的关系，构建
气候变化—经济影响—适应政策框架，并基于 IPCC 第六次报
告，对海洋第一、二、三产业 2021~2022 年的发展进行预测。
结果表明，短期内，我国海洋第一产业（海洋捕捞业、水产养
殖业）受气候变化影响较小，未来两年产值将继续上升；海洋
工程建筑业增加值波动明显，海洋化工业产值将会上升；极端天
气事件的增多增强会对我国海洋第三产业产值（海洋交通运输
业、滨海旅游业）造成一定的冲击，但未来两年总体产值还将
继续上涨。建议将基于海洋的措施纳入气候变化缓解和适应战
略、计划和政策，并确保政策的可持续性；对现有海洋资源进行
核算和监管，推进海洋资源的信息数字化进程；增加对海洋科学
研发的投资，推动海洋科学技术的国际合作；加强海洋管理，尤
其是海洋综合管理方面的经济分析及经济工具。

关键词：　气候变化　适应政策　海洋经济

---

* 孟昭苏，博士，中国海洋大学经济学院副教授，研究领域为海洋经济可持续发展。

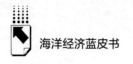

一　发展回顾

（一）全球气候变化概述

全球气候变化是指全球范围内温度和天气模式的长期变化。这些变化可能是自然的，比如太阳活动周期的变化，而在工业革命之后，人类活动成为气候变化的主要原因。在工业革命之后，人们大量燃烧化石燃料，释放热量和二氧化碳。伴随着工业、能源、建筑等行业的发展，以二氧化碳为主的温室气体排放不断增加。此外，全球人口数量的持续高速增长导致人类生产生活所消耗的资源，尤其是森林资源的数量大大增加，森林生态系统遭到破坏，其吸收二氧化碳能力进一步降低。这些因素共同作用，导致温室效应不断提升。

《经合组织 2050 年环境展望》指出，到 2050 年，人类将比目前多增加 20 亿人，人口趋势和变量在应对世界气候危机方面发挥着重要作用。人口增长伴随着消费的增加，这往往会增加导致气候变化的温室气体排放。人口的快速增长使资源紧张，使更多的人面临与气候相关的风险，从而加剧了气候变化的影响，特别是在资源匮乏的地区。

《中国气候变化蓝皮书（2021）》显示，近 60 年来，全球平均气温持续上升。全球平均气温比工业化之前高出了 1.2℃，气温变化形势极为严峻。而 2011~2020 年，全球的平均气温也处于最高值。气候变化对中国气温变化的影响较为显著。1951~2020 年，中国地表年平均气温处于不断增长的状态，每年平均增长约 0.026℃。2011~2020 年也是 1900 年以来中国地表平均气温最高的十年。

从 1961 年以来，我国的极端事件和气候风险指数不断上升。1961~2020 年，中国极端高温事件的频次逐渐升高，2013 年、2017 年有两次明显的小高峰，分别达到了约 1850 频次/站日以及 1550 频次/站日，通过线性变化趋势可以看出，1961~2020 年，极端高温事件频次以 8.3 频次/站日的趋势在增加（见图 1）。

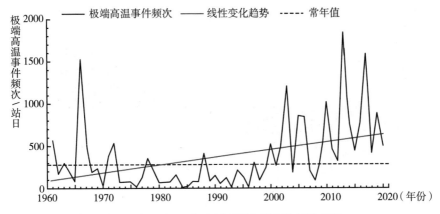

图1　1961～2020年中国极端气候风险指数变化

资料来源：《中国气候变化蓝皮书（2021）》。

（二）全球气候变化的影响

1.海平面上升

目前海平面上升已经成为全球性问题。由于全球气温的普遍升高，两极地区和高山地区的冰川积雪融化，海水总量增多；另外，受气温上升影响，海水密度变小，体积增大。

伴随着气温升高，海水温度也在持续上升，受此影响，全球海平面呈逐年持续加速上升状态。从图2可以看出，1958～2020年，全球海洋热含量水平不断增加，1990年后持续加速增加。在近30年中，全球海洋热含量增加速率达到了9.6×10^{22} J/年。2011～2020年，全球海洋热含量距平的平均值达到了近60年来最高，2020年全球海洋热含量距平也达到了历史最高，约为23×10^{22}J。

《2021年中国海平面公报》显示，中国海平面不断上升（见图3）。1980～2021年，我国海平面年均上升3.5毫米，相比全球其他沿海国家海平面高度，处于较高水平。2011～2020年的十年间，我国海平面高度处于40年以来的最高水平，平均约为48.5毫米。2021年，我国各领海海平面变化出现明显差异，渤海海平面出现明显上升，较2020年上升32毫米，而黄海

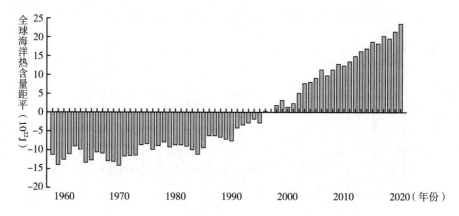

图 2 1958~2020 年全球海洋热含量（上层 2000 米）距平变化

资料来源：《中国气候变化蓝皮书（2021）》。

海平面则较 2020 年下降，下降 28 毫米。东海沿海海平面较 2020 年未有明显变化，南海沿海海平面略有下降。

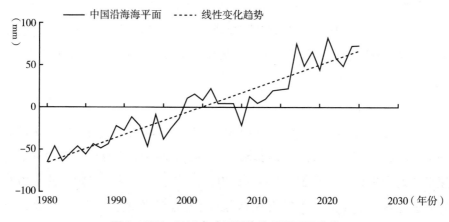

图 3 1980~2020 年中国沿海海平面距平变化

资料来源：《2021 年中国海平面公报》。

2. 热带气旋及风暴潮的增加

热带气旋是指在热带或者副热带洋面上形成的低压漩涡，常见于夏秋两季，常伴有中心低压、强风、降水等现象发生；风暴潮是指海平面的异常变动现象，这种现象大多是由气旋等过境所伴随而来的风速急剧变动或气压的快速变动所引起的。在我国，风暴潮主要包括两种，温带风暴潮通常由温带气旋引起，而夏季常见的台风风暴潮则主要由热带气旋引起。风暴潮主要会给受灾地区带来强降水、强风，造成洪涝灾害，损毁房屋、船只，影响人民生命财产安全。

我国既受温带风暴潮影响也受台风风暴潮的影响。风暴潮是我国东部沿海地区的主要气候灾害，给沿海地区居民的生命财产安全带来极大威胁，进而影响我国蓝色经济的可持续发展。近年来，伴随全球气候变化，风暴潮发生次数呈上升趋势。

图 4 是 2021 年我国东部沿海各省份受风暴潮灾害影响的损失情况。根据《2021 年中国海洋灾害公报》，我国 2021 年共发生 9 次风暴潮，包括 6 次台风风暴潮和 3 次温带风暴潮。其中影响最大的台风风暴潮是 2106 "烟花"台风风暴潮，影响到了江苏、上海、浙江和福建四个省份，造成的直接经济损失超 8 亿元。影响最大的温带风暴潮是 "210920"温带风暴潮，共影响到了环渤海省市，造成的直接经济损失超 9 亿元。

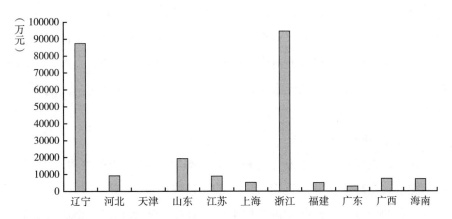

图 4　2021 年风暴潮给沿海各省（自治区、直辖市）造成的直接经济损失

资料来源：《2021 年中国海洋灾害公报》。

3. 海洋酸化

气候变化的另一个显著影响是海洋酸化。大气和海洋之间一直都存在着

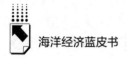

气体交换。当人们的生产生活向空气中排放过多的二氧化碳时,海水便会吸收更多的二氧化碳,这个过程一直持续到地表水和大气中的二氧化碳分压再次相等。目前空气中二氧化碳含量的变动要归因于化石燃料的过度消耗。海水对二氧化碳的被动吸收,造成了海水酸化。而海水酸化会对海底的藻类植物和珊瑚造成致命打击,进一步降低了海水中二氧化碳的消耗;此外,海水酸化还会影响海洋生物的生命活动,如呼吸作用加强,从而排放更多二氧化碳,如此恶性循环,海水的酸性便会持续上升。海洋中的贝类生物会因海水酸化无法生长,部分依赖于珊瑚生存的生物也会因失去栖息地而走向灭绝,给整个海洋生态系统带来严重威胁。

大量科学研究结果表明,当今海水酸化过程的速度比过去6500万年间快了100倍。工业革命之前,全球海水pH值常年保持稳定,从工业革命至今的200多年间,全球海水的pH值已经下降0.1。这意味着稳定了2300万年之久的全球海洋酸度已经受到影响。据政府间气候变化专门委员会(IPCC)预测,如果继续按照目前这种化石燃料消耗量和大气CO_2浓度升高的趋势发展,到2100年,海洋pH值将下降至7.9或7.8,意味着酸度将增加75%,到2300年,全球海水pH值将下降到7.0左右。由于海洋酸化,珊瑚、贻贝、螃蟹或众多浮游生物等钙质生物越来越难以建立坚固的骨骼结构。酸化不仅危及海洋中物种最丰富的生态系统——珊瑚礁的延续和生长,而且危及无数浮游生物的生存,使海洋食物网的基础遭到严重威胁。

4. 海洋热浪频发

海洋热浪是在海洋中发生的极端高温事件,它的分布范围极为广泛,主要发生在全球大洋和靠近岸边的区域,且周期极短。海洋热浪的发生会导致海水的温度在一段时间内急剧上升,远高于正常值,使得该海域的营养度降低,动植物无法适应生存环境,对物种多样性产生了极大的威胁。近年来,由于全球变暖日渐加剧,海洋热浪发生的频率越来越高,周期也越来越长。

图5显示了全球范围内的海洋热浪灾害。从图中可以看出,海洋热浪的

持续时间和频率上升明显。全球历史 10 次最极端的海洋热浪中有 8 次均发生在 2010 年以后。海洋热浪事件对生态的毁灭性影响延伸到社会经济方面。渔民、水产养殖者和旅游经营者都依赖"基础"物种，如珊瑚、海带和海草等——因为它们为一系列生物提供栖息地。当海洋热浪摧毁了一个基础物种，如澳大利亚大堡礁连续发生的珊瑚白化事件，然后整个生态系统均会受到影响，可能会带来数十亿美元的损失。此外，热浪还限制了与碳封存有关的生态系统服务。海草、海带、珊瑚和其他栖息地形成物种储存二氧化碳的方式与森林在陆地上储存二氧化碳的方式相同。当它们死亡时，这些碳被释放出来，从而带来巨大的社会经济损失。虽然海洋热浪的大部分影响都是负面的，但海水急剧变暖也导致新的物种随着温暖的海水来到一个地区，从而增加了捕鱼机会，为部分海域带来一些短期的好处。

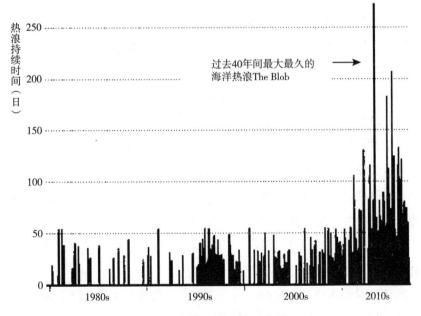

图 5　全球表层海洋热浪事件

资料来源：Laufkötter, C., Zscheischler, J. & Frölicher, T. L. *Science* 369, 1621 - 1625（2020）。

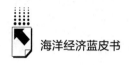

二 发展形势研判

（一）全球气候变化对海洋第一产业的影响

1. 海洋渔业

海洋渔业指通过在海洋中捕捞和养殖水生动植物而获得水产品的生产活动。渔业为全球千百万人提供了营养和收入来源。渔业是人类利用水资源最直接的方式，其提供的海产品是蛋白质、必需氨基酸和微量元素的直接来源，为粮食安全、国民经济平衡做出了重要贡献。

气候变化对海洋渔业有潜在的巨大影响，这些影响可能来自非生物方面——如海水温度、氧气水平、盐度和酸度等，也可能来自生物方面——初级生产和食物网的海洋条件，这些都影响海洋生物资源的繁殖、生长和大小、疾病抗性，以及物种的分布模式。此外，气候变化对渔民和捕捞作业（船只、网箱和基础设施）及渔业关键栖息地（例如珊瑚）具有潜在影响。台风、热带风暴等气候灾害事件，也会通过与海洋第一产业相关的基础设施和供应链影响海洋第一产业。

气候变化造成的海洋暖化将给冷水鱼类带来致命的打击，对暖水鱼、温水鱼等也会带来负面影响。根据《2021年全球海洋变暖报告》，2021年全球海洋温度相较于2020年继续上升。当温度较高时，生物个体会变小。水温的变化使冷水鱼分布范围缩小、排卵量减少、幼鱼成活率低，从而降低渔业产量。随着水温的升高，鱼类会向高纬度或是更深层次海域迁徙，形成新的分配格局。

风暴潮对海洋渔业的影响是最直接的。风暴潮带来的垃圾增加会增加水生物种的死亡率。分解凋落物（掉落的树枝和其他有机物）所需的氧气会导致周围水域缺氧，从而造成水生生物的局部死亡率激增。相比于海水养殖前期的投入，海洋渔业的损失主要来自渔船、码头受损。

2. 海水养殖业

海水养殖业是利用浅海、滩涂等进行饲养和繁殖海洋经济作物的生产。我国海水养殖业产量领先全球，主要品种包括贝类、藻类、甲壳类和鱼类等。养殖结构方面，海上养殖面积占比增大。

海洋暖化对海水养殖业具有重要影响。作为扇贝、牡蛎等养殖作物的主要食物来源，藻类的生长主要依靠光合作用，而光合作用对温度的变化极为敏感。海参、鲍鱼等高附加值海水养殖作物对于海水温度的变化也十分敏感。2018 年 7 月，辽宁省出现的持续闷热，给当地的海参养殖带来毁灭性打击。

贝类是海洋酸化最主要的受害种群。海洋酸化导致贝类的钙化量下降，发育缓慢，甚至难以存活。而贝类的生长过程又是一种生物矿化过程，是贝类吸收利用二氧化碳的过程。因此，海洋酸化对贝类的影响不仅存在于经济层面，还会影响到整个生态系统的碳循环过程。另外，海洋酸化对海洋藻类的生长是一把"双刃剑"，海洋酸化可以间接地促进藻类（如海带）的光合作用；但海水中酸根离子的增多也会在一定程度抑制其光合作用。

相比于海洋渔业的"靠天吃饭"，海水养殖业由于前期投入大，受风暴潮的影响也要大得多。许多水产养殖场位于沿海地区，风暴潮和巨浪会直接冲毁沿海养殖场，造成鱼类流失和死亡。由风暴潮造成的次生灾害，如大面积停电、财产损失、水污染等都对水产养殖者及其收获水平构成严重威胁。根据地区 2021 年海洋灾害公报，2020 年，福建省风暴潮造成 1.24 亿元经济损失，而这几乎全部来自海洋渔业。2021 年，台风风暴潮"烟花"更是在全国范围内造成 3 艘渔船沉没、152 艘渔船受损，海水养殖受灾面积达 1.27 万公顷，直接经济损失超 10 亿元。广东省 2021 年风暴潮灾害造成水产养殖受灾面积达 185.72 公顷，损失水产养殖数量 224 吨，造成直接经济损失超 2800 万元。

（二）全球气候变化对海洋第二产业的影响

1. 海洋工程建筑业

海洋蕴藏着丰富的生物资源、油气资源等，这些资源的开发和利用都离

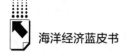
不开海洋工程建筑业的支撑。同时，堤坝建筑、跨海大桥的修筑也离不开海洋工程建筑业。海洋工程建筑长期处于高盐潮湿环境，对于气候变化也更敏感，其运行平稳性和结构的安全性容易受到气候变化的影响。

海平面上升是监测海洋气候变化的重要指标，海平面上升意味着气温升高、淡水减少。根据《2020年中国海平面公报》，未来30年，我国的海平面还将上升55~170毫米。我国的东部沿海地区多数处于低地，一旦海平面上升，引发海水倒灌，淹没滨海低地，城市的排洪泄洪能力降低，同时给堤坝的安全性和稳定性带来挑战。海平面上升会加剧海岸的被侵蚀程度。此外，岛礁工程对海平面的变动极为敏感，涨潮时部分低洼地带会被淹没，海平面的持续上升甚至会导致整个岛屿的淹没。岛礁通常远离大陆，处于海洋深处，属于典型的海洋腐蚀环境，相比大陆岸边的堤坝更容易受到腐蚀侵害。目前我国海堤主要是混凝土结构，这会增大海洋酸化对海堤的损害。海洋酸化会增强海水的腐蚀性，海堤在潮汐变化中处于干湿交替的环境中，同时海浪冲击可能会造成混凝土的脱落。当混凝土脱落，主要承力的钢筋暴露在海水和空气中，进一步影响海堤的稳定性。一方面风暴潮对堤坝外侧的冲刷增强，另一方面，堤坝内测的防水能力通常远低于面海侧，风暴潮造成的强降雨和大浪会增加对内侧的冲刷，造成堤坝结构软化。岛礁工程远离大陆，通常是风暴潮的第一受灾点，受灾程度也高于陆地地区。

2. 海洋化工业

海洋化工业是以海洋物质作为原料进行工业生产的产业。海洋化工业包括海盐化工、海水化工、海藻化工和海洋石油化工。

海盐生产依靠自然蒸发，与气候变化密切相关。海平面上升会增大风暴潮的频率和强度，使盐田受到海水倒灌的威胁。同时风暴潮带来的强降雨也会降低淡水蒸发量，使海盐产量降低。海藻化工业的主要原料是海洋中的藻类，藻类的生长发育对温度和pH值有高要求，海洋暖化和海洋酸化会给海藻化工业造成重大影响。海洋石油化工业的发展需要大量的海上工作平台和海底的管道设备。风暴潮造成的大浪容易导致海底运输管道的破损、海洋作业平台的倾覆。目前海上作业平台大多是钢结构，常年处在海水与空气交界处，极易受到腐蚀。海洋暖化造成的温度上升会进一步加速这种化学变化，加快腐蚀的速度。通常情况下，水温升高 10℃，钢铁的腐蚀速度会增加 30%。海水升温还会导致氧气减少，硫酸盐还原菌在无氧或缺氧的环境下会加快繁殖，加快钢铁的腐蚀。海洋酸化将导致海洋的腐蚀性增强，给海上作业平台带来巨大隐患，影响海上作业平台的耐久性和稳定性。

（三）气候变化对海洋第三产业的影响

海洋第三产业主要包括海洋运输业、滨海旅游业和海洋服务业。我国海洋第三产业整体规模稳步提升，结构调整进程加快。在中国海洋经济加快发展的重要时期，海洋第三产业表现出巨大活力。海洋交通运输业和滨海旅游业是海洋经济发展的第三产业支柱。2020 年，海洋交通运输业的产业增加值占总增加值的 47.0%，滨海旅游业的增加值占比也达到 19.3%。

1. 海洋交通运输业

我国海上运输事业发展稳定，取得了巨大的成绩，成为全球海上运输强国。目前，南、中、北三个主要的国际运输通道枢纽已经形成。我国拥有得天独厚的航道优势，海湾众多，拥有众多世界级港口，且众多港口为终年不冻港。其中，上海港在规模、货物吞吐量方面均处于世界领先水平。我国领海范围内，台湾海峡、南海海域都是国际知名的海上运输通道，能够为来往船只提供完善的运输服务。

气候变化将导致世界上许多主要沿海地区的海平面上升，海水溢出沿海地区，侵蚀海岸。此外，海平面上升会加速盐碱化，对沿海地区造成破坏，侵蚀海岸带，增加泥沙淤积。水深下降会阻碍船舶的正常移动，限制了船舶尺寸。沿海地区的浅水影响了海港的正常活动。侵蚀也可能会损害港口基础设施，使港口性能下降，在一定程度上会影响到港口业和海洋交通运输业的发展。

气候变化导致灾害发生的不确定性更加显著，在一定程度上会影响到海洋交通运输业的发展。海上运输行业的发展受不同的环境因素制约。全球变暖造成了北极地区的冰层融化，从而造成了全球范围内的海平面升高。海上运输需要依赖沿海码头、陆上铁路运输和航空运输等，海平面上升可能会淹没码头、沿海机场和铁路，给海上运输带来极大不便。在全球范围内，强烈的飓风是造成海上运输损失最大的天气现象。在我国南部，每年有多种强度的台风袭击，导致了道路交通堵塞，严重干扰了沿线的交通，导致了大量的船只被迫停靠；运输设备也遭受巨大的损害。

2.滨海旅游业

我国临海众多，不同海域的海洋旅游资源也不尽相同，且海岛众多，海岸线绵长，为我国滨海旅游业的发展提供了先天的优势，也涌现了青岛、厦门、三亚等众多滨海旅游城市。此外，滨海城市也注重旅游资源的开发和保护，依托当地特色，建设各具特色的滨海旅游度假区。从海洋产业结构来看，我国滨海旅游业在海洋总产值中占比不低，是海洋经济的重要组成部分。得益于良好的旅游资源和港口优势，诸多国际性邮轮公司都乐于与国内的众多港口城市展开合作。海平面升高，暴风雨频率增加，造成沙滩损失，使滨海旅游业受到威胁。并且会影响沿海居民的生活。

综上所述，基于系统动力学理论，气候变化对中国海洋经济的影响可以用图6表示。

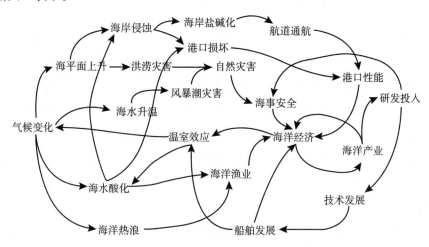

图6 气候变化对海洋经济的影响机制

三　发展趋势预测

为研究气候变化对海洋产业发展的影响，本部分预测基于 IPCC 第六次工作报告的考虑。AR6 明确指出，气候变化已经并将继续改变海洋的生态状况，包括气温升高、海平面上升、酸化和缺氧等变化，并且随着全球升温，越来越频繁的气象灾害，如热浪、风暴潮和洪水等，超过了一些海洋生物的承受极限导致其死亡。联系气候变化的影响，本部分对海洋捕捞业、海水养殖业、海洋工程建筑业、海洋化工业、海洋交通运输业以及滨海旅游业2021~2022 年的增加值进行了预测。

（一）海洋第一产业的发展趋势预测

1. 海洋捕捞业发展趋势预测

海洋捕捞业产值、海水养殖业产值和海洋渔业产值均呈逐年上升趋势。可能是因为，一方面，人口增加，会增加对海产品的消费；另一方面，居民收入水平和生活质量的提高，会增加饮食结构中海产品的消费，进一步增加相关产值；另外，随着相关科研活动的进行，越来越多的高产值的海洋作物出现，也会推动相关产值的增加。

从对我国海洋捕捞业产值预测结果（见图 7）来看，2020 年以后，我国海洋捕捞业的产值呈逐年上升趋势，且幅度居中，年均增幅 5%左右，推测其原因在于我国近年来的现行政策着力于鼓励科学合理利用渔业资源，积极推进发展资源养护型海洋渔业，参与国际渔业资源的开发。

2. 海水养殖业发展趋势预测

从对我国海水养殖业产值预测结果（见图 8）来看，未来海水养殖业的增加值逐渐上升，增速较缓，这可能是因为我国大力推进海水养殖业向集约型经营方向转型，通过一系列的技术创新推动绿色养殖的发展。

未来我们应在严格执行现有渔业管理制度的基础上，积极激励生产者采用环境友好型的生产方式，既不破坏生态环境，又做到提高经济效益，促进渔业

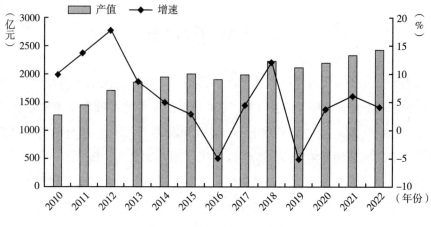

图7 海洋捕捞业预测结果

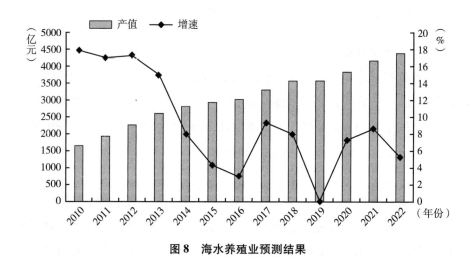

图8 海水养殖业预测结果

的高效稳定发展。积极完善海洋捕捞业的市场准入制度，尝试开展近海捕捞限额。推动建立生态修复区，保护珍稀濒危海洋生物，实现渔业资源的修复建设。

（二）海洋第二产业的发展趋势预测

1.海洋工程建筑业发展趋势预测

海洋工程建设项目是复杂的综合性工作，从对我国海洋工程建筑业产值预测结果（见图 9）来看，2020 年以后，我国海洋工程建筑业的产值处于波动状态，增长趋势不稳定，推测其原因在于我国近年来的一系列海洋工程项目正在大力推进的过程中，智慧港口、5G 海洋牧场平台等新型基础设施正在建设，尚未平稳运行。

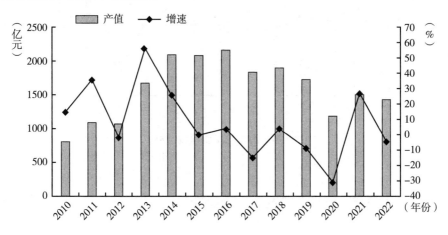

图 9　海洋工程建筑业预测结果

2. 海洋化工业发展趋势预测

21 世纪以来，工业化面临着陆地资源枯竭、环境污染等巨大压力，人们开始开发海洋资源，发展海洋化工业。从对我国海洋化工业产值预测结果（见图 10）来看，2021~2022 年海洋化工业的产值呈缓慢上升趋势，这可能是因为，随着国家疫情防控和企业复工复产，海洋化工业实现反弹，相关产值上升，基础性海洋化工产品产量实现增长。

我国海洋工程发展水平在国际上处于前列，但仍落后于传统海洋强国。未来，在国家政策的大力支持下，我国海洋工程发展水平将进一步提升。全面开发利用海洋资源，建设海洋工业文明应从国家战略目标上升到国家规划上来。海洋经济长期增长快、经济效益好，这些能够进一步为国家安全提供保障、维持资源和环境之间的平衡，提升国民经济发展水平，扩大社会发展空间。

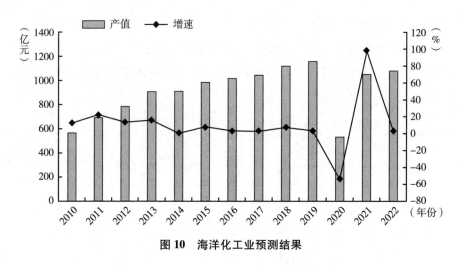

图10 海洋化工业预测结果

（三）海洋第三产业的发展趋势预测

1. 海洋交通运输业发展趋势预测

随着疫情得到控制，航运市场也逐渐从疫情中恢复过来。从预测结果（见图11）来看，2020年以后，我国海洋交通运输业的产值呈逐年上升趋势，原因可能在于我国不断加大对外开放的力度，货物进出口规模不断扩大，促进了货物运输的发展；另外，先进的海运政策也为产业的发展提供了稳定的外部环境。

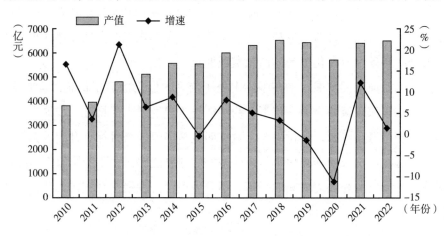

图11 海洋交通运输业预测结果

2.滨海旅游业发展趋势预测

从对我国滨海旅游业产值预测结果（见图 12）来看，2021～2022 年滨海旅游业的产值呈恢复性上升趋势，国内疫情逐步得到控制，加之国内出台的多项促进旅游业发展的优惠政策，滨海旅游的反弹也在情理之中。

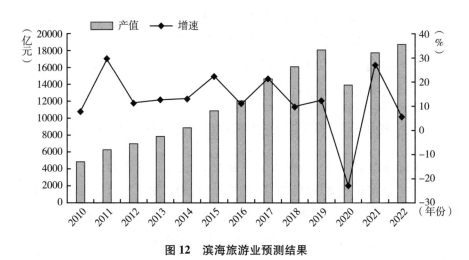

图 12　滨海旅游业预测结果

滨海旅游业在我国海洋经济中占有较大比重，是我国海洋经济的重要增长极。未来，滨海旅游业应继续发挥海洋经济的增长极作用，同时注重提升地区海洋文明素质，注重发展生态文明，推动海洋经济实现高质量发展。

四　对策建议

（一）加强海岸带防灾减灾建设

气候灾害对海洋经济的影响不只在海洋，更多在陆地。加强沿海防护林的种植与保护工作，防波堤和海堤的修建对风暴潮等气候灾害的防御效果显著。因此应当因地制宜，因害设防。东南沿海是我国风暴潮受损最严重的地区，加强我国东南沿海地区的防护建设，注重生态效益的同时关注经济效益。加强海堤建设，提高抗潮能力。

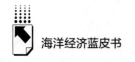

（二）完善灾害监测与预警机制

目前，我国对气候变化造成的海洋经济灾害的认识尚处于初级阶段，准确预测较为困难。但监测预警工作在防灾减灾工作中仍发挥重要的作用。一方面，要深入研究各种气候灾害形成的原因与规律，构建相应的气候灾害数据库；加强沿海地区气候观测站的建设，提高现场调查能力和数据监测的准确性。另一方面，注重对气候灾害预警技术的深入研究，提高监测的精准度，保障实现立体化的监测目标。

（三）将基于海洋的措施纳入缓解和适应战略、计划和政策

长期以来，海洋一直被视为气候变化的受害者。这种观点忽略了许多以科学为基础并能够支持全球减缓和适应能力的海洋解决方案。随着对海洋科学认识的增加，海洋在改善人们的健康、财富和福祉方面的核心作用变得更加清晰。伴随全球气候变化的影响日益加深，高质量发展的海洋经济可以积极地应对气候变化。因此，将基于海洋的措施纳入气候变化缓解和适应战略、计划和政策，并确保政策的可持续性，对社会经济可持续健康发展具有重大意义。

（四）推动海洋科学技术的国际合作

新科技能够为应对全球气候变化问题带来新的工具和视角。政府应当鼓励创新，支持海洋领域跨行业技术进步，通过建立全球技术和信息交流平台发展海洋技术跨行业创新孵化器及其他创新设施，加强与不同发展阶段国家之间的技术和创新共享，加强海洋领域应对气候变化的国际合作，确保人类和海洋的可持续发展，同时应对气候变化带来的危害。

（五）加强海洋资源综合管理

目前，我国海洋综合管理方面的经济分析及经济工具较为有限，应加强国内外衡量海洋产业规模的统计，及其对经济整体贡献的度量，全面核算我

国海洋资源,建立海洋资源大数据。在积极参与国际海洋治理规则的制定,维护我国及发展中国家海洋权益的同时,进一步深度参与联合国海洋治理计划,在国际上积极展现我国在利用地球大数据等科技手段促进海洋可持续发展方面取得的成果,增强我国在联合国海洋领域的影响力和决策权。

参考文献

何国华、王如明、王伟:《气候变化对海盐生产的影响》,《盐科学与化工》2022 年第 3 期。

蒋以山、谢维杰、高正、陈鲁宁:《发展海洋化工业 振兴蓝色经济》,《海洋开发与管理》2013 年第 1 期。

刘红红、朱玉贵:《气候变化对海洋渔业的影响与对策研究》,《现代农业科技》2019 年第 10 期。

刘允芬:《气候变化对我国沿海渔业生产影响的评价》,《中国农业气象》2000 年第 4 期。

张爽:《2016~2020 年海水养殖发展分析》,《河北渔业》2022 年第 4 期。

Atkinson, David, "Temperature and organism size - A biological law for ectotherms?", *Advances in Ecological Research* 1994, 25: 1-58.

Laufkötter, C., Zscheischler, J. & Frölicher, T. L. *Science* 369, 1621-1625 (2020).

Woodroffe, Colin D., "Reef - Island Topography and the Vulnerability of Atolls to Sea - Level Rise", *Global and Planetary Change* 2008: 77-96.

国 际 篇

International Reports

B.21

全球海洋中心城市发展形势与分析

徐胜 高科*

摘　要：　本报告选取新加坡、鹿特丹、伦敦、奥斯陆、上海、纽约、东京、
雅典、汉堡以及香港 10 个全球主要海洋中心城市进行联合评价，
报告认为：①全球主要的海洋中心城市在各方面建设过程中各有
侧重点，其中雅典在航运中心建设方面要领先于其他城市，这与
其悠久的海洋发展历程密切相关；纽约在金融和法律方面一马当
先，主要是因为纽约是世界著名的金融中心；上海在港口建设方
面略领先于其他城市，这是由于其优越的地理位置；鹿特丹和伦
敦在海洋科技中心建设层面表现优异，离不开政府的支持以及科
研院所的技术供给作用；②新加坡整体建设处于领先位置，但其
海洋科技中心建设方面存在不足，这可能会影响到其之后海洋产
业的进一步升级；鹿特丹在航运中心建设层面表现略逊于其他城
市，这可能是由于鹿特丹在发展其他领域的同时忽视了航运业；

＊　徐胜，博士，中国海洋大学经济学院教授，海洋发展研究院高级研究员，主要从事海洋经济
结构转型与可持续发展领域研究；高科，中国海洋大学经济学院。

③奥斯陆在各方面表现均略差于其他城市，但这也可能是因为评价指标体系未将经济体量大小考虑在内。

关键词： 全球海洋中心城市　联合评价　海洋经济

据联合国估计，如今约有一半以上的人口生活在城市中，这一数字将在2050年达到惊人的2/3，城市作为知识、人才、创新和生产以及服务的中心，其发展的重要性也将持续增强。海洋是生命的摇篮，蕴含着巨大的宝藏。在陆地资源争夺愈演愈烈的当今，掌握海洋的控制权就意味着夺得了发展的主动权。面对日益激烈的城市竞争，加快海洋中心城市的建设步伐，将成为打赢这场攻坚战的关键所在。

一　全球主要海洋中心城市发展情况

（一）伦敦

伦敦作为全球重要的金融中心之一，丰厚的海洋法律遗产为其成为全球重要的海洋中心城市提供资源。

伦敦作为国际金融中心之一，众多优良资金在这里汇集，为其海洋经济的发展注入了丰富的资金支持，为相关企业提供一流的金融服务。其与海洋航运产业合作关系密切，简单的船舶贷款到复杂企业上市等金融活动活跃。

英国法律遗产丰富。伴随着全球海洋产业的发展进程，负责解决全球海洋事务争端的海洋仲裁协会在伦敦成立，众多的海事仲裁专家、律师在此聚集，全球主要海洋城市海洋法专家数量以及2021年全球主要海洋中心城市海洋法律机构数量如表1和图1所示。从中可以看出，伦敦海洋法律机构数量以及海洋法专家的数量遥遥领先于其他海洋中心城市，为伦敦当地海洋产业的发展提供了重要的法律帮助。

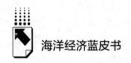

表1 全球主要海洋中心城市海洋法专家数量

单位：人

城市	2014 年	2016 年	2018 年
新加坡	20	35	20
汉堡	14	16	23
鹿特丹	10	19	10
香港	27	24	19
伦敦	70	80	80
上海	7	16	8
奥斯陆	16	19	12
东京	7	7	9
纽约	44	24	20
雅典	18	9	15

资料来源：The leading maritime capitals of world（2015、2017、2019）。

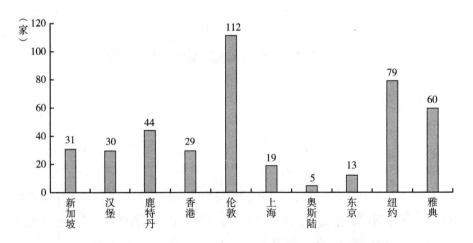

图1 2021 年全球主要海洋中心城市海洋法律机构数量

资料来源：The leading maritime capitals of world（2022）。

英国伦敦是国际海事组织（IMO）、国际船级社协会（IACS）、国际航运公会（ICS）和国际干散货船东协会（INTERCARGO）等国际著名海洋海运组织的总部所在地，在海洋海运国际规则制定和海洋资源配置协调方面有着巨大影响力，构建引领着世界航运规则的海洋法律体系。

（二）新加坡

新加坡是一个典型的海岛国家，地理位置优越，为其发展海洋船舶制造与维修业、交通运输业提供了得天独厚的条件，海洋经济在全国经济中具有举足轻重的作用，使其迅速成为全球重要的海洋中心城市之一。

新加坡西北方即连通亚航线的马六甲海峡，往来船舶众多；且新加坡港口均为深水港，为其发展船舶制造业与维修业带来了重大便利。多年来，新加坡一直致力于航运事业的发展，20世纪60年代，新加坡聚焦租船平台的建造，21世纪以来，新加坡船厂开始注重技术的研发，随着全球制造业技术的不断进步，新加坡紧跟技术潮流，将制造业尖端技术应用于海洋工程制造，大力引进高端人才，提倡自主创新，积极引进外资，为本土海洋制造业的发展带来新的机遇，实现了船舶工业"修—改—建"的渐进式发展。

2010~2015年新加坡注册船舶情况如图2所示。从图中可以看出新加坡的造船数量呈现逐年上升的趋势，正是新加坡优越的地理位置，以及对海洋工程业的正确规划，使其一步步成为众所周知的世界造船以及修船中心。

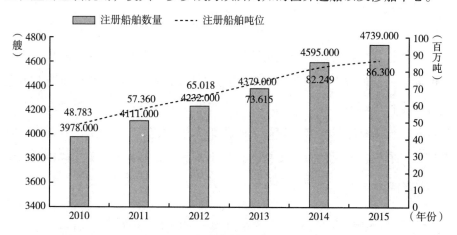

图2　2010~2015年新加坡注册船舶以及注册船舶吨位数据

资料来源：新加坡海洋行业协会。

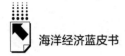

与其他交通运输方式相比，海洋运输具有运费低、连续性强的优势，更适合油气等大宗商品的运输。新加坡作为一个海岛国家，毗邻亚欧海运的咽喉位置马六甲海峡，且为亚太地区最大的转口港，海洋交通运输在其交通运输方式中占有重要的位置。2010~2015年新加坡实际到港船舶情况如图3所示，从中可以看出船舶数量和吨位总体呈现上升的趋势，到港船舶数量在2013年达到了最大值。

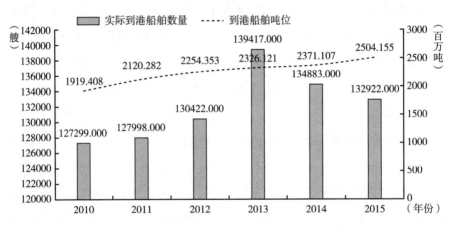

图3 2010~2015年新加坡实际到港船舶数量以及吨位情况

资料来源：新加坡海洋行业协会。

在依托其优越的地理位置迅速发展海洋经济，成为全球重要海洋中心城市的同时，新加坡十分重视对产业结构的升级，21世纪以来新加坡大力发展海洋现代高端服务业，实现产业结构的进一步转型升级。该过程对资本市场以及法律体系建设等要求较高，而新加坡具备的完善的金融体系，为其海洋产业发展提供充足的资金支持，其法律体系充分借鉴了英美法律体系的建设，法律规范完备，为海洋产业的发展提供了良好的市场环境。

（三）汉堡

汉堡作为德国北部的城市，靠近波罗的海以及北海，是欧洲地区重要的交通枢纽之一，依托其优越的地理位置、交通网络建设方面的优势迅速成为区域发展的中心，在此基础上大力发展旅游业，推动新兴产业的发展，加快产业结构升级的步伐，成为全球重要的海洋中心城市之一。

汉堡区域位置优越，汉堡港也成为德国最大、欧洲第二大的海港，为当地带来了丰富的收入和就业机会，当地政府也十分注重对海港的现代化建设，着力建成港铁陆空一体化运输体系。从 20 世纪七八十年代，汉堡政府便开始注入大量的资金对港口进行现代化升级，扩建码头，进一步挖深河道，对港口码头进行数字化升级，建设世界领先的智能港口。汉堡港设备先进，自动化程度高，且与铁路连通的配套基础设施完备，汉堡同时也拥有全欧最为密集的铁路网络，以及超过 300 条飞往五大洲的航空路线，港口距离机场也仅有 15 千米，能够实现港口、铁路、陆路和航空的一体化运输。

汉堡充分利用自身的发展潜力以及实施产业集群策略带来的资源集聚优势，积极推动海洋产业结构从传统港口产业向高新技术产业转型。随着汉堡海洋产业结构转型的逐渐推进，汉堡已逐渐成为德国甚至欧洲海洋技术创新的领头羊，生命健康科学、豪华邮轮旅游业、信息产业等新兴产业迅速发展。

此外，德国汉堡的滨海旅游业发展迅速且独具一格。汉堡拥有世界文化遗产仓库城、船运大楼区智利屋、易北爱乐音乐厅等众多世界知名经典，其大力发展的工业旅游和港口自观光旅游，每年吸引全世界上百个国家的几十万人前来。

（四）上海

2020 年上海市海洋生产总值占地区生产总值的比重超过 30%，海洋产业已成为经济增长的重要源泉。现代化港口以及全球科创中心的建设，为上海市建设全球海洋中心城市提供强有力的科技保障。

上海位于长三角地区，地处长江入海口，中国海岸线的中部，东边是广阔的太平洋，优越的地理位置使其早已成为全球重要的航运中心之一，2021 年上海港集装箱吞吐量突破 4700 万标准箱，连续 12 年位居世界第一，从图

4 可以看出上海港的集装箱吞吐量要遥遥领先于其他港口。这主要得益于上海港在巩固传统装卸业务的同时，通过科技创新推动港口的现代化、智能化建设，众多自动化的机械设备在这里汇集，大大提高了港口的工作效率；5G 技术、安全生产可视化管控平台、综合服务平台等港口创新技术被应用在上海港上，大大加快了其现代化的步伐，使其成为全球范围内智能化程度最高、最大的现代化港口之一。

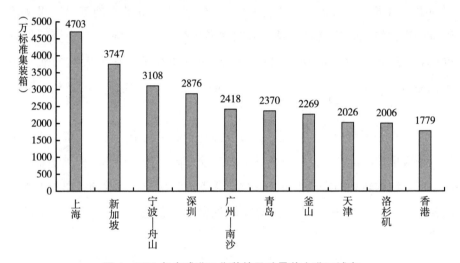

图 4　2021 年全球港口集装箱吞吐量前十港口城市

资料来源：上海国际航运研究中心。

　　上海市拥有 25 家海洋高校及涉海科研院所，拥有 3 个海洋领域的国家重点实验室，进入 21 世纪以来，上海市海洋科技创新能力明显提高，海洋高端装备制造等重点领域呈现重要的突破，海洋科技成果转化水平显著提高。上海市依托全球科创中心的建设，积极推动其海洋产业的转型升级，为建设全球海洋中心城市提供重要的科技支撑。上海在巩固以船舶工程业、海洋运输业、滨海旅游业为代表的传统海洋产业的基础上，着力打造现代化的海洋产业体系，着力发展海洋生物制药业、海洋高端工程制造业等海洋新兴产业，培育新的增长动能。

（五）奥斯陆

挪威作为世界上第二狭长的国家，38.5 万平方公里的国土面积就有超过 5 万公里的海岸线，其拥有先进的海洋产业，且形成了完整的海洋产业集群。其中奥斯陆作为挪威的首都和第一大城市，依靠完备的海洋产业集群，拥有航运、海事服务和海上设备制造等生产链条，加之对海洋科技创新的支持，迅速跻身全球海洋中心城市行列。

挪威拥有悠久的航海历史，19 世纪成为世界航运业三强国家之一，这为奥斯陆的船舶制造业以及海洋交通运输业提供了宝贵的原始积累和技术经验，如今挪威拥有 540 万人口，不到世界的 0.1%，却拥有世界 13% 的商船队，拥有世界最大、最完整的海事集团。其在海洋交通运输业的科技创新也处于世界领先水平，在船舶设计以及制造方面注入了先进的理念。

挪威拥有丰富的鱼类、油气等海洋资源，价值丰富，仅其拥有的海洋油气资源便使全国人民富足生活 150 年，但是其并不坐享其成，安于现状。首先挪威政府将大量资金投入海洋科技创新中，支持和鼓励与海洋技术相关联的科研机构发展，特别是教育类机构的发展，推动将应用型技术融入海洋产业中，加强技术与生产的联系，并在奥斯陆设立海洋技术中心，推动了其海洋渔业以及造船业的技术提升，完成相关产业的转型升级；此外，以海洋运输业以及海洋油气业为主要产业，在本国构建了完整的金融体系，成为欧洲地区，乃至全球仅次于伦敦的海洋金融中心。

（六）纽约

纽约位于美国东南部，濒临大西洋，是美国第一大城市以及第一大港口，著名的曼哈顿金融中心以及现代化的城市建设，吸引世界优质资金和国内外旅客的涌入，为纽约建设全球海洋中心城市提供了强有力的金融支持和资源优势。

2015~2019 年纽约各海洋经济部门生产总值如表 2 所示，从表中可以看出滨海旅游业是纽约湾的支柱性产业，其占比高达 95% 以上。纽约作为众多艺术展出以及演艺比赛的所在地，成为西半球著名的文艺中心之一，著名的百老汇也位于此，此外纽约还拥有诸如自由女神像、帝国大厦、华尔街、林肯中心、中央公园等著名的景点，吸引了来自国内外的众多旅客，加之纽约市地铁公交24小时营运，深夜依旧灯火通明，使其拥有"不夜城"的美誉，这些资源优势有力带动了当地滨海旅游业的发展，使其成为当地海洋产业的支柱，使纽约成为美国乃至世界的海洋旅游中心。

表2 2015~2019年纽约湾各部门生产总值

单位：千万美元

年份	海洋建筑业	海洋生物资源业	海洋采矿业	滨海旅游业	海洋运输业
2015	10649.58	1869.44	2183.83	1565634.57	10391.66
2016	10842.43	5641.22	2255.03	1583776.40	8500.93
2017	10314.93	5842.12	—	1634075.87	8495.70
2018	10913.64	5962.56	752.94	1817082.62	8259.61
2019	11337.74	5599.02	—	1837546.07	3063.23

注：所有价格均转换到2017年价格水平，"—"表示该数据未披露。
资料来源：美国海洋与大气管理局。

纽约是世界著名的金融中心，全长仅500米的华尔街位于该地区，汇集了罗斯柴尔德财团、摩根财团、洛克菲勒等诸多知名财团开设的金融公司，同时纳斯达克、美国证券交易所以及纽约期货交易所的总部也位于此。诸多的金融机构为海洋产业的发展提供资金支持，从图5和图6可以看出，在2017年纽约共有90个企业获得上市融资机会，这一数据远高于其他城市，2021年纽约地区通过金融工具融资金额达到惊人的178.3亿美元，遥遥领先于第二名奥斯陆（26.1亿美元），纽约作为全球重要的金融中心，汇集世界各方优质资金，推动其全球海洋中心城市建设。

（七）东京

日本环海而生，是全球著名的岛国，依海而生，以海立国，着力发展海

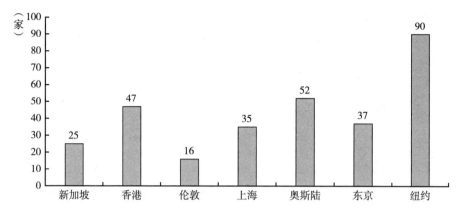

图 5 2017 年全球主要海洋中心城市上市公司数量

资料来源：The leading maritime capitals of world（2018）。

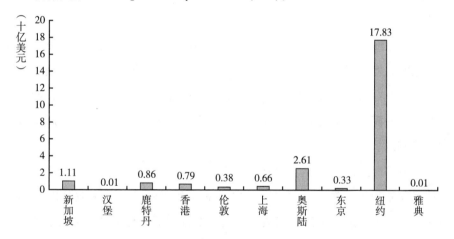

图 6 2021 年全球主要海洋中心城市融资金额

资料来源：The leading maritime capitals of world（2022）。

洋经济是其二战后崛起的关键。东京作为日本的首都和经济中心，依靠资源集聚以及优越的地理位置等优势，加快了建设海洋中心城市的步伐。

东京位于日本关东平原中部，日本列岛的中心地区，城市东面为广阔的太平洋，同时处于日本暖流和千岛寒流的交汇处，近海地区渔业资源十分丰富，为其发展近海捕捞业及水产品加工行业提供了天然优势。进入 21 世纪后，面对海洋捕捞量骤减的情况，东京地区也在积极探索渔业转型，聚焦现

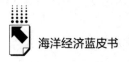

代化的养殖技术，培育优质的海洋产品，向附加值更高的行业迈进。

在传统海洋产业发展进入瓶颈之时，东京积极寻求海洋产业转型，政府加大对海洋新兴产业的支持力度，培育海洋信息、海洋生物资源开发等新兴产业。

（八）雅典

雅典位于巴尔干半岛的南端，濒临爱琴海，是希腊首都和最大的城市，同时作为东南欧地区的金融、经济、政治和文化中心，被公认为全球化大都市。古希腊人所遗留下的海权思想、航海知识以及造船技术为雅典发展造船业提供了宝贵的基础，推动其造船业的迅猛发展，同时优越的地理位置以及现代化的港口建设拉动对外贸易，为雅典成为全球重要的海洋中心城市提供了有利条件。

雅典是海权思想的萌芽地，在海权思想的影响下，雅典凭借其所向披靡的海上实力发起了一波又一波的海上扩张运动，与此同时也带动了诸如造船业、航运业等海洋产业的发展。作为最早发展海洋事业的城市之一，雅典早期对海洋的探索活动为其成为如今全球海洋中心城市提供了宝贵的思想源泉和实践基础。

雅典本民族两千多年来的航海实践活动为如今雅典的造船业提供了宝贵的技术积累和经验教训，历史上雅典是最早利用桅杆和桨来驱动船只的城市，双层五十桨船以及三列桨战船的出现都打破了当时海军力量的平衡，一代代的造船业能工巧匠在雅典层出不穷，加之濒临爱琴海的优越地理位置，使雅典成为当今世界著名的航运中心，也带动了对外贸易等其他海洋产业的发展，为雅典成为全球海洋中心城市之一提供了条件。2021年全球主要海洋城市航运情况如图7、图8和图9中所示，可以看出雅典在船队规模、船队价值以及航运公司数量三个方面都要领先于其他城市。

（九）鹿特丹

鹿特丹位于莱茵河入海口，西边濒临大西洋，是荷兰的第二大城市以及欧洲的第一大港口。鹿特丹依靠其港口建设的发展，带动相关港口工业的发

□ 城市所管理的船队规模　■ 隶属于船东的船队规模

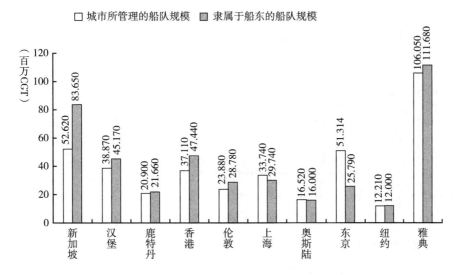

图7　2021年全球主要海洋中心城市船队规模情况

资料来源：The leading maritime capitals of world（2022）。

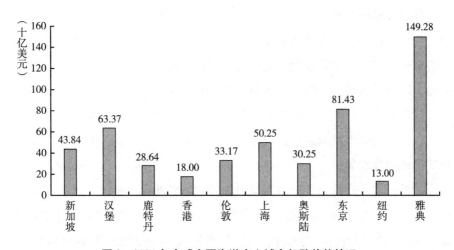

图8　2021年全球主要海洋中心城市船队价值情况

资料来源：The leading maritime capitals of world（2022）。

展，实现了陆海统筹发展，推动其全球海洋中心城市的建设。

鹿特丹港口具有完备的港口基础设施，注重电子信息技术的应用，大幅

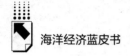

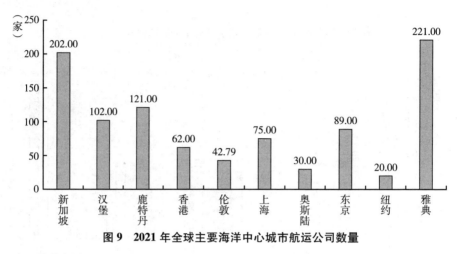

图9 2021年全球主要海洋中心城市航运公司数量

资料来源：The leading maritime capitals of world（2022）。

度提高了港口运行效率，此外港口健全加工、仓储、配送等供应链建设，并提供相应的金融服务支持，建立了"一站式"综合配套服务，形成规模经济，使鹿特丹成为欧洲"门户"和"全球化物流中心"。

港口建设的出色表现也带动了相关产业的发展，鹿特丹同时大力发展临港产业以实现陆海统筹发展，鹿特丹为吸引外资流入营造了相对宽松的营商环境，减免部分税收，吸引了大量世界顶尖企业的入驻，有超过4000家企业在这里聚集，行业涵盖海洋装备制造业、航海运输业、海洋产品加工业等产业，同时为陆海统筹发展的需要加快了与内地经济一体化的发展，真正实现了港城协调发展。

此外，鹿特丹特别注重对海洋科技领域的发展，不断加大海洋科技经费的支持力度，催生了一批批海洋专利产品。从图10和图11中可以看出，2021年在鹿特丹所建立的海洋教育机构数量为28所，这一数据仅落后于伦敦，众多的教育机构为鹿特丹提供了充足的科研力量，有助于其海洋产业结构的升级；2021年鹿特丹拥有的海洋专利数量为2163项，领先于世界其他海洋中心城市。

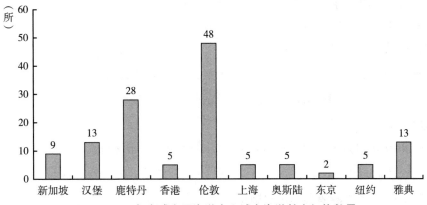

图10　2021年全球主要海洋中心城市海洋教育机构数量

资料来源：The leading maritime capitals of world（2022）。

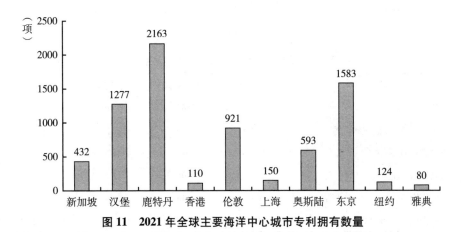

图11　2021年全球主要海洋中心城市专利拥有数量

资料来源：The leading maritime capitals of world（2022）。

（十）香港

香港位于中国大陆的南端，濒临南海，海洋面积广阔，岛屿众多，依托港口建设发展对外贸易以及航运业成为香港海洋产业崛起的秘诀，也使其逐渐成为全球重要的航运中心。近年来，粤港澳大湾区的建设为香港全球海洋中心城市发展增砖添瓦。

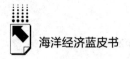

香港地处于亚洲中心位置，海域面积广阔的优越地理位置、背靠大陆货源重组以及天然的深水港为其发展海上交通运输行业提供了条件，使其成为全球重要的航运中心，航运业对地区生产总值的贡献度达到3%，成为香港地区的支柱性产业之一。近年来，随着周边地区港口的发展，香港加快了从港口货物运输功能向高端货物服务行业转型的步伐，大力发展增值服务业。

2019年习近平总书记谋划部署了粤港澳大湾区建设，彰显中国构建"海上命运共同体"的主张，依托"一带一路"建设，充分发挥区域内资源集聚的优势，将粤港澳大湾区打造成充满活力的世界级城市群。如今区域发展建设也已初见成效，表3为粤港澳大湾区与世界其他湾区的对比情况，从中可以看出粤港澳大湾区在机场运输、港口运输等物流方面具有较大优势，带动了地区经济的发展。

表3　2020年世界主要湾区基本经济数据

指标	粤港澳大湾区	三藩市湾区	纽约大都会	东京湾区
土地面积(平方公里)	56098	17887	21479	36898
地区生产总值(亿美元)	16792.6	9950.8	18611.5	19961.4
机场客运量(万人)	10146.7	2576.1	4076.9	4081.8
机场货运及航空邮件量(万公吨)	765.98	106.2	177.5	272.4
港口货物吞吐量(万标准集装箱)	8163	246.1	758.6	835.8
第三产业占GDP的比重(%)	66.1	75	82.4	75.9

资料来源：《中国统计年鉴2021》。

二　全球主要海洋中心城市发展评价

（一）全球海洋中心城市发展水平指标体系的构建

出于对数据的可获得性等因素的考虑，本文参考梅农经济和挪威海事展联合发布的"全球领先的海事之都"报告中所选取的指标，从航运中心、金融和法律中心、海洋科技中心以及港口建设水平四个维度构建全球海洋中心城市发展水平指标体系，对上文所介绍的新加坡、伦敦、上海、纽约等10个海洋中心城市进行综合评价，以确定其发展的整体水平。本文所建立的指标体系如表4所示。

表4　全球海洋中心城市发展水平指标体系

一级指标	二级指标	三级指标
全球海洋中心城市发展水平指标体系	航运中心	城市所管理的船队规模
		隶属于船东的船队规模
		船队价值
		航运公司数量
	金融和法律中心	金融工具融资金额
		银行贷款资金投入
		海洋法律专家数量
		海洋法律机构数量
	海洋科技中心	海洋教育机构数量
		海洋专利拥有数
	港口建设水平	港口集装箱吞吐量
		港口货物吞吐量

（二）指标体系的评价

本文选取新加坡、纽约、上海、伦敦、奥斯陆等10个全球海洋中心城市2021年的数据，构建全球海洋中心城市发展水平指标体系。

首先，为了使不同指标数据具有可比性，本文首先利用公式（1）对所有数据进行无量纲处理。

$$y_{ij} = \frac{x_{ij} - \min(x_{ij})}{\max(x_{ij}) - \min(x_{ij})} \tag{1}$$

式中，x_{ij} 为第 i 个样本、j 项指标的原始数值，y_{ij} 为标准化后的指标值。

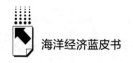

此后，本文利用四种常用的确定指标权重的方法——熵值法、灰色关联度、层次分析法、主成分分析法，分别确定各个指标的权重，并利用 Kendall 协同系数检验来验证在四种不同的方法下确定的权重是否具有一致性。

表 5　Kendall 协同系数检验结果

N	Kendalls'W	Chi-Square	df	Asymp. Sig
4	0.96	12.42	10	0.01

一般来说检验结果的 Chi-Square 大于 9.488，相对应的 Asymp. Sig 小于 0.05，即可认为四种评价结果所确定的指标权重具有一致性。由表 5 可以看出，四种求指标权重的方法通过了 Kendall 协同系数检验，进一步对其所得出的权重进行算数平均，确定最后指标的权重，然后将权重与公式（1）处理后所得到的去量纲后的数据相乘，再将每个城市的所有指标结果相加，即可得到该城市的海洋中心城市发展情况。为了使结果更加直观，方便比较各城市的发展水平，本文在不影响各城市评价结果的相对大小关系的基础上，将发展最好的城市定义为 100，发展最差的城市定义为 60，选取指数功效函数对结果进行处理，具体公式如下：

$$Z = \alpha \cdot e^{\beta(X-X_{min})/(X_{max}-X_{min})} \tag{2}$$

其中，Z 为处理后的指标得分，X_{min} 和 X_{min} 分别为权重乘以无量纲后的最小值和最大值，α 和 β 为待定参数，为使处理之后的数据处于区间 60~100，确定待定参数 $\alpha = 60$、$\beta = -\ln 0.6$，所得数据如表 6 所示。

表 6　全球主要海洋中心城市发展水平评价结果

排序	城市	评价得分
1	新加坡	100
2	鹿特丹	96.50
3	雅典	85.98

续表

排序	城市	评价得分
4	汉堡	84.64
5	纽约	80.55
6	伦敦	78.78
7	东京	77.49
8	上海	75.58
9	香港	63.44
10	奥斯陆	60

从表6中结果可以看出，截至2021年，新加坡和鹿特丹的全球海洋中心城市建设水平较高，分列前两位，处于领先位置；雅典、汉堡、纽约、伦敦、东京和上海六座城市建设水平紧随其后，彼此相差不大；香港和奥斯陆全球海洋中心城市发展水平处于10座城市的末尾位置，有待提高。

为进一步研究各个城市在二级指标即航运中心、金融和法律中心、海洋科技中心以及港口建设水平层面的发展情况，本文将二级指标结果相加，并利用公式（4）进行处理，得到评价结果（见表7、图12）。

表7 全球主要海洋中心城市二级指标评价结果

城市	航运中心	金融和法律中心	海洋科技中心	港口建设水平
新加坡	80.13	74.05	65.20	89.48
汉堡	71.76	61.58	72.22	88.68
鹿特丹	66.60	73.84	100.00	77.51
香港	66.84	63.05	60.00	70.08
伦敦	64.40	72.84	94.66	60.58
上海	67.83	60.00	60.40	100.00
奥斯陆	62.09	67.17	64.97	60.33
东京	71.89	71.37	74.79	62.70
纽约	60.00	100.00	60.14	64.10
雅典	100.00	66.02	63.39	60.00

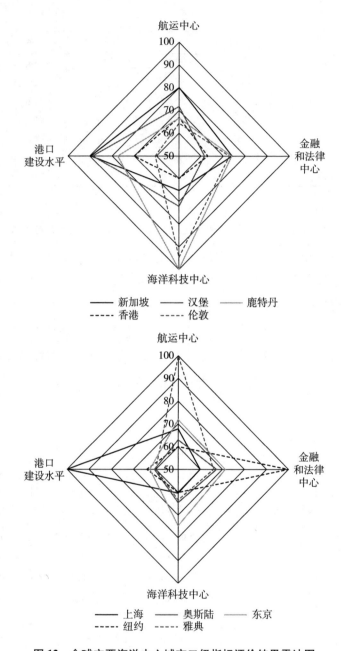

图 12　全球主要海洋中心城市二级指标评价结果雷达图

从表 7 和图 12 中可以得到以下结论。①全球主要的海洋中心城市在四个方面建设过程中各有侧重点，其中雅典在航运中心建设方面要领先于其他城市，这与其悠久的海洋发展历程密切相关；纽约在金融和法律方面一马当先，主要是因为纽约作为世界著名的金融中心，吸引了众多的金融机构在曼哈顿地区集聚，纳斯达克、纽约证券交易所等也位于此，为当地海洋产业提供了充足的资金；上海在港口建设方面略领先于其他城市，这是上海作为长江入海口，濒临太平洋广阔海域，背靠整个中国大陆地区，货源供给和需求充盈的缘故；鹿特丹和伦敦在海洋科技中心建设层面表现优异，这离不开政府的支持以及科研院所的技术供给作用。②新加坡整体建设处于领先位置，但其在海洋科技中心建设方面存在不足，这可能会影响到其之后海洋产业的进一步升级；鹿特丹在航运中心建设层面表现略逊于其他城市，这可能是由于鹿特丹在发展其他领域的同时忽视了航运业。③奥斯陆在各方面表现均略差于其他城市，但这也可能是因为在选取指标的过程中忽视了经济体量的大小。

参考文献

崔翀、古海波、宋聚生、李孝娟、苏广明：《"全球海洋中心城市"的内涵、目标和发展策略研究——以深圳为例》，《城市发展研究》2022 年第 1 期。

李学峰、岳奇：《我国全球海洋中心城市建设发展现状》，《环渤海经济瞭望》2021年第 3 期。

刘兴、贝竹园、张呈：《加快上海全球海洋中心城市建设的思考》，《交通与港航》2021 年第 6 期。

钮钦：《全球海洋中心城市：内涵特征、中国实践及建设方略》，《太平洋学报》2021 年第 8 期。

秦正茂、周丽亚：《借鉴新加坡经验打造深圳全球海洋中心城市》，《特区经济》2017 年第 10 期。

王竞超：《日本与印尼海洋经济合作探析：战略动因、主要路径与现实挑战》，《现代日本经济》2021 年第 2 期。

王勤：《东盟区域海洋经济发展与合作的新格局》，《亚太经济》2016 年第 2 期。

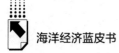

肖立晟、王永中、张春宇：《欧亚海洋金融发展的特征、经验与启示》，《国际经济评论》2015 年第 5 期。

杨钒、关伟、王利、杜鹏：《海洋中心城市研究与建设进展》，《海洋经济》2020 年第 6 期。

杨明：《全球海洋中心城市评选指标、评选排名与四大海洋中心城市发展概述》，《新经济》2019 年第 10 期。

张春宇：《全球海洋中心城市的内涵与建设思路》，《海洋经济》2021 年第 5 期。

张春宇：《如何打造"全球海洋中心城市"》，《中国远洋海运》2017 年第 7 期。

张浩川、麻瑞：《日本海洋产业发展经验探析》，《现代日本经济》2015 年第 2 期。

张舒：《新加坡海洋经济发展现状与展望》，《中国产经》2018 年第 2 期。

周乐萍：《全球海洋中心城市之争》，《决策》2020 年第 12 期。

B.22
东南亚海洋经济发展形势分析与展望

陈翔宇 *

摘　要： 东盟是全球著名的经济共同体之一，该组织的成员国共有 10 个，其中有 9 个是临海国家，因海而生，依海而居。本报告选用东盟官方和联合国贸易与发展会议（UNCTAD）等组织统计的数据，归纳东盟海洋经济的发展环境、发展规模和影响因素，分析海洋旅游业、海洋交通运输业、海洋渔业、海洋油气业等东盟海洋主导产业，结合相关分析对东盟海洋经济发展形势进行预判。本报告还认为，东盟的全面战略伙伴，应在海洋宏观政策、海洋数字经济、保护海洋生物多样性、区域合作等方面有所启示，这也对我国海洋经济高质量发展有一定的帮助。

关键词： 东盟　海洋经济　区域合作

一　东盟海洋经济发展现状分析

（一）东盟海洋经济发展规模分析

在文莱，石油和天然气行业是其产业的主要组成部分，2019 年石油和天然气产值占到文莱国内生产总值的 57%。另外，2019 年海洋交通运输业占运输业所产生的国内生产总值的 50% 以上，显示出其在文莱运输行业的

---

*　陈翔宇，国家海洋局南海规划与环境研究院助理工程师，研究方向为海洋经济、港澳海洋政策。

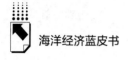
重要性①。

2018 年，柬埔寨环境部公开了截至 2015 年柬埔寨海洋经济相关调查，其中显示 2015 年柬埔寨海洋经济贡献值为 24 亿美元，约是其国内生产总值的16%②。柬埔寨的海洋经济主要包括海洋渔业、海洋油气业和海洋旅游业，在渔业方面过渡捕鱼导致柬埔寨沿海生态遭受巨大破坏，亚洲开发银行（Asian Development Bank）计划筹备 "可持续性沿海和海洋渔业项目" 协助柬埔寨推动水产养殖业发展，降低当地居民对海洋生态系统以及海洋资源的依赖度。另外，位于柬埔寨西南部的西哈努克城是其著名的沿海旅游城市，也是重要的对外贸易港口枢纽。

在印度尼西亚，由于其 3/4 的领土在海上，海洋对印度尼西亚的经济发展至关重要。印度尼西亚国内与海洋相关的产业包括了海洋油气业、海洋渔业、海洋旅游业、海洋工程建筑业和海洋交通运输业，其中渔业规模在世界范围内仅次于中国。同时，印度尼西亚的矿产资源储量位居东盟国家第一，并且是全球重要的石油、天然气出口国。此外，丰富的海洋资源推动了印度尼西亚当地海洋旅游业的发展，2019 年，其旅游业的增加值约为 210 亿美元③。

在东盟成员国内，老挝是唯一的内陆国家，拥有较为丰富的且尚未开发的天然资源。但是与其他东盟国家相比老挝并没有天然海岸线，因此老挝没有先天条件直接推动本国海洋经济的发展。

马来西亚主要有海洋交通运输业、海洋渔业、海洋旅游业、海洋工程建筑业等。2019 年，海洋相关产业约占马来西亚国内生产总值的 40%，其中9.4%来自渔业、14.5%来自海洋油气业④，同时马来西亚 90%以上的出口是通过海运实现的。

缅甸国内的海洋渔业主要包括深海捕捞、淡水捕捞和养殖业这三部分。

① OECD COMPETITION ASSESSMENT REVIEWS: LOGISTICS SECTOR IN BRUNEI DARUSSALAM.

② National State of Oceans and Coasts 2018: Blue Economy Growth CAMBODIA.

③ Oceans for Prosperity Reforms for a Blue Economy in Indonesia.

④ https://www.nst.com.my/opinion/columnists/2019/12/549605/maritime-sector-need-reform; https://www.ncbi.nlm.nih.gov/pmc/articles/PMC8052466/；马来西亚投资发展局。

由于缅甸的海岸线以主要河流三角洲为主，这些三角洲以及当地众多湖泊和较小的河流系统为淡水鱼类提供了良好的生存环境，因此缅甸的淡水渔业发展较为突出①。

2020 年，菲律宾的海洋生产总值为 6172 亿比索，比 2019 年下降 32.6%，同时占菲律宾国内生产总值的 3.4%。在菲律宾的海洋产业中，渔业占海洋经济总量的比重最大，为 31.9%，之后为海洋装备制造业，占比为 27.0%，海上交通运输业为 14.6%。从增长率看，只有海上安全、监察和资源管理部门在 2020 年实现正增长，为 2.5%，其他行业均出现下滑，其中与海洋旅游业有关的沿海住宿和餐饮服务活动的跌幅最大，为 92.4%②。

作为全球海洋中心城市之一，新加坡海洋交通运输业在国内有着非常重要的地位。新加坡的海洋交通运输业具体包括了港口、港口服务、航运和海事服务等子行业，是新加坡海事集群的关键支柱，其中，海洋交通运输业对其国内生产总值的贡献率约为 7%，并雇佣约 17 万名相关从业人员③。另外，新加坡主要的海洋产业还包括海洋旅游业、海洋技术和环境服务业、海洋装备制造业、海事工程业、海洋生物技术及海洋服务业。

泰国的主要海洋产业包括海洋旅游业、渔业和海洋交通运输业。20 世纪 60 年代至 90 年代，过度捕捞导致泰国湾的鱼类产量逐步下降，至 2015 年每单位产业产量仅为 1960 年的 9%；另外，泰国国家统计局（National Statistical Office of Thailand）仅在 2008 年和 2010 年公开有关渔业的就业数据，其渔业就业人数分别占总就业人数的 2.83% 和 3.17%。泰国的海洋和沿海地区拥有高度多样化的生物和生态系统，得天独厚的优势促使泰国海洋旅游业的发展并使之成为泰国经济支柱性产业。

越南的海洋产业主要有海洋油气业、海洋旅游业、海洋渔业、海洋交通运输业、海洋生态环境保护修复等。根据联合国开发计划署（UNDP）公开的数据，越南海洋经济对国内生产总值的贡献率为 20%~22%，预计到 2030

---

① Myanmar Country Environmental Analysis : Fisheries Sector Report.
② 菲律宾统计署。
③ 新加坡海事和港口管理局。

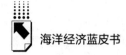

年，海洋产业在其国内生产总值的占比将高达70%，这体现了越南的海洋
产业对其经济发展的重要作用。

（二）东盟海洋经济影响因素分析

1. 全球疫情影响东盟海洋经济进程

凭借着成本优势和地理位置优势，东盟各国为全球中高端市场提供了必
不可少的原材料和中间品，在全球产业链和国际贸易中的作用不可替代。同
时东盟各国经济的增长在很大程度上依赖于制造业，有关成员国在出口纺织
服装、电子产品、食品、化工等领域占据着重要的市场份额，但是新冠肺炎
疫情在全球范围内波及各个领域，并打击东盟海洋经济整体向上发展的势
头。另外，东盟成员国均十分注重发展当地旅游业，并将其视为推动国民经
济的重要支柱产业，但受到疫情冲击，东盟各国的旅游业及与之相关的交通
运输和水产养殖等行业均遭受重大损失。尽管各个国家逐步放宽入境限制，
允许接种完整疫苗的游客免隔离入境游玩，但是若要恢复到疫情前水平仍需
很长时间[1]。

2. 东盟区域局势不稳定

2020~2022年，由于新冠肺炎疫情持续蔓延，东盟各国的社会问题逐渐凸
显，部分国家内部出现政局不确定因素，例如，缅甸军方接管政权，全境进
入紧急状态；马来西亚频繁更换国家总理，国内各政党冲突不断；泰国民众
为改革君主制进行多轮游行；菲律宾将举行总统换届选举等。同时各国政局
不稳定也导致各国政客未能齐心防疫，这让东盟各国的局势变得日益复杂。

3. 气候与海洋环境的变化影响东盟社会发展

近年来，尽管东盟各国宣布碳减排目标并采取了碳排放定价等一系列实
际举措，但是全球范围内发生极端天气的频率和强度都在增加，干旱、洪水
和海平面上升等气候变化带来的破坏性影响已经严重影响到东盟的海洋旅游

---

[1] https：//www. aseanstats. org/publication/asean-sdg-report-2020/？portfolioCats=56%2C42%2C55%2C33%2C31%2C32%2C50%2C34%2C75%2C48%2C49%2C35%2C36%2C66%2C78%2C51。

业以及各国的海洋文化。另外,海洋温度的不断上升、海水污染将直接影响相关国家的渔业产量,也会破坏其海洋生态系统。此外,雅加达、曼谷和胡志明市等主要城市的基础设施较为老化,难以抵抗气候变化带来的负面影响,最终影响当地的经济发展。

二 东盟海洋主导产业发展分析

(一)海洋旅游业发展前景分析

海洋旅游业是东盟成员国的支柱型产业,在新冠肺炎疫情出现之前东盟是世界上国际旅游业增长最快的地区之一,但受到了新冠肺炎疫情的严重冲击,东盟各国的旅游业元气大伤。2020年,东盟国家旅游业对GDP的贡献总额仅为1801.33亿美元,比2019年骤降52.66%。2019~2020年东盟各成员国旅游业总量、对国内生产总值的贡献率,以及对本国就业的贡献率如表1、表2所示。而入境旅客方面,2019年共计约1.43亿旅客到访东盟地区,其中泰国全年共计3980万旅客,是东盟成员国中旅客数量最多的国家(见图1);但2020年,东盟的旅客总量减少了81.8%,仅有0.26亿人。

表1 2019~2020年东盟各成员国旅游业总量和旅游业对国内生产总值的贡献率

单位:亿美元,%

国家	旅游业总量		旅游业对国内生产总值的贡献率		旅游业对国内生产总值贡献的变动率
	2019年	2020年	2019年	2020年	
文莱	7.30	5.34	5.6	4.1	-26.8
柬埔寨	69.71	23.66	25.9	9.0	-66.1
印度尼西亚	647	345	5.9	3.2	-46.6
老挝	18.91	9.12	10.0	4.8	-51.8
马来西亚	418	176	11.7	5.2	-57.9
缅甸	55.05	20.75	5.9	2.2	-62.3
菲律宾	900	528	22.5	14.6	-41.4
新加坡	392	157	11.1	4.7	-60.0

国家	旅游业总量		旅游业对国内生产总值的贡献率		旅游业对国内生产总值贡献的变动率
	2019 年	2020 年	2019 年	2020 年	
泰国	1065	417	20.1	8.4	-60.8
越南	232.05	119.46	7.0	3.5	-48.5

资料来源：WTTC2021。

表 2　2019~2020 年东盟各成员国旅游业对本国就业的贡献率

单位：%

国家	2019 年	2020 年	变动率
文莱	7.3	6.5	-10.4
柬埔寨	24.7	18.0	-27.9
印度尼西亚	10.1	9.1	-10.4
老挝	10.2	8.4	-18.0
马来西亚	15.1	13.4	-11.2
缅甸	6.3	4.8	-23.2
菲律宾	22.8	19.2	-21.1
新加坡	14.3	13.8	-6.5
泰国	21.4	18.1	-15.1
越南	9.0	6.9	-24.7

资料来源：WTTC2021。

入境旅客的减少也导致了东盟旅游业收入的降低，从 2019 年到 2020 年，东盟的海洋旅游业收入同比下降了 78%。由于新冠肺炎疫情在全球持续蔓延以及病毒变异速度加快、各国出台旅客出入境限制政策、本地旅游业大幅萎缩、国内消费总量减少等因素，东盟各国与旅游有关的小型企业因无法继续经营而休业或完全关闭，这导致了当地大量失业者的出现；各国的街头小吃摊贩、纪念品销售员、自由导游和司机等非正规旅游工作者在就业和收入方面也遭受了巨大损失。在柬埔寨，约 3000 家旅游企业停业并直接导致 4.5 万人待业；在缅甸，失业人数的增多导致了当地暴力事件频频发生、社会动荡等问题的出现。

为了推动旅游业快速复苏，东盟各国采取多种手段来平衡疫情防控和经

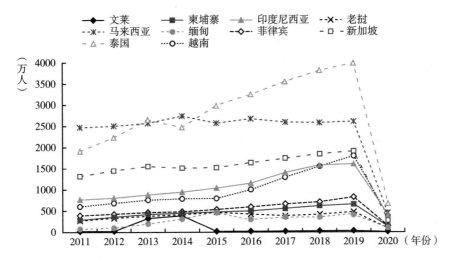

图1 2011~2020年东盟各成员国的旅客人数（按目的地国家划分）

资料来源：东盟统计年鉴2021。

济发展的关系。一是东盟多数国家正逐步放宽签证发放限制，并相互承认疫苗接种证书，根据疫情情况及时调整旅游要求，提高管控疫情的水平并保障公共卫生，以吸引更多的国内外游客。比如泰国政府在普吉岛、柬埔寨政府在西哈努克省均推行"沙盒计划"，该计划免除对符合接种新冠疫苗、持有有效核酸检测等条件的外国旅客的入境隔离要求；越南的富国岛、印度尼西亚的巴厘岛也计划向来自符合条件的疫情低风险国家的游客开放。二是鼓励当地民众出门旅游，例如新加坡向本国18岁及以上居民派发用于购买本国旅游的消费券，进而带动国内旅游业。三是东盟各国政府均趋向于将海洋旅游业从大规模和低成本旅游转变为低密度和高端旅游，以减少其对与旅游相关的基础设施和自然资源的依赖。

（二）海洋交通运输业发展前景分析

1. 集装箱吞吐量

由于新冠肺炎疫情冲击了全球海上运输，2020年全球海洋交通运输业的增长率为−3.8%，但自2020年第三季度开始，全球商品贸易和产能陆续复苏，全球集装箱货物运输和干散货大宗商品的交易量在总体上都有所回升。此外，2020 年世界集装箱货物运输总量为 1.49 亿标准箱，与 2019 年相比下降了 1.1%，尽管新冠肺炎疫情对其有所影响，但与 2009 年金融危机后暴跌 8.4% 相比这一表现已优于预期。

而在东盟，主要的港口包括印度尼西亚的丹戎不碌港和泗水港，马来西亚的巴生港和丹戎帕拉帕斯港，菲律宾的马尼拉港，泰国的林查班港，新加坡的新加坡港，越南的胡志明市港、海防港和盖梅港等。2020 年，东盟的港口集装箱吞吐总量共计约 9700 万标准箱，较 2019 年下降约 3.2%。其中，新加坡港在 2020 年全年集装箱吞吐量约 3690 万标准箱，虽然比前一年略下降 0.9%，但在东盟乃至世界范围内新加坡港的航运发展依旧保持领先。2016~2020 年东盟各成员国港口集装箱吞吐量如表 3 所示。越南的三个主要港口的吞吐量在 2020 年均增长，其中胡志明市港依靠出口手机零部件等电子产品和纺织品贸易的支撑，其出口额增长了 6.5%；海防港作为越南北部重要港口，在 2020 年的吞吐量大约增加了 9000 标准箱；而盖梅港的吞吐量在 2020 年增长率近 18%，与 2011 年开港相比吞吐量增长了 6 倍左右。而泰国的林查班港主要出口汽车、电器、设备和零部件等产品，在 2020 年该港的集装箱吞吐量同比下降 6.9%。与其他东盟地区的港口相比，菲律宾的马尼拉港和印度尼西亚的丹戎不碌港、泗水港都因疫情遭受了巨大损失，2020 年，马尼拉港的集装箱吞吐量下降了 16% 以上，丹戎不碌港的吞吐量与 2019 年的 760 万标准箱相比减少了 9.6%，而泗水港的吞吐量下降了 7.7%。

表 3 2016~2020 年东盟各成员国港口集装箱吞吐量

单位：万标准箱

国家	2016 年	2017 年	2018 年	2019 年	2020 年
文莱	—	—	—	—	—
柬埔寨	48.2	64.5	74.2	77.9	76.4
印度尼西亚	1243.2	1283.0	1406.1	1476.4	1402.5
老挝	—	—	—	—	—
马来西亚	2457.0	2378.4	2495.6	2685.9	2666.4

续表

国家	2016 年	2017 年	2018 年	2019 年	2020 年
缅甸	102.6	120.0	104.4	112.2	102.1
菲律宾	742.1	809.5	865.4	881.8	750.5
新加坡	3168.8	3366.7	3738.8	3719.5	3687.1
泰国	998.3	993.8	1024.4	1075.6	1021.4
越南	896.8	939.1	990.6	1086.0	1242.3

注："—"表示暂无相关数据。
资料来源：UNCTAD。

下一步，东盟各港口计划采取开发或扩建泊位、开通新航线、更新基础设施、数字化管理等措施，以便更好地应对疫情以及提高港口运营能力。

2. 海员

在东盟，以供应海员出名的国家有菲律宾和印度尼西亚。菲律宾是世界上供应海员数量最多的国家，2019 年，全球有 38 万名菲律宾籍海员，在 2020 年年中，由于菲律宾国内实施新冠肺炎疫情的防控政策，有 5 万名菲律宾海员被遣返回国，而 7 月至 9 月，菲律宾海员的派遣工作开始恢复正常，在国际航线上工作的海员多达 13 万名。2020 年这一年内菲律宾国内从海外劳工这一渠道赚取的外汇约 299 亿美元，其中 64 亿美元来自海员，这显示了菲律宾海员对其国内航运发展的重要作用。另外，印度尼西亚排国际海员供应国的第三位，但其高级海员供应量位居第五，表明印度尼西亚的海员输出以普通海员为主。2015 年、2020 年东盟各成员国海员数见表 4。

表 4　东盟各成员国海员数

单位：人，%

国家	2015 年		2020 年	
	海员人数	占全球比重	海员人数	占全球比重
文莱	807	0.05	1347	0.07
柬埔寨	20057	1.22	20057	1.06
印度尼西亚	143702	8.72	143702	7.59

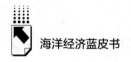

续表

国家	2015 年		2020 年	
	海员人数	占全球比重	海员人数	占全球比重
老挝	17	0.00	—	—
马来西亚	35000	2.12	35000	1.85
缅甸	26041	1.58	33290	1.76
菲律宾	215500	13.08	252393	13.33
新加坡	8173	0.50	6000	0.32
泰国	12454	0.76	15682	0.83
越南	32445	1.97	34590	1.83

注："—"表示暂无相关数据。

资料来源：UNCTAD。

（三）海洋渔业发展前景分析

在 2021 年出版的 2019 年联合国粮食及农业组织（FAO）渔业与养殖业统计年鉴中显示，当年全球捕捞产量为 9250 万吨，比 2018 年减少 4.3%，其中前七大捕鱼国中包括了印度尼西亚和越南，这两个国家的渔获量分别占全球总额的 8.1% 和 3.7%。2019 年全球水产养殖产量为 8530 万吨，比 2018 年增长 3.7%，印度尼西亚、越南、缅甸和泰国这 4 个东盟成员国位列全球前十大水产养殖生产国。2018~2020 年东盟各成员国海洋渔业产量如表 5 所示。

在过去 10 年的发展中，越南成为东盟地区渔业和水产养殖产品的最大出口国，印度尼西亚、缅甸、马来西亚通过发展水产养殖后本国的水产品出口额也有所增加。而东盟地区的鱼类进口基本上与再出口、再加工以及国内消费有关，其中马来西亚和新加坡是用于国内消费的鱼类和水产养殖产品的净进口国；泰国、越南和菲律宾主要进口冷冻金枪鱼、虾和其他水产品，并对其进行再加工和出口①。2016~2020 年东盟各成员国渔业进口额及出口额如表 6 所示。

---

① https：//www.fao.org/in-action/globefish/news-events/trade-and-market-news/novem ber-2021/en/.

表5 2018~2020年东盟各成员国海洋渔业产量

单位：万公吨

国家	2018 年			2019 年			2020 年		
	总量	捕捞	养殖	总量	捕捞	养殖	总量	捕捞	养殖
文莱	1.48	1.21	0.12	1.46	1.03	0.09	1.66	1.07	0.35
柬埔寨	14.65	10.00	1.54	13.57	9.34	1.72	14.33	9.67	2.06
印度尼西亚	1898.08	567.85	1222.57	1823.90	563.77	1160.88	1794.85	553.71	1145.40
老挝	—	—	—	—	—	—	—	—	—
马来西亚	174.71	119.16	29.02	176.67	120.15	30.72	169.02	115.09	30.28
缅甸	117.26	111.82	2.48	111.65	103.63	5.28	107.45	98.45	6.40
菲律宾	363.95	152.95	198.18	371.27	154.54	203.73	380.52	164.46	203.79
新加坡	0.62	0.09	0.48	0.62	0.11	0.48	0.56	0.11	0.42
泰国	188.84	111.55	49.55	194.70	115.38	53.63	208.04	120.85	55.68
越南	455.29	274.67	136.30	488.73	268.45	159.32	495.39	266.81	168.05

资料来源：根据 FAO 数据库整理。

表6 2016~2020年东盟各成员国渔业进口额及出口额

单位：百万美元

国家	2016 年		2017 年		2018 年		2019 年		2020 年	
	进口额	出口额	进口额	出口额	进口额	出口额	进口额	出口额	进口额	出口额
文莱	31.9	3.4	35.5	5.5	40.4	7.9	41.9	6.0	36.1	6.9
柬埔寨	4.1	0.7	3.6	0.6	2.5	0.8	4.4	0.4	6.2	0.4
印度尼西亚	235.0	2923.7	285.6	3271.5	315.4	3219.0	299.1	3268.8	256.8	3516.2
老挝	1.3	0.1	1.1	0.0	1.0	0.0	2.3	0.0	4.8	0.0
马来西亚	774.6	515.2	812.5	509.5	886.5	534.9	964.7	648.6	922.3	619.0
缅甸	2.1	537.5	4.6	662.2	7.1	734.2	9.2	771.0	10.9	830.2
菲律宾	395.9	505.8	534.1	555.3	593.4	476.9	646.8	411.2	453.6	356.9
新加坡	790.5	264.4	784.2	294.0	870.9	282.4	828.8	236.3	705.1	177.7
泰国	2728.8	2038.9	3187.6	2133.4	2682.4	1900.4	3269.4	1849.3	3208.7	1567.7
越南	1006.6	5121.5	1259.5	6096.0	1522.1	6407.6	1572.1	6205.1	1594.2	5771.0
总计	5970.9	11911.1	6908.2	13527.9	6921.7	13564.1	7638.7	13396.8	7198.7	12846.0

资料来源：东盟统计年鉴。

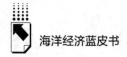

东盟成员国的渔业发展主要是由小规模生产者主导的。由于小规模渔业发展环境有所恶化，部分东盟国家从多个角度保护小规模渔业的发展，在马来西亚、菲律宾和泰国都有针对非法、未报批和无管制捕捞的政策，进而减小捕捞压力，并且能更好地将渔业资源收益分配给当地渔民。此外，菲律宾的渔业政策还突出了渔业与生产、就业和扶贫相关的粮食安全目标。在印度尼西亚，渔业主管部门通过禁止非法工业捕鱼、小型渔船现代化、支持创建手工合作社、限制进口以及通过投资基础设施和吸引外资创造价值等方式来支持个体渔民和水产养殖生产者。而柬埔寨和越南的政策侧重于水产养殖业的发展，在越南，政策的重点主要是开发新品种和提高越南国内运输效率，以扩大越南的国际市场，提升越南在世界的竞争力；在柬埔寨，当地的渔业政策计划利用好水稻种植，以形成与渔业的生产协同效应①。

（四）海洋油气业发展前景分析

东盟的石油生产总量已经连续五年下降，到2020年降至近10年来的最低点，而东盟地区的主要产油国为印度尼西亚和马来西亚，其产量之和占该地区总产量的70%左右。据英国石油公司数据，2020年印度尼西亚石油产量是74.3万桶/天，比2019年降低4.9%，约是全球总产量的0.8%；马来西亚石油产量为59.6万桶/天，比2019年降低10.1%；东盟其他主要产油国还有泰国、越南、文莱，每日石油产量分别是41.8万桶、20.7万桶、11.0万桶，与2019年相比的变化率分别为−11.3%、−12.4%和−9.3%。另外在东盟地区，石油主要被用于运输（约占总量的72%，预计2040年将达到76%②）、工业（8%）、居民（8%）、贸易（3%）、农业及其他领域（4%）。2020年，印度尼西亚和泰国约占东盟石油消费总量的55.6%，其中印度尼西亚的石油消费量下降幅度最大，与2019年相比下降了24.4%。

---

① https：//www.oecd-ilibrary.org/agriculture-and-food/oecd-fao-agricultural-outlook-2017-2026 _ agr_ outlook-2017-en.

② https：//aseanenergy.org/the-6th-asean-energy-outlook/.

在过去的五年间,东盟成员国的天然气产量相对稳定,但从2019年到2020年有下降趋势。马来西亚和印度尼西亚仍然是东盟的天然气主要生产国,在2020年的产量分别为732亿 m³和632亿 m³,比2019年分别减少6.8%和7.9%;东盟其他天然气生产国还有泰国、缅甸、文莱、越南,在2020年的产量分别为327亿 m³、177亿 m³、126亿 m³、87亿 m³,与2019年相比变化率分别为-8.8%、-4.6%、-2.9%、-11.8%。此外,在2020年,印度尼西亚和马来西亚的天然气消费量约占东盟总量的66.2%,但由于新冠肺炎疫情的影响,所有东盟成员国的天然气消费量都有所减少,其中马来西亚的天然气消费量与2019年相比减少了14.9%,降幅最大。

2020年新冠肺炎疫情在全球蔓延,交通受限和全球经济放缓使东盟成员国的石油和天然气消费量减少,也使油气产量均有所下降。另外,据东盟能源中心(ACE)分析,预计在2025年东盟的石油进口要超过出口约3.04亿吨油当量才能满足其需求;到2040年,东盟成员国的石油需求预计增至5.74亿吨油当量,与当前相比增加1倍。此外,东盟地区对天然气的需求预计也将在2024年前后超过当地产量,成为天然气的净进口区域。同时国际局势的不稳定、市场价格的波动都有可能会影响东盟经济体所需的能源,东盟可能会面临严重的能源安全危机。

三 东盟海洋经济发展形势分析和对中国海洋经济发展的启示

(一)东盟海洋经济发展形势分析

1. 制定海洋宏观政策与计划

在如今相互联系和相互依存的时代,东盟认为应制定总体计划才能有效抵御外部冲击以及保持内部团结和提高应对能力。因此,在2015年末,东盟通过了《东盟2025:携手前行》这份综合性文件。这一文件主要涵盖了以下方面——一是推动资本、货物、服务等要素在东盟地区的自由流动,构建东盟更统一的市场；二是强调物理联通、制度联通和民心相通这三个层面互联互通的重要性；三是推进东盟与其他区域以及全球的合作，让东盟更好地融入全球经济之中，提升东盟国际地位等，旨在指导东盟成为一个更具包容性、可持续性、有活力的经济共同体。

为了推动本国海洋经济更高水平的发展，东盟各成员国也制定了相关政策文件。例如柬埔寨旅游部发布《旅游业疫后复苏路线图》，计划在2020年至2025年分三个阶段促进柬埔寨旅游业有序恢复；印度尼西亚政府发布了《印度尼西亚海洋政策》，加快本国"全球海洋支点"这一战略的实施，提升其国家实力；而对于新加坡，当地政府首先在《2030年海事规划》这一规划中提出基本发展政策，分别是新的基础设施建设、提高航运研发能力以及促进当地航运人才培养，同时确定了新加坡海事未来发展战略，指引新加坡成为全球海事中心；泰国在《第十二个国家经济和社会发展计划（2017—2021年）》中提及，在加快建设本国海洋旅游业方面要建立统一服务部门的机制，提升现有服务能力，并培养有增长潜力的新服务业务；另外，越南政府在《2030年可持续发展目标和2045年愿景》这一决议中制定了到2030年越南要达到的海洋经济、海洋科技、人才培养、海洋生态环境等具体发展目标，以及希望到2045年越南能成为一个繁荣、安全、可持续发展的海洋强国。

2. 扩大数字经济在海洋领域中的应用范围

近年来，数字经济在东盟发展迅猛。在使用人数方面，印度尼西亚是东盟成员国中数字消费群体数量增长最快的国家，在2020年涨幅为15%；而在覆盖年龄层方面，数字消费群体占当地15岁以上总人口比重最大的是马来西亚，为83%，之后是新加坡、菲律宾、泰国以及越南。东盟发现了数字经济的发展潜力，在2019年公布了《东盟数字一体化框架行动计划（2019—2025）》，为了实现既定目标，东盟大多数成员国在发展本国海洋产业时逐步将数字技术运用其中：在渔业方面，印度尼西亚通过数字化管理改进传统养殖技术，为渔民提供了技术、饲料、资本和市场；而东盟部分港口正在引进数字化管理方式以提升管理水平，例如泰国的林查班港计划通过数字解决方案和机器人管理系统进行港口运营管理，从而实现港口全天候运输；印度尼西亚的丹戎不碌港通过开发数字平台，从注册到请求服务、支付和跟踪港口货物等一系列流程均逐步实现数据化；在海洋油气业方面，联合国开发计划署的专家建议越南通过数字化转型提高竞争力；在海洋旅游业方面，消费者对于涉及数字方式的旅游服务的依赖度正在上升，东盟各国需针对与旅游相关的非接触式预订和在线支付交易以及国家之间的疫苗护照或数字健康证书信息的跨境数据互通等方面开展区域合作。

3. 加强东盟海洋生态环境保护

在东盟，污水排放、塑料垃圾等海洋污染愈发严重，过度捕捞导致的海洋生物多样性锐减等问题日益凸显，对此各成员国采取多种措施来联合保护东盟的海洋生态环境。东盟成员国制定《东盟社会文化共同体蓝图2025》并开展环境合作工作，同时东盟在环境合作的机制框架内部设立专门的沿海与海洋环境工作组，对海洋环境事务进行专业性管理与协调；对于渔业可持续发展，泰国、马来西亚、印度尼西亚等国通过设置休渔期、划定渔业保护区、出台渔业法律制度等措施维护海洋渔业资源；另外，柬埔寨、马来西亚、印度尼西亚、缅甸、菲律宾、泰国和越南等东盟国家的海事管理当局合作启动东南亚海洋环境保护项目（MEPSEAS），以保护当地的海洋环境。

（二）对中国海洋经济发展的启示

1. 完善宏观政策，统筹海洋发展规划

我国管辖的海域面积约为300万平方公里，拥有的大陆海岸线长达1.8万多公里，海洋资源十分富饶。而如何能计划性、系统性、绿色性地利用好海洋资源则需要各层面的统筹规划。在国家层面，应根据我国海洋现状制定相关规划，并根据具体发展情况及时调整涉海规划的重点和方向；同时，沿海省份也应根据自身情况规划本辖区内海洋未来的发展，可与其他省份开展区域海洋合作，共同努力建设海洋强国。

2. 抓住数字化机遇，推动海洋经济高质量发展

2020 年是中国—东盟数字经济合作年，新冠肺炎疫情的冲击更加凸显了发展数字经济对于恢复各国经济社会秩序、创造更多就业机会、增进民生福祉的重要意义[①]。而新加坡、泰国、马来西亚、印度尼西亚、越南、文莱等国相继颁布政策，在农业、工业等行业推动实现本国的数字化转型。同时近年来，我国国内的 5G、人工智能、物联网等技术发展迅猛，我国应加快推进数字技术与海洋产业相结合，一方面可以实现海洋产业的转型升级和高质量发展，另一方面可以深化数字基础设施领域和电子商务领域发展，拓宽东盟这一海外市场，为我国海外贸易带来新机遇。

3. 重视海洋环境问题，保护海洋生物多样性

目前，渔业仍是东盟多个国家国民经济的主要来源，受到社会发展的限制，东盟的渔业仍以传统生产方式和小规模经营为主，又因鱼类食品消费量的逐年增长，东盟的渔业资源骤减，严重威胁到鱼类物种乃至整个海洋生态系统。良好的海洋生态系统不仅能为人类提供生活的原材料，还可以减小风暴潮等自然灾害对陆地的影响，并具有调节和稳定气候这一功能。因此我国应坚持可持续发展理念，重视保护渔业资源以及海洋生态系统，共同维护我们赖以生存的家园。

4. 深化区域合作，推进海洋全方位发展

一直以来，东盟是我国最大的贸易伙伴，我国与东盟及其成员国保持着良好的合作关系。2020 年，中国对东盟的贸易额为 6846 亿美元，实现了6.7%的同比增长[②]。尽管新冠肺炎疫情打乱了合作的步伐，但并不会影响我国与东盟的区域合作这一大局。因此，我们应继续坚持中国与东盟（10+1）领导人会议上达成的各项共识，继续稳步推进"一带一路"建设，全面落实 RCEP 中的决策部署，在渔业品种与贸易、海洋塑料垃圾治理、红

[①] 《李克强向 2020 中国—东盟数字经济合作年开幕式致贺信》，https：//m. gmw. cn/baijia/ 2020-06/13/33909267. html。

[②] 《2020 年中国—东盟经贸合作简况》，http：//asean. mofcom. gov. cn/article/o/r/202101/ 20210103033653. shtml。

树林等海洋生态环境的监测与保护、海上贸易、海洋科技、海洋文化交流等方面开展合作，推进我国与东盟在海洋领域的全方位发展，携手共建海洋命运共同体。

参考文献

秋道智弥、陈巧云：《东南亚、大洋洲地区的小规模渔业与资源利用》，《南洋资料译丛》1997 年第 3 期。

吴若男：《东盟国家渔业发展及其与中国的合作研究》，厦门大学硕士学位论文，2019。

杨程玲：《产业视角下东盟海洋经济发展潜力研究》，厦门大学博士学位论文，2018。

高骏、张艳飞、陈其慎等：《东南亚油气资源供需形势分析》，《中国矿业》2017 年第 3 期。

梅海阳：《泰国海洋经济发展研究》，厦门大学硕士学位论文，2018。

赵悦洋：《佐科政府时期印尼的中等强国海洋战略探析》，外交学院硕士学位论文，2017。

白俊丰：《印度尼西亚海洋管理与执法问题初探》，《东南亚纵横》2020 年第 6 期。

俞一纯：《新加坡 2030 年海事规划》，《中小企业管理与科技》（上旬刊）2014 年第 4 期。

刘昭青：《东盟七国启动 MEPSEAS 项目以保护东南亚海洋环境》，《航海》2018 年第 4 期。

Vincent Vichit-Vadakan, Tourism Struggles to See Its Future in Southeast Asia, 2021 年 8 月 24 日，https：//th. boell. org/en/2021/08/24/tourism-covid-19。

Sanchita Basu Das, Tourism in Southeast Asia：Building Forward Better, 2022 年 3 月 14 日，https：//fulcrum. sg/tourism-in-southeast-asia-building-forward-better/。

B.23
澳大利亚海洋经济发展分析与展望

周乐萍 孙吉亭*

摘 要： 澳大利亚作为一个强依赖国际市场发展的国家，其海洋经济发展也在国内外经济形势不断变化的情况下进行深度调整。从世界海洋经济发展来看，虽然过去十年的努力因疫情等遭受了重大打击，但是长远来看，海洋经济可持续发展依然是各国布局的重要内容。尤其是"海洋十年"宣言发布之后，海洋可再生能源、海洋环境保护成为全球不得不重视的重要内容，澳大利亚也开始向该领域不断布局海洋科技，并在丰富的海洋科学技术积累成果的基础上，不断抢占清洁能源、海洋环保等领域的领先地位。世界海洋经济重心向亚洲转移的趋势，也与澳大利亚实行的"印太"转移计划相重合，在此基础上澳大利亚实行了进一步深化区域合作战略，为海洋经济发展提供了支撑与基础。

关键词： 澳大利亚 海洋经济 可持续发展

一 澳大利亚海洋经济发展概况

（一）澳大利亚海洋经济发展规模分析

2017~2018 年，澳大利亚海洋经济总产值达 812 亿美元，在过去的 20

* 周乐萍，博士，山东省海洋经济文化研究院助理研究员，主要研究领域为海洋经济与管理；孙吉亭，博士，山东省海洋经济文化研究院副院长、研究员，主要研究领域为海洋经济与海洋文化产业。

年里增长了 4 倍，整个海洋产业为数十万人提供了就业机会，在整个经济构成中，比整个农业部门的贡献还要大。2017~2018 年，海洋产业直接贡献经济增加值为 424 亿美元，上游产业间接贡献增加值为 268 亿美元，占国内生产总值的比重为 3.7%，海洋产业的总就业人数达到了 33.9 万人。总体来看，近年来澳大利亚海洋经济总产值的增加主要来自海上油气业、船舶制造与修理业（或称船舶修造业）、海洋旅游业。2017~2018 年，海上天然气产量价值达到了 303 亿美元，同比增长了 79%，船舶修造业产值达到了 35 亿美元，同比增长了 57%，海洋旅游业产值达到了 307 亿美元，同比增长 11%。当然新冠肺炎疫情也对澳大利亚海洋经济产生了多重冲击，边境关闭，人员流动受限，导致旅游业全部停运；全球经济衰退也导致油气价格大幅下降；全球供应链断裂导致鱼类产品需求减少，尤其高端产品的需求供应不畅；全球经济放缓，通货膨胀等问题导致消费者可自由支配收入减少，休闲船舶等需求下降严重。目前并没有具体的关于新冠肺炎疫情对澳大利亚海洋经济发展的数据分析，但可预见 2022 年澳大利亚海洋经济总产值必将受到较大的冲击。

澳大利亚海洋科技发达，在诸多海洋科技领域拥有领先地位，为发展海洋产业奠定了基础。例如，在海洋基础研究中，澳大利亚在海洋生物领域具有先进的理念和科技成果，为海洋生物医药产业的发展提供了科技支撑。在船舶制造中，在高速铝壳船制造和渡船方面，具有世界领先地位。澳大利亚每年在海洋科学上的花费近 4.5 亿美元，一方面是通过突破海洋新兴产业核心技术抢占海洋新兴产业技术领先地位，从而提升海洋新兴产业的国际竞争力，促进海洋新兴产业的高速发展；另一方面以保护海洋环境为目的，制定海洋绿色发展标准，监测和管理海洋新兴产业在海岸的活动。

（二）澳大利亚海洋经济产业结构分析

1980 年代，澳大利亚编制了《澳大利亚海洋产业统计框架》。1997 年，澳大利亚发布的《海洋产业发展战略》将海洋产业分为四大类：海洋资源开发（海洋油气、海洋渔业、海洋药物、海水养殖和海底矿产）、海洋系统设计与建造（船舶设计/建造与修理、近海工程、海岸带工程）、海洋运营与航行（海洋运输、漂浮或固定海洋设备的安装、潜水作业、疏浚和废物处理）和海洋仪器与服务（机械制造、电信、航行设备、海洋研发与环境监测、教育与培训）。2008年，澳大利亚提出了"蓝色经济"的概念，将海洋经济分为海洋生物资源业、海洋油气业、船舶修造、海洋建筑业、海洋旅游业和海洋运输业六大类。澳大利亚海洋研究机构AIMS将海洋产业定义为14个子部门。根据以上分类对澳大利亚海洋产业进行分类整理，可以明晰澳大利亚海洋产业结构（如表1所示）。

表1　澳大利亚海洋产业分类

涉海部门	海洋产业	涉海部门	海洋产业
海洋生物资源业	休闲捕鱼	船舶修造	造船与修理（民船）
	商业捕鱼		船舶设备零售
	海洋水产养殖		造船与修理（游船）
海洋油气业	天然气	海洋建筑业	码头修建
	石油生产	海洋旅游业	国内旅游商品和服务
	石油勘探		国际旅游商品和服务
	液化石油气（LPG）生产	海洋运输业	水基客货运输

注：根据2021 the AIMS index of marine industry的统计内容整理得到。

资料来源：2021 AIMS marine index，https：//www.aims.gov.au/aims-index-of-marine-industry。

从澳大利亚历年的海洋产业增加值来看，海洋运输业、海洋旅游业、海洋建筑业、海洋油气业和海洋水产养殖业等对经济贡献最为突出。其中，2014年以来，虽然对数据统计进行了调整，但是海洋油气业和海洋旅游业仍实现了较大突破，产业增加值大幅上涨。海水养殖业和海洋建筑业发展较为稳定，产业增加值没有明显的变化，海洋运输业被统计进来，并实现了较为稳定的增长。

澳大利亚拥有比陆地面积还要大的海域管辖面积，渔业养殖可以在淡水、微咸水和海水中进行，因为优质的海洋资源，海水养殖能够占到渔业养殖的72%以上，2017~2018年，澳大利亚水产养殖的总产值为14亿美元，其中海水养殖产值约为 10 亿美元，野生捕捞渔业的总产值为 18 亿美元。澳大利亚整体农业的生产总值为 589 亿美元，海洋渔业相关的总产值占到了 4.8%。

澳大利亚作为传统海洋国家，拥有发达的船舶修造业，在民船和游船的修造上有技术优势。但是近年来，中、日、韩船舶修造业不断发展，2019年在世界船舶建造新接订单量中，中、日、韩三国合计占市场份额的97.8%，澳大利亚在世界船舶市场的份额基本上被抢占。但澳大利亚依托技术优势，抢占海工装备制造、休闲渔船制造等市场的份额，维持船舶修造业的稳定发展。

澳大利亚拥有丰富的油气资源，且拥有较高的海洋油气勘探和开发技术。近年来，澳大利亚加大了对油气，尤其是海上天然气的开发力度。但是受国际油气价格的影响，澳大利亚的海洋油气业也经历了较大波折。2017~2018 年，澳大利亚海上油气实现了近 80%的增长，但疫情蔓延等因素对国际油气价格影响明显，2022 年澳大利亚海洋油气业发展并不乐观。

（三）澳大利亚主要海洋产业发展概况

1. 海洋渔业

澳大利亚海洋资源丰富，但是开发力度较小，整体规模不大，近年来海洋渔业增速加快，但依然难以满足国内和国外市场需求。2015~2016 年突破20 亿美元后，水产养殖总产值基本维持在 21 亿美元以上，且不再有更大的突破，受疫情等影响，2019~2020 年出现了 2%的下滑，但预计疫情后会有所恢复，2026~2027 年总产值将会达到 26 亿美元。海水养殖产值呈现逐步上升趋势，2017~2018 年澳大利亚海水养殖总产值约为 10 亿美元，占总体水产养殖的 72%。海洋捕捞业中岩虾、对虾和鲍鱼野生捕捞占主导地位，能够占到总体捕捞产品的 64%。2017~2018 年，澳大利亚野生捕捞渔业总产值为 18 亿美元，三大野生捕捞区域（西澳大利亚、联邦海洋地区和南澳大利亚）的捕捞产值达到了 67%。

受疫情反复的影响，澳大利亚海洋渔业结构不断变化，海水产品的贸易结构也随着市场变化不断调整。从澳大利亚的统计数据来看，澳大利亚的海水产品主要出口到亚洲市场，且出现了逐年上涨的趋势。新冠肺炎疫情对澳大利亚海水产品的出口搅动很大，2019~2020年海水产品的进口额也下降了4%，仅为22亿美元。之后，澳大利亚实行了国家渔业养殖战略，2020年，澳大利亚渔业养殖产值第一次超过了海水捕捞业。2021~2022年，澳大利亚水产养殖出现了意外强劲的增长，主要得益于养殖鲑鱼和食用牡蛎产品以及野生捕捞虾产品价格的上涨。海水产品价格的大幅上涨是海产品需求增加的必然结果，但是疫情的反复增加了渔业和水产养殖的投入成本。未来鲑鱼等海水产品的价格将保持高位，澳大利亚可能将维持高价海产品出口和低价海产品进口的趋势。在疫情影响不断、人口增长和收入增长等因素的驱动下，澳大利亚海洋渔业的产业结构将持续发生变化。

2. 海上天然气

2020~2021年，液化天然气已经成为澳大利亚第三大出口商品，出口量为7770万吨，产值为305亿美元，直接就业人数达到22900人。澳大利亚的天然气储量遍布全国，近海常规储量占绝对地位，尤其是西澳大利亚和北领地拥有最大的储量。2017~2018年，澳大利亚天然气生产的总产值为460亿美元，其中西澳大利亚的天然气产量的产值达到了259亿美元。受疫情和国际局势的影响，澳大利亚天然气出口出现了新的增长，2021年液化天然气生产出口量达到了8023万吨，同比增长了3%，超过了卡特尔，成为全球第一的天然气生产国。

疫情之后，全球需求的变化为澳大利亚天然气产业的发展创造了更多新的机会，尤其是对于洁净能源的需求，澳大利亚凭借着创新和技术优势，为传统的出口市场提供新的服务。澳大利亚致力于到2050年实现净零排放，因此制定了长期减排计划，以降低洁净能源成本。2022年5月，澳大利亚政府发布了《技术投资路线图》，希望通过集中政府投资来推动低排放技术流程的使用与推广。在此基础上，澳大利亚还推出了《长期减排计划》，以减排技术的推动来创造就业机会和新技术发展。澳大利亚短期内生产的低排放天然气，中长期生产的清洁氢气，在国际天然气市场上具有强劲竞争力。

同时澳大利亚已经布局了 11 个主要的天然气市场，与中国、日本、韩国等亚洲国家建立了市场互动渠道，将进一步加强和开发新兴天然气市场（印度、印度尼西亚和孟加拉国）的需求与联系。

3. 新兴海洋产业

（1）海水淡化产业

据联合国粮农组织统计，全球淡水只占水资源的 2.5%，海水占 97.5%，开发海水淡化工程是解决沿海地区淡水资源短缺的重要途径。据国际海水淡化协会数据，2010~2020 年，全球海水淡化装机容量每年增长 7% 左右，全球有近 2 万家海水淡化厂，海水淡化能力达到每天 638 百万立方米。澳大利亚是个水资源十分短缺的国家，主要水源来自自然降水，强烈依赖大坝蓄水供水。在此背景下，澳大利亚很早就开始了海水淡化技术的研究，并取得了较好的成绩。澳大利亚大型海水淡化工程自 2007 年开始建设，并蓬勃发展起来，特别是 2006~2012 年，澳大利亚海水淡化能力实现指数级增长，在海水淡化技术的发展方面连连取得突破。

澳大利亚作为淡水紧缺国家，对于海水淡化工程的发展极为重视，但在海水淡化推进过程中，也极为重视相关的海洋环境问题。为了从海洋环境保护和海水淡化科研两个方面推进海水淡化能力，制定了《海洋及河口监测程序》，明确海水淡化拥有保障国家水安全的作用，针对海水淡化的环保问题健全现有法规和标准，并严格监督执法。在海水淡化科研方面，统筹国家现有资源和智库，制定科学的淡化技术发展路线图，并在特定领域不断攻坚实现技术突破。澳大利亚不仅在热门的正渗透、石墨烯海水淡化等新兴技术领域占有先机，在太阳能海水淡化领域实现了突破，可以实现 30 分钟将海水淡化达到安全饮用水标准，且能实现每公斤 MOF 每天生产 139.5 公斤淡水的高产能。

（2）海洋可再生能源资源

海洋可再生能源资源指的是蕴藏于海洋中的可再生能源，如潮汐能、波浪能、海流能等。根据《全球可再生能源现状报告 2021》数据，全球各国对于可再生能源的投入与调整逐步加快，可再生能源成为经济发展的新增长

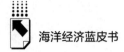

点。数据显示，过去十年间，化石能源占终端能源消费比重基本没有变化，保持在 80% 的水平上，新增装机容量多为可再生能源。在当前全球可再生能源中，海洋发电仅有 0.02%，所占比例最小。目前海洋能基本上处于研发初期阶段，海洋发电项目侧重于规模相对较小的示范项目和不到 1MW 的试点项目。全球新增的海洋发电总装机容量约 624.6MW，潮流能和波浪能分别占 58% 和 39%。2017~2020 年，海洋能市场融资规模却在逐年上升，2020 年全球海洋能市场的融资金额达到 3.6 亿美元，相较 2019 年增长 9%。

总体来看，海洋能具有强大的开发潜力，市场需求也在不断拓展。海洋能开发技能服务于海洋资源利用，又能缓解能源紧缺，因此世界各国都很重视对海洋能的研发和海洋能产业的规划与监管。澳大利亚作为一个拥有 2.6 万千米海岸线的国家，海上风能成为其海洋可再生能源的重要领域，海洋波浪能、潮流能的利用潜力巨大。据英联邦科学与工业研究组织（CSIRO）发布的《2015-2025：海洋可再生能源》报告，从市场机遇挑战来评估，澳大利亚海洋能可居世界首位，到 2025 年澳大利亚海洋能可满足 10% 以上的电力需求。澳大利亚的 Carnegie 波浪能公司已经完成了珀斯波浪能项目，把世界一流的 CETO 波浪能技术融入海岛电网，预计发电量可以供 2000~3000 户家庭使用。为了进一步促进海洋可再生能源产业的发展，2021 年澳大利亚政府出台了新法案——《海上电力基础设施法案 2021》，该法案为海上电力项目的建设、运营、维护和退役建立了框架，对推动澳大利亚海洋新能源发展起到了重要作用。

二 澳大利亚海洋经济发展战略分析

（一）健全海洋经济发展机制

澳大利亚作为传统的海洋国家，在长时间的探索与实践中，建立了健全的海洋经济发展体制机制。不仅如此，在海洋新兴产业发展过程中，也不断因时制宜制定相关法律法规，对海洋新兴产业进行监测与管理。不仅是海洋新兴产业发展得到了有效的支持，同时海洋新兴产业对于海洋环境保护的影响也得到重视，将海洋资源开发与海洋环境保护紧密的联系起来。

（二）重视海洋生态保护策略

澳大利亚极为重视海洋环境保护，不仅设立了"环境警察"这一独有的执法队伍，还为环境保护制定了 50 余个法律法规，各项规定条款更是近百个。澳大利亚的大堡礁是澳大利亚发展海洋旅游的重要资源，即使在疫情的搅动下，2021 年澳大利亚的海洋旅游产业也实现了一定程度的增长。但海洋酸化、海洋塑料污染已经影响到澳大利亚大堡礁，对澳大利亚经济和海洋生态系统均造成了极大冲击，成为澳大利亚海洋环境保护不得不面对的问题。因此澳大利亚极其重视在海洋资源开发过程中对于海洋环境的监测与管理，同时积极响应国际环境保护政策，实施长期减排战略，并制定了 2050 年实现零排放计划。

（三）促进海洋科学技术发展

通过海洋科技发展，布局海洋产业，支持海洋新兴产业发展，是澳大利亚海洋经济发展的模式。澳大利亚不仅通过不断地提升海洋新兴产业的领先技术，占领海洋新兴产业市场，满足国内市场对于海洋新能源、海水淡化等的需求，也通过不断地布局高端科技，在国际上占领技术领先地位。同时还紧跟国际市场的需求，不断研发和提升清洁能源技术，如清洁氢技术等，通过技术领先来提升海洋产业在国际市场的竞争力。

三 澳大利亚海洋经济发展对中国海洋经济发展的启示

（一）完善法律法规体系，保障海洋经济发展

从澳大利亚海洋经济发展来看，其对于海洋产业发展和海洋环境保护建立了严格的法律法规体系，而且澳大利亚的法律法规的制定紧跟海洋经济活

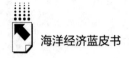

动，以法规来促进海洋经济的可持续发展。以海洋新兴产业为例，海水淡化工程和海洋可再生能源都是澳大利亚解决未来海洋发展难题的关键点。澳大利亚在发展海洋新兴产业过程中，及时地以法律法规来规范产业活动，对海洋产业进行指导与引导，促进海洋新兴产业健康发展。对于传统的海洋产业，以海上天然气为例，紧跟国际市场需求，制定短期、中长期实施战略，并对计划实施进行了科学的论证。在发展战略制定及实施过程中，鼓励经济发展的相关利益主体都参与进去，从而形成综合性的、可行性的政策、方案和规划。我国在推动海洋经济可持续发展中，虽然也制定了相关的产业政策，但分属不同部门，不具有统一性，政策只具有一定的指导作用，对海洋产业统筹、海洋产业规制不具有可操作性。澳大利亚实施了严格的海洋发展政策，对我国海洋发展政策制定具有很强的借鉴意义。

（二）加强海洋科技投入，推动海洋经济发展

在世界海洋经济发展趋势下，海洋经济依然是解决各种问题的突破点。受疫情搅动和国际局势影响，海洋经济强劲的复苏能力以及应对未来人类需求的能力，也成为各国推动海洋经济可持续发展的动力。为适应国际市场需求，澳大利亚不断调整自身的海洋产业结构，并通过海洋科技的提前布局和高端技术领域的突破抢占了先机。我国在未来发展海洋经济过程中，也应该更加重视海洋科技的投入，结合市场需求对科技研发的重点领域进行突破。澳大利亚海洋科技计划不仅限于对技术方面的重视，还对海洋科技成果转化路径、海洋经济发展模式等内容设立项目，将其纳入整个海洋科技研究过程中，真正做到了海洋科技为海洋经济发展的所有环节服务。

（三）提升国际竞争力，推动海洋经济发展

从澳大利亚海洋经济发展来看，澳大利亚过于依赖国际市场，容易受到国际市场的影响。1970年后，澳大利亚积极拓展"印太"市场份额，以寻求稳定市场，加强了与中国、日本、韩国等的联系。近来更是想要通过加强与东盟的联系建立自贸易圈，深化区域一体化。澳大利亚因为海洋经济的发

展过度依赖国际市场，所以不得不断拓展国际市场范围。我国在海洋经济发展过程中，在明确世界海洋经济发展形势的基础上，要形成以国内大循环为主体、国内国际双循环的发展格局，也要更加重视国际市场的拓展，培养海洋经济发展的新优势，以强竞争力参与到国际合作与竞争中。

参考文献

周乐萍：《世界主要海洋国家海洋经济发展态势及对中国海洋经济发展的思考》，《中国海洋经济》2021年4月30日。

周秋麟：《世界海洋经济十年（2011-2021）》，《海洋经济》2021年第5期。

傅梦孜、刘兰芬：《全球海洋经济：认知差异、比较研究与中国的机遇》，《太平洋学报》2022年第1期。

周乐萍：《澳大利亚海洋经济发展特性及启示》，《海洋开发与管理》2021年第9期。

《澳大利亚区域地位重要性凸显　经济连续增长进入第28个年头》，澳华财经在线，2018年9月17日，http：//www.acbnews.com.au/industrynews/20180917-27282.html，最后访问日期：2022年6月21日。

刘旭：《澳大利亚：多边强化贸易关系》，2022年4月11日，https：//www.comnews.cn/content/2022-04/11/content_ 5786.html，最后访问日期：2022年7月10日。

游锡火：《澳大利亚海洋产业发展战略对中国的启示》，《环球瞭望》2020年第4期。

袁琚：《澳大利亚海洋科技计划比较分析》，《全球科技经济瞭望》2019年第2期。

张禄禄、臧晶晶：《主要极地国家的极地科技体制探究——以美国、俄罗斯和澳大利亚为例》，《极地研究》2017年第1期。

刘伟、张铭：《澳大利亚环境友好型海水淡化产业发展分析》，《海洋经济》2015年第5期。

姜旭朝、刘铁鹰：《国内外海洋经济统计核算与贡献测度的实践研究》，《中国海洋经济》2016年第1期。

《2019年全球船市评述与2020年展望》，国际船舶网，2019年12月2日，http：//www.eworldship.com/html/2019/ship_ market_ observation_ 1202/154881.html，最后访问日期：2022年6月24日。

Goal 14, Conserve and sustainably use the oceans, seas and marine resources, https：//www.un.org/sustainabledevelopment/sustainable-development-goals/，最后访问日期：2022

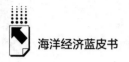

年 7 月 10 日。

UN, The sustainable development coals report 2021, https://www. sustaina bledevelopment. report/, 最后访问日期：2022 年 7 月 9 日。

Ocean Decade, 2022 UN ocean conference, https://www. oceandecade. org/un-ocean-conference/, 最后访问日期：2022 年 7 月 10 日。

OECD, rethinking innovation for sustainable ocean economy, 2019 年 2 月 14 日, 最后访问日期：2022 年 7 月 11 日。

International monetary fund, world economic outlook, 2022 年 4 月, https://www. imf. org/en/Publications/WEO/Issues/2022/04/19/world-economic-outlook-april-2022, 最后访问日期：2022 年 7 月 10 日。

The LNG GIIGNL annual report 2022, http://www. jxngh. com/user/grand/www/202205/161510136i51. pdf, 最后访问日期：2022 年 7 月 10 日。

The Australian LNG industry, https://www. industry. gov. au/data-and-publications/global-resources-strategy-commodity-report-liquefied-natural-gas/the-australian-lng-industry#footnote-1, 最后访问日期：2022 年 7 月 10 日。

Desalination and water reuse by the numbers, https://idadesal. org/, 最后访问日期：2022 年 7 月 11 日。

附　录
Appendices

B.24
国际国内海洋经济发展大事记[*]

一　国际篇

2021年

1月28日　英国《自然》杂志发表的一项动物学研究指出，1970年以来，全世界的海洋板鳃鱼（即知名的鲨、鳐、鲼、魟）数量减少了71%，这些海洋物种中有3/4以上处于濒临灭绝的状态；而同时发表的另一篇研究指出，全球海表温度在过去1.2万年里一直在上升。

1月29日　韩国国立海洋调查院表示，受全球气候变暖影响，到2100年韩国海域的海平面或将上升73cm（假设2006年海平面高度为零）。这与近30年（1990~2019年）约上升10cm的速度相比加快了两倍多。

---

[*]　根据自然资源部海洋动态、中国海洋信息网及国际海洋组织官网等权威公开网站资料整理所得。课题组成员：曹赟、杨尚成。

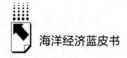

2月16日 大自然保护协会、美国国际开发署等机构联合发布《海岸恢复力蓝色指南》，提出将基于自然的解决方案纳入减少灾害风险规划，利用沿海生态系统的防护效益降低气候灾害风险，帮助风险规划者评估特定地点的环境、风险和可能的基于自然的解决方案，以及实施成本和取得成功所需的条件。

2月18日 欧洲全球海洋观测系统对欧盟委员会提出的"海洋观测—责任共享"计划做出回应，发布一系列研究报告和工作文件，就欧洲海洋观测协调机制的现状做出评估，并提出了优先事项和未来愿景。

3月2日 俄罗斯自然资源部发布消息称，俄罗斯科学家计划将在俄北极地区开展大规模考察活动，考察内容包括生态、生物、水文环境和气候变化等8个研究领域。

3月10日 由比利时行政部门和研究机构合作完成的《比利时海域监测方案更新草案》近日公布。新方案是对原有监测方案的首次更新，监测覆盖生物多样性、海底完整性、非本地物种、富营养化和污染问题等领域。

3月15日 地中海湿地倡议、地中海保护区网络、地中海小岛屿倡议、国际地中海森林协会等6个国际组织签署合作谅解备忘录，成立地中海生物多样性保护联盟。

4月20日 日本政府决定将福岛第一核电站的核污染水排入大海，引发国际社会广泛关注。

4月29日 由联合国教科文组织政府间海洋学委员会发起、比利时法兰德斯大区政府提供支持的海洋数据中心项目网站正式启动建设，促进海洋数据共享交流。

5月17日 欧盟委员会出台一项新方案，旨在推动欧盟海洋经济的可持续发展。根据这份方案，欧盟推动海洋经济发展的主要措施包括：开发海上可再生能源、减少海洋运输碳排放，实现碳中和及零污染目标；转向循环经济减少污染；保护生物多样性；在沿海发展绿色基础设施，保护海岸线；确保海产品的可持续生产；加强海洋空间管理，促进可持续利用海洋环境方面的合作等。

5月20日 第12届北极理事会部长级会议在冰岛雷克雅未克召开。

6月17日 在德国柏林召开的联合国海洋十年高级别启动大会正式发布了《海洋十年——北极行动计划》。

6月23日 中国常驻联合国副代表耿爽在《联合国海洋法公约》第31次缔约国会议上发言，对日本政府单方面决定以海洋排放方式处置福岛核电站事故污染水深表关切。

7月19~23日 第14届国际珊瑚礁研讨会以线上形式召开。

7月21日 联合国《生物多样性公约》秘书处发布"全球生物多样性框架"第一份正式草案，以指导到2030年全球保护自然应采取的行动。

8月18日 欧盟海洋和地图集项目发布《1993~2019年海平面趋势空间分布图》，显示了全球大部分海域海平面上升的幅度及变化程度。

8月26日 全球红树林联盟发布了《全球红树林状况》报告。报告由100余位来自科学、金融和政策领域的国际专家参与完成，聚焦红树林生态系统的效益、现状和全球发展趋势，概述了目前有关红树林研究的最新信息，以及正在实施的红树林保护行动，指明了未来红树林保护的方向。

9月23日 澳大利亚发布的一份名为"澳大利亚鲨鱼和鳐鱼行动计划2021"的报告称，通过首次对在澳所有鲨鱼、鳐鱼和银鲛（俗名鬼鲨）灭绝风险的全面评估后发现，澳大利亚水域中这些物种的12%正面临灭绝风险。

9月28日 联合国全球契约组织成立海洋管理联盟，以应对生物多样性和气候变化双重危机。

10月25日 联合国环境规划署资助的全球珊瑚礁监测网络发布了第六版《世界珊瑚礁现状报告（2020年）》。

10月29日 太平洋共同体召开第二十届海洋边界划定工作会议，以商讨南太平洋区域关于海洋边界划定的一系列法律及技术问题。

11月9日 《自然》杂志上一篇关于鲨鱼的调查报告强调，全世界很多珊瑚礁附近都没有鲨鱼的踪影，这意味着鲨鱼数量已稀少到无法在生态系统中发挥正常作用。

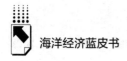

11月24日 世界气象组织发布《2020年西南太平洋气候状况》，这是该地区首份气候状况报告。

12月1~2日 2021年东亚海大会通过线上和线下方式在柬埔寨西哈努克市举办。

12月21日 英国环境署发布《海草床修复指南》，旨在为海草床修复与保护提供指导。指南介绍了海草床的生态重要性、当前面临的威胁、海草床修复项目选址与规划、不同种类海草床的修复途径、对海草床修复成效的监测等。

12月21日 由联合国教科文组织政府间海洋学委员会秘书处设立的"海洋科学十年数据协调小组第一届会议"召开。

2022年

1月13日 澳大利亚籍破冰船"南极光"号在南大洋完成了海底山脉测绘工作。

2月11日 "一个海洋"峰会高级别会议在法国西北部海滨城市布雷斯特举行，聚焦全球海洋保护和治理问题。

2月28日至3月2日 联合国环境大会在肯尼亚首都内罗毕举行，上百个国家讨论制定首个应对塑料危机的全球条约。

3月22日 中国生态环境部部长黄润秋在第十三届"摩纳哥蓝色倡议"活动中指出，中方倡议国际社会携手推动海洋生态环境高水平保护、蓝色经济高质量发展、全球海洋高雄心治理，共同打造和平海洋、合作海洋、美丽海洋。

3月28日 地球南北两极同时经历异常的高温，南极洲的部分地区比平均温度高出约40℃，北极地区的温度比平均温度高出约30℃。

4月5日 日本全国渔业协会联合会会长岸宏在与日本经济产业大臣萩生田光一会谈时再次重申坚决反对福岛第一核电站核污水排放入海的立场。

4月19日 联合国贸易与发展会议第四届海洋论坛在瑞士日内瓦举行。

5月17日 巴拿马环境部部长米尔希亚德斯·康塞普西翁宣布，政府计划对本国海域中珊瑚和海藻等的分布现状开展调研，绘制一幅近 300 平方公里的海洋生态系统保护地图。

5 月 20 日 联合国全球地理信息知识与创新中心成立仪式以线上方式举行。

5 月 26 日 欧盟委员会发布《欧盟蓝色经济报告 2022》。

二 国内篇

2021年

1 月 4 日 自然资源部国家海洋信息中心基于海洋观测网及相关数据，编制完成《中国气候变化海洋蓝皮书（2020）》，公布了全球、中国近海关键海洋要素的最新监测信息。

1 月 6 日 由自然资源部海洋预警监测司组织自然资源部海洋减灾中心等单位编制的《海洋灾害调查和影响评估技术指南》和《海洋灾情核查技术指南》两项团体标准正式发布实施。

1 月 7 日 广东省测绘学会海洋测绘专业委员会主任委员工作会议在南海调查技术中心召开。

1 月 10 日 全国首个海底数据舱在珠海高栏港揭幕，这标志着我国大数据中心走进了"海洋时代"。

1 月 20 日 湿地保护法草案初次提请全国人大常委会会议审议。这是我国首次针对湿地保护进行立法，拟从湿地生态系统的整体性和系统性出发，建立完整的湿地保护法律制度体系。

2 月 2 日 国家林草局发布《中国国际重要湿地生态状况》白皮书。

2 月 3 日 第十二轮中日海洋事务高级别磋商以视频方式举行。

2 月 19 日 自然资源部第一海洋研究所"向阳红 01"船顺利抵达青岛母港，标志着"2020 印度洋岩石圈构造演化科学考察航次"科考任务圆满完成。

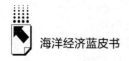

2月24日　青岛市海洋发展局、青岛西海岸新区管委、山东海洋集团有限公司就共建青岛国家深远海绿色养殖试验区签订合作协议。

3月2日　根据2020年第28号中国国家标准公告,《GB/T 39632~2020海洋防灾减灾术语》推荐性国家标准获国家市场监督管理总局(国家标准化管理委员会)批准发布,于2021年7月1日起正式实施。

3月5日　国家卫星海洋应用中心主任、党委书记林明森就如何聚焦主责主业,形成全天候、全天时、全要素的海洋遥感卫星数据获取能力,提升海洋卫星定量化应用水平和支撑服务能力,介绍了我国海洋卫星"十三五"时期进展,以及"十四五"时期和2021年重点工作任务。

3月17日　由联合国教科文组织政府间海洋学委员会和自然资源部国际合作司主办,自然资源部第一海洋研究所和中国海洋发展基金会承办的海洋空间规划经验交流会(中国)以线上会议的形式召开。

3月23日　中国自然资源部所属的国家海洋技术中心、安提瓜和巴布达国蓝色经济部以视频形式召开"推行空间规划,助力蓝色经济"合作研讨会。

3月25日　国家海洋环境预报中心在浙江绍兴组织召开第十一届全国海洋预报台长会暨2021年度海洋灾害预测会。

4月6日　自然资源部海洋战略规划与经济司发布《2020年中国海洋经济统计公报》。

4月7日　中国首台"海牛Ⅱ号"海底大孔深保压取芯钻机系统在南海超2000米深水成功下钻231米,刷新世界深海海底钻机钻探深度。

4月12日　由自然资源部第二海洋研究所研究员吴自银和中国地质调查局青岛海洋地质研究所研究员温珍河牵头撰写的《中国近海海洋地质》专著由科学出版社出版发行。

4月13日　自然资源部发布《海洋安全生产管理标准体系》等10项推荐性行业标准。

4月21日　广东省国土资源测绘院组织技术人员前往江门市台山市鱼塘湾、上川岛和下川岛等六地开展实地踏勘,并在台山市广海湾海域开展了

"十四五"粤港澳大湾区海岸带测绘地理信息工程项目试点工作。

5月7日 "雪龙2"船返回上海国内基地码头，标志着中国第37次南极考察圆满完成。

5月8日 中国地质大学（北京）海洋与极地研究中心成立并揭牌。

5月20日 联合国环境规划署东亚海协作体东亚海国家海洋和海岸带空间规划制度和实施评估报告研讨会通过线上会议形式召开。

5月25日 五峙山鸟岛联合保护协同中心成立仪式在浙江省舟山市举行。

5月26日 生态环境部举行5月例行新闻发布会。

6月4日 交通运输部根据《交通强国建设纲要》《国家综合立体交通网规划纲要》要求，以及"十四五"综合交通规划的一系列要求，组织编制了《海事系统"十四五"发展规划》

6月8日 联合国"海洋科学促进可持续发展十年"（简称"海洋十年"）中国研讨会在山东省青岛市召开。

6月8日 由世界银行集团国际金融公司和自然资源部第一海洋研究所提供技术指导、试点银行青岛银行具体推进的国内首个"蓝色金融"项目，在山东青岛发布"蓝色金融"品牌。

6月10日 第三届"国家海洋战略与创新能力建设"暨"长兴奋起"高峰论坛在上海交通大学举办。

6月25日 舟山智慧海洋产业工程师协同创新中心在中国（舟山）海洋科学城正式启用。

7月12日 由自然资源部（国家海洋局）和贵州省人民政府联合主办的海洋生态保护论坛在贵州贵阳召开，主题为"基于自然解决方案的海洋生态保护修复实践"。

7月16日 浙江省舟山市委常委、组织部部长蒲晓斌一行到自然资源部第二海洋研究所调研，并与海洋二所副所长郑玉龙、陈建芳等进行了座谈。双方就东海实验室（智慧海洋实验室）建设与市所战略合作相关事宜开展了深入交流。

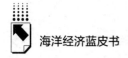

7月19日 自然资源部办公厅印发《海洋生态修复技术指南（试行）》，旨在提高海洋生态修复工作的科学化、规范化水平，通过生态修复，最大限度地修复受损和退化的海洋生态系统，恢复海岸自然地貌，改善海洋生态系统质量，提升海洋生态系统服务功能。

7月27日 由福建省大气探测技术保障中心牵头，联合国内行业院校研究所共同起草的气象行业标准《10米海洋气象锚碇浮标大修技术规范》正式发布，并于9月1日开始施行。

8月3日 "向阳红03"船圆满完成"上海交通大学2021年度深海采矿03航次"任务后返回三亚，停靠三亚南山港码头。

8月4日 在中国气象局8月例行发布会上，《中国气候变化蓝皮书（2021）》正式发布。

8月10日 科学技术部公布第三批"一带一路"联合实验室建设名单，中山大学获批建设中国—东盟海水养殖技术"一带一路"联合实验室。

8月17~18日 第17次亚太经济合作组织（APEC）海洋与渔业工作组会议以线上方式召开。

8月28日 中国海洋石油集团有限公司对外宣布，我国首个海上二氧化碳封存示范工程正式启动，将在南海珠江口盆地海底储层中永久封存二氧化碳超146万吨。

9月13日 青岛蓝谷海洋仪器共享平台、"蓝谷1号"近海测试科研平台正式对外发布。

9月18日 《国务院关于辽宁沿海经济带高质量发展规划的批复》公布。

9月22日 由全国海洋标准化技术委员会组织、国家海洋技术中心负责修订的《自动剖面漂流浮标》国家标准通过专家审查。

9月23~24日 2021中国极地科学学术年会在上海举行。

10月16日 深海技术科学太湖实验室召开第一届理事会第一次会议。

10月11~12日 以"科学数据与野外科学观测研究站"为主题的第七届（2021）中国科学数据大会在内蒙古自治区呼和浩特市召开。

10月20日 江苏省海洋渔业指挥部正式更名为江苏省海域执法监督

中心。

10 月 26 日　第七届中国-东南亚国家海洋合作论坛在广西北海召开。

11 月 8 日　"东方红 3"船返回山东青岛码头，标志着国家自然科学基金共享航次计划"西太平洋复杂地形对能量串级和物质输运的影响及作用机理"重大科学考察航次完成第一航段科考任务。

11 月 9~10 日　由中国-东南亚南海研究中心、中国南海研究院和中国海洋发展基金会共同主办的 2021 海洋合作与治理论坛在三亚成功举办。

11 月 14 日　"向阳红 03"顺利返航，中国大洋第 69 航次（先驱第 1 航次）圆满完成任务。

11 月 20 日　中国海洋学会、集美大学、中国海洋大学联合举办 2021 中国海洋经济（国际）论坛，本次论坛主题是"海洋经济高质量发展与现代海洋产业体系构建"。

12 月　自然资源部办公厅印发《全国海洋生态预警监测总体方案（2021-2025 年）》，统筹推进"十四五"海洋生态预警监测体系建设和任务实施，以满足自然资源管理需求。

12 月 20 日　自然资源部国家海洋信息中心基于海洋观测网及相关数据，编制完成《中国气候变化海洋蓝皮书（2021）》，公布了全球、中国近海关键海洋要素的最新监测信息。

12 月 26 日　三亚海底数据中心项目签约暨绿色低碳信息基础设施产业推进会举行。

2022年

1 月 6 日　自然资源部南海局所属南海调查技术中心顺利完成"漂浮式海上风电成套装备研制及应用示范项目"海洋环境安全保障浮标的布放任务，助力国内首套深水工况浮式风电平台建设。

1 月 11 日　上海市政府发布《2022 年上海市扩大有效投资稳定经济发展的若干政策措施》。

1 月 20 日　以海底光缆制造为主营业务的中天科技集团发布"绿色低

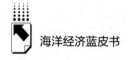

碳制造行动方案（2021～2030）"。该方案聚焦可持续发展，提出大力建设以新能源为主体的新型电力系统，大力建设绿色低碳制造体系，强力推进制造业数字化、服务化和绿色低碳化，助力实现碳达峰、碳中和目标。

1月25日 国家海洋环境预报中心召开2022年度工作会议。

2月8日 山东青岛西海岸新区春季重点项目集中开工活动举行，潍柴（青岛）海洋装备制造中心等125个重点项目同时开工。

2月14日 山东全省海洋工作会议在济南召开。

2月17日 福建省海洋经济项目融资对接会在福州举行。

2月18日 国家新闻出版署印发《出版业"十四五"时期发展规划》，公布了《"十四五"时期国家重点图书、音像、电子出版物出版专项规划》。自然资源部海洋发展战略研究所科研人员作为主编和著作者的3项图书项目全部入选。

3月3日 山东省委、省政府印发《海洋强省建设行动计划》，九大行动纲举目张，强力启动山东新一轮海洋强省建设。

3月18日 自然资源部第三海洋研究所与厦门市海洋发展局就共建厦门海洋生物基因库签订框架协议。

3月18日 中国海商法协会、中国海事仲裁委员会在北京联合召开新闻发布会，同步发布《中国海商法协会临时仲裁规则》《中国海事仲裁委员会临时仲裁服务规则》。两规则于2022年3月18日起同步施行。

3月24日 国家海洋环境预报中心在北京召开了2022年度全国海洋灾害预测会，本次会议的主要任务是落实自然资源部关于做好海洋预警报工作的要求，总结2021年海洋灾害预警报工作的经验教训，共同研判今年海洋灾害发展趋势，提出年度海洋灾害预测意见，为各级政府、涉海部门以及相关企业提供防灾减灾决策服务信息。

3月24～27日 浙江大学、澳门大学共同组织召开国家重点研发计划项目（战略性科技创新合作重点专项）"风暴潮过程中澳门海域的峡道增水机制与灾害预警报技术"的项目启动暨实施方案评审会。

4月7日 我国首个海洋监视监测雷达卫星星座正式建成。

4月10日 "向阳红18"科考船顺利起航，执行"国家自然科学基金委共享航次计划2021年度东海科学考察实验研究暨东海跨陆架碳输送过程研究"航次春季航段。

4月11日 自然资源部南海局与汕头大学在线签订合作框架协议，通过共建共享创新平台、强化科研交流合作、联合培育人才等方式推进实质性合作，形成长期稳定的创新合作关系。

4月19日 中新天津生态城管委会与国家海洋技术中心签署《战略合作框架协议》，建立长期战略伙伴关系，在海洋规划论证、海洋生态修复与监测、信息系统建设等领域深入合作，加强海洋生态文明建设，促进海洋科研成果转化应用，"携手"守护海洋，助推蓝色经济发展。

4月20日 自然资源部海洋战略规划与经济司、深圳证券交易所联合举办海洋经济碳中和专题在线培训。

5月17日 自然资源部办公厅印发《关于组织开展2022年世界海洋日暨全国海洋宣传日主题宣传活动的通知》，明确2022年世界海洋日暨全国海洋宣传日主题为"保护海洋生态系统人与自然和谐共生"，且"十四五"期间沿用该主题。

5月19日 国际标准化组织（ISO）发布《船舶与海洋技术-海底地震仪主动源探测技术导则》，这是由我国主持制定的首项海洋地球物理调查国际标准。

5月23日 我国首个海洋领域国家基础科学中心——海洋碳汇与生物地球化学过程基础科学中心，获得国家自然科学基金委员会的批准立项，在厦门启动。

5月26日 生态环境部发布《2021年中国海洋生态环境状况公报》。

6月8日 广东省自然资源厅在阳江举行新闻发布会，正式发布《广东海洋经济发展报告（2022）》。

6月8日 2022年世界海洋日暨全国海洋宣传日主场活动在广西北海举行。

B.25
中国海洋经济主要指标统计数据

表 1 中国海洋经济主要指标数据（2006~2021 年）

年份	GDP（亿元）	海洋生产总值(亿元)	GOP/GDP（%）	海洋第一产业（亿元）	海洋第二产业（亿元）	海洋第三产业（亿元）	涉海就业人数（万人）
2006	219438.5	21592.4	9.84	1228.8	10217.8	10145.7	2960.3
2007	270092.3	25618.7	9.49	1395.4	12011.0	12212.3	3151.3
2008	319244.6	29718	9.31	1694.3	13735.3	14288.4	3218.3
2009	348517.7	32161.9	9.23	1857.7	14926.5	15377.6	3270.6
2010	412119.3	39619.2	9.61	2008.0	18919.6	18691.6	3350.8
2011	487940.2	45580.4	9.34	2381.9	21667.6	21530.8	3421.7
2012	538580.0	50172.9	9.32	2670.6	23450.2	24052.1	3468.8
2013	592963.2	54718.3	9.23	3037.7	24608.9	27071.7	3514.3
2014	641280.6	60699.1	9.47	3109.5	26660.0	30929.6	3553.7
2015	685992.9	65534.4	9.55	3327.7	27671.9	34534.8	3588.5
2016	740060.8	69693.7	9.42	3570.9	27666.6	38456.2	3622.5
2017	820754.3	76749.0	9.35	3628.1	28951.9	44169.0	3657.0
2018	900309.5	83414.8	9.27	3640.2	30858.5	48916.1	3684.0
2019	990865.1	89415.0	9.02	3729.0	31987.0	53700.0	—
2020	1008782.5	80010.0	7.93	3896.0	26741.0	49373.0	—
2021	1143670.0	90385.0	7.90	4562.0	30188.0	55635.0	—

资料来源：《中国海洋统计年鉴》《中国海洋经济统计年鉴》《中国海洋经济统计公报》。

Abstract

Blue Book of Marine Economy: *Annual Report on the Development of China's Marine Economy* (2021 - 2022) was jointly written by the research group of "Analysis and Forecast of China's Marine Economic Situation" and experts and scholars from many sea-related universities and research institutes involved at home and abroad. The book is divided into 7 parts, including 24 chapters of research reports, annual memorabilia of international and domestic marine economic development and main statistical data of domestic marine economy.

Currently, we live at a time when changes unseen in a century are taking place. The challenge of COVID-19 epidemic is still not over in the world. The sudden Russia-Ukraine conflict on the European continent has added new uncertainties to the already confusing international economic and political situation; in order to maintain its global hegemony, the United States constantly provokes new troubles. NATO alliance and Asia-Pacific alliance led by the United States and Europe constantly create new conflicts around the world, and the pressure of global economic recession does not improve. China is still faced with major problems such as economic downward pressure, industrial structure adjustment, and transformation of development mode. However, the development of China is still in and will be in an important period of strategic opportunities for a long time, and the macro-economy of China will still maintain a long-term positive development trend.

2021 is the first year of "14th Five-Year Plan" in China; the reorganization of the national centralized management department of marine affairs, the establishment of free trade zones in coastal areas, the promotion of marine economic experimental demonstration zones, and the initiative of the Global

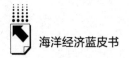

Community of Marine Destiny have all provided important opportunities for China's marine economy, so as to achieve growth and shift gears, improve green efficiency, and accelerate high-quality development and transformation. Facing the new economic situation at home and abroad, the development of marine economy, the layout of marine industry and the strategic space of marine at home and abroad have been extensively and deeply studied according to the strategic deployment of "14th Five-Year Plan", the report of the 19th National Congress of the Communist Party of China as well as *Blue Book of Marine Economy: Annual Report on the Development of China's Marine Economy (2021-2022)*, and starting from the actual situation of China's marine economy, the new problems faced by China's marine economic development as well as the perspectives of international standards, special topics and hot issues. With the struggle spirit of "creating the future, working hard and moving forward bravely", we greet the successful convening of the 20th National Congress of the Communist Party of China.

According to the report, under the guidance of national strategies and plans such as "maritime power", "land and sea coordination" and "the Belt and Road", China's marine economy has developed steadily, with structural transformation, innovation driven, green efficiency and high-quality development constantly improving, and new breakthroughs have been made in the total scale of the marine economy. However, there are still many problems in the development of China's marine economy, such as unbalanced industrial structure, uncoordinated marine economic relations, unbalanced regional development of the marine economy, and insignificant exploitation of the marine economic potential. China still faces such prominent problems as the slow development of marine high-tech industries, the low efficiency of marine economic output, the unclear foundation of the marine economy and marine resources, the lack of endogenous power of the marine economy, and the weak ability to resist external shocks. With the continuous development of marine high-tech and marine resources development, the transformation and upgrading of the marine industry have been promoted in an orderly manner. The state has high expectations for the emerging marine industry. However, in recent years, the development of China's emerging marine industry has not been satisfactory, and there is still a big gap between it and the positioning of "accelerator of marine economic development and strategic focus of marine economic development".

The report recommends that we should make full use of the strong support of major national strategies, plans and policies such as "maritime power", and take full advantage of the favorable conditions such as the "the Belt and Road" initiative, the regional comprehensive economic partnership agreement and the BRICs mechanism to effectively respond to global climate change and marine disaster risks, focus on enhancing the contribution rate and achievement transformation rate of marine science and technology, and focus on cultivating and developing leading industries of high-end marine science and technology, Strengthen the leading demonstration effect and spillover effect of the marine high-tech industry, extend the length of the marine industry chain, expand the breadth of the marine industry chain, tap the depth of the marine industry chain, and improve the output rate per unit area of the sea area and the efficiency of marine resources development and utilization; We will focus on improving the allocation efficiency of marine science and technology, talents, funds, land, ecology, environment and other economic, social and natural resources, vigorously promote the development of the marine digital economy, deeply tap the development potential of the marine economy, strengthen the balanced and stable development of the marine economy and the economic resilience of the marine environment, enhance the ability of the marine economy to withstand external shocks, actively promote the construction of smart marine projects, and improve the statistical accounting system of the marine economy and resources, We will continue to promote high-quality and sustainable development of the marine economy.

Keywords: Marine Economy; Coordination of Land an Sea; High-Quality Development

Contents

I General Report

Abstract: From 2020 to 2021, under the complex environment of global uncertainty, China's macro economy and Marine economy continued a relatively stable development trend. In 2021, the Marine economy achieved a good start of the " The Fourteenth Five-Year Plan " . The GOP increased by 8. 3% compared with 2020, contributing 8. 0% to the GDP. In 2022, with the major strategic achievements of China's epidemic prevention and control, under the new development pattern of " double cycle ", "high quality", "new concept" and the "Belt and Road" initiative, China's ability to deal with various risks will be improved significantly. China's comprehensive national strength and scientific and technological strength continue to strengthen, the marine economy will gradually return to the normal level of growth, the development model of the marine economy will be gradually adjusted, and China's marine economy and marine industry will develop steadily. Based on this, it is estimated that in 2022, GOP will reach about 9. 85 trillion yuan, and the actual growth rate will reach about 7. 50%. In 2023, although uncertain factors such as the impact of the global epidemic and the international geopolitical and economic environment are still not optimistic, the continuous recovery and development of the marine economy has not changed. The domestic economic and policy environment supporting the high-quality development of the marine economy continues to improve. It is estimated that GOP will exceed the 10 trillion yuan mark in 2023, reaching about 10.70 trillion yuan. It is suggested that on the basis of strict prevention and control of the global epidemic, we should calmly deal with the impact of uncertain factors such as international political economy and regional conflicts, and make full use of the favorable conditions such as the " Regional Comprehensive Economic Partnership" and "BRICS Mechanism" to further improve the quality of marine ecological resources and environment, and continue to enhance the resilience of marine environment economy; Accelerate the promotion of the quality and efficiency of the marine industry, and optimize the spatial structure and layout of the marine economy; Improve emergency response plans for public security incidents, focus on improving marine administrative management capabilities, and cultivate and strengthen the financing momentum of marine-related enterprises; Stimulate the vitality of independent innovation in marine science and technology, and actively promote the construction of smart marine engineering; Improve the statistical and accounting system of the marine economy and strengthen the development of the marine digital economy. From 2022 to 2023, we should focus on the following tasks: accelerate the construction of major marine engineering projects, further promote the development of strategic emerging industries, and focus on strengthening marine scientific and technological innovation and achievement transformation capabilities; Further improve the modern marine industry system, focus on improving the output efficiency of the marine economy, fulling tapping the potential of the Marine economy, and focus on strengthening the balanced and stable development of the marine economy and the ability to resist external shocks; Continue to optimize the marine ecological environment, increase the control and management capabilities of marine pollution control, and effectively respond to global climate change and marine disaster risks. Focus on promoting the upgrading of high-end, green and intelligent marine industries, and continue to promote the high-quality and sustainable development of the marine economy.

Keywords: Marine Economy; Industrial Structure; High-Quality Development

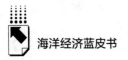

II   Industry Reports

B．2   Analysis of the Development Situation of China's Major

Marine Industries   *Huang Chong, Gu Haolei and Miao Yuqing* / 037

Abstract: The new growth pole for the future development of China's national economy is the marine economy, and the marine economy has gradually become the blue engine leading China's economic growth. China's marine industry is mainly divided into traditional and emerging marine industries. The traditional marine industry is the backbone of China's rapid growth of the marine economy and occupies a global position in the development of China's marine economy. Marine emerging industries are at the high end of China's marine industry chain. Cultivating and growing marine emerging industries has become an important measure to promote the high-quality development of China's marine economy. This report first compares the development status of China's traditional and emerging marine industries in detail. Secondly, the Dagum Gini coefficient decomposition method is used to analyze the added value of traditional marine industries and emerging marine industries in China, focusing on analyzing the differences between traditional marine industries and emerging marine industries, and researching the differences between different marine industries in China and their dynamic evolution laws. Also, the constraints of China's traditional and emerging marine industries are discussed, respectively. Finally, the paper proposes countermeasure suggestions for the future development of China's traditional marine industry from the aspects of focusing on the comprehensive management of the ecological environment, improving the toughness of the traditional marine industry, strengthening the degree of synergy and cooperation between industries, and promoting the transformation and upgrading of industrial development mode. It also puts forward countermeasure suggestions for the future development of China's emerging marine industries from various perspectives, such as attaching importance to breakthroughs in key technological innovation, improving the cultivation mechanism of marine talents, and encouraging multiple subjects to participate in the investment.

Keywords: Traditional Marine Industry; Emerging Marine Industry ; Dagum Gini Coefficient

B.3   Analysis on the Situation of Marine Scientific

Research, Education, Management and Service Industry

Yang Wendong / 061

Abstract: The marine scientific research, education, management and service industry is an important pillar in the marine tertiary industry. Since the beginning of the 21st century, China's marine scientific research, education, management and service industry has entered a rapid development lane, and has occupied an increasingly important position in the marine economic industry. Based on the analysis of the current situation of the marine scientific research, education, management and service industry, this report summarizes the development status of marine scientific research, education, management and service industry in China. Combined with the characteristics of economic development in the new era, the advantages and constraints of the development of the industry are systematically sorted out, and the future development of the marine scientific research, education, management and service industry in China is comprehensively predicted and prospected by using autoregressive moving average model, fractional prediction model and other prediction methods. At the same time, from the four dimensions of scientific research, education, environmental governance and administrative management, suggestions are put forward to improve the development level of China's marine scientific research, education, management and service industry, aiming to provide reference for the development of relevant industries, and help China's Marine industry to further high-quality development.

Keywords: Marine Scientific; Marine Management; Managed Service

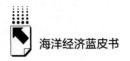
B . 4   Analysis and Prospect on the Development Situation of

Major Marine Related Industries   *Wang Lihong* / 080

Abstract: Major marine-related industries are an important factor in promoting the high-quality development of China's marine economy, and play an important auxiliary role in the growth of marine economy and the development of major marine industries. In 2021, the added value of major marine related industries increased by 8% compared with 2020, accounting for 34. 18% of the country's gross marine product, basically returning to pre-COVID-19 levels. The main related industrial structure of the ocean continues to be optimized, the types of sea-related products are continuously improved, the industrial chain and related supporting facilities are continuously improved, and the promotion, application and transformation of scientific and technological achievements are accelerated, which strongly supports the stability and sustainable development of China's marine economy. This report systematically sorts out and analyzes the development status and constraints of China's major marine related industries, and puts forward relevant suggestions from cultivate and strengthen the main body of enterprises and promote the effect of industrial agglomeration; strengthen the cultivation of scientific and technological talents, and collaborative innovation of production, education and research; protect the marine ecological environment and improve the utilization rate of resources; strengthen policy support and institutional guarantees.

Keywords: Major Marine Related Industries; Marine Economy; Industrial Agglomeration

B . 5   Analysis and Prospect of the Development Situation of

China's Marine Fisheries   *Zhao Aiwu* , *Sun Zhenzhen* / 093

Abstract: Decoupling carbon emissions from economic growth is the key for developing countries to break through the "double carbon" constraint and solve the "dilemma" between economic development and environmental protection. This report combines the goal of emission reduction with increasing carbon sinks, adopts the fishery mariculture panel data from 2010 to 2019 in China, and constructs a Tapio decoupling index model to analyze the decoupling characteristics of fishery mariculture net carbon emissions and fishery economic growth, based on the calculation of fishery mariculture net carbon emissions, and uses LMDI model and Tapio decoupling effort index model to explore the contribution of various provinces and factors to the decoupling of net carbon emissions from fishery mariculture and fishery economic growth. On this basis, this report predicts the decoupling relationship between net carbon emissions and economic growth from fishery mariculture, and puts forward corresponding countermeasures and suggestions accordingly.

Keywords: Fishery Mariculture; Net Carbon Emissions; Decoupling Analysis

III Regional Reports

B.6 Analysis on the Development Situation of Marine
Economy in the Northern Ocean Circle

Di Qianbin, Zhao Xue / 111

Abstract: The ocean is a strategic place for high-quality development, and the high-quality development of marine economy can provide a strong driving force for the construction of a new economic development pattern. Based on the analysis of the current situation of the marine economy in the northern marine economic circle, this paper constructs an evaluation index system for the high-quality development of the regional marine economy with the new development concept as the core, and comprehensively measures the high-quality development level of the marine economy in the northern marine economic circle from the three

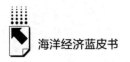

dimensions of the marine economic system, the marine resources and environment system and the marine social system. This paper uses the threshold model to explore the driving factors that affect the high-quality development of marine economy in the northern marine economic circle. Finally, through the grey GM (1, 1) model, this paper predicts and analyzes the development trend of the marine economy in the northern marine economic circle from the two directions of development level and development mechanism, and puts forward relevant suggestions to promote the high-quality development of the marine economy in the northern marine economic circle.

Keywords: Marine Economy; High-quality Development; Northern Marine Economic Circle

B.7   Analysis on the Development Situation of Marine

Economy in Southern Marine Economic Zone   *Du Jun* / 134

Abstract: The Southern Marine Economic Zone occupies a leading position among the three major marine economic circles, and its structure of the marine industry is relatively stable and continuously optimized. From 2001 to 2021, the gross marine production value of Southern Marine Economic Zone increased steadily, and the proportion of the Southern Marine Economic Zone 's GOP to the national GOP increased from 25.7% in 2001 to 40.8% in 2019. However, due to the impact of COVID-19, this proportion has dropped in 2020. With the resumption of work and production and social and economic recovery in 2021, this proportion has risen to 39.3% in 2021. With the continuous enhancement of China's comprehensive strength and marine innovation capabilities, coupled with the support of the marine "14th Five-Year Plan" and the " The Belt and Road " and other policies, it is expected that GOP of Southern Marine Economic Zone will reach 4, 000 billion yuan in 2022, and by 2023 it is expected to reach about 4.33 trillion yuan. The investment in marine science and technology can promote the development of marine economy, but the investment in marine capital is unreasonable. At present, the uneven development of the marine economy in the Southern Marine Economic Zone is prominent. Guangdong and Fujian have obvious advantages, while the gap between Hainan and Guangxi is obvious. In order to continuously optimize the marine industrial structure and marine spatial layout of the Southern Marine Economic Zone, continuously improve the technological innovation capability of the Southern Marine Economic Zone, and maintain the security, stability and high-quality development of the national marine economy, policy recommendations for the development of marine economy in the southern oceanic circle are put forward.

Keywords: Southern Marine Economic Zone; Marine Economy; Marine Industry; Incremental Analysis

B.8　Analysis on the Development Situation of Marine
　　　　Economy in the Eastern Marine Circle

Chen Ye, Nie Quanhui / 159

Abstract: Since 2012, the scale of the marine economy in the eastern marine economic circle has always maintained a relatively rapid growth trend. Since the COVID-19 was gradually controlled in 2021, the gross ocean product of the eastern marine economy began to rise sharply, with an overall growth rate of 12.85%. From the absolute value of added value, the added value of the three marine industries in the eastern marine economic circle shows an increasing trend year by year. Since June 2021, Shanghai, Zhejiang and Jiangsu in the eastern marine economic circle have successively released the "14th five year plan" for marine or marine economy. The plan focuses on the high-quality development of marine economy, with many highlights. Through the method of cluster analysis, this paper classifies Shanghai, Zhejiang and Jiangsu in the eastern marine economic circle, and finds that within the eastern marine economic circle, the marine economic development of Zhejiang Province is relatively close to that of Jiangsu Province,

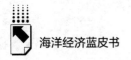
海洋经济蓝皮书

which can be classified into one category, and Shanghai is another category. The introduction of The Outline Of The Yangtze River Delta Regional Integration Development Plan plays a very important role in promoting the coordinated development of the eastern marine economic circle. In order to better develop the marine economy of the eastern marine economic circle, it is suggested to take the Yangtze River Delta regional integration development strategy as an opportunity to optimize the structure and layout of marine industry, develop marine renewable energy industry, develop coastal tourism, improve the intelligent level of marine industry and guide the development of marine industry agglomeration.

Keywords: Eastern Marine Circle; Marine Economy; Marine Industry; Yangtze River Delta Regional Integration Development Strategy

B.9 Analysis on the Overall Planning and Coordinated
Development of China's Land and Sea Economy

Jin Xue / 183

Abstract: At present, countries all over the world attach great importance to the development of marine economy, and China has also issued many corresponding policies and plans for the integrated development of sea and land. By analyzing the current situation of land and Sea economic overall planning and coordinated development in typical coastal provinces and cities in China, the influencing factors of land and Sea economic overall planning and coordinated development is clarified. On the one hand, the development level of strategic emerging industries in the industrial structure, the development of coastal industries, the homogenization of marine industrial structure and the length of marine industrial chain will all have an impact on the coordinated development of land and sea economy; On the other hand, spatial layout and marine resources and environment carrying capacity are also key factors; Finally, it calculates and compares the overall planning and coordinated development of land and sea economy from the comparative advantage of industry, the deviation of industrial structure and the coevolution coefficient of industrial structure, so as to provide some reference for scientifically formulating the strategic planning of overall planning and coordinated development of land and sea economy and green development.

Keywords: Land Sea Economy; Overall Development; Collaborative Evolution

B.10   Analysis on the Overall Planning and Coordinated Development of China's Land and Sea Economy

Liu Yilin, Lin Mingyue and Liu Xin / 211

Abstract: This paper analyzes and evaluates the marine territorial space development intensity of Hainan Province based on the marine space in the territorial space planning of Hainan Province, in terms of the current situation of sea area use and the marine space resources allowed to be used by the division of marine functional zones. The results show that the level of the index of the effect of sea area development resources is related to the area of the confirmed sea area and the total area of the jurisdictional sea area in each city and county, and the intensity of marine land space development has a positive impact on the development of marine economy, and the higher the intensity of marine land space development, the faster the marine economy development. Therefore, by summarizing and analyzing the policy guiding role of land and space planning on marine economy, we propose countermeasures and suggestions for land and space planning to guide the high-quality development of marine economy, so as to promote the transformation of circular marine economy model and advance the integrated development of land and sea economy.

Keywords: Territorial Spatial Planning; Ocean Economy ; Hainan

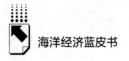

IV　Special Topics

Abstract: The development goal of China's marine economy has shifted from increasing the growth rate of the gross marine product to the high-quality development of the marine economy. In this context, an in-depth analysis of the level of high-quality development of the marine economy has important theoretical and practical significance for the realization of high-quality development of the marine economy and the maritime power strategy. Based on the new development stage and the new development concept, this paper analyses in depth the background and connotation of the high-quality development of the marine economy. From the perspective of factor productivity, the paper measures the green total factor productivity index of the marine economy and portrays its dynamic distribution and regional differences. Based on the new development concept, a comprehensive index of high-quality development of the marine economy, a high-quality development index of marine innovation, a high-quality development index of marine coordination, a high-quality development index of marine green, a high-quality development index of marine openness and a high-quality development index of marine sharing are constructed, and the comprehensive level and prospects of high-quality development of the marine economy are analyzed.

Keywords: Marine Economy; High-quality Development; Index System

Abstract: Accelerating the integration of marine economy into the new domestic and international "Dual Circulation" development pattern is the realistic path to build a powerful nation in marine economy. This paper focuses on the "Dual Circulation" development level and coupling coordination degree of China's marine economy. The conclusions are as following: ①The "Dual Circulation" development of China's marine economy is deteriorating year by year, and the level of external cycle is significantly higher than that of internal cycle. Among them, the Eastern Marine Economic Circle ranks the first, and the internal and external circulation of marine economy are both in the leading position. The internal circulation of marine economy in Jiangsu, Zhejiang and Guangdong are very prominent, and the internal circulation of marine economy in Guangdong is the absolute advantage; ②The "Dual Circulation" development of China's marine economy is in a state of mild imbalance, in which the Eastern, Southern and Northern Marine Economic Circles are near imbalance, near imbalance and moderately imbalance respectively. Among the coastal provinces, Guangdong is barely coordinated, Jiangsu, Shandong and Zhejiang are near imbalance; Shandong and Fujian are mild imbalance, Liaoning, Tianjin and Guangxi Zhuang Autonomous Region are moderately imbalance, Hebei and Hainan are seriously imbalance. In view of this, constructing a unified national market to provide impetus for the "Dual Circulation" of marine economy, building a modern marine industrial system to lay a solid foundation for the "Dual Circulation" of marine economy, and building an important hub of the "Dual Circulation" of marine economy with the construction of global marine central cities are the policy focus.

Keywords: "Dual Circulation" Development Pattern; Marine Economy; Coupling Coordination Degree

B.13 Analysis of the Linkage Relationship Between China's

Marine Economy and Regions *Shi Xiaoran* / 264

Abstract: At present, China's marine economy is booming, the marine economic growth rate is increasing year by year, and the marine economy has

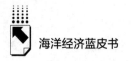
become an important driving force for national economic growth. In this paper, the northern, eastern and southern marine economic circles are selected as comparative analysis objects, and the linkage characteristics between marine development activities and regional economic development are quantitatively revealed through contribution, pull, relative growth rate, and measurement model regression, and the regression results of the three major economic circles are compared. The results show that the linkage between the marine industry and the regional economy in the eastern marine economic circle is the strongest, and the pull and indirect contribution are the highest; The marine industry in the southern marine economic circle has the strongest direct contribution to the regional economy, and has not yet formed a two-way circular promotion effect; The regional economy of the northern marine economic circle can effectively promote the development of the marine industry, but the development of the marine industry is relatively weak in promoting the regional economy. The internal factors of linkage differences between regions are mainly the allocation of marine resources and the economic development environment, the degree of coordinated development of sea and land, the matching of marine industry and regional economic correlation, and the difference in policy effects.

Keywords: Regional Linkage; Ocean Economy; Regional Economy

B.14   Analysis on the Development Situation of China's

Marine Digital Economy

Zhang Caixia, Wu Kejian and Gao Jintian / 289

Abstract: In the fast-changing era of big data, new industries, new technologies, new formats and new models of Marine economy are constantly emerging. The application of high and new technologies, such as cloud computing, big data, Internet of Things and artificial intelligence, has changed the production mode and development mode of traditional Marine industry. The development model of Marine digital economy with Marine industry digitalization and Marine digital industrialization as the core arises at the historic moment. This report puts forward the concept of Marine digital economy for the first time, aiming to explore the latest trend of coordinated promotion of digital economy and Marine economy, capture the current directions of integrated development of traditional Marine industry and intelligent information technology, and seek the latest path of high-quality development of Marine economy. Firstly, this paper defines and identifies the connotation, classification and characteristics of Marine digital economy, and then analyzes and expounds the development status of China's Marine digital economy from three perspectives: development overview, development environment and development framework. Secondly, it analyzes the development opportunities of China's digital economy from the perspectives of breakthrough of current development difficulties, information infrastructure construction and data factor market. Finally, it gives some policy suggestions for the development of China's digital economy.

Keywords: Digital Economy; Digital Ocean ; Marine Digital Economy

B. 15 Statistics and Accounting for the Value of China's

Marine Resources Assets   *Wang Shuhong* / 306

Abstract: The third Plenary Session of the 18th Central Committee of the Communist Party of China (CPC) proposed that " exploring the compilation of natural resources balance sheet, and carrying out natural resources assets outgoing audit for leading cadres" , which laid the policy cornerstone for the compilation of natural resources balance sheet. At the same time, with the proposal of marine power strategy, the compilation of marine resources balance sheet is particularly important to grasp the state of marine resources and realize the sustainable development of marine economy. Based on the research status at home and abroad, this part solves the basic problems such as the definition, classification and accounting methods of marine resources assets and liabilities, and puts forward specific accounting methods for marine living resources, mineral resources, coastline resources, wetland resources and island resources.

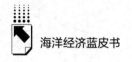

Keywords: Marine Resources Balance Sheet; Physical Quantity Accounting; Value Quantity Accounting

V Key Issues

B.16   Analysis on the Synergistic Effect on Composite

System for High-quality Development of

Marine Economy   *Guan Hongjun*, *Sun Zhenzhen* / 330

Abstract: As an open and complex adaptive system, the high-quality development composite system of marine economy realizes the evolution and development of the composite system through the synergy among the five subsystems of economy, science and technology, ecology, culture and society. Based on the perspective of composite system, this report analyzes the present situation of composite system for high-quality development of marine economy, establishes an evaluation index system for the synergy level of the composite system, constructs a subsystem order degree model and a composite system synergy degree model, calculates the subsystem order degree and composite system synergy degree by using the relevant data of 11 coastal provinces from 2010 to 2020, and analyzes the calculation results. On this basis, we forecast the development trend of the composite system, and put forward some policy suggestions to improve the coordination level of the composite system.

Keywords: Marine Economy; Composite System; Synergistic Effect; High-Quality Development

B.17   Analysis on the Impact of Marine Disasters on China's

Marine Economy

Research Group of "Study on the Economic Impact of Marine Disasters" / 354

Abstract: Marine disasters are the main obstacles to the sustainable development of China's marine economy. This paper systematically reviews the actual situation of marine disasters in China from 2019 to 2021, analyzes the temporal and spatial evolution characteristics of marine disasters and marine economy, and explores the relationship between marine disasters and marine economy from the perspective of endogenous economic growth by using differential GMM method and PVAR model. The results show that the frequency and direct economic losses of marine disasters in China gradually decrease, and storm surge disaster accounts for the highest proportion of direct economic loss of marine disaster in China. Furthermore, the southern marine economic zone is more vulnerable to marine disasters. Marine disasters have a negative impact on the marine economic growth of China and the three marine economic circles, and the negative impact has a duration. The negative impact of marine disasters on marine tertiary industry is particularly prominent. Therefore, China's coastal areas should build disaster prevention and mitigation system, improve the emergency management system, to ensure the smooth operation of marine economy. It is necessary to strengthen innovation in green marine science and technology, promote structural transformation of the marine economy, and enhance the resilience of the marine economy.

Keywords: Marine Disaster; Marine Economy; Disaster Prevention and Mitigation

B . 18 Analysis and Prospect of the Development Situation of China's Blue Carbon Economy

Liu Yaying, Xie Sumei / 373

Abstract: The blue carbon economy, that is, the ocean carbon sink economy, refers to the economy based on and at the core of the restoration of marine and coastal ecosystems, increasing carbon sinks and conducting market-based transactions. The development of the blue carbon economy is of great

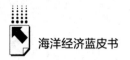
significance for improving the carbon sink capacity to achieve carbon neutrality, and promoting the construction of marine ecological civilization. Since the "Twelfth Five-Year Plan", my China's marine carbon sink has gradually been paid attention to, and the development of blue carbon economy has gradually ushered in a good opportunity for development. China's blue carbon resource endowment is superior, and its advantages in developing the blue carbon economy are increasingly prominent, while its disadvantages cannot be ignored, opportunities and challenges coexist. Under the background of China's promotion of the goal of achieving carbon peaking and carbon neutrality, with the continuous advancement of the construction of marine ecological civilization and the strategy of marine power, it is expected that my country's blue carbon trading market will gradually expand, the types of blue carbon development will be more diverse, and blue carbon marketization will promote the high-quality development of the blue carbon economy. In order to promote China's blue carbon economy to play an important role in responding to climate change and promoting the construction of marine ecological civilization, it is recommended to improve the policy guarantee system, strengthen blue carbon technology research, carry out blue carbon survey monitoring and evaluation, promote blue carbon market transactions, expand Strengthen research and continue to promote international exchanges and cooperation. In order to promote my country's blue carbon economy to play an important role in responding to climate change and promoting the construction of marine ecological civilization, it is suggested to strengthen research and continue to advance in improving the policy guarantee system, strengthening blue carbon technology research, conducting blue carbon investigation, monitoring and evaluation, promoting blue carbon market transactions, and expanding international exchanges and cooperation.

Keywords: Blue Carbon Economy; Blue Carbon Market; Blue Carbon Trading

B. 19   Analysis of Dual-carbon Target and China's Marine

Economic Development

He Yixiong，Wang Yanwei / 388

Abstract：China's marine economy in 2019－2021，China's marine economy has gone through some twists and turns，but the overall development trend is still good. During the same period，the overall carbon emissions are on the rise，and China still has a long way to go to achieve the goal of carbon peak. This report uses a dynamic spatial measurement model to analyze the impact of carbon emission on the development of China's marine economy. The results show that carbon emission has a significant negative impact on the development of marine economy，and the spatial spillover effect is also very obvious. To ensure the future sustainable development of marine economy high quality development，should adjust the marine industrial structure to adjust measures to local conditions，pay attention to the efficiency of marine economy，pay attention to the optimization of regional marine economic development mode，promote the development of industrial integration，continue to increase the proportion of green low carbon in marine economy，and make full use of digital means to provide new technologies and new ways for marine economic development.

Keywords：Carbon Emission；Marine Economy；High-quality Development

B. 20   Impact of Climate Change on China's

Marine Economy

Meng Zhaosu / 409

Abstract：The sixth report of the Intergovernmental Panel on Climate Change（IPCC）highlighted the negative role of the ocean in climate change mitigation and the dire effects of climate change on marine ecosystems. This study accelerated the impact of global climate change. Implementing the Marine economy strategy of sustainability and climate change adaptation is an unavoidable

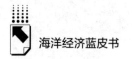

海洋经济蓝皮书

choice for China's Marine economy's high-quality development. This paper analyzes the current state of global climate change, the relationship between global climate change and the marine economy based on the theory of system dynamics, constructs a climate change-economic impact-adaptation policy framework, and forecasts the development of Marine primary, secondary, and tertiary industries in 2021－2022 using the sixth IPCC report. China's Marine primary sector (Marine fishing industry, aquaculture industry) is less impacted by climate change in the short term, and its output value will continue to rise over the next two years, according to the results. As a result of climate change, the added value of the Marine engineering construction sector will fluctuate, whereas the output value of the Marine chemical business would rise. Extreme weather occurrences will have an influence on the production value of China's Marine tertiary industry (Marine transportation industry, coastal tourism), but the overall output value will continue to rise over the next two years. This paper recommends the incorporation of ocean-based measures into climate change mitigation and adaptation strategies, plans, and policies, as well as ensuring the long-term viability of policies; the accounting and supervision of existing marine resources, and the promotion of the digitization of information on marine resources. Increase investments in the capability for marine science and foster international cooperation in marine science and technology; Strengthen economic analysis and economic tools in Marine management, particularly in integrated Marine management, and make greater efforts to enhance the flexibility of Marine economy to climate change and support the establishment of a high-quality Marine economy.

Keywords: Climate Change; Adaptation Policy; Marine Economy

510

VI International Reports

B. 21 Development Situation and Analysis of the Leading

Maritime Capitals of the World

Xu Sheng, *Gao Ke* / 428

Abstract: As the center of the global marine development system and an important organizational node in the world marine city network system, the global marine central city has a global exemplary role and important international influence. Based on Analytic hierarchy process (AHP), Principal component Analysis (PCA), Entropy method and Grey Relational degree, this report constructs an index system for the development level of global marine central cities. Ten major marine central cities in the world, including Singapore, Rotterdam, London, Oslo, Shanghai, New York, Tokyo, Athens, Hamburg and Hong Kong, were selected for joint evaluation. The report holds that: (1) the major marine central cities in the world have their own priorities in all aspects of construction, among which Athens is ahead of other cities in the construction of shipping centers, which is closely related to its long history of marine development. New York takes the lead in finance and law, mainly because New York is a world-famous financial center; Shanghai is slightly ahead of other cities in port construction because of its superior geographical location; Rotterdam and London have performed well in the construction of marine science and technology centers, which are inseparable from the support of the government and the role of technology supply from scientific research institutions. (2) Singapore is in the lead in the overall construction, but there are deficiencies in the construction of the marine science and technology center, which may affect the further upgrading of the marine industry; Rotterdam is slightly inferior to other cities in the construction of shipping centers, this may be due to Rotterdam's neglect of shipping industry while developing other areas. (3) Oslo is slightly worse than

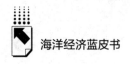

other cities in all aspects, but this may also be because the economic volume is not taken into account in the evaluation index system.

Keywords: Global Ocean Central City; Joint Evaluation; Marine Economy

B.22   Analysis and Outlook of ASEAN Marine Economic

Development Situation   *Chen Xiangyu* / 449

Abstract: The Association of Southeast Asian Nations (ASEAN) is one of the world's most famous economic communities, with a total of 10 member states, of which 9 are coastal countries, born from the sea and living by the sea. This report uses the statistical data of ASEAN officials and organizations such as the United Nations Conference on Trade and Development (UNCTAD), summarizes the development environment, development scale and influencing factors of ASEAN marine economy, analyzes the leading industries of ASEAN marine such as coastal tourism, marine transportation, marine fisheries, offshore oil and gas industry, and predicts the development situation of ASEAN marine economy in combination with relevant analysis. This report also believes that as a comprehensive strategic partner of ASEAN, we should have some enlightenment in marine macro policies, marine digital economy, protection of marine biodiversity, regional cooperation and other aspects, which also has a certain role in helping the high-quality development of China's marine economy.

Keywords: ASEAN; Marine Economy; Regional Cooperation

B.23   Analysis and Prospect of Marine Economy

Development in Australia   *Zhou Leping, Sun Jiting* / 466

Abstract: Disturbed by repeated epidemic and other factors, the development environment of Marine economy in the whole world has undergone great changes. As a country strongly dependent on the development of international market, the development of Marine economy has also been deeply adjusted under the situation of changing economic situation at home and abroad. In terms of the development of the world's Marine economy, although efforts in the past decade have suffered a major blow due to the epidemic and other reasons, the sustainable development of the Marine economy remains an important part of the layout of all countries in the long run. Especially in the declaration of "ocean" ten years after the release, Marine renewable energy, Marine environmental protection to become the world have to attach importance to the important content, Australia also began to the field layout of Marine science and technology, and accumulated in the rich Marine science and technology achievements, on the basis of a growing share of the leading position in the field of clean energy, such as Marine environmental protection. The trend of the world's Marine economy shifting to Asia also coincides with Australia's "Indo-Pacific" shift plan. On this basis, Australia further implements the strategy of deepening regional cooperation, which provides support and foundation for the development of Marine economy.

Keywords: Australia; Marine Economy; Sustainable Development

Ⅶ Appendices

皮 书

智库成果出版与传播平台

❖ 皮书定义 ❖

皮书是对中国与世界发展状况和热点问题进行年度监测，以专业的角度、专家的视野和实证研究方法，针对某一领域或区域现状与发展态势展开分析和预测，具备前沿性、原创性、实证性、连续性、时效性等特点的公开出版物，由一系列权威研究报告组成。

❖ 皮书作者 ❖

皮书系列报告作者以国内外一流研究机构、知名高校等重点智库的研究人员为主，多为相关领域一流专家学者，他们的观点代表了当下学界对中国与世界的现实和未来最高水平的解读与分析。截至 2021 年底，皮书研创机构逾千家，报告作者累计超过 10 万人。

❖ 皮书荣誉 ❖

皮书作为中国社会科学院基础理论研究与应用对策研究融合发展的代表性成果，不仅是哲学社会科学工作者服务中国特色社会主义现代化建设的重要成果，更是助力中国特色新型智库建设、构建中国特色哲学社会科学"三大体系"的重要平台。皮书系列先后被列入"十二五""十三五""十四五"时期国家重点出版物出版专项规划项目；2013~2022 年，重点皮书列入中国社会科学院国家哲学社会科学创新工程项目。

权威报告·连续出版·独家资源

皮书数据库
ANNUAL REPORT(YEARBOOK)
DATABASE

分析解读当下中国发展变迁的高端智库平台

所获荣誉

- 2020年，入选全国新闻出版深度融合发展创新案例
- 2019年，入选国家新闻出版署数字出版精品遴选推荐计划
- 2016年，入选"十三五"国家重点电子出版物出版规划骨干工程
- 2013年，荣获"中国出版政府奖·网络出版物奖"提名奖
- 连续多年荣获中国数字出版博览会"数字出版·优秀品牌"奖

皮书数据库

"社科数托邦"
微信公众号

成为会员

　　登录网址www.pishu.com.cn访问皮书数据库网站或下载皮书数据库APP，通过手机号码验证或邮箱验证即可成为皮书数据库会员。

会员福利

- 已注册用户购书后可免费获赠100元皮书数据库充值卡。刮开充值卡涂层获取充值密码，登录并进入"会员中心"—"在线充值"—"充值卡充值"，充值成功即可购买和查看数据库内容。
- 会员福利最终解释权归社会科学文献出版社所有。

数据库服务热线：400-008-6695
数据库服务QQ：2475522410
数据库服务邮箱：database@ssap.cn
图书销售热线：010-59367070/7028
图书服务QQ：1265056568
图书服务邮箱：duzhe@ssap.cn

社会科学文献出版社 皮书系列
SOCIAL SCIENCES ACADEMIC PRESS (CHINA)
卡号：15296974729 1
密码：

S 基本子库
UB DATABASE

中国社会发展数据库（下设 12 个专题子库）

紧扣人口、政治、外交、法律、教育、医疗卫生、资源环境等 12 个社会发展领域的前沿和热点，全面整合专业著作、智库报告、学术资讯、调研数据等类型资源，帮助用户追踪中国社会发展动态、研究社会发展战略与政策、了解社会热点问题、分析社会发展趋势。

中国经济发展数据库（下设 12 专题子库）

内容涵盖宏观经济、产业经济、工业经济、农业经济、财政金融、房地产经济、城市经济、商业贸易等 12 个重点经济领域，为把握经济运行态势、洞察经济发展规律、研判经济发展趋势、进行经济调控决策提供参考和依据。

中国行业发展数据库（下设 17 个专题子库）

以中国国民经济行业分类为依据，覆盖金融业、旅游业、交通运输业、能源矿产业、制造业等 100 多个行业，跟踪分析国民经济相关行业市场运行状况和政策导向，汇集行业发展前沿资讯，为投资、从业及各种经济决策提供理论支撑和实践指导。

中国区域发展数据库（下设 4 个专题子库）

对中国特定区域内的经济、社会、文化等领域现状与发展情况进行深度分析和预测，涉及省级行政区、城市群、城市、农村等不同维度，研究层级至县及县以下行政区，为学者研究地方经济社会宏观态势、经验模式、发展案例提供支撑，为地方政府决策提供参考。

中国文化传媒数据库（下设 18 个专题子库）

内容覆盖文化产业、新闻传播、电影娱乐、文学艺术、群众文化、图书情报等 18 个重点研究领域，聚焦文化传媒领域发展前沿、热点话题、行业实践，服务用户的教学科研、文化投资、企业规划等需要。

世界经济与国际关系数据库（下设 6 个专题子库）

整合世界经济、国际政治、世界文化与科技、全球性问题、国际组织与国际法、区域研究 6 大领域研究成果，对世界经济形势、国际形势进行连续性深度分析，对年度热点问题进行专题解读，为研判全球发展趋势提供事实和数据支持。

法律声明

"皮书系列"(含蓝皮书、绿皮书、黄皮书)之品牌由社会科学文献出版社最早使用并持续至今,现已被中国图书行业所熟知。"皮书系列"的相关商标已在国家商标管理部门商标局注册,包括但不限于LOGO(　)、皮书、Pishu、经济蓝皮书、社会蓝皮书等。"皮书系列"图书的注册商标专用权及封面设计、版式设计的著作权均为社会科学文献出版社所有。未经社会科学文献出版社书面授权许可,任何使用与"皮书系列"图书注册商标、封面设计、版式设计相同或者近似的文字、图形或其组合的行为均系侵权行为。

经作者授权,本书的专有出版权及信息网络传播权等为社会科学文献出版社享有。未经社会科学文献出版社书面授权许可,任何就本书内容的复制、发行或以数字形式进行网络传播的行为均系侵权行为。

社会科学文献出版社将通过法律途径追究上述侵权行为的法律责任,维护自身合法权益。

欢迎社会各界人士对侵犯社会科学文献出版社上述权利的侵权行为进行举报。电话:010-59367121,电子邮箱:fawubu@ssap.cn。

社会科学文献出版社